“十三五”职业教育国家规划教材

机床电气控制

主　编　周建清　王金娟
副主编　陈　丽　蒋志方　张　伟
参　编　顾旭松　汤旭芳　谢　敏　庄　春
主　审　杨永年

机械工业出版社

本书是“十三五”职业教育国家规划教材，是根据高等职业教育最新的教学标准，同时参考相应资格标准编写的。全书分两个单元，共17个项目，主要内容包括常用低压电器的识别，机床基本控制电路的安装与调试，常用机床电气控制电路的故障诊断，PLC的硬件知识、常用软元件及梯形图编程，PLC控制系统的安装与调试，变频器的操作与参数设定，PLC变频器控制系统的安装与调试等。

本书从职业院校学生的实际出发，以任务为引领，以生产实践为主线，采用项目化的形式，对机床电气控制的知识与技能进行重新建构，突出够用、实用、做学合一；同时运用了“互联网+”形式，在重要知识点嵌入二维码，方便读者理解相关知识，进行更深入的学习。本书内容新颖，形式活泼，图文并茂，通俗易懂。

为便于教学，本书配套有视频、Flash动画及技能考证试题，选择本书作为教材的教师可登录www.cmpedu.com网站，注册、免费下载。

本书可作为职业院校机电一体化相关专业教材，也可作为相关加工制造类专业及社会培训用书。

图书在版编目（CIP）数据

机床电气控制/周建清，王金娟主编. —北京：机械工业出版社，2018.5（2022.7重印）

“十三五”职业教育国家规划教材

ISBN 978-7-111-59654-7

Ⅰ.①机… Ⅱ.①周… ②王… Ⅲ.①机床-电气控制-职业教育-教材 Ⅳ.①TG502.35

中国版本图书馆CIP数据核字（2018）第073239号

机械工业出版社（北京市百万庄大街22号 邮政编码100037）
策划编辑：齐志刚 责任编辑：黎 艳
责任校对：肖 琳 封面设计：张 静
责任印制：郜 敏
北京富资园科技发展有限公司印刷
2022年7月第1版第4次印刷
184mm×260mm · 17.75印张 · 432千字
标准书号：ISBN 978-7-111-59654-7
定价：49.00元

电话服务
客服电话：010-88361066
010-88379833
010-68326294

网络服务
机 工 官 网：www.cmpbook.com
机 工 官 博：weibo.com/cmp1952
金 书 网：www.golden-book.com
机工教育服务网：www.cmpedu.com

关于“十三五”职业教育国家规划教材的出版说明

2019年10月，教育部职业教育与成人教育司颁布了《关于组织开展“十三五”职业教育国家规划教材建设工作的通知》（教职成司函〔2019〕94号），正式启动“十三五”职业教育国家规划教材遴选、建设工作。我社按照通知要求，积极认真组织相关申报工作，对照申报原则和条件，组织专门力量对教材的思想性、科学性、适宜性进行全面审核把关，遴选了一批突出职业教育特色、反映新技术发展、满足行业需求的教材进行申报。经单位申报、形式审查、专家评审、面向社会公示等严格程序，2020年12月教育部办公厅正式公布了“十三五”职业教育国家规划教材（以下简称“十三五”国规教材）书目，同时要求各教材编写单位、主编和出版单位要注重吸收产业升级和行业发展的新知识、新技术、新工艺、新方法，对入选的“十三五”国规教材内容进行每年动态更新完善，并不断丰富相应数字化教学资源，提供优质服务。

经过严格的遴选程序，机械工业出版社共有227种教材获评为“十三五”国规教材。按照教育部相关要求，机械工业出版社将坚持以习近平新时代中国特色社会主义思想为指导，积极贯彻党中央、国务院关于加强和改进新形势下大中小学教材建设的意见，严格落实《国家职业教育改革实施方案》《职业院校教材管理办法》的具体要求，秉承机械工业出版社传播工业技术、工匠技能、工业文化的使命担当，配备业务水平过硬的编审力量，加强与编写团队的沟通，持续加强“十三五”国规教材的建设工作，扎实推进习近平新时代中国特色社会主义思想进课程教材，全面落实立德树人根本任务。同时突显职业教育类型特征，遵循技术技能人才成长规律和学生身心发展规律，落实根据行业发展和教学需求及时对教材内容进行更新的要求；充分发挥信息技术的作用，不断丰富完善数字化教学资源，不断提升教材质量，确保优质教材进课堂；通过线上线下多种方式组织教师培训，为广大专业教师提供教材及教学资源的使用方法培训及交流平台。

教材建设需要各方面的共同努力，也欢迎相关使用院校的师生反馈教材使用意见和建议，我们将组织力量进行认真研究，在后续重印及再版时吸收改进，联系电话：010-88379375，联系邮箱：cmpgaozhi@sina.com。

机械工业出版社

前　言

机床电气控制是职业院校机电类、数控类专业的一门实践性和专业性较强的课程，其目的是帮助学生掌握安装、调试和维护机床及其电气控制设备的基本技能，培养学生的综合职业能力和职业素养。本书以“工作过程系统化”为指导思想，从学生、学校和企业的实际出发，坚持“工学交替”的人才培养模式，将PLC、变频器与传统的继电器控制技术融为一体，将企业的实际工作过程、职业活动的真实场景和教学内容融为一体，模拟企业生产环境，以企业工作任务为引领，采用项目式的教学手段，对知识、技能进行重新建构，突出学生技能培养，力争“做学合一”。本书具有以下特点：

1. 遵循学生的认知规律，打破传统的学科课程体系，坚持以任务为引领，以学生的行为为导向，采取项目化的形式，对机床电气控制技术进行重新建构。本书的17个作业项目，将岗位工作任务、专项能力所含的专业知识和专业技能全部嵌入其中，每个项目仿真企业生产实际，在提出项目任务后，学习必备的知识、实施作业任务、强调操作要点。这种知识、技能的建构让学生充分感知，让学生动起来，将理论与实践交替结合，更能体现学生主体、能力本位的理念。同时运用了“互联网+”技术，在部分知识点附近设置了二维码，使用者可以用智能手机进行扫描，便可在手机屏幕上显示和教学资源相关的多媒体内容，方便学生理解相关知识，进行更深入的学习。

2. 坚持以任务为引领，以学生的行为为导向，突出专业技能的培养和职业习惯的养成，力求做到“学做合一，理实一体”。每一个项目的初始处均告知项目任务和任务流程图，任务流程图对项目总任务进行了学习流程、作业工序的分解，让学生对任务的学习和实施流程了然于心，且学习目标简单明确，各任务便于实施，容易达成。整个项目贯穿了由做导学，先学后做，由做再学的主线，按照学懂必备知识、学会必备技能、作业施工、总结分析、学习提高的顺序对知识、技能进行了编排，同时通过更多的操作小任务将知识点、技能点融入其中，将学习内容鲜活化，使学习小目标得以渗透，让学生始终在“做中学、学中做”，达到“学做合一、理实一体”理念的融合，而且符合企业的生产步骤和作业习惯，便于学生职业能力的养成。

3. 坚持“够用、实用、会用”的原则。本书针对最新职业标准，对接相应的企业岗位，以从简单到复杂的一系列工作任务为主线展开，重点关注学生能做什么，而不是知道什么，教会学生如何完成工作任务，知识、技能学习结合项目完成过程来进行，项目任务不是简单的文字描述，而是以流程图的形式表达，清楚、直观。学习过程中以操作表格代替繁琐抽象的原理，吸收了新产品、新知识、新工艺与新技能，帮助学生学会方法，养成习惯，更好地满足企业岗位的需求。

4. 坚持以工作场所为中心开展教学活动，将企业的实际工作过程、职业活动的真实场景引入到教学内容中。本书有一定的自由度，每个项目可独立实施，也可小组合作完成。小组可根据任务流程进行任务分工，如项目分析、图样识读可共同讨论进行，硬件安装、程序录入可分工独立实施，功能调试部分还必须由调试操作和安全监护两人完成，便于开展小组合作教学和独立探究教学，培养学生与人沟通、与人协作的职业素养。

5. 图文并茂，通俗易懂。本书用图片代替文字语言，表现形式直观易懂，一目了然，提高了教材的可读性，通过视觉刺激学生的学习兴趣，降低学生的认知难度，符合当下学生的实际情况，便于学生自主学习。本书将操作内容、操作方法、操作步骤、学习知识、注意事项设计成施工记录表单，渗透各个项目的知识点与小任务，将学生操作具体化，有章可循，步骤清晰，方法明了，从而提高了教学的可操作性。同时质量记录表单中含有标准分值，学生可直接将自己的记录分值进行对照，达到自我评价的效果。

本书由周建清、王金娟担任主编，陈丽、蒋志方、张伟担任副主编，江苏省武进职业教育中心校的顾旭松、汤旭芳、谢敏、庄春参加了本书的编写。本书由常州市特级教师杨永年主审，编写过程中得到多位同行的大力支持与帮助，他们对本书提供了许多宝贵的意见，在此表示衷心的感谢！

由于编者水平有限，书中难免有错漏之处，恳请读者批评指正。

编　者

二维码索引

目　录

第一单元　常用机床电气控制电路

项目一　点动正转控制电路

一、学习目标

1. 会识别、使用 RL1-15 型螺旋式熔断器、CJX1-12/22 型交流接触器和 LA38 型按钮。
2. 会识读点动正转控制电路图和接线图，并能说出电路的动作程序。
3. 会板前布线，能根据电路图正确安装与调试点动正转控制电路。

二、学习任务

1. 项目任务

本项目的任务是安装与调试点动正转控制电路。要求电路具有电动机点动运转控制功能，即按下起动按钮，电动机运转；松开起动按钮，电动机停转。

2. 任务流程图

具体的学习任务及学习过程如图 1-1 所示。

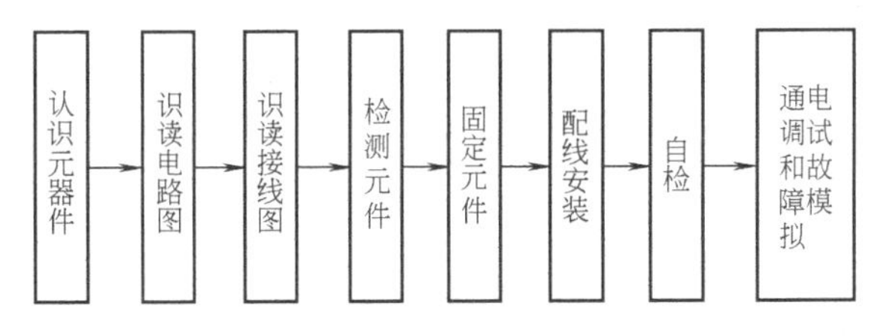

图 1-1　任务流程图

三、环境设备

学习所需工具、设备见表 1-1。

表 1-1　工具、设备清单

序号	分类	名　称	型号规格	数量	单位	备注
1	工具	常用电工工具		1	套	
2		万用表	MF47	1	只	
3	设备	熔断器	RL1-15	5	只	
4		熔管	5A	3	只	
			2A	2	只	
5		交流接触器	CJX1-12/22,380V	1	只	

（续）

序号	分类	名　　称	型号规格	数量	单位	备注
6	设备	按钮	LA38/203	3	只	
7		三相笼型异步电动机	0.75kW，380V，丫联结	1	台	
8		接线端子	TB-1512L	1	只	
9		安装网孔板	600mm×700mm	1	块	
10		三相电源插头	16A	1	只	
11	消耗材料	铜导线	BV-1.5mm^2	6	m	
12			BV-1.5mm^2	2	m	双色
13			BV-1.0mm^2	3	m	
14			BVR-0.75mm^2	2	m	
15		紧固件	M4×20 螺钉	若干	只	
16			M4 螺母	若干	只	
17			ϕ4mm 垫圈	若干	只	
18		编码管	ϕ1.5mm	若干	m	
19		编码笔	小号	1	支	

注：导线规格中的 BV 是单芯铜导线的代号；BVR 是橡胶塑料绝缘铜软线的代号。例如，规格为 BV-1.5mm^2 的导线是指横截面积为 1.5mm^2 的单芯铜导线；规格为 BVR-0.75mm^2 的导线则是指横截面积为 0.75mm^2 的橡胶塑料绝缘铜软线。

四、背景知识

生产机械广泛应用于工业、农业、交通运输业等中，主要依靠电动机进行拖动。为保证电动机运行的可靠性与安全性，常需要使用一些辅助元件，这些元件一般具有自动控制、保护、监视和测量等功能。

1. 认识元件

（1）熔断器　熔断器是一种应用广泛、简单有效的保护电器。图 1-2 是 RL1 系列螺旋式熔断器的外形图。RL1 系列螺旋式熔断器适用于额定电压至 AC-500V、额定电流至 200A 的电路，在控制箱、配电屏和机床设备的电路中，熔断器主要用于短路保护。

图 1-2　RL1 系列螺旋式熔断器外形图

1）型号及含义。RL1 系列螺旋式熔断器的型号及含义如下：

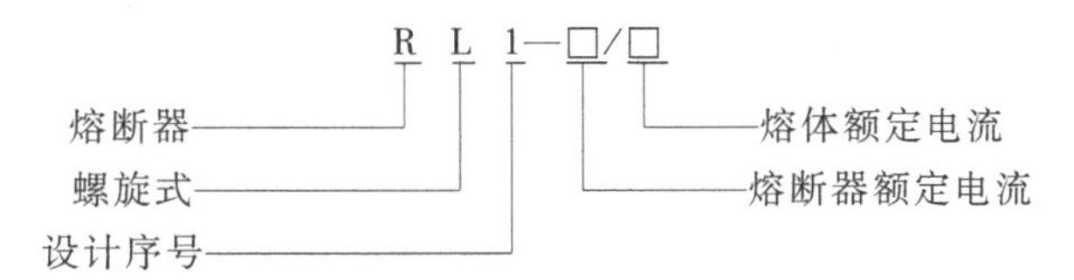

2）主要技术参数。RL1 系列螺旋式熔断器的主要技术参数见表 1-2。

表 1-2　RL1 系列螺旋式熔断器的主要技术参数

熔断器额定电压/V	熔断器额定电流/A	熔体额定电流等级/A	极限分断能力/kA
500	15	2、4、6、10、15	2
	60	20、25、30、35、40、50、60	3.5
	100	60、80、100	20
	200	100、125、150、200	50

3）结构与符号。如图 1-3 所示，螺旋式熔断器由瓷帽、熔管、瓷套、上接线端子、下接线端子及瓷座组成。当电路发生短路或通过熔断器的电流达到甚至超过规定电流值时，熔管中的熔体熔断，从而分断电路，起到保护作用。图 1-3a 所示为接线时，电源进线端应接在下接线端子（低端子）上，电源出线端应接在上接线端子（高端子）上，以保证能安全地更换熔管。螺旋式熔断器的文字与图形符号如图 1-3b 所示。

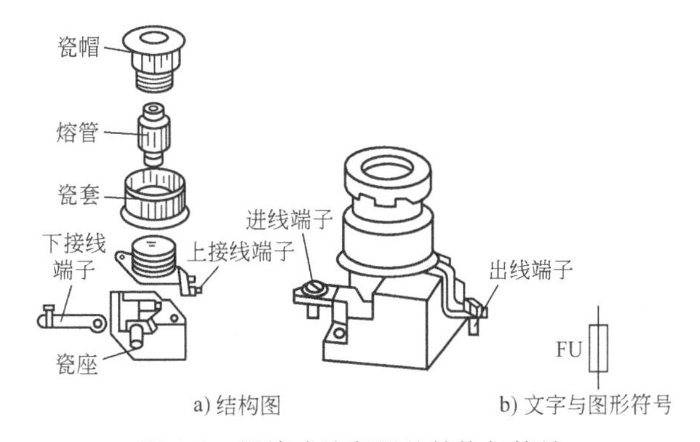

图 1-3　螺旋式熔断器的结构与符号

（2）按钮　按钮是一种最常用的主令电器，它在电路中用于短时接通或分断小电流的控制信号。图 1-4 是 LA 系列部分按钮的外形图。LA 系列按钮适用于 AC 50Hz、额定工作电压至 AC 380V，或 DC 220V 的工业控制电路，在磁力起动器、接触器、继电器及其他电器的电路中，主要用于远程控制。

图 1-4　LA 系列部分按钮的外形图

1）型号及含义。LA 系列按钮的型号及含义如下：

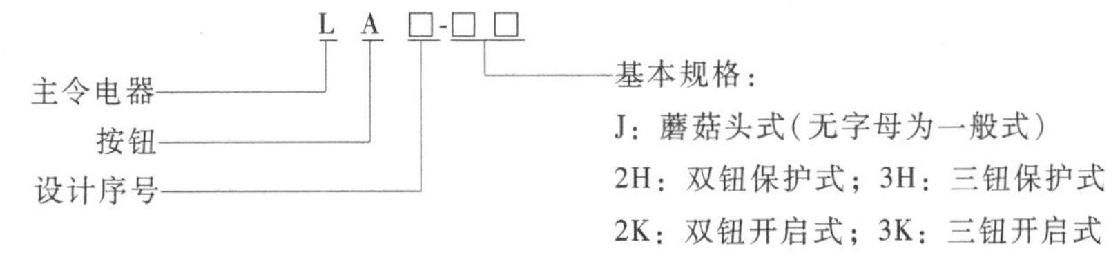

2）主要技术参数。LA38 系列按钮的主要技术参数见表 1-3。

表 1-3 LA38 系列按钮的主要技术参数

额定电压/V	额定电流/A	额定绝缘电压/V	约定发热电流/A	机械寿命
380	2.5	380	5	100 万次以上

3）结构与符号。如图 1-5 所示，按钮一般由按钮帽、复位弹簧、桥式动触头、静触头和外壳等组成。通常做成复式按钮，即同时具有常开触头和常闭触头，当按钮未被按下时，其常开触头处于断开状态，常闭触头处于闭合状态；当按钮被按下时，其常开触头闭合，常闭触头断开。按钮的符号如图 1-6 所示。通过使用不同颜色的按钮帽来区分按钮的功能，常用红色、绿色、黑色、黄色、蓝色、白色、灰色等颜色，红色表示停止按钮和急停按钮；绿色表示起动按钮；黑色表示点动按钮；蓝色表示复位按钮；黑色、白色或灰色通常用于起动与停止交替动作的按钮。

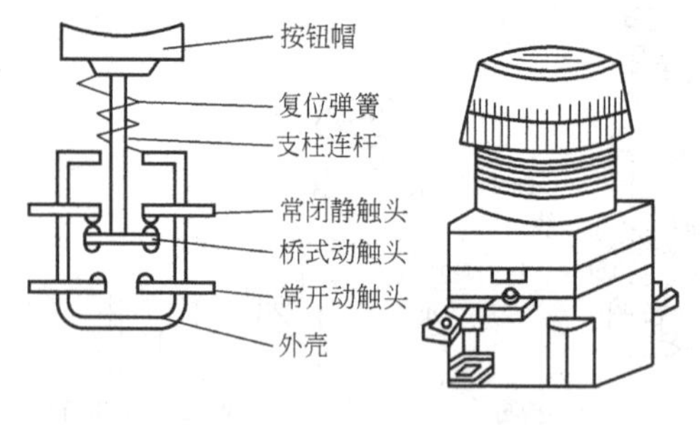

图 1-5 LA 系列按钮的结构图

图 1-6 按钮的符号

（3）交流接触器 交流接触器是一种用来接通或断开交流主电路和控制电路，并且能够实现远距离控制的电器。大多数情况下，它的控制对象是电动机，也可用于控制其他电力负载。交流接触器主要用于 50Hz 或 60Hz，额定绝缘电压为 690V，额定工作电流为 9A 的电力系统中。图 1-7 是部分 CJ 系列接触器的外形图，目前，此系列接触器的应用正逐步减少，最终将被 CJT 或 CJX 系列接触器所代替。

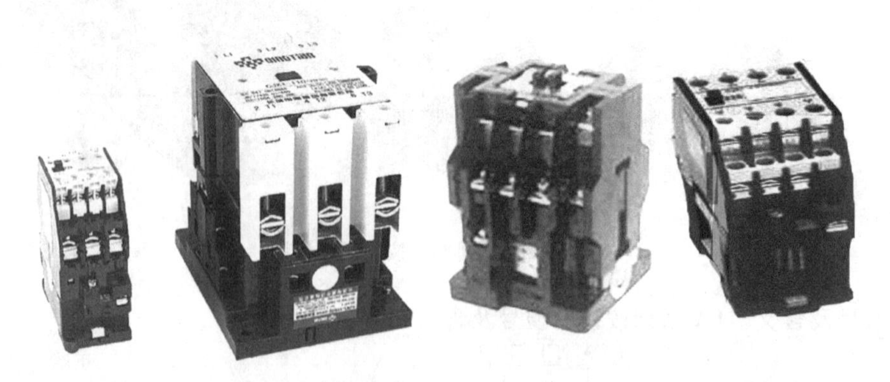

图 1-7 部分 CJ 系列接触器的外形图

1）型号及含义。CJX 系列交流接触器的型号及含义如下：

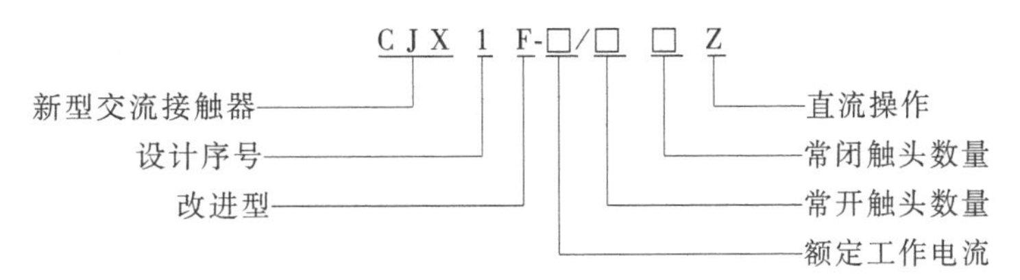

2）主要技术参数。CJX1-12/22型交流接触器的主要技术参数见表1-4。

表1-4 CJX1-12/22型交流接触器的主要技术参数

额定工作电流/A	额定绝缘电压/V	可控电动机功率/kW(AC-3)①					连接导线的横截面积/mm^2	熔断器规格/A	
		230V/220V	400V/380V	500V	690V/660V②	1000V		1型	2型
9	690	2.4	4	5.5	5.5	—	1~2.5	20	10

注：表中熔断器的选用是根据GB 14048.4—2010标准，1型配合保护——允许接触器及热继电器遭受损坏；2型配合保护——热继电器不受损坏，接触器触头允许熔焊（如果触头容易分离）。

① AC-3为使用类别代号，可用于不频繁点动或在有限时间反接制动。在有限的时间内操作次数不超过1min内5次或10min内10次。

② "/"前后数值分别表示AC-3时的波动最大额定电压和最小额定电压。

3）结构与符号。如图1-8所示，交流接触器由触头系统、电磁系统、灭弧装置及辅助结构等部分组成。当接触器线圈得电时，在铁心中产生磁通及电磁吸力，此电磁吸力克服弹簧反力使得衔铁和铁心吸合，从而带动其常闭触头断开、常开触头闭合；当接触器线圈失电时，电磁吸力小于弹簧反力，使得衔铁和铁心释放，从而带动其常开触头复位断开、常闭触头复位闭合。交流接触器的符号如图1-9所示。电路连接时，若接触器有散热孔，则应将有孔的一面置于垂直方向上；其他情况下，元件一般正向安装。

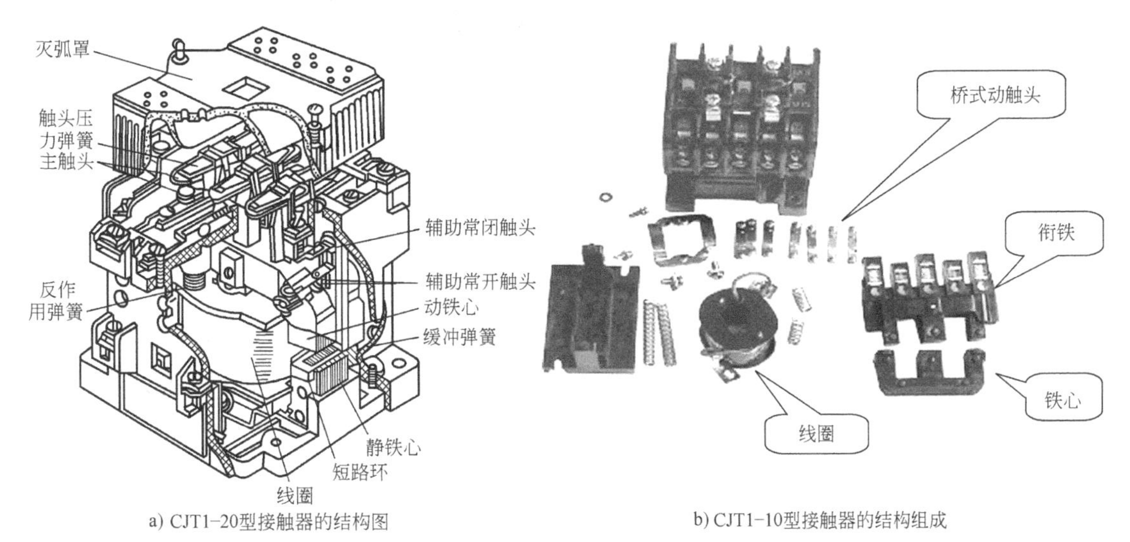

a) CJT1-20型接触器的结构图　　b) CJT1-10型接触器的结构组成

图1-8 CJ系列交流接触器结构图

（4）三相笼型异步电动机

1）结构与符号。三相笼型异步电动机的结构如图1-10所示，它由定子和转子两个基本部分组成。定子主要由定子铁心、

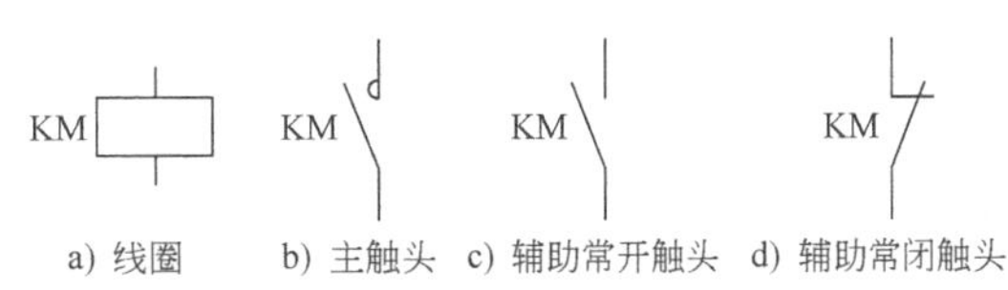

a) 线圈　b) 主触头　c) 辅助常开触头　d) 辅助常闭触头

图1-9 接触器的符号

定子绕组和机座组成，转子主要由转子绕组和转子铁心组成。当三相定子绕组通入三相对称电源后，在气隙中产生一个旋转磁场，此旋转磁场切割转子导体，产生感应电流。流有感应电流的转子导体在旋转磁场的作用下产生转矩，使转子旋转。根据左手定则可判断出转子的旋转方向与旋转磁场的旋转方向相同。三相异步电动机的外形与符号如图 1-11 所示。

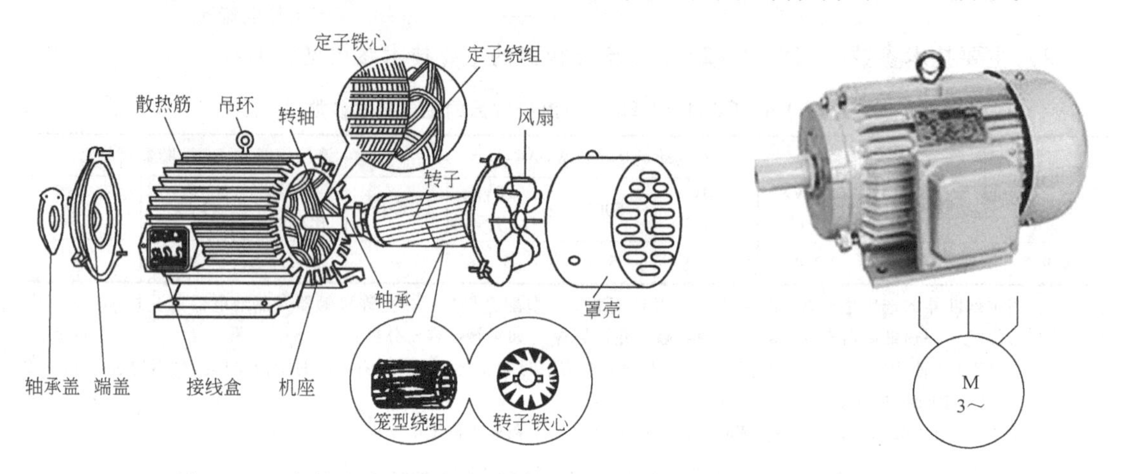

图 1-10　三相笼型异步电动机的结构

图 1-11　三相异步电动机的外形与符号

2）电动机的铭牌。在三相异步电动机的机座上装有铭牌，铭牌上标有电动机的型号和主要技术参数，供使用时参考。如图 1-12 所示，电动机的额定功率为 0.75kW，额定电流为 2.0A，额定转速为 1390r/min，额定电压为 380V，额定工作状态下的接法为Y联结。

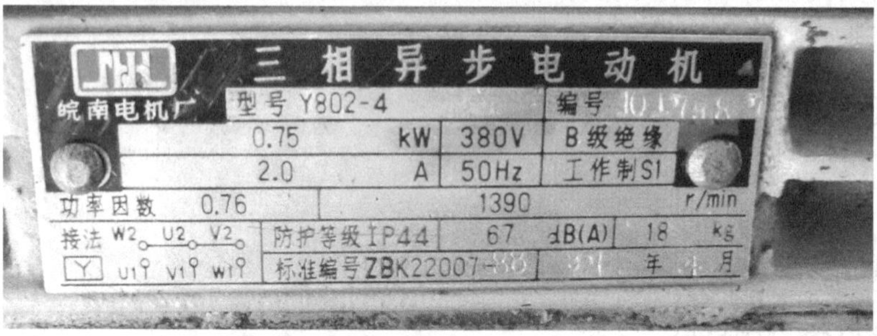

图 1-12　某三相异步电动机的铭牌

3）电动机的出线端子。在电动机的接线盒内，可看到图 1-13 所示的三相对称定子绕组的接线端子，其编号分别为 U1-U2、V1-V2 与 W1-W2。根据铭牌要求，定子绕组应采用Y联结，即 U2、V2 和 W2 短接，U1、V1 和 W1 接电压为 380V 的三相电源，如图 1-14 所示。

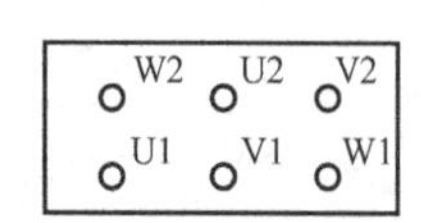

图 1-13　三相异步电动机定子绕组的接线端子示意图

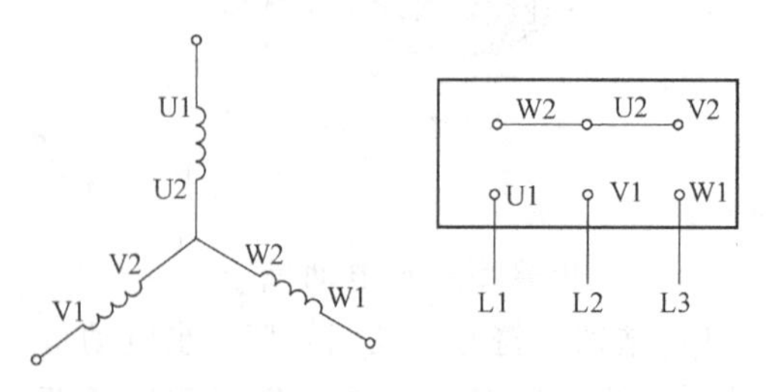

图 1-14　三相异步电动机定子绕组的Y联结示意图

2. 识读电路图

机械设备电气控制电路常用电路图、接线图和布置图表示。其中，电路图是根据生产机械运动形式对电气控制系统的要求，采用国家统一规定的电气图形符号和文字符号，按照电气设备的工作顺序，详细表示电路、设备或成套装置的基本组成和连接关系的图样。

点动正转控制电路图如图 1-15 所示，它由电源电路、主电路和控制电路三部分组成。图中主电路在电源开关 QS 的出线端按相序依次编号为 U11、V11、W11，然后按从上至下、从左到右的顺序递增；控制电路的编号根据“等电位”原则，按从上至下、从左到右的顺序从 1 开始递增编号。

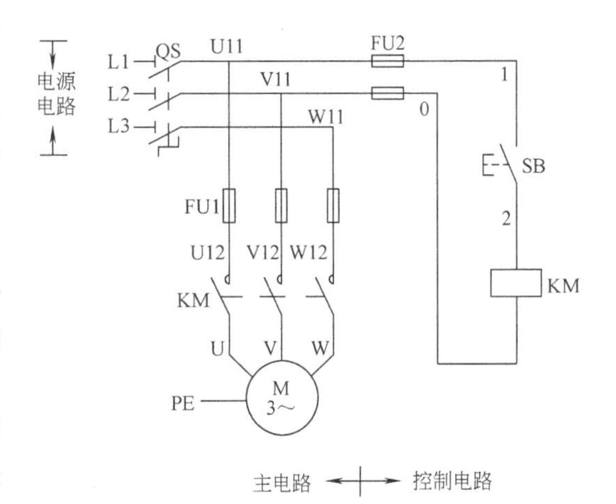

图 1-15　点动正转控制电路图

（1）电路组成　点动正转控制电路的组成及各元件的功能见表 1-5。

表 1-5　点动正转控制电路的组成及各元件的功能

序号	电路名称	电路组成	元件功能	备　注
1	电源电路	QS	电源开关	水平绘制在电路图的上方
2		FU2	熔断器，用于控制电路的短路保护	
3	主电路	FU1	熔断器，用于主电路的短路保护	垂直于电源线，绘制在电路图的左侧
4		KM 主触头	控制电动机的运转与停止	
5		M	电动机	
6	控制电路	SB	起动与停止	垂直于电源线，绘制在电路图的右侧
7		KM 线圈	控制 KM 的吸合和释放	

（2）工作原理　点动正转控制电路的工作原理如下：

1）合上电源开关 QS。

2）起动。按下 SB→KM 线圈得电→KM 主触头闭合→电动机 M 得电运转。

3）停止。松开 SB→KM 线圈失电→KM 主触头断开→电动机 M 失电停转。

点动正转控制电路的工作原理

3. 识读接线图

接线图是根据电气设备和电气元件的实际位置、配线方式和安装情况绘制的，主要用于安装接线和电路的检查维修。图 1-16 所示接线图中有电气元件的文字符号、端子号、导线号和导线类型、导线横截面积等信息。图中的每一个元件都是根据实际结构，使用与电路图相同的图形符号画在一起，用点画线框上，其文字符号以及接线端子的编号都与电路图中的标注一致，便于操作者对照、接线和维修。同时，接线图中的导线也有单根导线和导线组之分，凡导线走线相同的采用合并的方式，用线束表示，到达接线端子 XT 或电气元件时再分别画出。点动正转控制电路的元件布置及布线情况见表 1-6。

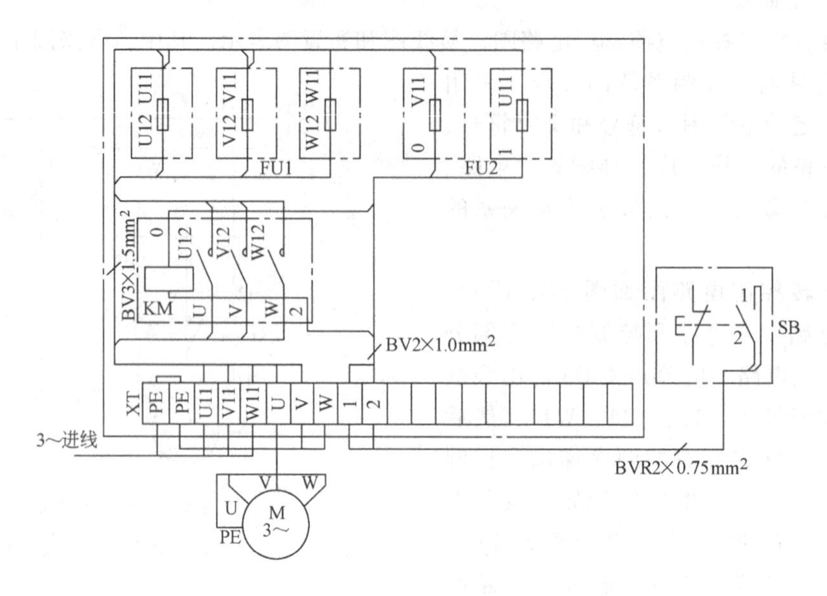

图 1-16　点动正转控制电路接线图

表 1-6　点动正转控制电路元件布置及布线一览表

序号	项　　目		具体内容	备　　注
1	元件位置		FU1、FU2、KM 、XT	控制板上的元件均匀分布
2			电动机 M、SB	控制板的外围元件
3	板上元件的布线	控制电路走线	0 号线:FU2→KM	集束布线,也有分支 安装时使用 BV-1.0mm² 单芯线
4			1 号线:FU2→XT	
5			2 号线:KM→XT	
6		主电路走线	U11、V11:XT→FU1→FU2	集束布线 安装时使用 BV-1.5mm² 单芯线
7			W11:XT→FU1	
8			U12、V12、W12:FU1→KM	
9			U、V、W:KM→XT	
10			PE:XT→XT	使用 BV-1.5mm² 双色线
11	外围元件的布线	按钮走线	1 号线:XT→SB	集束布线,安装时使用 BVR-0.75mm² 软导线
12			2 号线:XT→SB	
13		电动机走线	U、V 、W、PE:XT→M	
14		电源插头走线	U11、V11、W11、PE:电源→XT	

注：安装板上的元件与外围元件的连接必须通过接线端子 XT 进行对接。图 1-17 是 TB-1512L 型接线端子外形图。

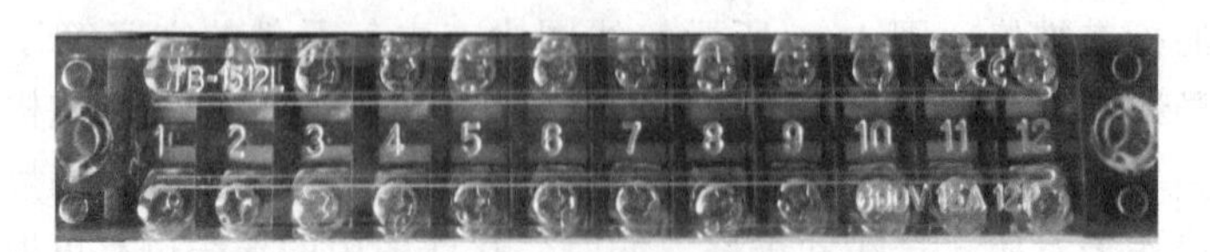

图 1-17　TB-1512L 型接线端子外形图

五、操作指导

1. 检测元件

（1）检测熔断器　读图 1-18 后，按照表 1-7 检测 RL1-15 型螺旋式熔断器。

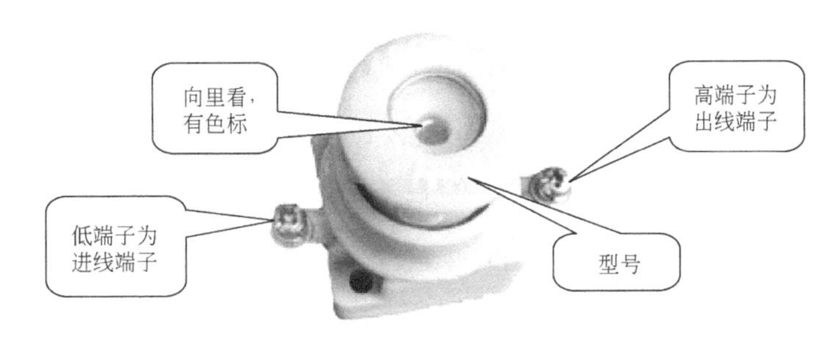

图 1-18　RL1-15 型螺旋式熔断器

表 1-7　RL1-15 型螺旋式熔断器的检测过程

序号	检测任务	检测方法	参考值	检测值	要点提示
1	熔断器的型号	位置在瓷帽上	RL1-15		
2	观察上、下接线端子的高度区别		有低、高之分		低端子为进线端子，高端子为出线端子
3	检测、判别熔断器的好坏	万用表置 R×1Ω 档，调零后，将两表笔分别搭接 FU 的上、下接线端子	阻值约为 0Ω		若阻值为∞，则说明熔体已熔断或瓷帽未旋好，造成接触不良
4	看熔管的色标	从瓷帽玻璃向里看	有色标		若色标已掉，则说明熔体已熔断
5	读熔管的额定电流	旋下瓷帽，取出熔管	5A		

（2）检测按钮　按照表 1-8 检测 LA38 型按钮。

表 1-8　LA38 型按钮的检测过程

序号	检测任务	检测方法	参考值	检测值	要点提示
1	检测、判别常闭按钮的好坏	常态时，测量常闭按钮的阻值	阻值均约为 0Ω		若所测阻值与参考阻值不同，则说明按钮已损坏或接触不良
		按下按钮后，再次测量常闭按钮的阻值	阻值均为∞		
2	检测、判别常开按钮的好坏	常态时，测量常开按钮的阻值	阻值均为∞		
		按下按钮后，再次测量常开按钮的阻值	阻值均约为 0Ω		

（3）检测交流接触器　读图 1-19 后，按照表 1-9 检测 CJX1-12/22 型交流接触器。

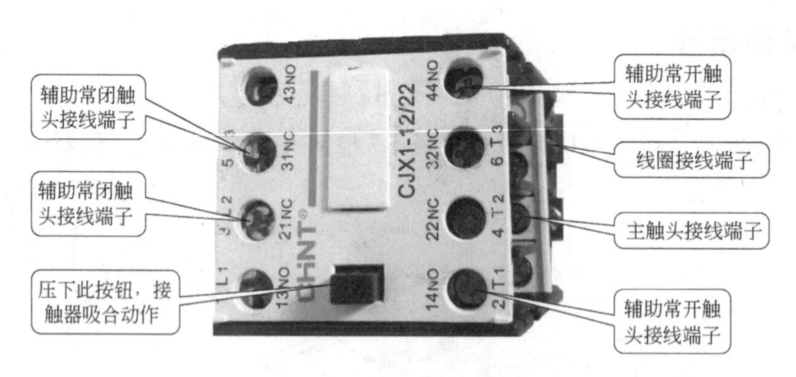

图 1-19　CJX1-12/22 型交流接触器接线端子

表 1-9　CJX1-12/22 型交流接触器的检测过程

序号	检测任务	检测方法	参考值	检测值	要点提示
1	接触器的铭牌	位于接触器的侧面	内容有型号、额定电压、额定电流等		使用时，规格的选择必须正确
2	接触器线圈的额定电压	看线圈的标签	220V 50Hz		同一型号的接触器线圈有不同的电压等级
3	找到线圈的接线端子	见图 1-19	A1-A2		
4	找到 3 对主触头的接线端子		1L1-2T1 3L2-4T2 5L3-6T3		编号标于接触器的顶部面罩上
5	找到 2 对辅助常开触头的接线端子		13-14 43-44		
6	找到 2 对辅助常闭触头的接线端子		21-22 31-32		
7	检测、判别 2 对辅助常闭触头的好坏	常态时，测量各常闭触头的阻值	阻值均约为 0Ω		若所测阻值与参考阻值不同，则说明触头已损坏或接触不良
		压下接触器后，再测量其阻值	阻值均为∞		
8	检测、判别 5 对常开触头的好坏	常态时，测量各常开触头的阻值	阻值均为∞		
		压下接触器后，再测量其阻值	阻值均约为 0Ω		
9	检测、判别接触器线圈的好坏	万用表置 R×100Ω 档调零后，测量线圈的阻值	阻值约为 550Ω		若阻值过大或过小，则说明接触器线圈已损坏
10	测量各触头接线端子之间的阻值	万用表置 R×10kΩ 档，调零后测量阻值	阻值均为∞		说明所有触头都是独立的，没有电的直接联系

(4) 检测电动机　读图 1-20、图 1-21 后，按表 1-10 检测电动机。

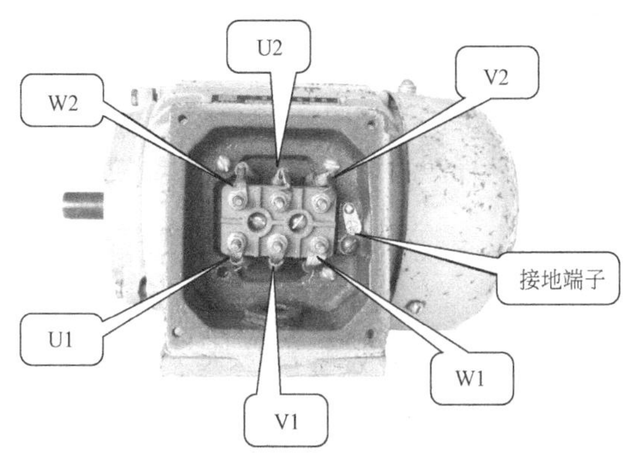

图 1-20 三相异步电动机定子绕组的接线端子

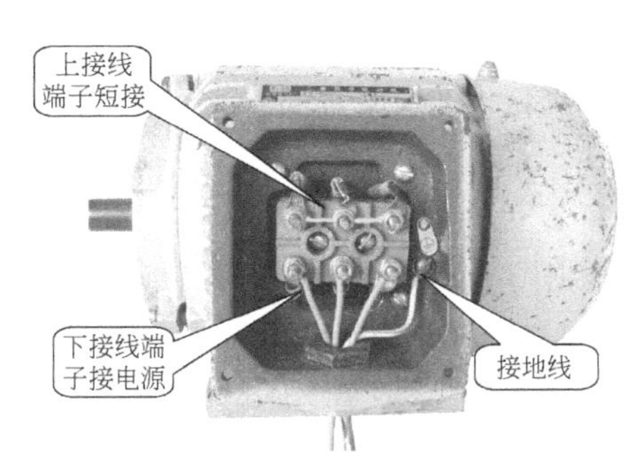

图 1-21 三相异步电动机定子绕组的Y联结

表 1-10 电动机的检测过程

序号	检测任务	检测方法	参考值	检测值	要点提示
1	电动机的铭牌	位于电动机的侧面	内容有型号、额定电压、额定电流等		使用时，规格的选择必须正确
2	电动机的额定电压	铭牌中央位置	380V 50Hz		
3	电动机的接法	铭牌左下角位置	Y联结		标识为额定工作状态下的接法
4	找到电动机的3对绕组及接地端子	见图 1-20	U1-U2 V1-V2 W1-W2 PE		编号标于接线柱的下方
5	找到上接线端	见图 1-21	U2、V2、W2		采用Y联结短接
6	找到下接线端	见图 1-21	U1、V1、W1		电源出线端

2. 固定元件

根据图 1-16 固定各元件。各元件的位置应排列整齐、均匀，间距合理，以便于更换元件。紧固时要用力均匀，紧固程度应适当，防止用力过猛而损坏元件。

（1）螺旋式熔断器　如图 1-22 所示，安装螺旋式熔断器时，应遵循低进高出的原则，即电源进线必须接瓷座的上接线端子，负载线必须接螺纹壳的下接线端子。这样在更换熔管

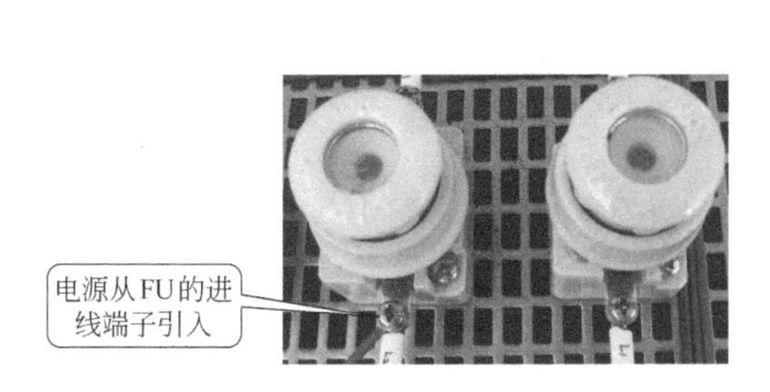

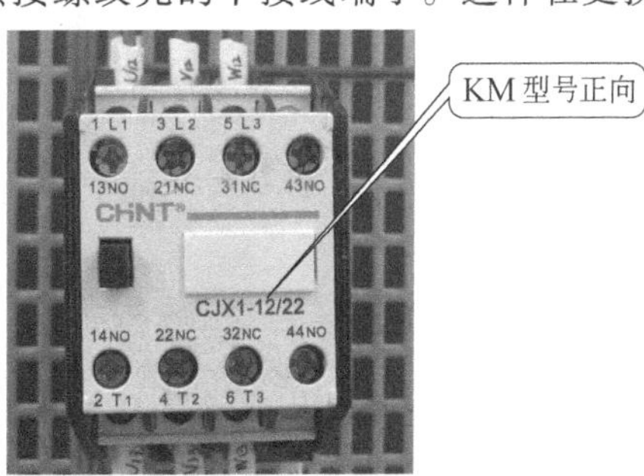

图 1-22 熔断器及接触器的安装

时，旋出螺母后的螺纹壳才不会带电，才能确保操作者的安全。

（2）CJX1-12型交流接触器　如图1-23所示，注意交流接触器的安装方向，避免倒装或损坏元件。

（3）按钮　通常选绿色按钮作为起动按钮。固定时按钮盒的穿线孔应朝下，以便于接线。

3. 配线安装

根据图1-16和表1-6安装点动正转控制电路。

（1）板前配线安装　如图1-23所示，板前配线时应遵循以接触器为中心，由里向外，由低至高，先安装控制电路，再安装主电路的原则，工艺要求如下：

① 必须按图施工，根据接线图布线。

② 布线的通道要尽可能少，同路并行导线按主、控电路分类集中，单层密排，紧贴安装板。

③ 如图1-24所示，布线要横平竖直，分布均匀，改变走向时应垂直改变。

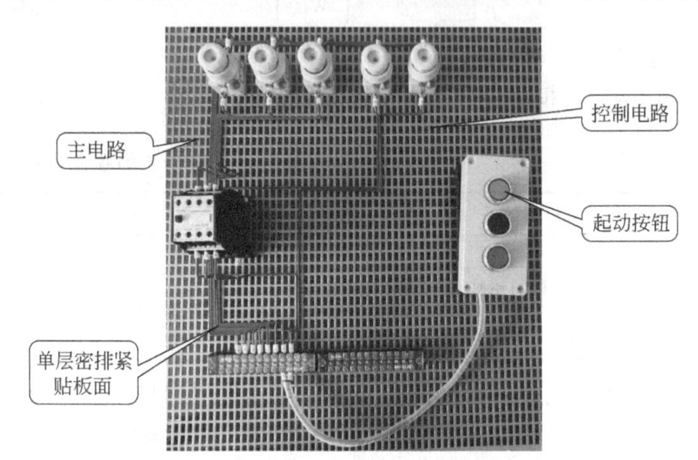

图1-23　点动正转控制电路安装板

④ 同一平面的导线应高低一致和前后一致，不能交叉。对于非交叉不可的导线，应在接线端子引出时就水平架空跨越，但必须合理走线。

⑤ 布线时严禁损伤线芯和导线绝缘。

⑥ 导线与接线端子连接时，不压绝缘层、不反圈及不露铜过长。

⑦ 要在每根剥去绝缘层的导线上套号码管，且同一个接线端子只套一个号码管。如图1-24所示，编号应顺着号码管的方向自下而上编写，其文字方向为由左向右。

图1-24　正确编号

1）安装控制电路。依次安装0号线、2号线、1号线。首次安装时应注意以下几点：

① 绝缘层不要剥得过多、露铜过长（露铜部分不超过0.5mm）。图1-25中的三根导线均露铜过长。

② 导线与 FU、SB 接线端子连接时应做成羊眼圈，不能反圈，也不能将导线全部固定在垫圈之下，或出现小股铜线分叉在接线端子之外的情况。图 1-26 所示为按钮线反圈，部分铜导线分叉在接线端子外。

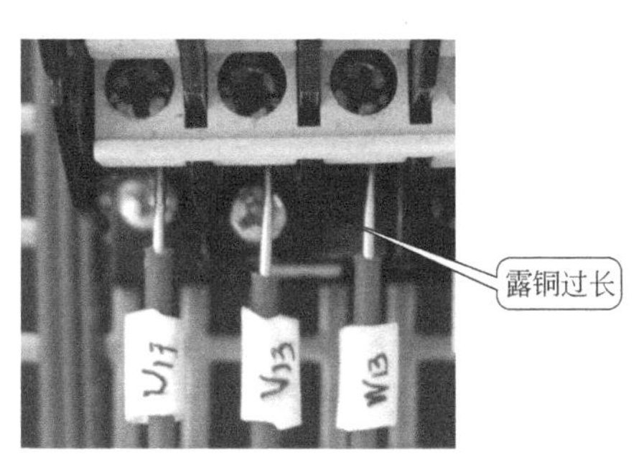

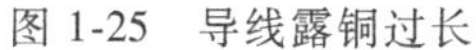
图 1-25　导线露铜过长

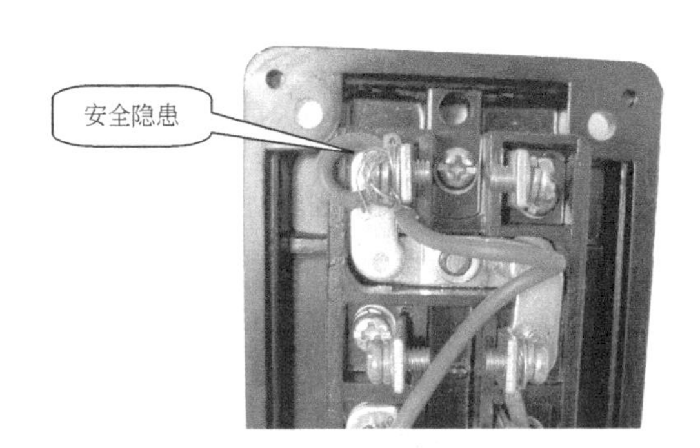

图 1-26　按钮接线不规范

③ 导线紧固前应套号码管，避免漏编号，且要注意线号的文字编写方向。

④ 起动按钮是常开按钮，不能接为常闭按钮。

2）安装主电路。依次安装 U11、V11、W11、U12、V12、W12、U、V、W、PE，工艺要求与控制电路一样。

（2）外围设备配线安装　连接外围设备与板上元件时，必须通过接线端子 XT 对接。

1）安装连接按钮，按照导线号与接线端子 XT 的下端对接。

2）安装电动机。连接电源连接线及金属外壳接地线，编好号后按照导线号与接线端子 XT 的下端对接。

3）连接三相电源插头线。将三相电源线的两端分别编好号，一端与三相电源插头相连，另一端按号码与接线端子 XT 的下端相连。如图 1-27 所示，连接三相电源插头时，要注意保护接地线（PE 线，以下简称接地线）必须接接地端子，同时接地线不能与相线对调，否则会出现安全事故。

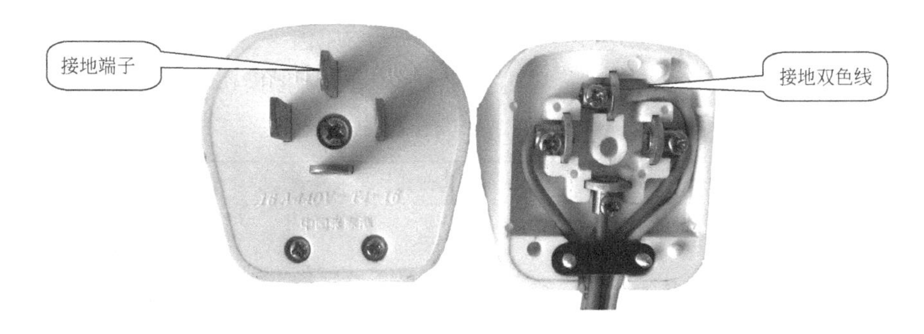

图 1-27　三相电源插头的连接

4. 自检

1）检查布线。对照接线图检查是否掉线、错线，是否漏编或错编号，接线是否牢固等。

2）使用万用表检测。按表 1-11 使用万用表检测安装的电路，若测量阻值与正确阻值不符，应根据电路图检查是否有错线、掉线、错位、短路等情况。

表 1-11　用万用表检测电路的过程

序号	检测任务	操作方法		正确阻值	测量阻值	备注
1	检测主电路	测量 XT 的 U11 与 V11、U11 与 W11、V11 与 W11 之间的阻值	常态时，不动作任何元件	均为∞		R×10kΩ 档
2			压下 KM	均为 M 两相定子绕组的阻值之和		R×1Ω 档
3	检测控制电路	测量 XT 的 U11 与 V11 之间的阻值	按下 SB1	KM 线圈的阻值		R×100Ω 档

5. 通电调试和故障模拟

（1）调试电路　经自检，确认安装的电路正确和无安全隐患后，在教师监护下，按表 1-12 通电试车。切记严格遵守安全操作规程，确保人身安全。

表 1-12　电路运行情况记录表

步骤	操作内容	观察内容	正确结果	观察结果	备注
1	先插上电源插头，再合上断路器	电源插头 断路器	已合闸		顺序不能颠倒
2	按下起动按钮 SB	接触器	吸合		单手操作 注意安全
		电动机	运转		
3	松开起动按钮 SB	接触器	释放		
		电动机	停转		
4	拉下断路器后，拔下电源插头	断路器 电源插头	已分断		做了吗

（2）故障模拟　在实际工作中，经常会由于短路等原因造成熔断器烧毁，从而导致控制回路断开，出现电动机不能起动的现象。下面按表 1-13 模拟操作，观察故障现象。

表 1-13　故障现象观察记录表

步骤	操作内容	造成的故障现象	观察的故障现象	备注
1	旋松 FU2 的瓷帽	KM 不吸合，电动机不能起动		
2	先插上电源插头，再合上断路器			已送电，注意安全
3	按下起动按钮 SB			
4	拉下断路器后，拔下电源插头			做了吗

（3）分析调试及故障模拟结果

1）按下起动按钮 SB，接触器 KM 得电吸合，电动机运转；松开按钮 SB，接触器 KM 失电释放，电动机停转，从而实现了电动机的点动运转控制。

2）旋松熔断器 FU2 后，按下起动按钮 SB，接触器 KM 不吸合，电动机不运转。由此可见，控制电路中的任何一处断开，接触器 KM 都不能得电吸合，势必造成主电路不工作。

6. 操作要点

1）电源进线应接熔断器的上接线端子，负载线应接熔断器的下接线端子。

2）固定元件时，用力要适中，不可过猛，防止损坏元件。接线固定拧紧时，紧固程度要适中，防止螺钉打滑。

3）软导线必须先拧成一束后，再插进接线端子内固定，严禁出现小股铜线分叉在接线端子外的情况。

4）电动机的外壳必须可靠接地。

5）通电调试前必须检查是否存在安全隐患，确认安全后，必须在教师的监护下按照通电调试要求和步骤进行操作。

六、质量评价标准

项目质量考核要求及评分标准见表 1-14。

表 1-14　质量评价表

考核项目	考　核　要　求	配分	评　分　标　准	扣分	得分	备注
元器件安装	1. 按照接线图布置元件 2. 正确固定元件	10	1. 不按接线图固定元件扣 10 分 2. 元件安装不牢固每处扣 3 分 3. 元件安装不整齐、不均匀、不合理每处扣 3 分 4. 损坏元件每处扣 5 分			
电路安装	1. 按图施工 2. 合理布线，做到美观 3. 规范走线，做到横平竖直，无交叉 4. 规范接线，无线头松动、反圈、压皮、露铜过长及损伤绝缘层 5. 正确编号	40	1. 不按接线图接线扣 40 分 2. 布线不合理、不美观每根扣 3 分 3. 走线不横平竖直每根扣 3 分 4. 线头松动、反圈、压皮、露铜过长每扣 3 分 5. 损伤导线绝缘或线芯每根扣 5 分 6. 错编、漏编号每处扣 3 分			
通电试车	按照要求和步骤正确调试电路	50	1. 主控电路配错熔管每处扣 10 分 2. 一次试车不成功扣 10 分 3. 两次试车不成功扣 30 分 4. 三次试车不成功扣 50 分			
安全生产	自觉遵守安全文明生产规程		1. 漏接接地线每处扣 10 分 2. 发生安全事故按 0 分处理			
时间	4h		提前正确完成，每 5min 加 5 分；超过定额时间，每 5min 扣 2 分			
开始时间：		结束时间：		实际时间：		

七、拓展与提高——手动正转控制电路

手动正转控制电路如图 1-28 所示，它直接通过低压开关 QS 或低压断路器 QF 控制电动

机的起动与停止，合上 QS 或 QF，电动机得电运转；断开 QS 或 QF，电动机失电停转。此电路常被用来控制砂轮机、冷却泵等设备。

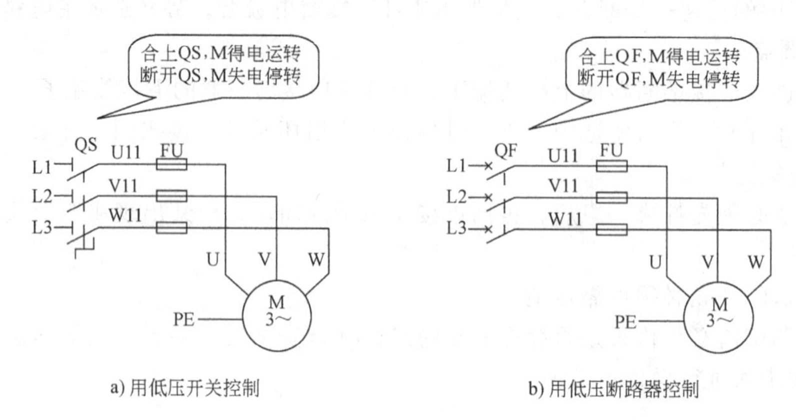

a) 用低压开关控制　　b) 用低压断路器控制

图 1-28　手动正转控制电路

习　题

1. 什么是电路图？简述绘制、识读电路图应遵循的原则。

2. 什么是接线图？简述绘制、识读接线图应遵循的原则。

3. 如何判别螺旋式熔断器、按钮及交流接触器质量的好坏？

4. 简述点动正转控制电路的工作原理。若电路中交流接触器的主触头损坏，电路会出现何种故障？

5. 板前布线的工艺要求是什么？线路安装完毕应如何检测？

项目二　具有过载保护的接触器自锁正转控制电路

一、学习目标

1. 会识别、使用 JR36-20 型热继电器。

2. 会识读具有过载保护的接触器自锁正转控制电路图和接线图，并能说出自锁的作用及电路的动作程序。

3. 能根据电路图正确安装与调试具有过载保护的接触器自锁正转控制电路。

二、学习任务

1. 项目任务

本项目的任务是安装与调试具有过载保护的接触器自锁正转控制电路。要求该电路具有电动机连续运转控制功能，即按下起动按钮后，电动机连续运转；按下停止按钮后，电动机停转。

2. 任务流程图

具体的学习任务及学习过程如图 2-1 所示。

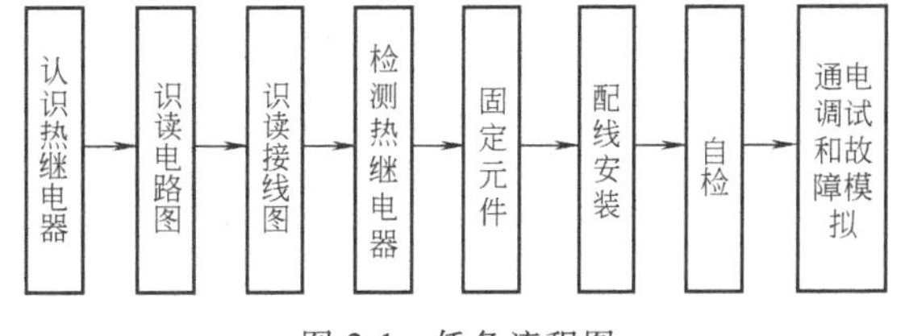

图 2-1　任务流程图

三、环境设备

学习所需工具、设备见表 2-1。

表 2-1　工具、设备清单

序号	分类	名　称	型 号 规 格	数量	单位	备　注
1	工具	常用电工工具		1	套	
2		万用表	MF47	1	只	
3	设备	熔断器	RL1-15	5	只	
4		熔管	5A	3	只	
			2A	2	只	
5		接触器	CJX1-12/22,380V	1	只	
6		热继电器	JR36-20	1	只	
7		按钮	LA38/203	1	只	
8		三相笼型异步电动机	0.75kW,380V,Y 联结	1	台	
9		端子	TB-1512L	1	条	
10		安装网孔板	600mm×700mm	1	块	
11		三相电源插头	16A	1	只	

（续）

序号	分类	名　称	型号规格	数量	单位	备注
12	消耗材料	铜导线	BV-1.5mm^2	5	m	
13			BV-1.5mm^2	2	m	双色
14			BV-1.0mm^2	3	m	
15			BVR-0.75mm^2	2	m	
16		紧固件	M4×20 螺钉	若干	只	
17			M4 螺母	若干	只	
18			ϕ4mm 垫圈	若干	只	
19		编码管	ϕ1.5mm	若干	m	
20		编码笔	小号	1	支	

四、背景知识

由项目一得知，点动正转控制电路具有电动机点动运转控制功能，即按下起动按钮，电动机得电运转；松开起动按钮，电动机失电停转。所以在要求电动机连续运转的场合，采用点动正转控制电路进行控制显然是不恰当的。而连续运转的电动机经常会出现负载过重、断相运行或欠电压运行等现象，这会造成其定子绕组的电流过大而烧毁电动机。本项目将解决电动机连续运行和过载保护的问题。热继电器就是一个具有过载保护功能的低压电器。

1. 认识 JR36-20 型热继电器

热继电器是利用流过继电器的电流所产生的热效应来反时限动作的自动保护电器。所谓反时限动作，是指电器的延时动作时间随通过其电路电流的增大而缩短。热继电器主要与接触器配合使用，用于电动机的过载保护、断相保护、电流不平衡运行保护以及其他电气设备的发热状态控制。图 2-2 是部分 JR36 系列热继电器外形图。

JR36 系列热继电器主要用于 AC 50Hz/60Hz，额定电压至 690V，电流为 0.25～32A 的三相交流电动机的过载保护和断相保护。

图 2-2　部分 JR36 系列热继电器外形图

（1）型号及含义　JR 系列热继电器的型号及含义如下：

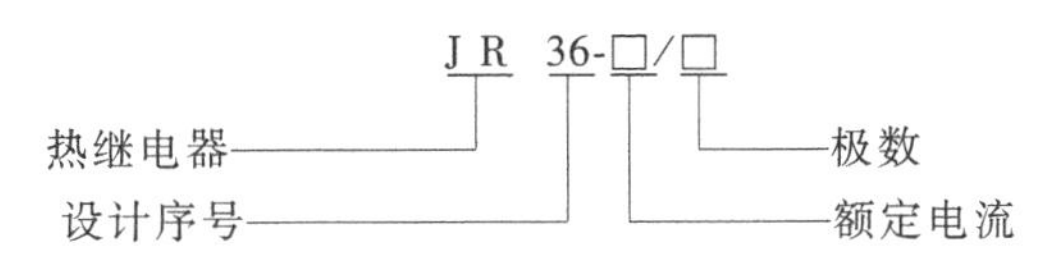

（2）主要技术参数　JR36-20 型热继电器的主要技术参数见表 2-2。

表 2-2　JR36-20 型热继电器的主要技术参数

类　别	额定电压/V	电流/A	整　定　电　流　范　围/A	
主电路	690	20	0.25～0.30～0.35	3.2～4.0～5.0
			0.32～0.40～0.50	4.5～6.0～7.2
			0.45～0.60～0.72	6.8～9.0～11
			0.68～0.90～1.10	10～13～16
			1.0～1.3～1.6	14～18～22
			1.5～2.0～2.4	20～26～32
			2.2～2.8～3.5	
辅助触头	380	0.47	约定驱动电流/A	
			10	

（3）结构与符号　如图 2-3 所示，热继电器主要由驱动元件（旧称发热元件）、触头系统、动作机构、电流整定装置、复位机构和温度补偿元件等组成。当电动机过载时，流过驱动元件的电流超过其整定电流（整定电流是指热继电器连续工作而不动作的最大电流），驱动元件所产生的热量足以使双金属片弯曲，从而推动导板向右移动，再通过杠杆推动触头系统动作，使常闭触头断开、常开触头闭合。使用热继电器时，需要将驱动元件串联在主电路中，将常闭触头串联在控制电路中。

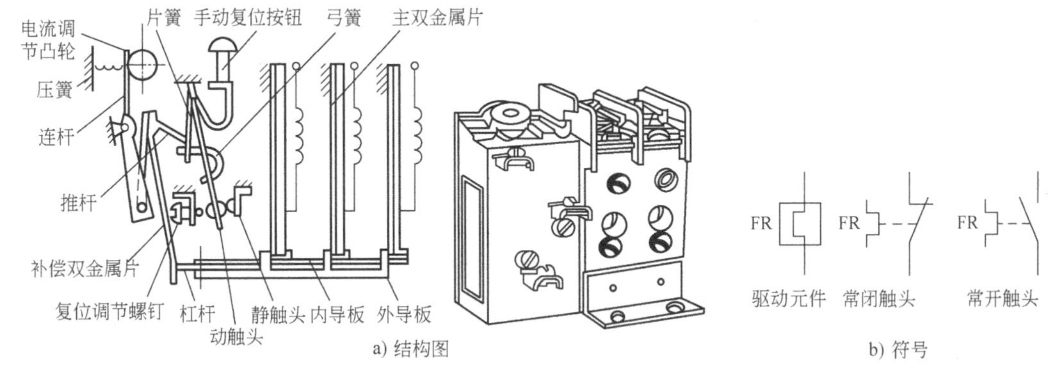

图 2-3　JR36-20 型热继电器的结构与符号

2. 识读电路图

图 2-4 是具有过载保护的接触器自锁正转控制电路图。与点动正转控制电路相比，其在主电路中串联了热继电器的驱动元件；在控制电路中串联了停止按钮 SB2 和热继电器常闭触头 FR；而在起动按钮 SB1 的两端则并联了接触器的辅助常开触头。

（1）电路组成　具有过载保护的接触器自锁正转控制电路的组成及各元件的功能见表 2-3。

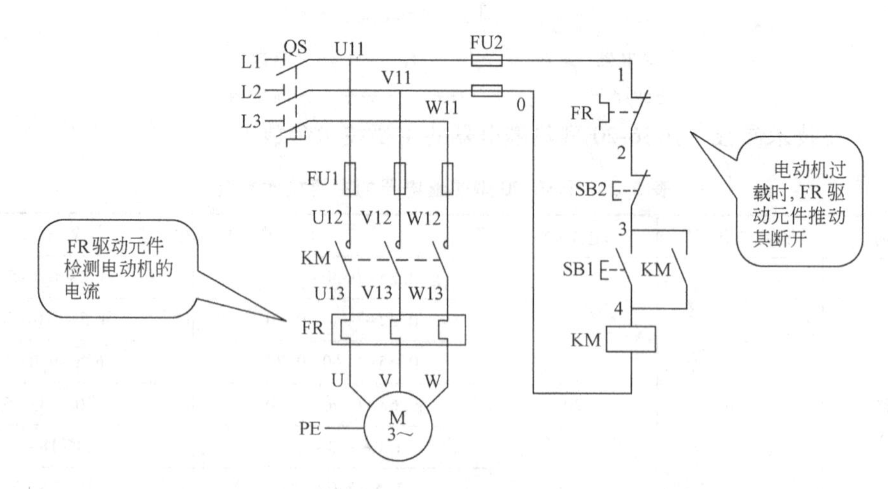

图 2-4　具有过载保护的接触器自锁正转控制电路图

表 2-3　具有过载保护的接触器自锁正转控制电路的组成及各元件的功能

序号	电路名称	电路组成	元　件　功　能	备　注
1	电源电路	QS	电源开关	水平绘制在电路图的上方
2		FU2	熔断器，用于控制电路的短路保护	
3	主电路	FU1	熔断器，用于主电路的短路保护	垂直于电源线，绘制在电路图的左侧
4		KM 主触头	控制电动机的运转与停止	
5		FR 驱动元件	驱动元件配合常闭触头用于电动机的过载保护	
6		M	电动机	
7	控制电路	FR 常闭触头	过载保护	垂直于电源线，绘制在电路图的右侧
8		SB2	停止按钮	
9		SB1	起动按钮	
10		KM 辅助常开触头	接触器自锁触头	
11		KM 线圈	控制 KM 的吸合和释放	

具有过载保护的接触器自锁正转控制电路

（2）工作原理　图 2-5a 所示为起动电路，图 2-5b 所示为自锁电路。具有过载保护的接触器自锁正转控制电路的动作顺序如下：

1）先合上电源开关 QS。

2）起动。

按下SB1→起动电路接通→KM吸合→主触头闭合→电动机M得电连续运转
　　　　　　　　　　　　　　　　→辅助常开触头闭合，通过自锁电路对线圈供电（返回KM吸合）

3）停止。按下 SB2→自锁电路断开→KM 释放→KM 常开触头断开→电动机 M 失电停转。

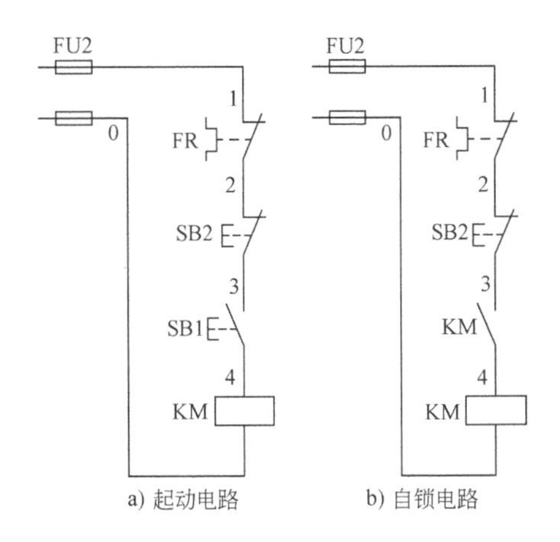

图 2-5　具有过载保护的接触器自锁正转控制电路的起动电路和自锁电路

松开起动按钮 SB1 的瞬间，KM 辅助常开触头还处于闭合状态，所以 KM 线圈仍然通电，接触器保持吸合的状态，这种辅助常开触头起到的作用称为自锁。这种起自锁作用的辅助常开触头称为自锁触头。

3. 识读接线图

图 2-6 是具有过载保护的接触器自锁正转控制电路接线图，下面按表 2-4 识读该接线图。

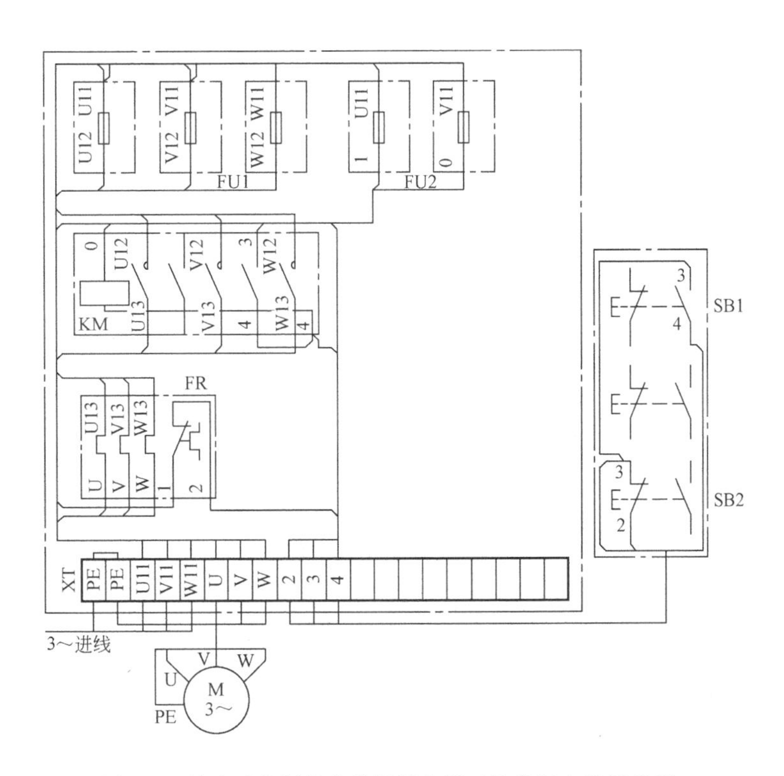

图 2-6　具有过载保护的接触器自锁正转控制电路接线图

表 2-4　具有过载保护的接触器自锁正转控制电路元件布置及布线一览表

序号	项目		具体内容	备注
1	元件位置		FU1、FU2、KM、FR、XT	控制板上的元件
2			电动机 M、SB1、SB2	控制板的外围元件
3	控制板上元件的布线	控制电路走线	0 号线：FU2→KM	安装时使用 BV-1.0mm^2 导线
4			1 号线：FU2→FR	
5			2 号线：FR→XT	
6			3 号线：KM→XT	
7			4 号线：KM→KM→XT	
8		主电路走线	U11、V11：XT→FU1→FU2	安装时使用 BV-1.5mm^2 导线
9			W11：XT→FU1	
10			U12、V12、W12：FU1→KM	
11			U13、V13、W13：KM→FR	
12			U、V、W：FR→XT	安装时使用 BV-1.5mm^2 双色线
13			PE：XT→XT	
14	外围元件的布线	按钮走线	2 号线：XT→SB2	安装时使用 BVR-0.75mm^2 软导线
15			3 号线：XT→SB2→SB1	
16			4 号线：XT→SB1	
17		电动机走线	U、V、W、PE：XT→M	
18		电源线走线	U11、V11、W11、PE：电源→XT	

五、操作指导

1. 检测元件

读图 2-7 后，按表 2-5 检测 JR36-20 型热继电器。

图 2-7　JR36-20 型热继电器

表 2-5　JR36-20 型热继电器的检测过程

序号	检测任务	检测方法	参　考　值	检测值	要点提示
1	读热继电器的铭牌	铭牌贴在热继电器的侧面	标有型号、技术参数等		使用时，规格的选择必须正确
2	找到整定电流调节旋钮	见图 2-7	旋钮上标有整定电流值		
3	找到复位按钮		RESET/STOP		
4	找到测试键	位于热继电器前侧的下方	TEST		
5	找到驱动元件的接线端子	见图 2-7	1/L1—2/T1 3/L2—4/T2 5/L3—6/T3		编号方法与交流接触器一样
6	找到常闭触头的接线端子		95—96		编号写在对应的接线端子旁
7	找到常开触头的接线端子		97—98		
8	检测、判别常闭触头的好坏	常态时，测量常闭触头的阻值	阻值约为 0Ω		若测量阻值与参考阻值不同，则说明触头已损坏或接触不良
		动作测试键后，再测量其阻值	阻值为∞		
9	检测、判别常开触头的好坏	常态时，测量常开触头的阻值	阻值为∞		
		动作测试键后，再测量其阻值	阻值约为 0Ω		

2. 固定元件

参照项目一的方法，按图 2-6 固定元件。如图 2-8 所示，安装热继电器时，一般将整定电流装置安装在右边，并要注意热继电器与其他电气元件的间距，以保证在进行热继电器整定电流的调整和复位时的安全性与方便性。

3. 配线安装

（1）板前配线安装　参考图 2-8，遵循板前配线原则及工艺要求，按图 2-6 和表 2-4 进行板前配线。

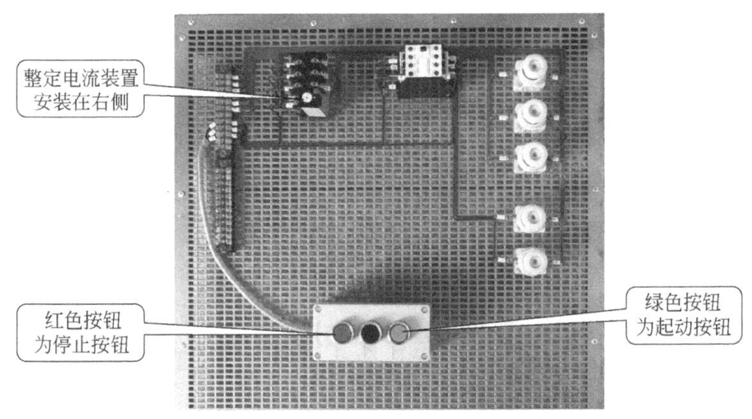

图 2-8　具有过载保护的接触器自锁正转控制电路安装板

1）安装控制电路。依次安装3号线、0号线、1号线、4号线和2号线。容易出错的地方有：

① 接触器的辅助常开触头接线错位或将线接至常闭触头上。在接线时，首先要选对辅助常开触头（接触器的第1对或第4对常开触头），再根据“面对面”的原则进行接线。如图2-9所示，KM辅助常开触头3号线的对面一定是4号线。

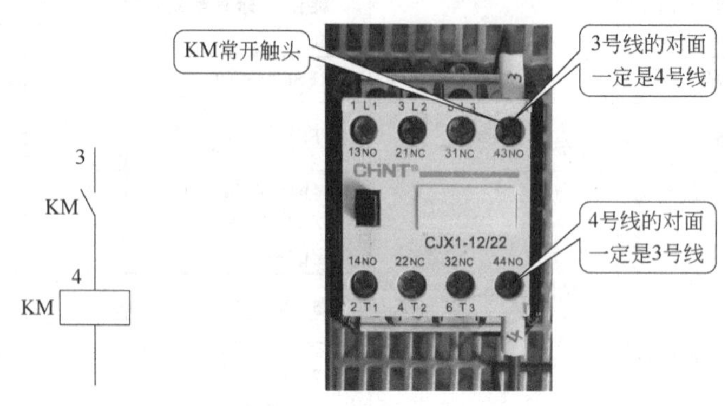

图2-9 “面对面”接线

② 热继电器的辅助常闭触头接线错位。应将1号线、2号线分别与热继电器的95和96号接线端子相连。

③ 起动按钮与停止按钮选择错误。如图2-8所示，必须将绿色按钮选用为起动按钮SB1，将红色按钮选用为停止按钮SB2，不可对调。同时应注意SB1为常开按钮，SB2为常闭按钮。

2）安装主电路。依次安装U11、V11、W11、U12、V12、W12、U13、V13、W13、U、V、W、PE。热继电器的接线应可靠，不可露铜过长。

（2）外围设备配线安装

1）安装连接按钮，依次连接按钮的2、3和4号线，再按照导线号与接线端子XT的下端对接。

2）安装电动机，连接电源连接线及金属外壳的接地线，按照导线号与接线端子XT的下端对接。

3）连接三相电源插头线。

4. 自检

1）检查布线。对照接线图检查是否掉线、错线，是否漏编或错编号以及接线是否牢固等。

2）使用万用表检测。按表2-6使用万用表检测安装的电路，若测量阻值与正确阻值不符，应根据电路图检查是否有错线、掉线、错位或短路等情况。

表2-6 用万用表检测电路

序号	检测任务	操作方法		正确阻值	测量阻值	备注
1	检测主电路	测量XT的U11与V11、U11与W11、V11与W11之间的阻值	常态时，不动作任何元件	均为∞		
2			压下KM	均为M两相定子绕组的阻值之和		
3	检测控制电路	测量XT的U11与V11之间的阻值	按下SB1	KM线圈的阻值		
4			压下KM			

5. 通电调试和故障模拟

（1）调试电路　经自检，确认安装的电路正确和无安全隐患后，在教师的监护下，按表 2-7 通电试车。切记严格遵守安全操作规程，确保人身安全。

表 2-7　电路运行情况记录表

步骤	操作内容	观察内容	正确结果	观察结果	备注
1	旋转 FR 整定电流调整装置，将整定电流设定为 10A（向右旋为调大，向左旋为调小）	整定电流值	10A		实际使用时，整定值为电动机额定电流的 0.95 ~ 1.05 倍
2	先插上电源插头，再合上断路器	电源插头 断路器	已合闸		顺序不能颠倒
3	按下起动按钮 SB1	接触器	吸合		单手操作注意安全
		电动机	运转		
4	松开起动按钮 SB1	接触器	吸合		
		电动机	连续运转		
5	按下停止按钮 SB2	接触器	释放		
		电动机	停转		
6	按下起动按钮 SB1	接触器	吸合		外界断电时，电路停止工作；电源恢复正常后，电路不能自行起动
		电动机	运转		
7	拉下断路器	接触器	释放		
		电动机	停转		
8	合上断路器	接触器	不动作		
		电动机	不转		
9	拉下断路器后，拔下电源插头	断路器电源插头	已分断		做了吗

（2）故障模拟

1）过载保护模拟。对于连续运行的电动机，经常由于过载、缺相等原因使热继电器动作，此时电动机失电停转，从而达到了过载及缺相保护的目的。下面按表 2-8 模拟操作，观察故障现象。

表 2-8　故障现象观察记录表（一）

步骤	操作内容	造成的故障现象	观察的故障现象	备注
1	先插上电源插头，再合上断路器	电动机运转过程中失电停转		已送电，注意安全
2	按下起动按钮 SB1			起动
3	动作 FR 测试键			模拟过载
4	拉下断路器后，拔下电源插头			做了吗

2）点动故障模拟。实际工作中，触头磨损等原因会造成自锁触头接触不良，从而导致自锁电路断开，造成电动机只能点动运转，不能连续运行的现象。下面按表 2-9 模拟操作，观察故障现象。

表 2-9 故障现象观察记录表（二）

步骤	操作内容	造成的故障现象	观察的故障现象	备注
1	拆下自锁触头上的 4 号线	接触器点动吸合，电动机点动运转		
2	先插上电源插头，再合上断路器			已送电，注意安全
3	按下起动按钮 SB1			起动
4	松开起动按钮 SB1			
5	拉下断路器后，拔下电源插头			做了吗

（3）分析调试及故障模拟结果

1）按下起动按钮 SB1，KM 线圈得电吸合，电动机运转；松开按钮 SB1 后，KM 线圈继续得电吸合，电动机连续运行；按下停止按钮 SB2 后，KM 线圈失电释放，电动机停转，实现了电动机的连续运转控制。

2）当断开自锁回路后，KM 只能点动吸合，不能保持；电动机只能点动运转，不能连续运行。由此可见，当自锁电路（3 号线→自锁触头→4 号线）的某处断开时，电路只有点动控制功能。

3）具有过载保护的接触器自锁正转控制电路具有过载保护功能。

4）具有过载保护的接触器自锁正转控制电路具有失电压保护功能。电路在电源断电后停止工作，接触器释放复位，当电源恢复供电时，控制电路都处于断开状态，电动机不会自行起动，从而保证了人身和设备安全。

同理，当电网电压低于吸合电压时，接触器释放，电动机停止运转，电动机不会因长期欠电压运行而烧毁，从而保证了电动机的安全。这就是接触器自锁控制电路的欠电压保护功能。

6. 操作要点

1）热继电器的热元件应串接在主电路中，其常闭触头应串接在控制电路中。

2）热继电器的整定电流应按电动机额定电流的 0.95~1.05 倍调整。

3）自锁触头应并联在起动按钮的两端。

4）一般选红色按钮作为停止按钮，绿色按钮作为起动按钮。

5）电动机的外壳必须可靠接地。

6）通电调试前必须检查是否存在安全隐患，确认安全后，在教师的监护下按照通电调试要求和步骤进行操作。

六、质量评价标准

项目质量考核要求及评分标准见表 2-10。

表 2-10　质量评价表

考核项目	考　核　要　求	配分	评　分　标　准	扣分	得分	备注
元器件安装	1. 按照接线图布置元件 2. 正确固定元件	10	1. 不按接线图固定元件扣 10 分 2. 元件安装不牢固每处扣 3 分 3. 元件安装不整齐、不均匀、不合理每处扣 3 分 4. 损坏元件每处扣 5 分			
电路安装	1. 按图施工 2. 合理布线，做到美观 3. 规范走线，做到横平竖直，无交叉 4. 规范接线，无线头松动、反圈、压皮、露铜过长及损伤绝缘层 5. 正确编号	40	1. 不按接线图接线扣 40 分 2. 布线不合理、不美观每根扣 3 分 3. 走线不横平竖直每根扣 3 分 4. 线头松动、反圈、压皮、露铜过长每处扣 3 分 5. 损伤导线绝缘或线芯每根扣 5 分 6. 错编、漏编号每处扣 3 分			
通电试车	按照要求和步骤正确调试电路	50	1. 主控电路配错熔管每处扣 10 分 2. 整定电流调整错误扣 5 分 3. 一次试车不成功扣 10 分 4. 两次试车不成功扣 30 分 5. 三次试车不成功扣 50 分			
安全生产	自觉遵守安全文明生产规程		1. 漏接接地线每处扣 10 分 2. 发生安全事故按 0 分处理			
时间	4h		提前正确完成，每 5min 加 5 分；超过定额时间，每 5min 扣 2 分			
开始时间：		结束时间：		实际时间：		

七、拓展与提高——连续与点动混合正转控制电路

连续与点动混合正转控制电路如图 2-10 所示，SB1 为连续运转起动按钮，SB2 为点动运转起动按钮。当 SB2 动作时，其常闭触头断开，自锁电路被切断，自锁功能失效，此时电

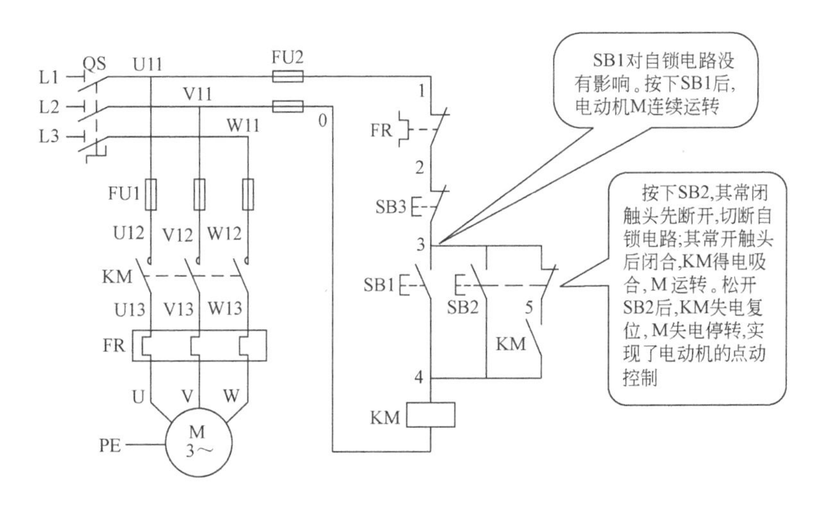

图 2-10　连续与点动混合正转控制电路图

路只有点动控制功能。当 SB1 动作时，自锁电路产生作用，电路具有连续控制功能。此电路常用于正常工作时电动机连续运转，试车或调整刀具与工件位置时电动机点动运转的机床设备。

习　题

1. 什么叫自锁？如何实现接触器自锁？请判断图 2-11 所示的控制电路能否实现自锁控制，若不能，请加以改正。

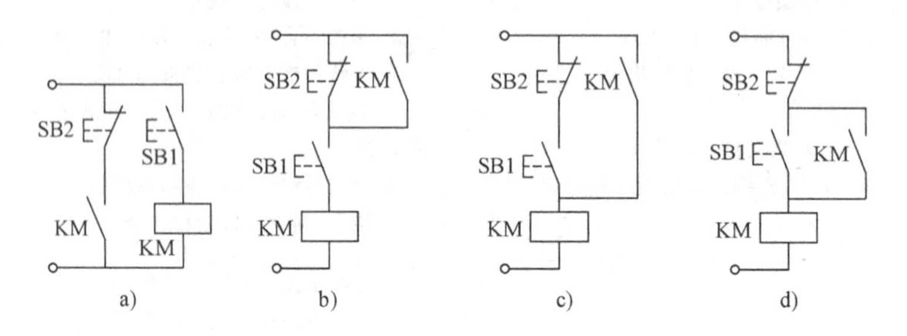

图 2-11　习题 1 图

2. 使用热继电器进行过载保护时，应如何连接电路？试分析图 2-12 所示的电路是否具有过载保护功能。

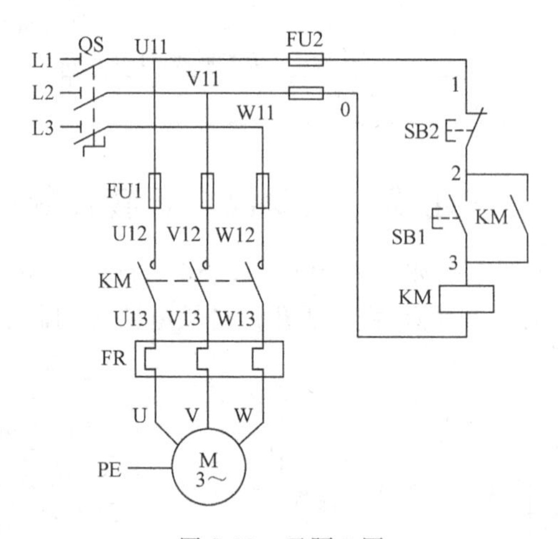

图 2-12　习题 2 图

3. 如何检测具有过载保护的接触器自锁正转控制电路的好坏？若自锁触头接触不良，电路会出现何种故障？

项目三　接触器联锁的正反转控制电路

一、学习目标

1. 知道三相异步电动机反转的接线方法。
2. 会识读接触器联锁的正反转控制电路图和接线图，并能说出电路的动作程序。
3. 能根据电路图正确安装与调试接触器联锁的正反转控制电路。

二、学习任务

1. 项目任务

本项目的任务是安装与调试接触器联锁的正反转控制电路。要求电路具有电动机双方向运转控制功能，即按下正向起动按钮，电动机正转；按下停止按钮，电动机停转；按下反向起动按钮，电动机反转。

2. 任务流程图

具体学习任务及学习过程如图 3-1 所示。

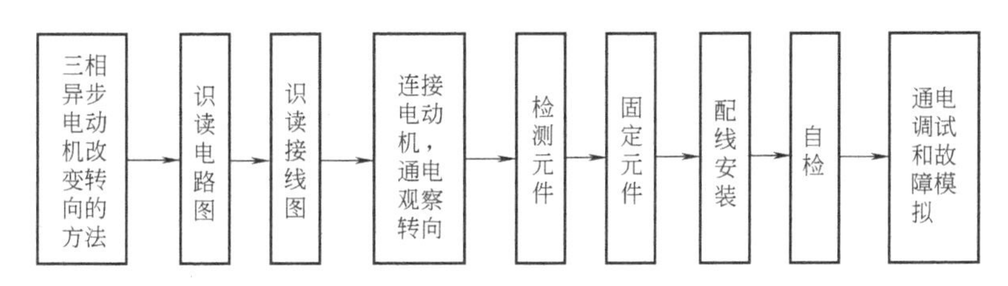

图 3-1　任务流程图

三、环境设备

学习所需工具、设备见表 3-1。

表 3-1　工具、设备清单

序号	分类	名　称	型号规格	数量	单位	备注
1	工具	常用电工工具		1	套	
2		万用表	MF47	1	只	
3	设备	熔断器	RL1-15	5	只	
4		熔管	5A	3	只	
			2A	2	只	
5		交流接触器	CJX1-12/22,380V	2	只	
6		热继电器	JR36-20	1	只	
7		按钮	LA38/203	1	只	
8		三相笼型异步电动机	0.75kW,380V,Y联结	1	台	
9		端子	TB-1512L	1	条	
10		安装网孔板	600mm×700mm	1	块	
11		三相电源插头	16A	1	只	

（续）

序号	分类	名　　称	型号规格	数量	单位	备注
12	消耗材料	铜导线	BV-1.5mm²	5	m	
13			BV-1.5mm²	2	m	双色
14			BV-1.0mm²	3	m	
15			BVR-0.75mm²	2	m	
16		紧固件	M4×20 螺钉	若干	只	
17			M4 螺母	若干	只	
18			ϕ4mm 垫圈	若干	只	
19		编码管	ϕ1.5mm	若干	m	
20		编码笔	小号	1	支	

四、背景知识

由项目二可知，接触器自锁正转控制电路只具有电动机单方向运转控制功能，而本项目却要求电动机能向两个方向旋转，既有正转控制，又有反转控制。如何让电动机反转起来就成为实施任务的关键，本项目的任务就是学习接触器联锁的正反转控制电路。

1. 三相异步电动机改变转向的方法

由三相异步电动机的工作原理可知，电动机的转向由旋转磁场的旋转方向决定。接入电动机三相定子绕组的电压相序改变了，则产生的旋转磁场的旋转方向就改变了，电动机的转向也就随之改变。只要调换三相异步电动机任意两相定子绕组所接的电源线（相序），旋转磁场即改变转向，电动机也就随之改变转向。改变电动机旋转方向的方法是改变电动机的电源相序，即对调接入电动机三相电源线中的任意两根。

2. 识读电路图

图 3-2 是接触器联锁的正反转控制电路图。当 KM1 主触头闭合时，电动机定子绕组 U-V-W 的电源相序为 L1-L2-L3；当 KM2 主触头闭合时，电动机定子绕组 U-V-W 的电源相序为

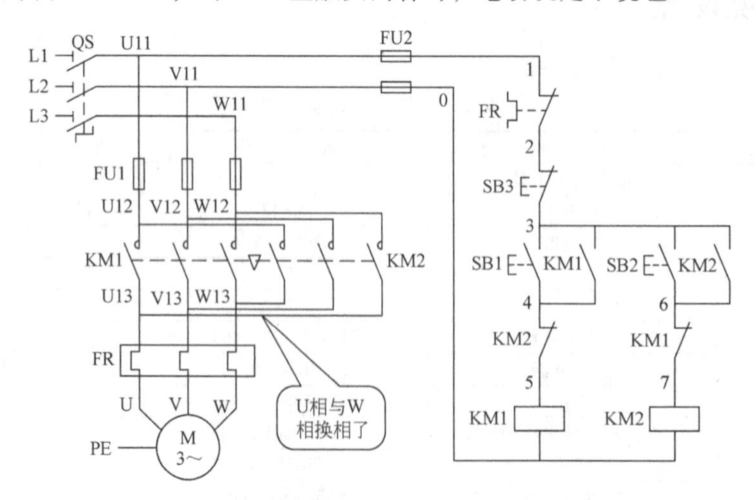

图 3-2　接触器联锁的正反转控制电路图

L3-L2-L1。很显然，通过控制 KM1 与 KM2 的动作切换，可改变电动机定子绕组的电源相序，实现电动机转向的改变，即 KM1 得电动作时，电动机正转；KM2 得电动作时，电动机反转。

（1）电路组成　接触器联锁的正反转控制电路的组成及各元件的功能见表 3-2。

表 3-2　接触器联锁的正反转控制电路的组成及各元件的功能

序号	电路名称	电路组成	元件功能	备注
1	电源电路	QS	电源开关	
2		FU2	熔断器，用于控制电路的短路保护	
3	主电路	FU1	熔断器，用于主电路的短路保护	KM1 和 KM2 必须联锁，避免同时闭合，否则会造成 L1 和 L3 两相电源短路事故
4		KM1 主触头	控制电动机正转	
5		KM2 主触头	控制电动机反转	
6		FR 驱动元件	与常闭触头配合，用于过载保护	
7		M	电动机	
8	控制电路	FR 常闭触头	过载保护	正反转控制电路的公共电路
9		SB3	停止按钮	
10		SB1	正转起动按钮	正转控制电路，KM2 的常闭触头串联在 KM1 线圈电路中
11		KM1 辅助常开触头	KM1 自锁触头	
12		KM2 辅助常闭触头	联锁保护	
13		KM1 线圈	控制 KM1 的吸合与释放	
14		SB2	反转起动按钮	反转控制电路，KM1 的常闭触头串联在 KM2 线圈电路中
15		KM2 辅助常开触头	KM2 自锁触头	
16		KM1 辅助常闭触头	联锁保护	
17		KM2 线圈	控制 KM2 的吸合与释放	

（2）工作原理　接触器联锁的正反转控制电路的动作顺序如下：

接触器联锁的正反转控制电路

1）先合上电源开关 QS。

2）正转控制。

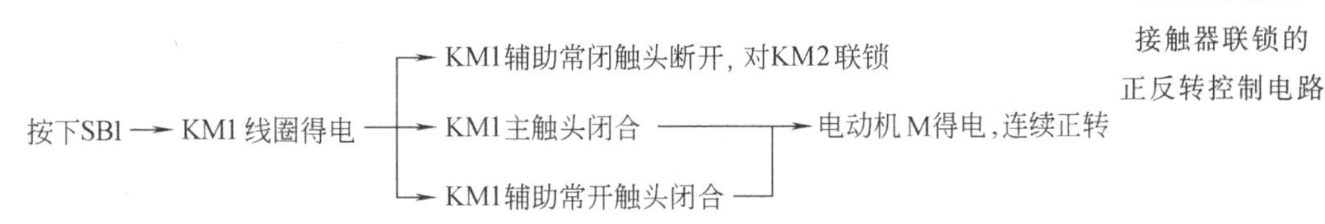

3）停止。

按下 SB3→KM1 失电→KM1 主触头断开→电动机失电停转。

4）反转控制。

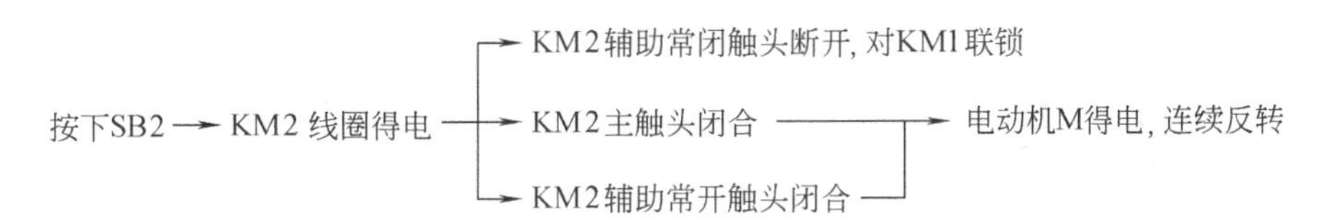

由电路的动作程序看，由于接触器线圈电路中分别串联了对方的常闭触头，这样，两只接触器中就只能有一只吸合动作。这种接触器相互制约的作用叫做接触器联锁（或互锁）。将起联锁作用的辅助常闭触头称为联锁触头（或互锁触头），主触头联锁用符号“▽”表示。

3. 识读接线图

图 3-3 是接触器联锁的正反转控制电路接线图，其元件布置及布线情况见表 3-3。

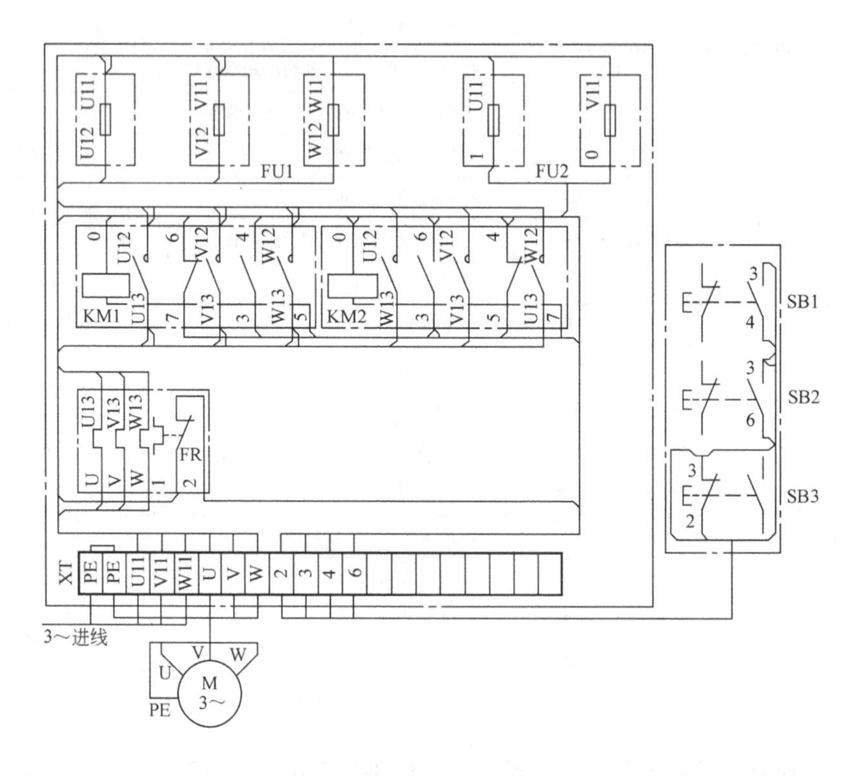

图 3-3　接触器联锁的正反转控制电路接线图

表 3-3　接触器联锁的正反转控制电路元件布置及布线一览表

序号	项目		具体内容	备注
1	元件位置		FU1、FU2、KM1、KM2 、FR、XT	
2			电动机 M、SB1、SB2 、SB3	
3	板上元件的布线	控制电路走线	0 号线：FU2→KM2→KM1	
4			1 号线：FU2→FR	
5			2 号线：FR→XT	
6			3 号线：KM1→KM2→XT	
7			4 号线：KM1→KM2→XT	
8			5 号线：KM2→KM1	
9			6 号线：KM1→KM2→XT	
10			7 号线：KM1→KM2	

（续）

序号	项目		具体内容	备注
11	板上元件的布线	主电路走线	U11、V11：XT→FU1→FU2	
12			W11：XT→FU1	
13			U12、V12、W12：FU1→KM1→KM2	
14			U13、V13、W13：KM2→KM1→FR	
15			U、V、W：FR→XT	
16			PE：XT→XT	
17	外围元件的布线	按钮走线	2号线：XT→SB3	
18			3号线：XT→SB3→SB2→SB1	
19			4号线：XT→SB1	
20			6号线：XT→SB2	
21		电动机走线	U、V 、W、PE：XT→M	
22		电源线走线	U11、V11、W11、PE：电源→XT	

五、操作指导

1. 连接电动机，通电观察转向

将三相电源线的两端分别编号为 L1、L2、L3 和 PE 后，其中一端与三相电源插头相连。

（1）正转接线

1）拆下电动机接线盒。

2）如图 3-4a 所示，将电动机定子绕组的出线端 U、V、W 分别与三相电源插头线的 L1、L2、L3 号线相连，电动机的外壳接 PE 线。

3）放平放稳电动机后，将三相电源插头插入电源插座，合上断路器，观察电动机的旋转方向。

4）拉下断路器，拔出电源插头。

（2）反转接线

1）如图 3-4b 所示，对调电动机三相电源线中的 L1 和 L2 号线。

2）将三相电源插头插入电源插座，合上断路器，观察电动机的旋转方向。

3）拉下断路器，拔出电源插头。

4）安装固定电动机的接线盒。

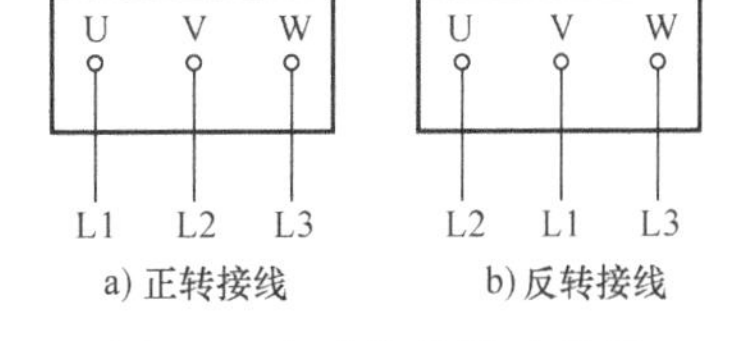

图 3-4　电动机接线示意图

2. 检测元件

按表 3-1 配齐所用元件，检查元件的规格是否符合要求，并检测元件的质量是否完好。

3. 固定元件

参照图 3-5，根据元件固定方法，按图 3-3 固定元件。

4. 配线安装

（1）板前配线安装 参考图 3-5，遵循板前配线原则及工艺要求，按图 3-3 和表 3-3 进行板前配线。

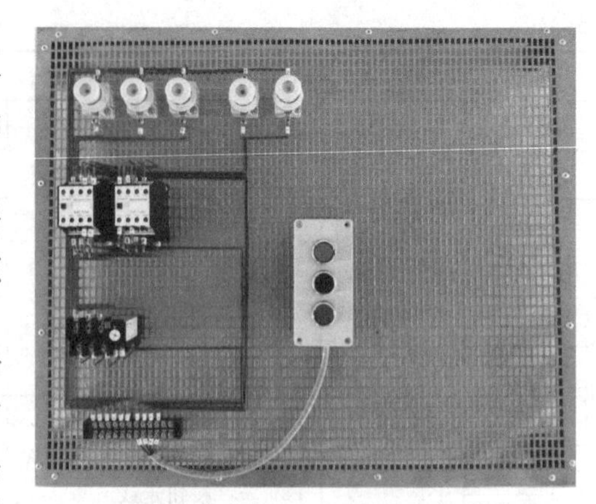

图 3-5　接触器联锁的正反转控制电路安装板

1）安装控制电路。依次安装 4 号线、6 号线、0 号线、1 号线、7 号线、5 号线、3 号线和 2 号线。容易出错的地方有：

① 接触器的辅助常开触头和常闭触头混淆接线。必须先找对元件，再结合“面对面”原则进行接线。

② 辅助触头接线错位。每只接触器有两对辅助常开触头和两对辅助常闭触头，接线时可以选择其中的一对，但不能将同一对辅助触头的上接线端接至其中一对辅助触头的上接线端子，而下接线端接至另一对辅助常开触头的下接线端子。

③ 错编及漏编号。因电路较复杂，应及时地正确编写号码，否则容易错编而导致接线错误。

2）安装主电路。依次安装 U11、V11、W11、U12、V12、W12、U13、V13、W13、V、U、W 与 PE 号线。KM1 和 KM2 主触头的配线应注意以下两点：

① U12、V12 和 W12 号线的配线。如图 3-6 所示，应将 KM1 的第一对与 KM2 的第一对相连，KM1 的第二对与 KM2 的第二对相连，KM1 的第三对与 KM2 的第三对相连。

② U13、V13 和 W13 号线的配线。如图 3-6 所示，应将 KM1 的第一对与 KM2 的第三对相连，KM1 的第二对与 KM2 的第二对相连、KM1 的第三对与 KM2 的第一对相连。

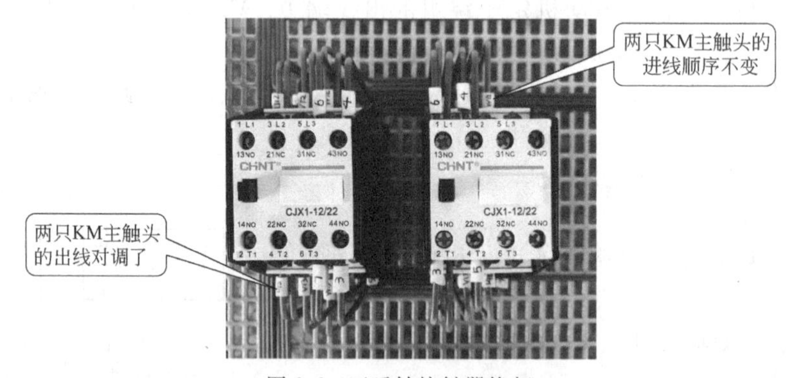

图 3-6　正反转接触器换相

（2）外围设备配线安装

1）安装连接按钮。

2）安装连接电动机。正反转切换时，电动机承受的冲击力和振动较大，因此，电动机应固定可靠、安放平稳，防止电动机发生滚动而引发事故。

3）连接三相电源插头线。

5. 自检

1）检查布线。对照接线图检查是否掉线、错线，是否漏编或错编号以及接线是否牢固等。

2）使用万用表检测。按表3-4使用万用表检测安装的电路，如测量阻值与正确阻值不符，应根据电路图检查是否有错线、掉线、错位或短路等情况。

表3-4　用万用表检测电路

序号	检测任务	操作方法		正确阻值	测量阻值	备注
1	检测主电路	测量XT的U11与V11、U11与W11、V11与W11之间的阻值	常态时，不动作任何元件	均为∞		
2			压下KM1	均为M两相定子绕组的阻值之和		
3			压下KM2			
4	检测控制电路	测量XT的U11与V11之间的阻值	按下SB1	均为KM1线圈的阻值		
5			压下KM1			
6			按下SB2	均为KM2线圈的阻值		
7			压下KM2			

6. 通电调试和故障模拟

（1）调试电路　经自检，确认安装的电路正确和无安全隐患后，在教师的监护下，按表3-5通电试车。切记严格遵守安全操作规程，确保人身安全。

表3-5　电路运行情况记录表

步骤	操作内容	观察内容	正确结果	观察结果	备注
1	旋转FR整定电流调整装置，将整定电流设定为12A	整定电流值	12A		
2	先插上电源插头，再合上断路器	电源插头 断路器	已合闸		已供电，注意安全
3	按下正向起动按钮SB1且松开	KM1	吸合		单手操作注意安全
		电动机	正转		
4	按下停止按钮SB3	KM1	释放		
		电动机	停转		
5	按下反向起动按钮SB2且松开	KM2	吸合		
		电动机	反转		
6	按下停止按钮SB3	KM2	释放		
		电动机	停转		
7	按下正向起动按钮SB1且松开	KM1	吸合		KM1吸合动作时，KM2不能起动吸合
		电动机	正转		
8	按下反向起动按钮SB2	KM1	继续吸合		
		电动机	继续正转		
		KM2	不动作		
9	拉下断路器后，拔下电源插头	断路器 电源插头	已分断		做了吗

(2) 故障模拟

1) 转向不变故障模拟。由于安装人员的疏忽，反转接触器主触头的出线未进行相序改变，造成电动机在正反转切换时转向相同。下面按表 3-6 模拟操作，观察故障现象。

表 3-6　故障现象观察记录表（一）

<table>
<tr><th>步骤</th><th>操　作　内　容</th><th>造成的故障现象</th><th>观察的故障现象</th><th>备　注</th></tr>
<tr><td>1</td><td>对调 KM2 主触头出线中的任意两根</td><td rowspan="7">KM2 吸合后，电动机仍正转</td><td rowspan="7"></td><td></td></tr>
<tr><td>2</td><td>先插上电源插头，再合上断路器</td><td>已送电，注意安全</td></tr>
<tr><td>3</td><td>按下起动按钮 SB1</td><td>起动正转</td></tr>
<tr><td>4</td><td>按下停止按钮 SB3</td><td></td></tr>
<tr><td>5</td><td>按下反向起动按钮 SB2</td><td>起动反转</td></tr>
<tr><td>6</td><td>按下停止按钮 SB3</td><td></td></tr>
<tr><td>7</td><td>拉下断路器后，拔下电源插头</td><td>做了吗</td></tr>
</table>

2) 反向切换停车故障模拟。在实际工作中，由于油污、灰尘及长期磨损等原因，导致接触器主触头接触不良或损坏，造成电动机不转或缺相运行。下面按表 3-7 模拟操作，观察故障现象。

表 3-7　故障现象观察记录表（二）

<table>
<tr><th>步骤</th><th>操　作　内　容</th><th>造成的故障现象</th><th>观察的故障现象</th><th>备　注</th></tr>
<tr><td>1</td><td>拆除 KM2 主触头出线中的任意两根</td><td rowspan="7">电动机正转正常，切换方向时 KM2 吸合，但自动停车</td><td rowspan="7"></td><td></td></tr>
<tr><td>2</td><td>先插上电源插头，再合上断路器</td><td>已送电，注意安全</td></tr>
<tr><td>3</td><td>按下起动按钮 SB1</td><td>起动正转</td></tr>
<tr><td>4</td><td>按下停止按钮 SB3</td><td></td></tr>
<tr><td>5</td><td>按下反向起动按钮 SB2</td><td>起动反转</td></tr>
<tr><td>6</td><td>按下停止按钮 SB3</td><td></td></tr>
<tr><td>7</td><td>拉下断路器后，拔下电源插头</td><td>做了吗</td></tr>
</table>

(3) 分析调试及故障模拟结果

1) KM1 吸合时，电动机正转；KM2 吸合时，电动机反转，实现了电动机两个方向的运转控制。两只接触器起到换向开关的作用，但接线时必须将三相电源中的任意两相对调，否则电动机只能单方向运转。

2) KM1 吸合动作时，KM2 不能起动吸合，实现了接触器联锁控制。将辅助常闭触头互相串联在对方的线圈电路中，这样两只接触器中就只能有一只吸合动作，当其中一只接触器得电动作时，另一只接触器的线圈电路就被对方的辅助常闭触头断开，不能得电动作，避免了 KM1 和 KM2 同时得电动作而造成两相电源短路事故。

3）主电路出现两相断路故障后，电动机不能起动。

4）缺点是操作不便，从正转切换至反转时，必须先进行停止操作。

7. 操作要点

1）实现电动机正反转的方法是对调三相电源线中的任意两根。

2）在电动机没有起动的情况下，正向起动按钮 SB1 和反向起动按钮 SB2 不能同时按下。否则，KM1 和 KM2 会同时得电吸合，从而造成 L1 和 L3 两相电源短路事故。

3）两只接触器的联锁触头不能接错，不能将电路图中 KM1 的辅助常闭触头接到 KM2 的辅助常闭触头上。

4）主电路反转接线时必须换相，否则电动机只能单方向运转。

5）应及时正确编号，防止错编、漏编，以致错误接线。

6）必须根据电路图和接线图，运用“面对面”原则，边接线边检查。

7）电动机的外壳必须可靠接地。

8）通电调试前必须检查是否存在安全隐患。确定安全后，必须在教师的监护下按照通电调试要求和步骤进行操作。

9）项目任务完成后，安装的电路板不用拆除，留待项目四改造安装用。

六、质量评价标准

项目质量考核要求及评分标准见表 3-8。

表 3-8　质量评价表

考核项目	考　核　要　求	配分	评　分　标　准	扣分	得分	备注
元器件安装	1. 按照接线图布置元件 2. 正确固定元件	10	1. 不按接线图固定元件扣 10 分 2. 元件安装不牢固每处扣 3 分 3. 元件安装不整齐、不均匀、不合理每处扣 3 分 4. 损坏元件每处扣 5 分			
电路安装	1. 按图施工 2. 合理布线，做到美观 3. 规范走线，做到横平竖直，无交叉 4. 规范接线，无线头松动、反圈、压皮、露铜过长及损伤绝缘层 5. 正确编号	40	1. 不按接线图接线扣 40 分 2. 布线不合理、不美观每根扣 3 分 3. 走线不横平竖直每根扣 3 分 4. 线头松动、反圈、压皮、露铜过长每处扣 3 分 5. 损伤导线绝缘或线芯每根扣 5 分 6. 错编、漏编号每处扣 3 分			
通电试车	按照要求和步骤正确调试电路	50	1. 主控电路配错熔管每处扣 10 分 2. 整定电流调整错误扣 5 分 3. 一次试车不成功扣 10 分 4. 两次试车不成功扣 30 分 5. 三次试车不成功扣 50 分			
安全生产	自觉遵守安全文明生产规程		1. 漏接接地线每处扣 10 分 2. 发生安全事故按 0 分处理			
时间	4h		提前正确完成，每 5min 加 5 分；超过定额时间，每 5min 扣 2 分			
开始时间：		结束时间：		实际时间：		

七、拓展与提高——按钮、接触器双重联锁的正反转控制电路

按钮、接触器双重联锁的正反转控制电路图如图 3-7 所示。按下正向起动按钮 SB1，先断开 KM2 线圈电路，电动机停止反转；再接通 KM1 线圈电路，起动电动机正转。同样，按下反向起动按钮 SB2，先断开 KM1 线圈电路，电动机停止正转；再接通 KM2 线圈电路，起动电动机反转。按下停止按钮 SB3，整个控制电路失电，电动机停转。此电路弥补了接触器联锁的正反转控制电路的不足，操作方便，安全可靠，被应用于许多正反转控制场合。

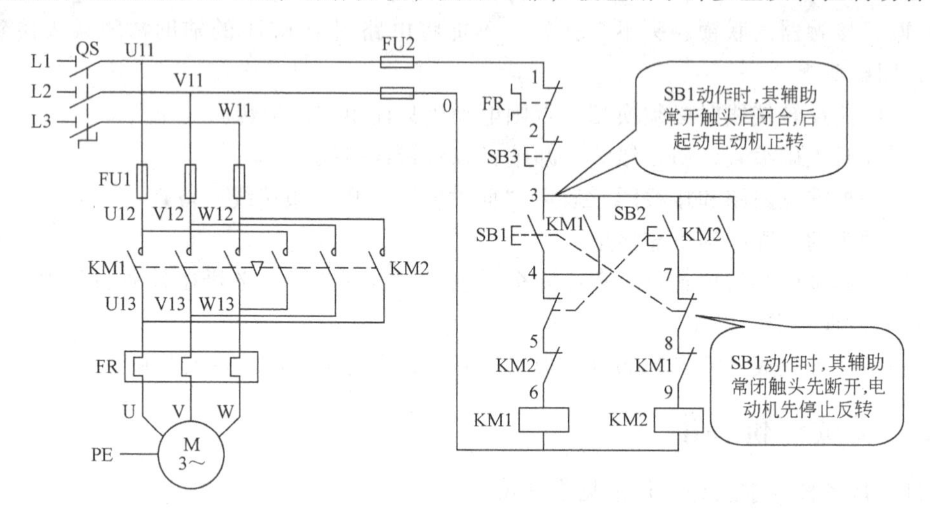

图 3-7　按钮、接触器双重联锁的正反转控制电路图

习　题

1. 什么是联锁？如何实现接触器联锁？

2. 实现电动机正反转的方法是什么？试判断图 3-8 所示的主电路能否实现正反转控制，若不能，请说明原因。

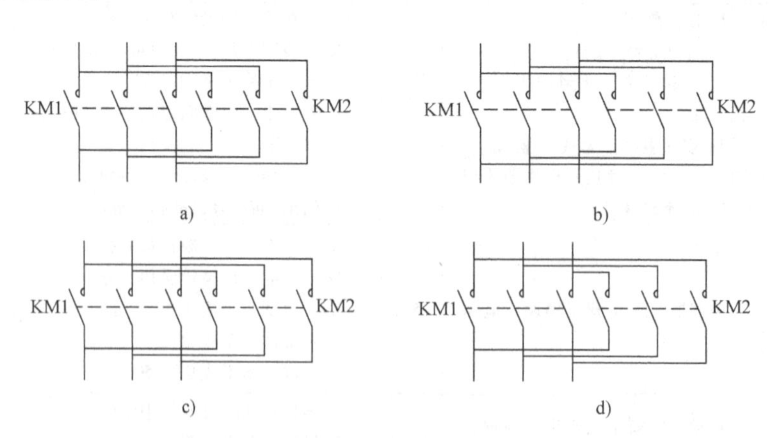

图 3-8　习题 2 图

项目四　工作台自动往返控制电路

一、学习目标

1. 会识别、使用 YBLX-K1/311 型行程开关。
2. 会识读工作台自动往返控制电路图和接线图，并能说出电路的动作程序。
3. 能根据电路图正确改造、安装与调试工作台自动往返控制电路。

二、学习任务

1. 项目任务

本项目的任务是改造、安装与调试工作台自动往返控制电路。如图 4-1 所示，要求电路具有工作台自动往返控制功能，即电路起动后，工作台在位置 A 和位置 B 之间做自动往返运动。

2. 任务流程图

具体学习任务及学习过程如图 4-2 所示。

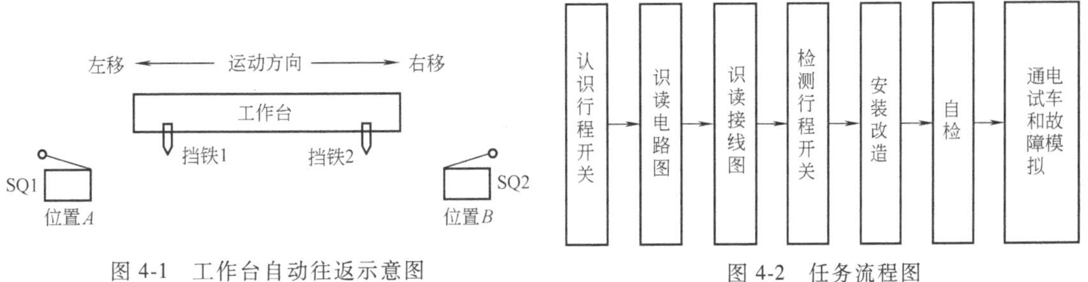

图 4-1　工作台自动往返示意图

图 4-2　任务流程图

三、环境设备

学习所需工具、设备见表 4-1。

表 4-1　工具、设备清单

序号	分类	名　　称	型　号　规　格	数量	单位	备注
1	工具	常用电工工具		1	套	
2		万用表	MF47	1	只	
3	设备	熔断器	RL1-15	5	只	
4		熔管	5A	3	只	
			2A	2	只	
5		交流接触器	CJX1-12/22,380V	2	只	
6		热继电器	JR36-20	1	只	
7		按钮	LA38/203	1	只	
8		行程开关	YBLX-K1/311	2	只	

（续）

序号	分类	名　称	型号规格	数量	单位	备注
9	设备	三相笼型异步电动机	0.75kW,380V,Y联结	1	台	
10		端子	TB-1512L	1	条	
11		安装网孔板	600mm×700mm	1	块	
12		三相电源插头	16A	1	只	
13	消耗材料	铜导线	BV-1.5mm^2	5	m	
14			BV-1.5mm^2	2	m	双色
15			BV-1.0mm^2	5	m	
16			BVR-0.75mm^2	3	m	
17		紧固件	M4×20 螺钉	若干	只	
18			M4 螺母	若干	只	
19			ϕ4mm 垫圈	若干	只	
20		编码管	ϕ1.5mm	若干	m	
21		编码笔	小号	1	支	

四、背景知识

分析项目任务，工作台在位置 *A* 和位置 *B* 之间做自动往返运动，其运动方向有两个：左移和右移。这就要求工作台的拖动电动机必须有两个运转方向：正转与反转。因为是自动往返，所以在工作期间，正反转的切换全靠挡铁碰撞开关 SQ 后动作完成，以此取代人操作按钮的行为。行程开关是一种靠运动部件碰压，使其触头动作的开关电器。

1. 认识行程开关

行程开关又称位置开关或限位开关，是一种利用生产机械某些运动部件的碰撞来发出控制指令的主令电器。行程开关主要用于控制生产机械的运动方向、速度、行程大小或位置，是一种自动控制电器。

（1）用途　LX 系列行程开关适用于 AC 50Hz，电压至 AC 380V 或 DC 220V 的控制电路，用来控制运动机构的行程，变换其运动方向或速度。部分 LX 系列行程开关外形图如图 4-3 所示。

（2）型号及含义　行程开关的型号及含义如下：

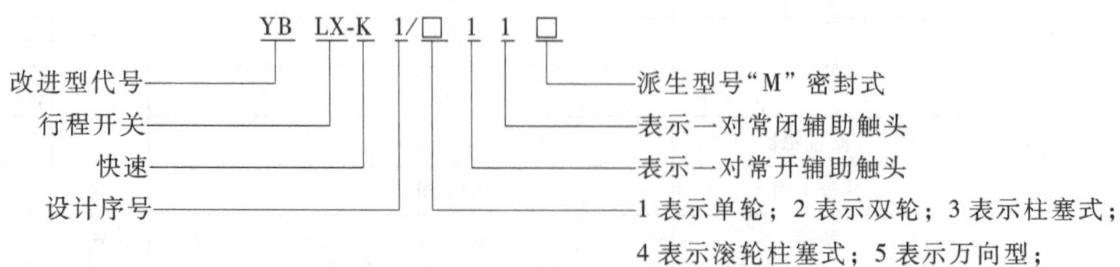

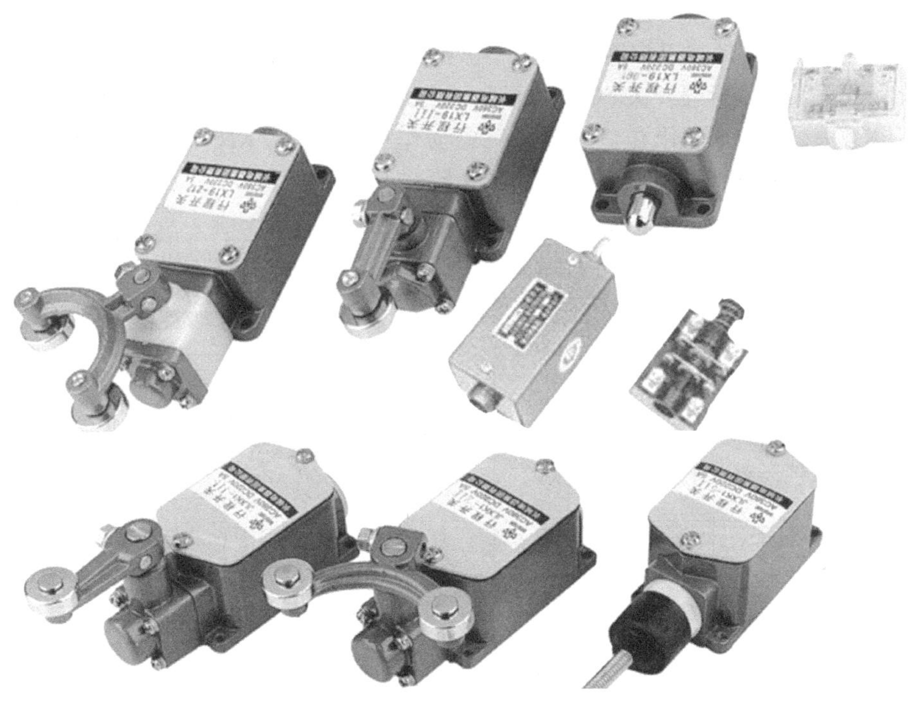

图 4-3　部分 LX 系列行程开关外形图

（3）主要技术参数　YBLX-K1/311 型行程开关的主要技术参数见表 4-2。

表 4-2　YBLX-K1/311 型行程开关的主要技术参数

额定电压/V	AC 380、DC 220
额定电流/A	5A

（4）结构与符号　如图 4-4a 所示，行程开关一般由触头系统、操作机构和外壳等组成。当生产机械运动部件碰压行程开关时，其常闭触头断开，常开触头闭合。行程开关在电路图中的符合如图 4-4b 所示。

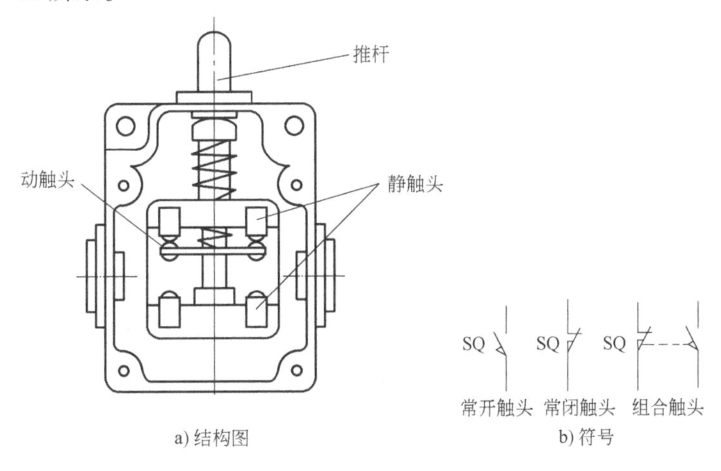

图 4-4　YBLX-K1/311 型行程开关的结构与符号

2. 识读电路图

图 4-5 是工作台自动往返控制电路图，与项目三电路相比，其主电路相同，控制电路多了两个行程开关。图中行程开关 SQ 的常开触头与起动按钮并联，而常闭触头互相串联在对方的线圈电路中，进行联锁限位。与项目三的动作程序一样，KM1 得电吸合时，电动机正转，工作台左移；KM2 得电吸合时，电动机反转，工作台右移。

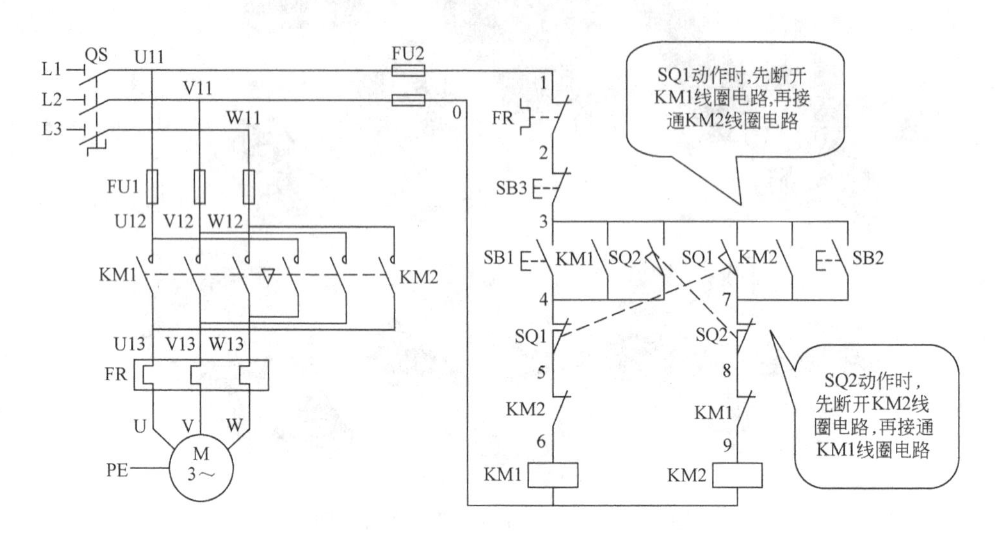

图 4-5 工作台自动往返控制电路图

（1）电路组成 工作台自动往返控制电路的组成及各元件的功能见表 4-3。

表 4-3 工作台自动往返控制电路的组成及各元件的功能

序号	电路名称	电 路 组 成	元 件 功 能	备 注
1	电源电路	QS	电源开关	
2		FU2	熔断器，用于控制电路的短路保护	
3	主电路	FU1	熔断器，用于主电路的短路保护	KM1 和 KM2 联锁
4		KM1 主触头	控制电动机的正转	
5		KM2 主触头	控制电动机的反转	
6		FR 驱动元件	与常闭触头配合，用于过载保护	
7		M	电动机	
8	控制电路	FR 常闭触头	过载保护	正反转控制电路的公共电路
9		SB3	停止按钮	
10		SB1	正转起动按钮	SQ2 常开触头与起动按钮 SB1 并联，SQ1 常闭触头与线圈串联
11		KM1 辅助常开触头	KM1 自锁触头	
12		SQ2 常开触头	正转起动	
13		SQ1 常闭触头	左限位	
14		KM2 辅助常闭触头	联锁保护	
15		KM1 线圈	控制 KM1 的吸合与释放	

（续）

序号	电路名称	电 路 组 成	元 件 功 能	备 注
16	控制电路	SQ1 常开触头	反转起动	SQ1 常开触头与起动按钮 SB2 并联，SQ2 常闭触头与线圈串联
17		KM2 辅助常开触头	KM2 自锁触头	
18		SB2	反转起动按钮	
19		SQ2 常闭触头	右限位	
20		KM1 辅助常闭触头	联锁保护	
21		KM2 线圈	控制 KM2 的吸合与释放	

（2）工作原理　工作台自动往返控制电路的动作顺序如下：

工作台自动往返控制电路

1）合上电源开关 QS，假设先起动工作台左移。

2）起动。

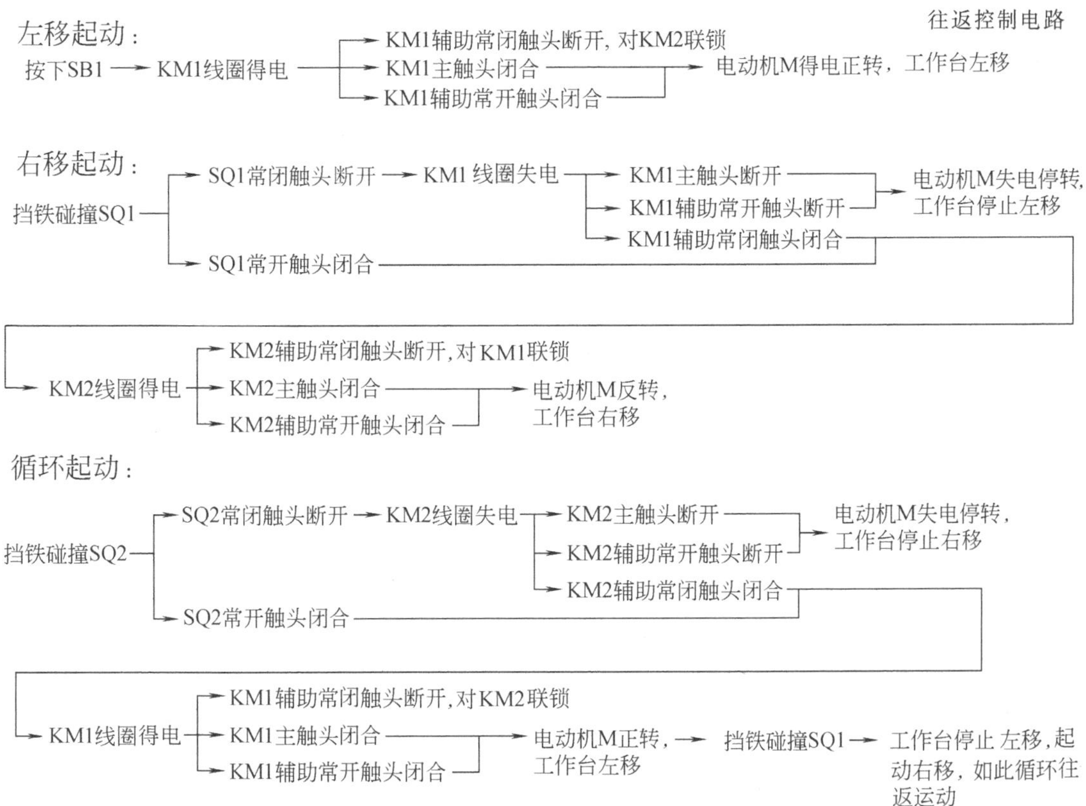

3）停止。按下 SB3→控制电路失电→KM1（或 KM2）主触头断开→电动机 M 失电停转，工作台停止移动。

电路图中的 SB1 和 SB2 分别为左移起动和右移起动按钮。若起动时工作台停在左端，则应先起动工作台右移。

3. 识读接线图

图 4-6 是工作台自动往返控制电路接线图，下面按照表 4-4 识读该接线图。

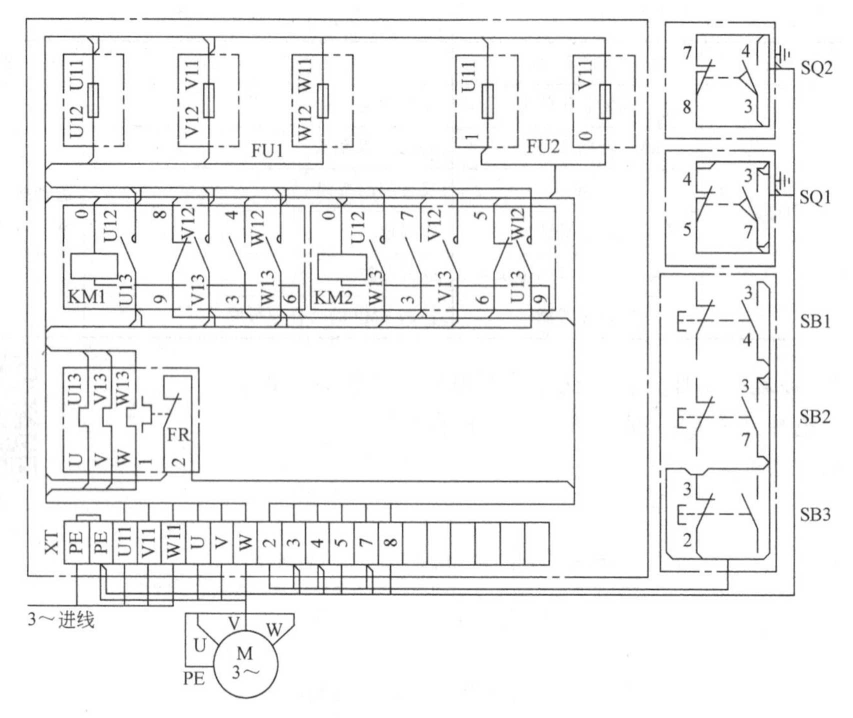

图 4-6 工作台自动往返控制电路接线图

表 4-4 工作台自动往返控制电路元件布置及布线一览表

序号	项 目		具体内容	备 注
1	元件位置		FU1、FU2、KM1、KM2 、FR、XT	
2			电动机 M、SB1、SB2 、SB3、SQ1、SQ2	
3	板上元件的布线	控制电路走线	0 号线:FU2→KM2→KM1	
4			1 号线:FU2→FR	
5			2 号线:FR→XT	
6			3 号线:KM1→KM2→XT	
7			4 号线:KM1→XT	
8			5 号线:KM2→XT	
9			6 号线:KM2→KM1	
10			7 号线:KM2→XT	
11			8 号线:KM1→XT	
12			9 号线:KM1→KM2	
13		主电路走线	U11、V11:XT→FU1→FU2	与项目三相同
14			W11:XT→FU1	
15			U12、V12、W12:FU1→KM1→KM2	
16			U13、V13、W13:KM2→KM1→FR	
17			U、V、W:FR→XT	
18			PE:XT→XT	

（续）

序号	项　目		具体内容	备　注
19	外围元件的布线	按钮走线	2 号线：XT→SB3	
20			3 号线：XT→SB3→ SB2→ SB1	
21			4 号线：XT→SB1	
22			7 号线：XT→SB2	
23		行程开关的走线	3 号线：XT→SQ1→ SQ2	
24			4 号线：XT→SQ1→ SQ2	
25			5 号线：XT→SQ1	
26			7 号线：XT→SQ1→SQ2	
27			8 号线：XT→SQ2	
28			PE：XT→SQ1→SQ2	
29		电动机走线	U、V、W、PE：XT→M	
30		电源走线	U11、V11、W11、PE：电源→XT	

五、操作指导

1. 检测行程开关

按照表 4-5 检测 YBLX-K1/311 型行程开关。

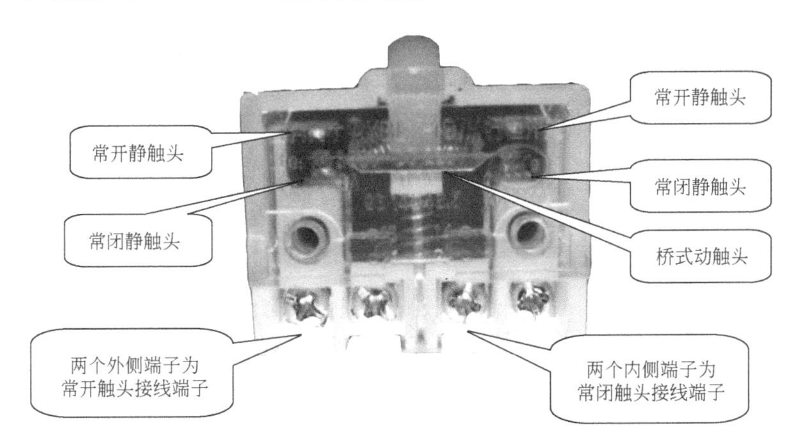

图 4-7　YBLX-K1/311 型行程开关触头系统

表 4-5　YBLX-K1/311 型行程开关的检测过程

序号	检测任务	检测方法	参考值	检测值	要点提示
1	读行程开关的型号	位于面板盖上	LXK1-311		使用时，规格的选择必须正确
2	读额定电压、电流		AC 380V 、DC 220V、5A		
3	拆下面板盖，观察常闭触头	见图 4-7	桥式动触头闭合在静触头上		
4	观察常开触头		桥式静触头与动触头处于分离状态		

（续）

序号	检测任务	检测方法	参考值	检测值	要点提示
5	动作行程开关，观察触头的动作情况	边动作边观察	常闭触头先断开，常开触头后闭合		常闭、常开触头的动作顺序有先后
6	复位行程开关，观察触头的复位情况		常开触头先复位，常闭触头后复位		常闭、常开触头的复位顺序也有先后
7	检测、判别常闭触头的好坏	常态时，测量常闭触头的阻值	阻值约为0Ω		若测量阻值与参考阻值不同，则说明触头已损坏或接触不良
		动作行程开关后，再测量其阻值	阻值为∞		
8	检测、判别常开触头的好坏	常态时，测量常开触头的阻值	阻值为∞		
		动作行程开关后，再测量其阻值	阻值约为0Ω		

2. 安装改造

（1）固定行程开关　固定行程开关时，应注意滚轮的方向不能装反，即使是模拟试验，两只行程开关之间也必须保持有杠杆动作的距离，以便于操作。

（2）板前配线改造　比较项目四与项目三的接线图可知，主电路完全相同，无需改造；控制电路有三种情况：一部分电路完全相同，另一部分电路更改编号后继续使用，剩余电路需拆除后重新安装。根据所学的配线原则及工艺要求，参考图4-8，按图4-6和表4-4进行板前配线改造。

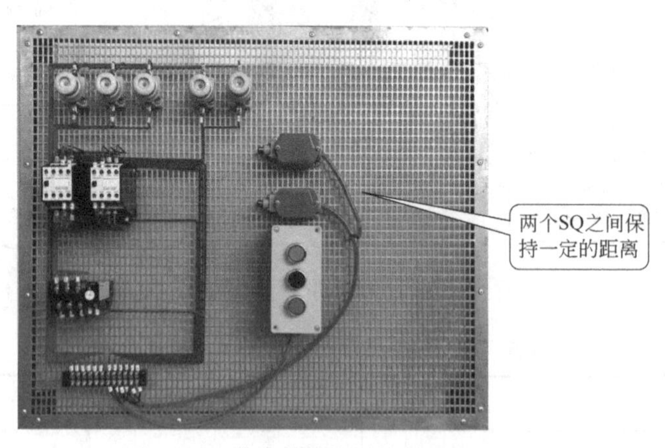

图4-8　工作台自动往返控制电路安装板

1）0号线、1号线、2号线、3号线与项目三的电路完全一样，不必更改。

2）将KM1的原4号线和6号线拆除。

3）6号线、9号线与项目三的5号线、7号线相同，只需更改编号。5号线、7号线与项目三KM2上的4号线、6号线相同，也只需更改编号。

4）重新安装连接4号线和8号线（KM1）。

（3）外围设备配线改造

1）按钮连接线与项目三相同，只需更改编号。

2）连接行程开关，按导线号与接线端子XT的下端对接。行程开关的外壳必须可靠接地，以确保安全。

3）电动机的接线与项目三完全相同，无需更改。

4）电源线与项目三完全相同，无需更改。

3. 自检

1）检查布线。对照接线图检查是否掉线、错线，是否漏编或错编号以及接线是否牢固等。

2）使用万用表检测。按表4-6使用万用表检测安装的电路，若测量阻值与正确阻值不符，应根据电路图检查是否有错线、掉线、错位或短路等情况。

表4-6 用万用表检测电路

<table>
<tr><th>序号</th><th>检测任务</th><th colspan="2">操作方法</th><th>正确阻值</th><th>测量阻值</th><th>备注</th></tr>
<tr><td>1</td><td rowspan="3">检测主电路</td><td rowspan="3">测量XT的U11与V11、U11与W11、V11与W11之间的阻值</td><td>常态时，不动作任何元件</td><td>均为∞</td><td></td><td></td></tr>
<tr><td>2</td><td>压下KM1</td><td rowspan="2">均为M两相定子绕组的阻值之和</td><td></td><td rowspan="2"></td></tr>
<tr><td>3</td><td>压下KM2</td><td></td></tr>
<tr><td>4</td><td rowspan="6">检测控制电路</td><td rowspan="6">测量XT的U11与V11之间的阻值</td><td>按下SB1</td><td rowspan="3">均为KM1线圈的阻值</td><td></td><td rowspan="6"></td></tr>
<tr><td>5</td><td>动作SQ2</td><td></td></tr>
<tr><td>6</td><td>压下KM1</td><td></td></tr>
<tr><td>7</td><td>按下SB2</td><td rowspan="3">均为KM2线圈的阻值</td><td></td></tr>
<tr><td>8</td><td>动作SQ1</td><td></td></tr>
<tr><td>9</td><td>压下KM2</td><td></td></tr>
</table>

4. 通电调试和故障模拟

（1）调试电路　经自检，确认安装的电路正确和无安全隐患后，在教师的监护下，按表4-7通电试车。切记严格遵守操作规程，确保人身安全。

表4-7 电路运行情况记录表

<table>
<tr><th>步骤</th><th>操作内容</th><th>观察内容</th><th>正确结果</th><th>观察结果</th><th>备注</th></tr>
<tr><td>1</td><td>旋转整定电流调整装置，将整定电流设定为12A</td><td>整定电流值</td><td>12A</td><td></td><td></td></tr>
<tr><td>2</td><td>先插上电源插头，再合上断路器</td><td>电源插头
断路器</td><td>已合闸</td><td></td><td>已供电，注意安全</td></tr>
<tr><td rowspan="2">3</td><td rowspan="2">按下正向起动按钮SB1</td><td>KM1</td><td>吸合</td><td></td><td rowspan="2">单手操作
注意安全</td></tr>
<tr><td>电动机</td><td>正转</td><td></td></tr>
</table>

（续）

步骤	操作内容	观察内容	正确结果	观察结果	备注
4	动作 SQ1 后复位	KM1	释放		单手操作 注意安全
		KM2	吸合		
		电动机	反转		
5	动作 SQ2 后复位	KM2	释放		
		KM1	吸合		
		电动机	正转		
6	动作 SQ1 后复位	KM1	释放		
		KM2	吸合		
		电动机	反转		
7	按下停止按钮 SB3	KM2	释放		
		电动机	停转		
8	按下反向起动按钮 SB2	KM2	吸合		
		电动机	反转		
9	动作 SQ2 后复位	KM2	释放		
		KM1	吸合		
		电动机	正转		
10	动作 SQ1 后复位	KM1	释放		
		KM2	吸合		
		电动机	反转		
11	动作 SQ2 后复位	KM2	释放		
		KM1	吸合		
		电动机	正转		
12	按下停止按钮 SB3	KM1	释放		
		电动机	停转		
13	拉下断路器后，拔下电源插头	断路器 电源插头	已分断		做了吗

（2）故障模拟　在实际工作中，由于行程开关的安装位置不准确、触头接触不良及触头弹簧失效等原因，将导致行程开关失灵，造成工作台越过限定位置的事故。下面按表 4-8 模拟操作，观察故障现象。

表 4-8　故障现象观察记录表

步骤	操作内容	造成的故障现象	观察的故障现象	备注
1	旋松固定 SQ2 触头系统的螺钉，直至杠杆碰压触头不能动作为止	工作台右移碰撞右限位开关 SQ2 后，工作台不能停止，继续右移		
2	先插上电源插头，再合上断路器			已送电，注意安全
3	按下起动按钮 SB2			起动右移
4	动作 SQ2			右限位
5	拉下断路器后，拔下电源插头			做了吗

（3）分析调试及故障模拟结果

1）电动机起动后，动作 SQ1，电动机反转；动作 SQ2，电动机正转，实现了由行程开关控制电动机正转或反转。工作台由电动机拖动，所以当挡铁碰撞 SQ1 时，起动工作台右移；当挡铁碰撞 SQ2 时，起动工作台左移，实现了工作台自动往返运动。这种控制原则属于位置控制原则，在机电设备中应用得非常广泛。

2）SQ1 和 SQ2 采用了开关联锁。与按钮、接触器双重联锁的正反转控制电路一样，利用行程开关动作时，其常闭触头先断开、常开触点后闭合的时间差，避免了项目三在正反转切换时必须经过停止操作的不便。

3）此电路存在安全隐患，即若行程开关失灵，则工作台会越过限定位置而造成事故。为此，可在工作台行程的两端再各设一个行程开关进行终端保护，完善后的电路如图 4-9 所示。

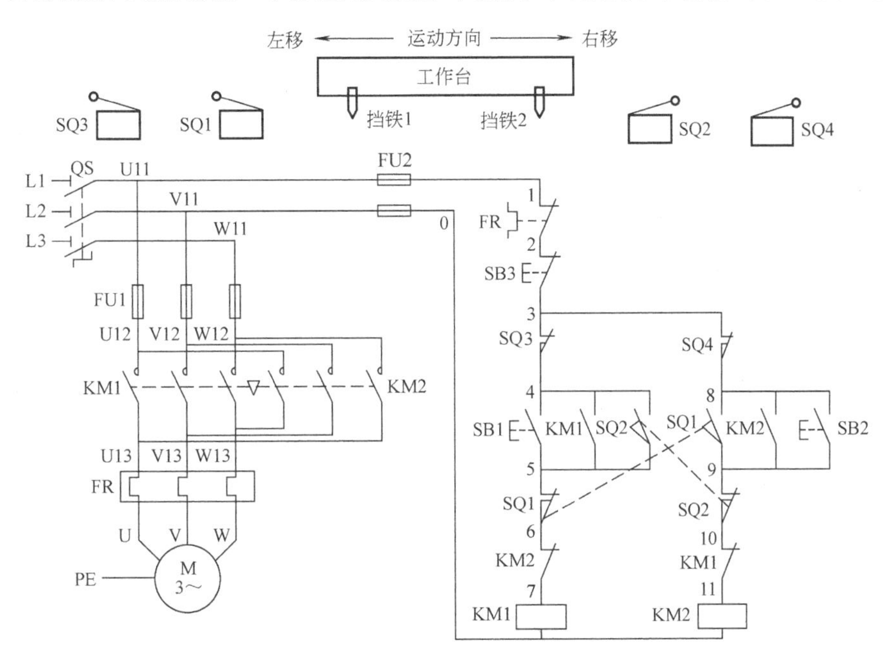

图 4-9　完善后的工作台自动往返控制电路图

5. 操作要点

1）在电动机没有起动的情况下，正向起动按钮 SB1 和反向起动按钮 SB2 不能同时按下，否则，KM1 和 KM2 会同时得电吸合，造成 L1 和 L3 两相电源短路事故。

2）固定行程开关时，位置要准确，安装要牢固，其滚轮方向不能装反。

3）改造电路时，不能盲目拆除或连接，必须先理清思路，按照步骤进行，并要反复检查电路及编号，防止错线。

4）行程开关和电动机的外壳必须可靠接地。

5）通电调试前必须检查是否存在人身和设备安全隐患。确定安全后，必须在教师的监护下按照通电调试要求和步骤进行操作。

六、质量评价标准

项目质量考核要求及评分标准见表 4-9。

表 4-9 质量评价表

考核项目	考核要求	配分	评分标准	扣分	得分	备注
元器件安装	1. 按照元件布置图布置元件 2. 正确固定元件	10	1. 不按布置图固定元件扣 10 分 2. 元件安装不牢固每处扣 3 分 3. 元件安装不整齐、不均匀、不合理每处扣 3 分 4. 损坏元件每处扣 5 分			
电路安装	1. 按图施工 2. 合理布线，做到美观 3. 规范走线，做到横平竖直，无交叉 4. 规范接线，无线头松动、反圈、压皮、露铜过长及损伤绝缘层 5. 正确编号	40	1. 不按接线图接线扣 40 分 2. 布线不合理、不美观每根扣 3 分 3. 走线不横平竖直每根扣 3 分 4. 线头松动、反圈、压皮、露铜过长每处扣 3 分 5. 损伤导线绝缘或线芯每根扣 5 分 6. 错编、漏编号每处扣 3 分			
通电试车	按照要求和步骤正确调试电路	50	1. 主控电路配错熔管每处扣 10 分 2. 整定电流调整错误扣 5 分 3. 一次试车不成功扣 10 分 4. 两次试车不成功扣 30 分 5. 三次试车不成功扣 50 分			
安全生产	自觉遵守安全文明生产规程		1. 漏接接地线每处扣 10 分 2. 发生安全事故按 0 分处理			
时间	4h		提前正确完成，每 5min 加 5 分；超过定额时间，每 5min 扣 2 分			
开始时间：		结束时间：		实际时间：		

七、拓展与提高——多地控制电路

多地控制电路如图 4-10 所示。甲地起动按钮 SB11 与乙地起动按钮 SB21 并联；甲地停止按钮 SB12 与乙地停止按钮 SB22 串联，这样便可以方便操作者在甲地或乙地都能起、停同一台电动机。此方法常用于车床等机床设备的控制电路中。

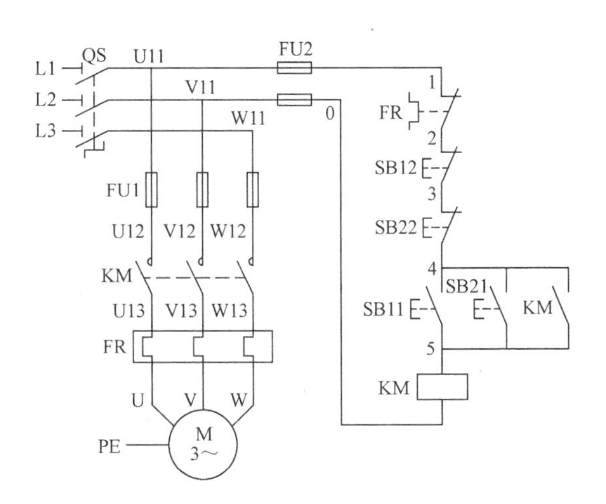

图 4-10 多地控制电路图

习 题

1. 行程开关的作用是什么？如何判别其好坏？

2. 图 4-11 所示为工作台自动往返控制电路的部分电路，请补充画出其余电路。

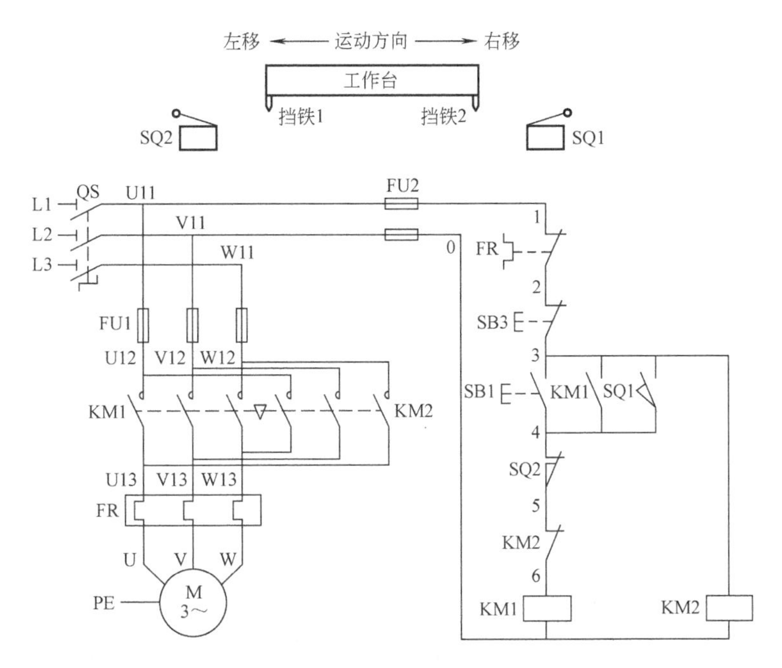

图 4-11 习题 2 图

项目五　Y-△减压起动控制电路

一、学习目标

1. 知道电动机定子绕组Y联结和△联结的电流大小关系。

2. 会识别、使用 RT18 型熔断器、JSZ3C 型时间继电器和 JRS2（NR4）型热继电器。

3. 能正确识读Y-△减压起动控制电路图，并能说出电路的动作程序。

4. 会绘制Y-△减压起动控制电路接线图；掌握线槽配线的方法，能正确安装与调试电路。

二、学习任务

1. 项目任务

本项目的任务是安装与调试Y-△减压起动控制电路。要求电路具有减压起动控制功能，即按下起动按钮后，电动机定子绕组接成Y联结减压起动；延时一段时间后，电动机定子绕组接成△联结全压运行。

2. 任务流程图

具体学习任务及学习过程如图 5-1 所示。

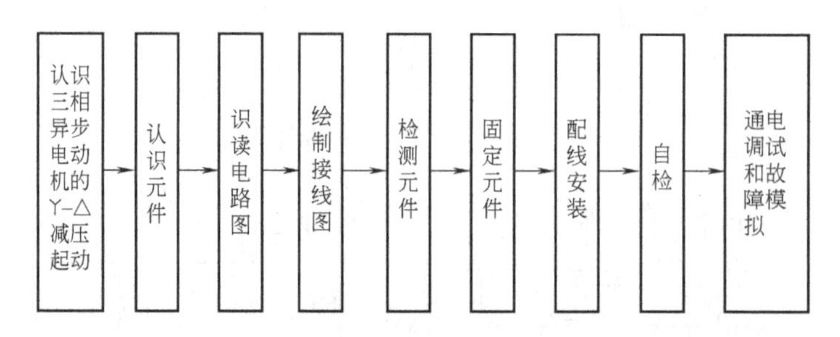

图 5-1　任务流程图

三、环境设备

学习所需工具、设备见表 5-1。

表 5-1　工具、设备清单

序号	分类	名称	型号规格	数量	单位	备注
1	工具	常用电工工具		1	套	
2		万用表	MF47	1	只	
3	设备	熔断器底座	RT18-32	5	只	
4		熔管	20A	3	只	
			2A	2	只	

（续）

序号	分类	名称	型号规格	数量	单位	备注
5	设备	交流接触器	CJX1-12/22,220V	3	只	
6		热继电器	NR4-63	1	只	
7		时间继电器	JSZ3C,220V	1	只	
8		按钮	LA38/203	1	只	
9		控制变压器	BK-100,380V/220V	1	只	
10		三相笼型异步电动机	7.5kW,△联结,380V	1	台	
11		端子	TB-1512L	2	条	
12		导轨	35mm	0.5	m	
13		安装网孔板	600mm×700mm	1	块	
14		三相电源插头	25A	1	只	
15	消耗材料	铜导线	BVR-1.5mm^2	5	m	
16			BVR-1.5mm^2	2	m	双色
17			BVR-1.0mm^2	5	m	
18			BVR-0.75mm^2	2	m	
19		行线槽	TC3025	若干		
20		紧固件	M4×20 螺钉	若干	只	
21			M4 螺母	若干	只	
22			ϕ4mm 垫圈	若干	只	
23		编码管	ϕ1.5mm	若干	m	
24		编码笔	小号	1	支	

四、背景知识

前面学习的控制电路都是通过接触器主触头直接将电源引至电动机的定子绕组，使电动机得电运转，属于直接起动，又称全压起动。然而电动机在起动的瞬间，其起动电流一般可达到额定电流的 4~7 倍。如此大的电流，势必会导致电网电压下降，这不仅减小了电动机自身的起动转矩，还会影响到同一供电系统中其他电气设备的正常工作。大容量电动机起动时，这种现象尤为严重。

为了减小电动机的起动电流，通常较大容量的电动机采用减压起动的方式。Y-△减压起动就是一种适用于电动机空载或轻载起动的减压起动方法，下面就从将电动机定子绕组接成Y联结和△联结开始本项目的学习。

1. 认识三相异步电动机的Y-△减压起动

减压起动是指利用正常设备将电压适当降低后，加到电动机的定子绕组上使电动机起动，待电动机正常运转后，再使其电压恢复到额定电压。通常规定：电源容量在 180kVA 以上、电动机容量在 7kW 以下的三相异步电动机可直接采用减压起动。由电动机原理可知，电动机的电流随电压的降低而减小，所以减压起动达到了减小起动电流的目的。但是，由于电动机转矩与电压的二次方成正比，减压起动也将导致电动机的起动转矩大为降低。

三相异步电动机减压起动时，其定子绕组有三角形（△）和星形（Y）两种联结方法。在电动机的接线盒内，可看到三相对称定子绕组的出线端子，其编号分别为 U1-W2、V1-U2 与 W1-V2。根据起动要求，在电动机起动时可将其定子绕组接为Y形运转，如图 5-2a所示，即将定子绕组出线端子 U2、V2、W2 短接，将 U1、V1、W1 接三相电源线，将电动机的外壳接 PE 线；在电动机全压运行时将定子绕组接为△形运转，如图 5-2b 所示，即先将定子绕组出线端子 U1 与 W2、V1 与 U2、W1 与 V2 短接，再将 U1、V1、W1 接三相电源线。

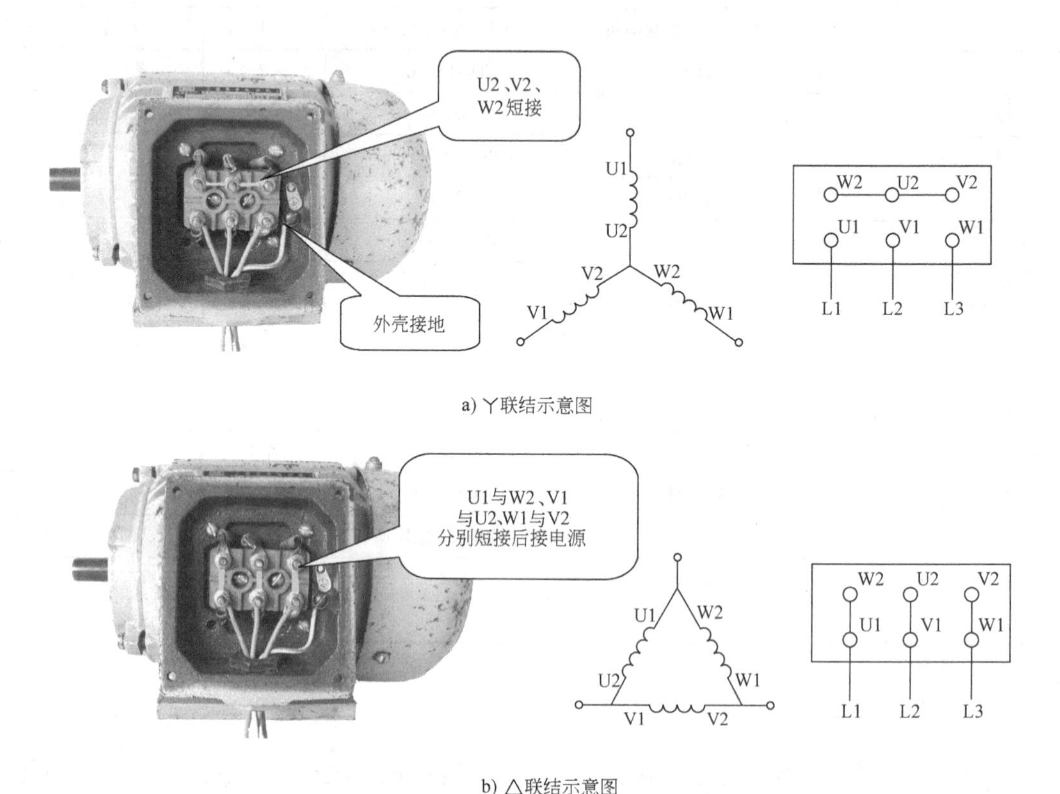

a) Y联结示意图

b) △联结示意图

图 5-2　三相异步电动机定子绕组的联结

Y-△减压起动是指电动机起动时，控制定子绕组先接成Y形，以降低起动电压，限制起动电流。待电动机起动后，再将定子绕组改成△联结，使电动机全压运行。对于额定电压为 380V 的三相异步电动机，当定子绕组采用Y联结时，其各相绕组的电压为 220V；当定子绕组采用△联结时，各相绕组的电压为 380V，见表 5-2。可见，采用Y联结时的相电压比采用△联结时小得多。根据三相对称负载电压与电流的关系，可计算得到Y联结的起动电流为△联结起动电流的 1/3。

表 5-2　定子绕组的相电压

接　法	用万用表检测电动机的相电压/V		
	U1-U2	V1-V2	W1-W2
Y联结	220	220	220
△联结	380	380	380

减压起动异步电动机的机座上装有铭牌，铭牌上标有电动机的型号和主要技术数据。如图5-3所示，电动机的额定功率为7.5kW，额定电流为11.7A，额定转速为1440r/min，额定电压为380V，额定工作状态下采用△联结。

三相异步电动机			
型号 Y2-132S-4		功率 7.5kW	电流 11.7A
频率 50Hz	电压 380V	接法△	转速 1440r/min
防护等级 IP44	重量 68kg	工作制 SI	F级绝缘
××电机厂			

图5-3　×××三相异步电动机的铭牌

2. 认识元件

（1）JSZ3C型时间继电器　时间继电器是一种自得到动作信号起至触头动作或输出电路产生跳跃式改变为止有一定延时时间，且该延时时间符合其准确度要求的继电器。它广泛用于按时间顺序控制的电气电路中。

图5-4是部分JSZ3系列时间继电器外形图。

1）用途。JSZ3系列时间继电器适用于各种要求高精度、高可靠性的自动化控制场所，用于延时控制。当时间继电器的电源接通后，其瞬时触头立即动作；计时一段时间后，其延时常闭触头断开、延时常开触点闭合。通电延时式时间继电器的符号如图5-5所示。

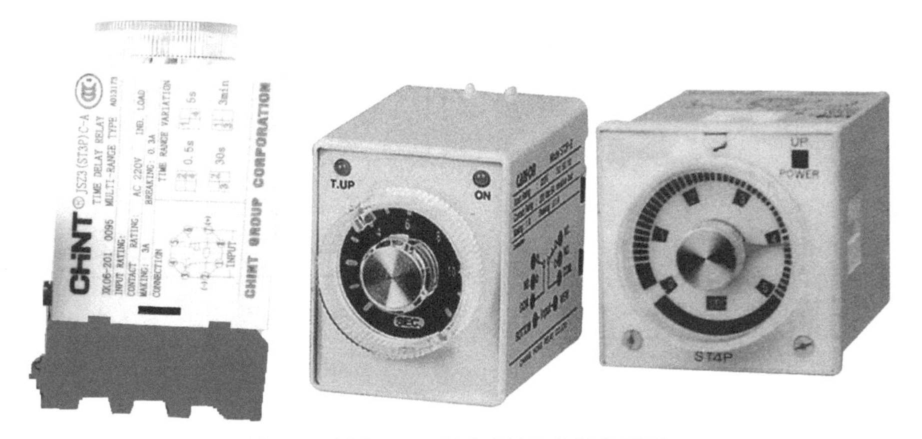

图5-4　部分JSZ3系列时间继电器外形图

a) 线圈　b) 瞬时常开触头　c) 瞬时常闭触头　d) 延时常开触头　e) 延时常闭触头

图5-5　通电延时式时间继电器的符号

2）型号及含义。JSZ3 系列时间继电器的型号及含义如下：

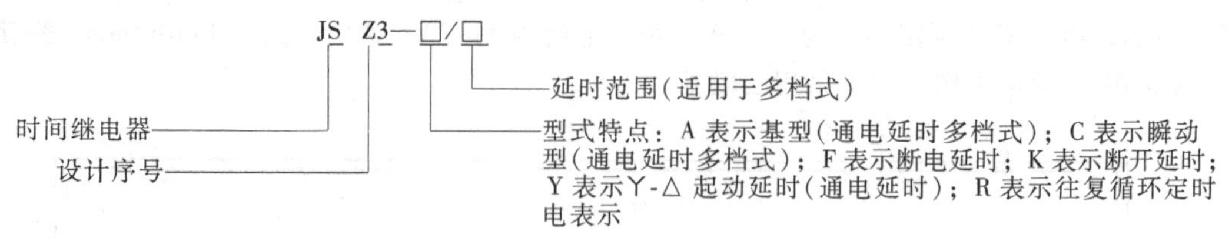

3）主要技术参数。JSZ3C 型时间继电器的主要技术参数见表 5-3。

表 5-3　JSZ3C 型时间继电器的主要技术参数

线圈额定电压/V	触头额定电流/A	触头数量	延 时 范 围
AC：24、110、220 DC：24	3	延时 1 转换 瞬时 1 转换	A：0. 5s/5s/30s/3min B：1s/10s/60s/6min C：5s/50s/5min/30min D：10s/100s/10min/60min E：60s/10min/60min/6h F：2min/20min/2h/12h G：4min/40min/4h/24h

4）引脚及其功能。JSZ3C 型时间继电器的引脚及其功能如图 5-6 所示。引脚的读法是，将时间继电器的引脚指向自己，从定位键开始按顺时针方向依次读取为 1、2、3、4、、5、6、7 与 8 号脚。安装时，时间继电器的引脚是旋转 180°后背对着自己插进插座的，所以插座的插口读法是，从定位槽开始按逆时针方向依次读取为 1、2、3、4、5、6、7 与 8 号脚。

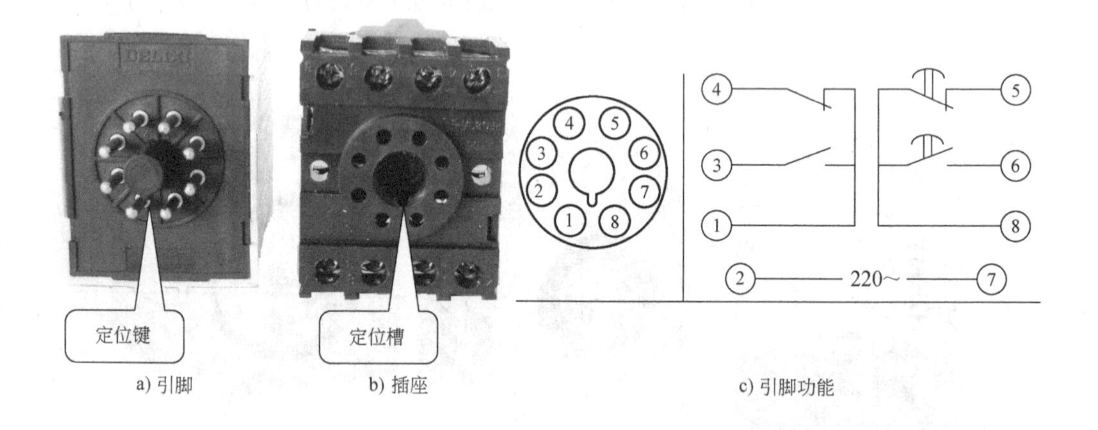

a) 引脚　　b) 插座　　c) 引脚功能

图 5-6　JSZ3C 型时间继电器的引脚及其功能

（2）JRS2-63/F 型热继电器　图 5-7 是部分 JRS 系列热继电器外形图。JRS2 是国内热继电器型号，可以用正泰电器 NR4-63/F 型产品替代。

1）用途。热继电器适用于 AC 50Hz/60Hz，电压至 660V，电流为 0.1~63A 的长期或间断工作的一般电动机的过载保护和缺相保护，也可以用于直流电磁铁和直流电动机的过载保护。其工作原理与 JR36 型热继电器类似。

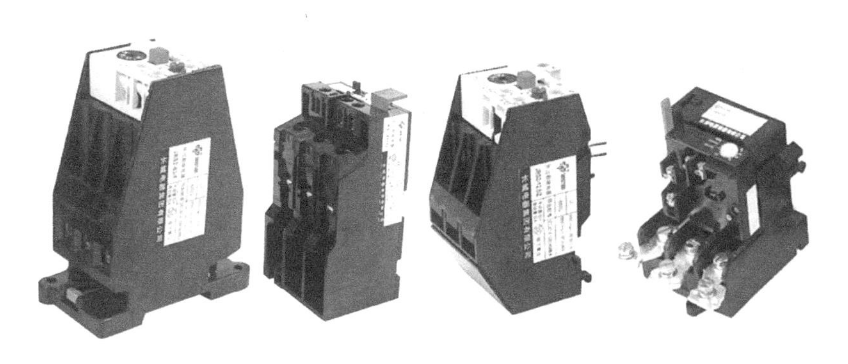

图 5-7　部分 JRS 系列热继电器外形图

2）型号及其含义。JRS 系列热继电器的型号及含义如下：

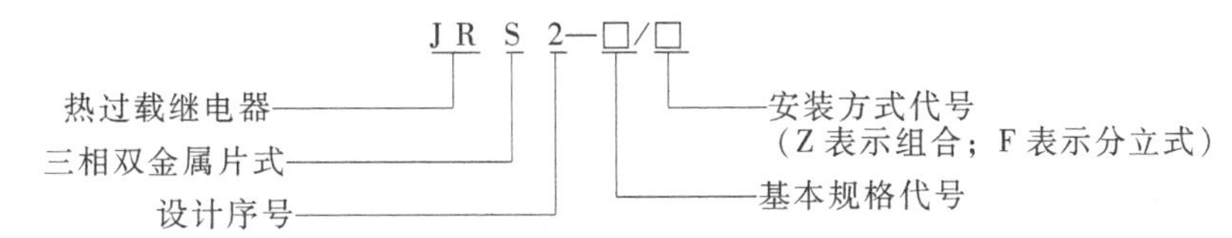

3）主要技术参数。JRS2-63/F 型热继电器的主要技术参数见表 5-4。

表 5-4　JRS2-63/F 型热继电器的主要技术参数

<table>
<tr><td>驱动元件</td><td>规格及整定电流范围/A</td><td colspan="8">0.1～0.16、0.16～0.25、0.25～0.4、0.4～0.63、0.63～1、0.8～1.25、1～1.6、1.25～2、2～3.2、2.5～4、3.2～5、4～6.3、5～8、6.3～10、8～12.5、10～16、12.5～20、16～25、20～32、25～40、32～45、40～57、50～63</td></tr>
<tr><td rowspan="5">辅助触头</td><td colspan="9">额定发热电流:6A</td></tr>
<tr><td rowspan="2">使用类别</td><td colspan="6">各额定工作电压下的额定工作电流/A</td><td colspan="2">控制额定功率</td></tr>
<tr><td>36V</td><td>48V</td><td>110V</td><td>127V</td><td>220V</td><td>380V</td><td>交流/VA</td><td>直流/W</td></tr>
<tr><td>AC-15</td><td>2.8</td><td>—</td><td>—</td><td>0.79</td><td>0.45</td><td>0.26</td><td>100</td><td>—</td></tr>
<tr><td>DC-13</td><td>—</td><td>0.62</td><td>0.27</td><td>—</td><td>0.14</td><td>—</td><td>—</td><td>30</td></tr>
<tr><td rowspan="4">三相负载平衡</td><td>额定电流倍数</td><td colspan="2">1.05</td><td colspan="2">1.2</td><td colspan="2">1.5</td><td colspan="2">7.2</td></tr>
<tr><td rowspan="2">动作时间</td><td colspan="2" rowspan="2">>2h 不动作</td><td colspan="2" rowspan="2"><2h 动作</td><td colspan="2">10A 级:<2min 动作</td><td colspan="2">10A 级:$2s<T_P\leqslant 10s$ 动作</td></tr>
<tr><td colspan="2">10 级:<4min 动作</td><td colspan="2">10 级:$4s<T_P\leqslant 10s$ 动作</td></tr>
<tr><td>试验条件</td><td colspan="2">冷态</td><td colspan="2">热态</td><td colspan="2">热态</td><td colspan="2">冷态</td></tr>
<tr><td rowspan="4">三相负载不平衡</td><td rowspan="2">额定电流倍数</td><td colspan="2">任意两相</td><td colspan="2">另一相</td><td colspan="2">任意两相</td><td colspan="2">另一相</td></tr>
<tr><td colspan="2">1.0</td><td colspan="2">0.9</td><td colspan="2">1.15</td><td colspan="2">0</td></tr>
<tr><td>动作时间</td><td colspan="4">>2h 不动作</td><td colspan="4"><2h 动作</td></tr>
<tr><td>试验条件</td><td colspan="4">冷态</td><td colspan="4">热态</td></tr>
</table>

（3）RT18-32 型熔断器　图 5-8 是 RT18 系列熔断器外形图。

1）用途。RT18 系列熔断器适用于 AC 50Hz，额定电压为 380V，额定电流至 63A 的工业电气装置的配电设备，用于电路过载和短路保护。其工作原理、图形符号与螺旋式熔断器相同。

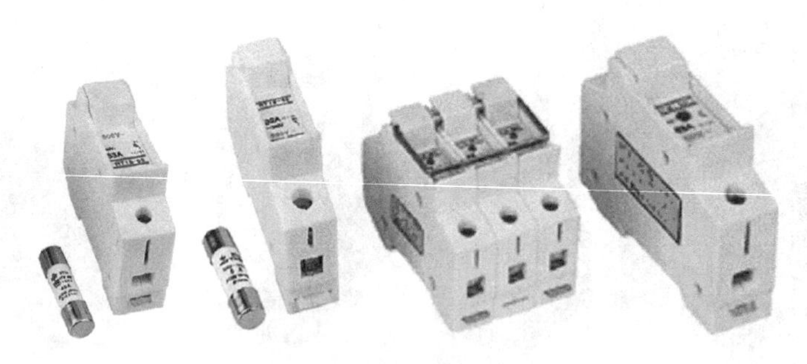

图 5-8 RT18 系列熔断器外形图

2）型号及含义。RT18 系列熔断器的型号及含义如下：

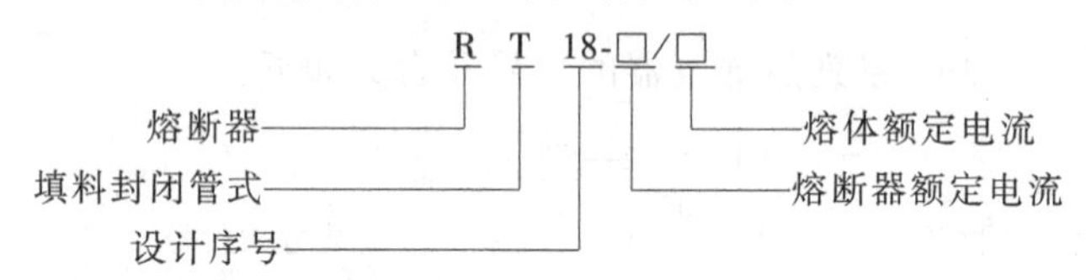

3）主要技术参数。RT18-32 型熔断器的主要技术参数见表 5-5。

表 5-5 RT18-32 型熔断器的主要技术参数

RT18 系列	熔断器额定电压/V	熔断器额定电流/A	熔体额定电流等级/A
RT18-32	380	32	2、4、6、8、10、16、20、25、32
RT18-63		63	2、4、6、10、16、20 、25、32、40、50、63

3. 识读电路图

图 5-9 是Y-△减压起动控制电路图。图中 KM1 用做电动机引入电源，KM2 主触头用于电动机定子绕组的Y联结，KM3 主触头用于电动机定子绕组的△联结。为了避免 KM2 和 KM3 同时吸合而造成三相电源短路，KM2 和 KM3 采用联锁保护。

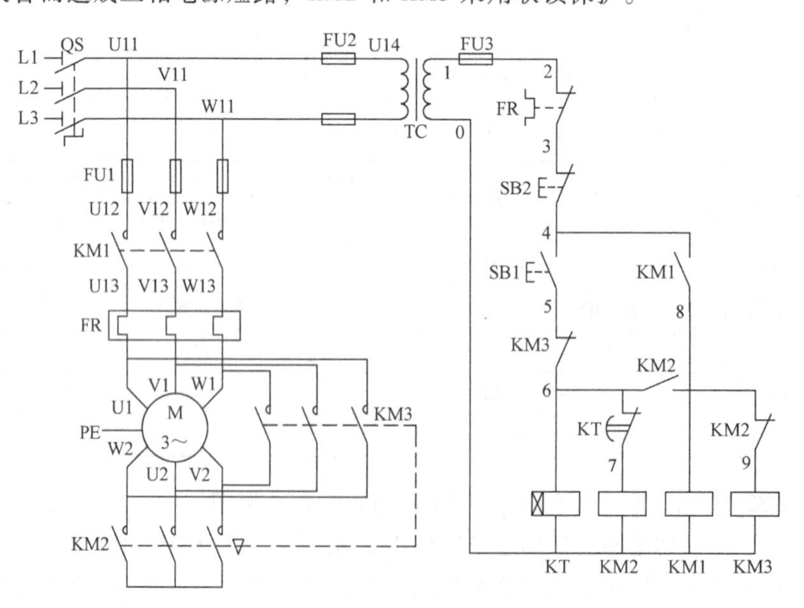

图 5-9 Y-△减压起动控制电路图

（1）电路组成　Y-△减压起动控制电路的组成及各元件的功能见表 5-6。

表 5-6　Y-△减压起动控制电路的组成及各元件的功能

序号	电路名称	电路组成	元件功能	备注
1		QS	电源开关	
2	电源电路	TC	控制变压器，用于减压	变压器将交流电压 380V 降至 220V
3		FU2	熔断器，用于变压器的短路保护	
4		FU1	熔断器，用于主电路的短路保护	
5		KM1 主触头	用于引入电源	
6		FR 驱动元件	过载保护	
7	主电路	KM2 主触头	Y联结	KM2 和 KM3 联锁
8		KM3 主触头	△联结	
9		M	电动机	
10		FU3	熔断器，用于控制电路的短路保护	
11		FR 常闭触头	过载保护	
12		SB2	停止按钮	
13		SB1	起动按钮	
14		KM3 辅助常闭触头	联锁保护	
15		KT 线圈	计时，延时动作触头	
16	控制电路	KT 常闭触头	延时断开Y联结	KM2 与 KM3 采用联锁保护
17		KM2 线圈	控制 KM2 的吸合与释放	
18		KM2 辅助常开触头	顺序控制 KM1	
19		KM1 线圈	控制 KM1 的吸合与释放	
20		KM1 辅助常开触头	KM1 自锁用	
21		KM2 辅助常闭触头	联锁保护	
22		KM3 线圈	控制 KM3 的吸合与释放	

（2）工作原理　Y-△减压起动控制电路的动作顺序如下：

1）先合上电源开关 QS。

2）起动。

Y-△减压起动控制电路

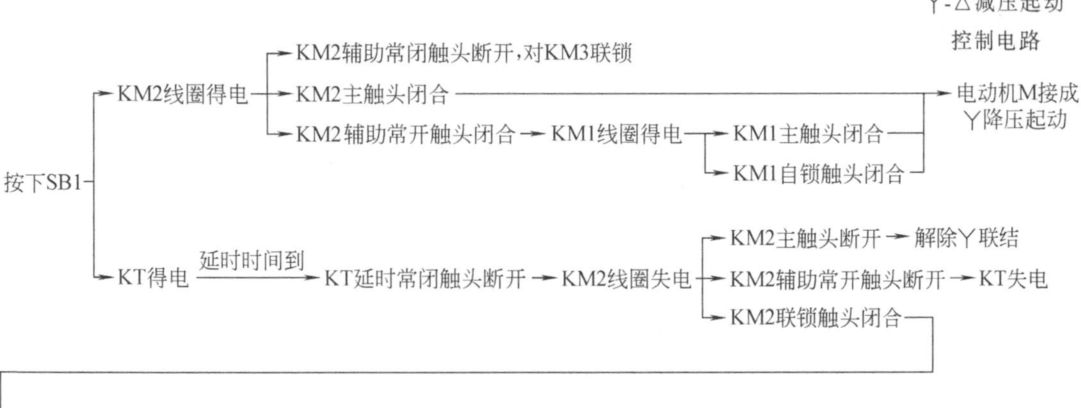

3）停止。按下 SB2→控制电路失电→接触器主触头断开→电动机失电停转。

4. 绘制接线图

根据接线图的绘制原则和方法，绘制Y-△减压起动控制电路的接线图。

1）根据电路图，考虑好元件位置后，画出电气元件并编写其文字符号，如图 5-10 所示。

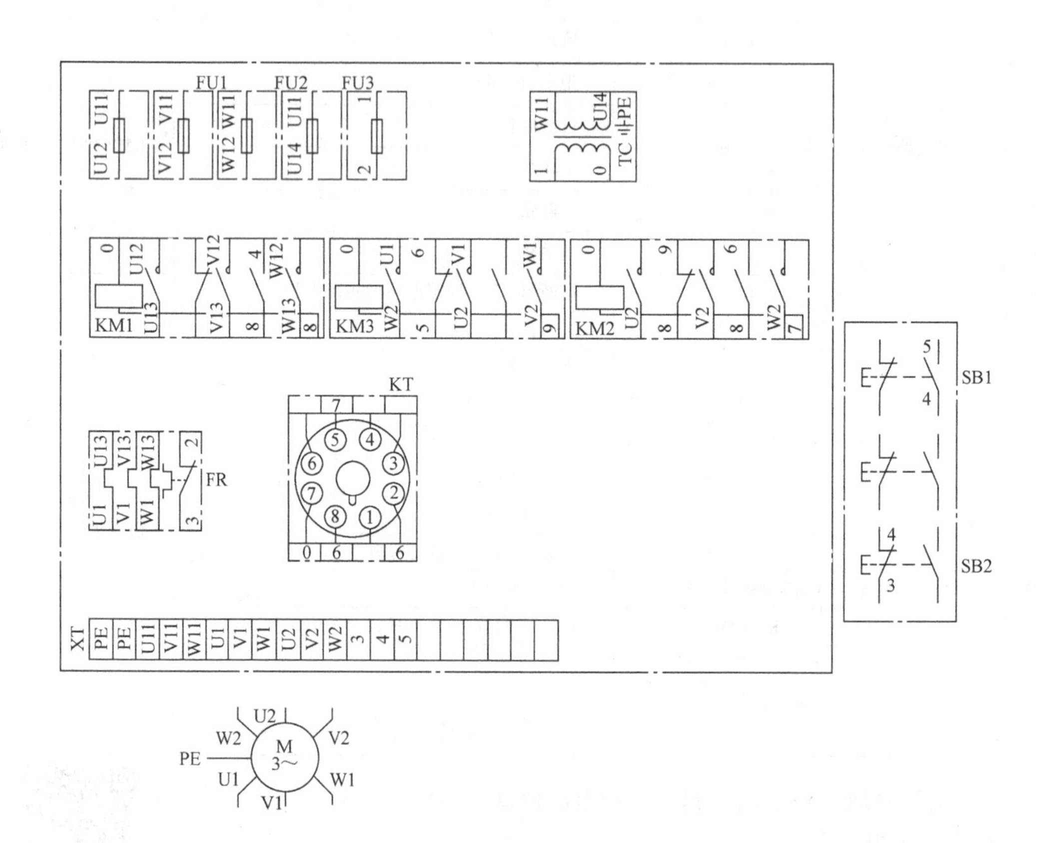

图 5-10　Y-△减压起动控制电路布置图

2）如图 5-10 所示，根据“面对面”原则，对照原理图编写所用元件的线号。

3）板上控制电路布线。对照电路图，按线号从小至大的顺序逐一布线，当电路与外围元件连接时，只需布一根线至接线端子 XT 的上端即可。从本项目开始，均采用线槽配线，所以可不必过多考虑电路的交叉问题。

4）外围控制电路布线。对照电路图，按线号从小至大的顺序逐一布线。当与板上元件连接时，只需布一根线至接线端子 XT 下端即可。

5）板上主电路布线，与板上控制电路布线方法一样。

6）外围主电路布线，与外围控制电路布线方法一样。

7）接地线布线。凡外壳带有金属的元件都必须布接地线。

Y-△减压起动控制电路的参考接线图如图 5-11 所示。

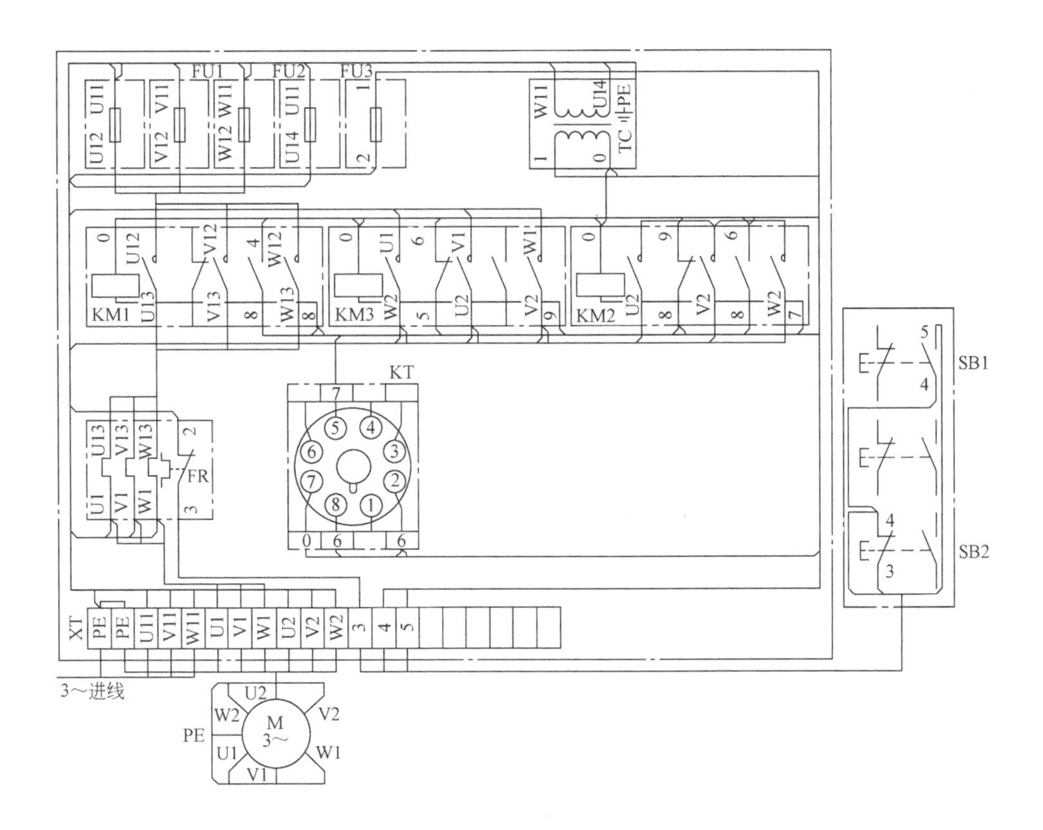

图 5-11 Y-△减压起动控制电路的参考接线图

五、操作指导

1. 检测元件

（1）检测时间继电器　读图 5-12 后，按表 5-7 检测 JSZ3C 型时间继电器。

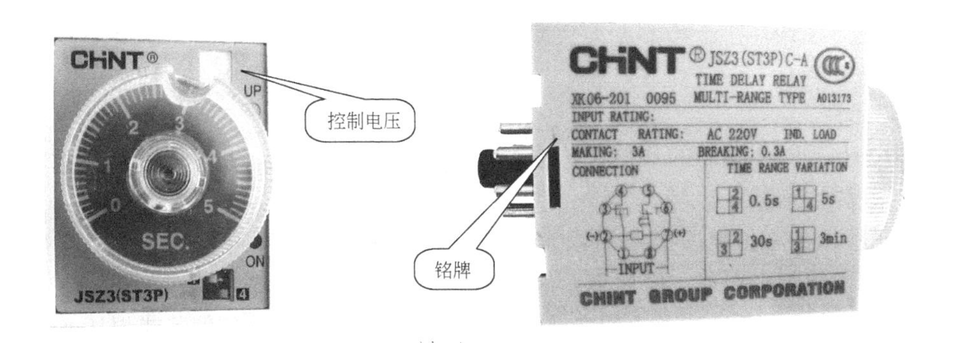

图 5-12 JSZ3C 型时间继电器的铭牌

（2）检测热继电器　读图 5-13 后，按表 5-8 检测 NR4- 63 型热继电器。

（3）检测熔断器　按表 5-9 检测 RT18-32 型熔断器。

表 5-7 JSZ3C 型时间继电器的检测过程

序号	检测任务	检测方法	参考值	检测值
1	读时间继电器的铭牌	位于时间继电器的侧面	内容有型号、触头容量等	使用时，规格的选择必须正确
2	时间继电器的控制电压		AC220V	
3	读 KT 的引脚号	引脚朝向自己，按顺时针方向读取		
4	读 KT 插座的插口号	插口朝向自己，按逆时针方向读取		
5	读引脚接线图	位于时间继电器的侧面		
6	检测、判别延时常闭触头的好坏	测量 5—8 号脚之间的阻值	阻值约为 0Ω	
7	检测、判别瞬时常闭触头的好坏	测量 1—4 号脚之间的阻值	阻值约为 0Ω	
8	检测、判别延时常开触头的好坏	测量 6—8 号脚之间的阻值	阻值为∞	
9	检测、判别瞬时常开触头的好坏	测量 1—3 号脚之间的阻值	阻值为∞	
10	测量线圈的阻值	测量 2—7 号脚之间的阻值		

注：KT 线圈阻值的大小与产品、控制电压的等级及类型有关。

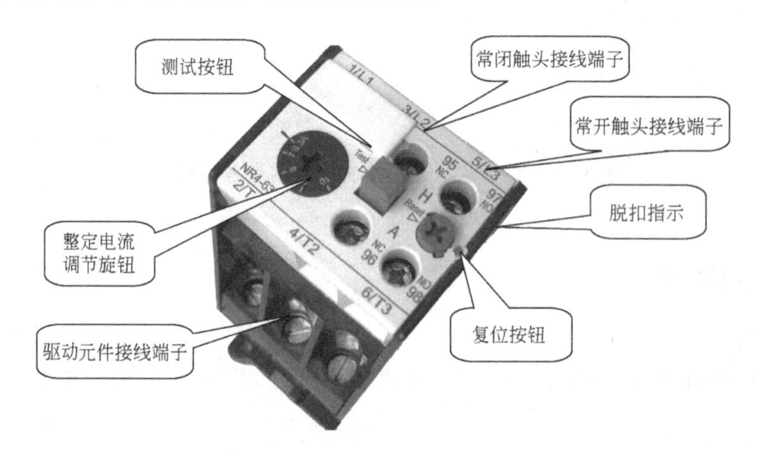

图 5-13 NR4-63 型热继电器

2. 固定元件

参考图 5-14，对照绘制的接线图，先固定 35mm 安装导轨，再将电气元件卡装在导轨上。固定时，要注意以下几点：

1）必须按图施工，根据接线图固定元件。固定导轨时，所有元件应整齐、均匀地分布，元件之间的间距应合理，以便于元件的更换及维修。

2）卡装元件时，要注意各自的安装方向，且用力要均匀，避免倒装或损坏元件。

3）时间继电器插进专用插座时，应保持定位键插在定位槽内，以防插反、插坏。

表 5-8 NR4-63 型热继电器的检测过程

序号	检测任务	操作方法	参考值	检测值	操作要点
1	读热继电器的铭牌	位于热继电器的侧面	内容有型号、额定电压、电流等		使用时，规格的选择必须正确

（续）

序号	检测任务	操作方法	参考值	检测值	操作要点
2	找到脱扣指示	见图 5-13	绿色		复位时，脱扣指示顶出
3	找到测试按钮		红色（Test）		按下时，FR 动作
4	找到复位按钮		蓝色（Reset）		按下时，FR 复位
5	按下测试按钮		脱扣指示顶出		脱扣指示顶出，表示 FR 已过载动作
6	按下复位按钮		脱扣指示弹进		脱扣指示弹进，表示 FR 未过载动作
7	找到 3 对驱动元件的接线端子		1 L1-2 T1 3 L2-4 T2 5 L3-6 T3		编号标在热继电器的顶部面罩上
8	找到常开触头的接线端子		97-98		
9	找到常闭触头的接线端子		95-96		
10	找到整定电流调节旋钮		黑色圆形旋钮，标有整定值范围		调节旋钮位于热继电器的顶部
11	检测、判别常闭触头的好坏	常态时，测量常闭触头的阻值	阻值约为 0Ω		若测量阻值与参考阻值不同，则说明触头已损坏或接触不良
		按下测试按钮后，再测量其阻值	阻值为∞		
12	按下复位按钮				
13	检测、判别常开触头的好坏	常态时，测量常开触头的阻值	阻值为∞		
		按下测试按钮后，再测量其阻值	阻值约为 0Ω		

表 5-9　RT18-32 型熔断器的检测过程

序号	检测任务	检测方法	参考值	检测值	要点提示
1	读熔断器的型号和规格	位于熔断器底座的侧面或盖板上	RT18-32 380/32A		使用时，规格的选择必须正确
2	检测、判别熔断器的好坏	方法与识别 RL1-15 型熔断器一样	阻值约为 0Ω		若测量的阻值为∞，则说明熔体已熔断或盖板未卡好，造成接触不良
3	读熔管的额定电流	打开盖板，取出熔管	16A		

3. 配线安装

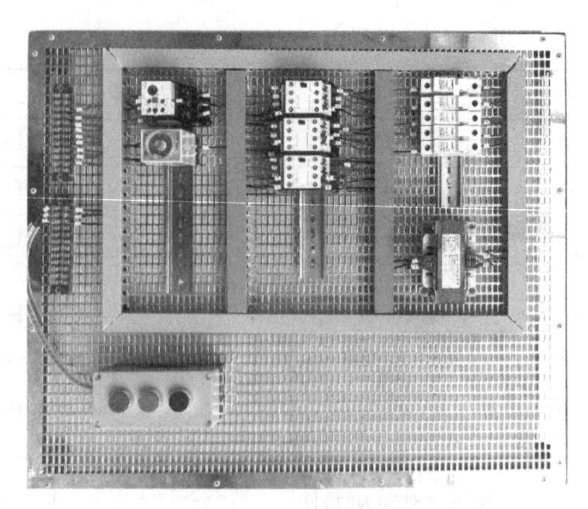

图 5-14 Y-△减压起动控制电路板

（1）线槽配线安装 根据所学的配线原则及工艺要求，对照绘制的接线图进行线槽配线安装。板前配线需按照由里及外的顺序达到无交叉要求，而线槽配线是通过线槽走线的，导线全装在线槽内，故操作者不必太多地考虑交叉问题，只需按照线号的先后顺序进行配线安装即可。如图 5-11 所示，配线时各个接线端子的引出导线的走向应以元件的中心线为界线，中心线上方的导线进入元件上面的行线槽；中心线下方的导线进入元件下面的行线槽。

1）安装控制电路。依次安装 0 号线、1 号线、2 号线、3 号线、4 号线、5 号线、6 号线、7 号线、8 号线、9 号线。安装容易出错的地方有：

① 新型号与老型号的元件结构有差异，常开触头、常闭触头混淆，容易错位或接错。可查阅产品使用说明或用万用表测量，确认后再接线安装。

② 时间继电器的引脚接线出错。使用说明上标出的引脚图为引脚朝着操作者时的视图（按照顺时针方向读取），但时间继电器插进专用引脚座后，其引脚是背对着操作者的，所以引脚要按逆时针方向读取。

③ 线槽外的走线长短、高低、前后不一致。槽外走线要合理，做到美观大方、横平竖直，避免交叉。

④ 线槽内的线乱。要将进入走线槽内的导线完全置于线槽内，尽可能避免交叉，装线的容量不得超过总容量的 70%。

2）安装主电路。依次安装 U11、V11、W11、U12、V12、W12、U13、V13、W13、U1、V1、W1、U2、V2、W2、KM2 上的短接线和 PE 线。安装工艺要求与控制电路一样。布线时，要特别注意 KM3 的相序及编号，确保 KM3 吸合时，电动机定子绕组的 U1 与 W2、V1 与 U2、W1 与 V2 相连。

（2）外围设备配线安装

1）安装连接按钮。

2）安装电动机，连接好电源连接线及金属外壳的接地线。

3）连接三相电源线。

4. 自检

1）检查布线。对照电路图检查是否掉线、错线，是否漏编或错编号以及接线是否牢固等。

2）使用万用表检测。按表 5-10，使用万用表检测安装的电路，若测量阻值与正确阻值不符，应根据电路图检查是否有错线、掉线、错位或短路等情况。

5. 通电调试和故障模拟

（1）调试电路 经自检，确认安装的电路正确和无安全隐患后，在教师的监护下，按照表 5-11 通电试车。切记严格遵守操作规程，确保人身安全。时间继电器整定时间的调整如图 5-15 所示。

表 5-10 用万用表检测电路

<table>
<tr><th>序号</th><th>检测任务</th><th colspan="2">操作方法</th><th>正确阻值</th><th>测量阻值</th><th>备注</th></tr>
<tr><td>1</td><td rowspan="5">检测主电路</td><td rowspan="3">断开 FU2，分别测量 XT 的 U11 与 V11、U11 与 W11、V11 与 W11 之间的阻值</td><td>常态时，不动作任何元件</td><td>均为∞</td><td></td><td></td></tr>
<tr><td>2</td><td>同时压下 KM1 和 KM2</td><td>均为 M 两相定子绕组的阻值之和</td><td></td><td></td></tr>
<tr><td>3</td><td>同时压下 KM1 和 KM3</td><td>均小于 M 单相定子绕组的阻值</td><td></td><td></td></tr>
<tr><td>4</td><td colspan="2">压下 KM3 后，分别测量 XT 的 U1 与 W2、V1 与 U2、W1 与 V2 之间的阻值</td><td>均约为 0Ω</td><td></td><td></td></tr>
<tr><td>5</td><td colspan="2">接通 FU2 后，测量 XT 的 U11 与 W11 之间的阻值</td><td>TC 一次绕组的阻值</td><td></td><td></td></tr>
<tr><td>6</td><td rowspan="7">检测控制电路</td><td rowspan="6">断开 FU3，测量 0 号与 2 号线之间的阻值</td><td>常态时，不动作任何元件</td><td>∞</td><td></td><td></td></tr>
<tr><td>7</td><td>按下 SB1</td><td>KT 与 KM2 线圈的并联值</td><td></td><td></td></tr>
<tr><td>8</td><td>压下 KM2 后，按下 SB1</td><td>KT、KM2 与 KM1 线圈的并联值</td><td></td><td></td></tr>
<tr><td>9</td><td>同时压下 KM1、KM2</td><td>KT、KM2 与 KM1 线圈的并联值</td><td></td><td></td></tr>
<tr><td>10</td><td>压下 KM1</td><td>KM1 与 KM3 线圈的并联值</td><td></td><td></td></tr>
<tr><td>11</td><td>同时压下 KM1、KM3</td><td>KM1 与 KM3 线圈的并联值</td><td></td><td></td></tr>
<tr><td>12</td><td colspan="2">接通 FU3 后，测量 0 号与 2 号线之间的阻值</td><td>TC 二次绕组的阻值</td><td></td><td></td></tr>
</table>

（2）故障模拟

1）时间继电器线圈开路故障模拟。由于时间继电器线圈、内部元件损坏等原因，将导

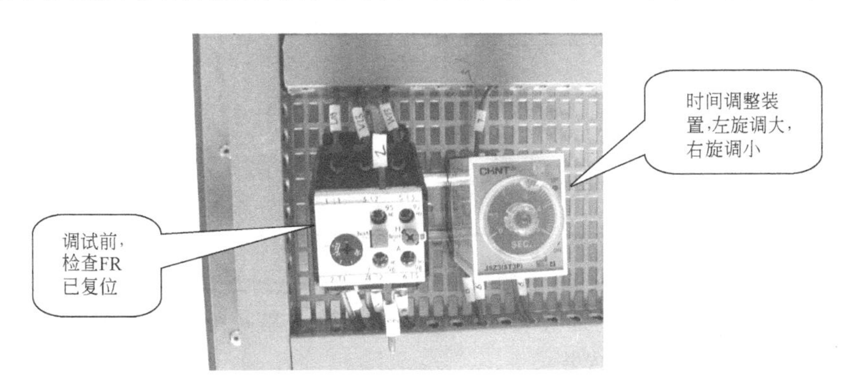

图 5-15 整定时间的调整

表 5-11　电路运行情况记录表

步骤	操作内容	观察内容	正确结果	观察结果	备注
1	旋转 FR 整定电流调整装置，将整定电流设定为 12A	整定电流值	12A		
2	旋转 KT 整定时间调整装置，将整定时间设定为 3s	整定时间值	3s		需反复调整
3	先插上电源插头，再合上断路器	电源插头 断路器	已合闸		已供电，注意安全
4	按下起动按钮 SB1	KM2	吸合		单手操作注意安全
		KT	得电		
		KM1	吸合		
		电动机	起动		
5	3s 后	KM2	释放		
		KT	失电		
		KM1	吸合		
		KM3	吸合		
		电动机	运转		
6	按下停止按钮 SB2	KM1	释放		
		KM3	释放		
		电动机	停转		
7	拉下断路器后，拔下电源插头	断路器 电源插头	已分断		做了吗

致内部延时电路不工作，从而造成电动机不能从Y联结向△联结转换。下面按表 5-12 模拟操作，观察故障现象。

表 5-12　故障现象观察记录表（一）

步骤	操作内容	造成的故障现象	观察的故障现象	备注
1	拆除 KT 线圈的 0 号线	电动机Y联结起动正常，但不能向△联结转换；且 KT 线圈不得电		
2	先插上电源插头，再合上断路器			已送电，注意安全
3	按下起动按钮 SB1			起动
4	按下停止按钮 SB2			
5	拉下断路器后，拔下电源插头			做了吗

2）FU2 熔丝烧断故障模拟。由于变压器烧毁、控制电路短路等原因，将导致 FU2 熔丝烧断，从而造成电路不工作。下面按表 5-13 模拟操作，观察故障现象。

（3）分析调试及故障模拟结果

1）按下起动按钮 SB1，电动机的定子绕组接成Y减压起动；延时一段时间后，电动

表 5-13　故障现象观察记录表（二）

步骤	操作内容	造成的故障现象	观察的故障现象	备注
1	恢复 KT 线圈的 0 号线	控制回路不工作，电动机不能起动		
2	断开 FU2			
3	先插上电源插头，再合上断路器			已送电，注意安全
4	按下起动按钮 SB1			起动
5	拉下断路器后，拔下电源插头			做了吗

机自动接成△全压运行，实现了Y-△减压起动控制。这种控制原则称为时间控制原则，在设备电气控制中应用广泛。

2）按下起动按钮 SB1，KM2 先吸合，KM1 后吸合。用 KM2 的辅助常开触头串联于 KM1 线圈电路中，控制两者的先后动作顺序，这种控制原则称为顺序控制原则，应用于顺序起动的场合。

3）JSZ3C 型时间继电器为通电延时型时间继电器。接通电源后，其延时常闭触头延时断开。

4）控制电路电源损坏将直接导致整个电路不工作。

6. 操作要点

1）Y-△减压起动方式只适用于△联结运行的电动机，即电动机为△联结时的额定电压等于三相电源的线电压；对Y联结运行的电动机不适用，否则会因电压过高而烧毁电动机。

2）配线时，必须保证电动机△联结的正确性，当 KM3 闭合时，定子绕组的出线端 U1 与 W2、V1 与 U2、W1 与 V2 相连。

3）时间继电器电源引脚的接线必须正确，不可接至常闭触头上，否则会造成控制电路电源短路。

4）变压器的铁心和电动机外壳必须可靠接地。

5）通电调试前必须检查是否存在人身和设备安全隐患，确定安全后，必须在教师的监护下按照通电调试要求和步骤进行操作。

六、质量评价标准

项目质量考核要求及评分标准见表 5-14。

表 5-14　质量评价表

考核项目	考核要求	配分	评分标准	扣分	得分	备注
元器件安装	1. 按照布置图固定元件 2. 正确固定元件	10	1. 不按布置图固定元件扣 10 分 2. 元件安装不牢固每处扣 3 分 3. 元件安装不整齐、不均匀、不合理每处扣 3 分 4. 损坏元件每处扣 5 分			

（续）

考核项目	考核要求	配分	评分标准	扣分	得分	备注
电路安装	1. 按图施工 2. 合理布线，做到美观 3. 规范走线，做到横平竖直，无交叉 4. 规范接线，无线头松动、反圈、压皮、露铜过长及损伤绝缘层 5. 正确编号	40	1. 不按接线图接线扣40分 2. 布线不合理、不美观每根扣3分 3. 走线不横平竖直每根扣3分 4. 线头松动、反圈、压皮、露铜过长每处扣3分 5. 损伤导线绝缘或线芯每根扣5分 6. 错编、漏编号每处扣3分			
通电试车	按照要求和步骤正确调试电路	50	1. 主控电路配错熔管每处扣10分 2. 整定电流调整错误扣5分 3. 整定时间调整错误扣5分 4. 一次试车不成功扣10分 5. 两次试车不成功扣30分 6. 三次试车不成功扣50分			
安全生产	自觉遵守安全文明生产规程		1. 漏接接地线每处扣10分 2. 发生安全事故按0分处理			
时间	4h		提前正确完成，每5min加5分；超过定额时间，每5min扣2分			
开始时间：		结束时间：		实际时间：		

七、拓展与提高——自耦变压器减压起动控制电路

自耦变压器减压起动控制电路如图5-16所示，按下起动按钮SB1，KM2和KM3得电，吸合自锁，电动机减压起动，同时KT线圈得电，开始计时；延时一段时间后，KM2与KM3失电释放，KM1得电吸合，电动机全压运行。此起动方法适用于较大容量的三相异步电动机的起动控制。

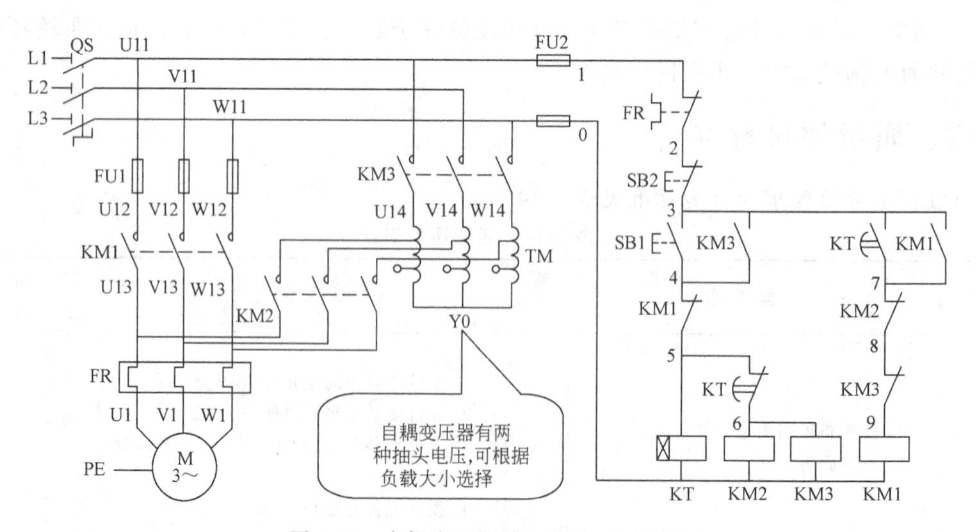

图5-16　自耦变压器减压起动控制电路

习 题

1. 如何识别 RT18 型熔断器、JSZ3C 型时间继电器和 JRS2 型热继电器的好坏？
2. 如何将Y-△电动机接成Y联结和△联结？Y-△减压起动方法适用于哪种电动机？
3. 图 5-17 是 QX3-13 型Y-△自行起动器的电路图，请分析其工作原理。

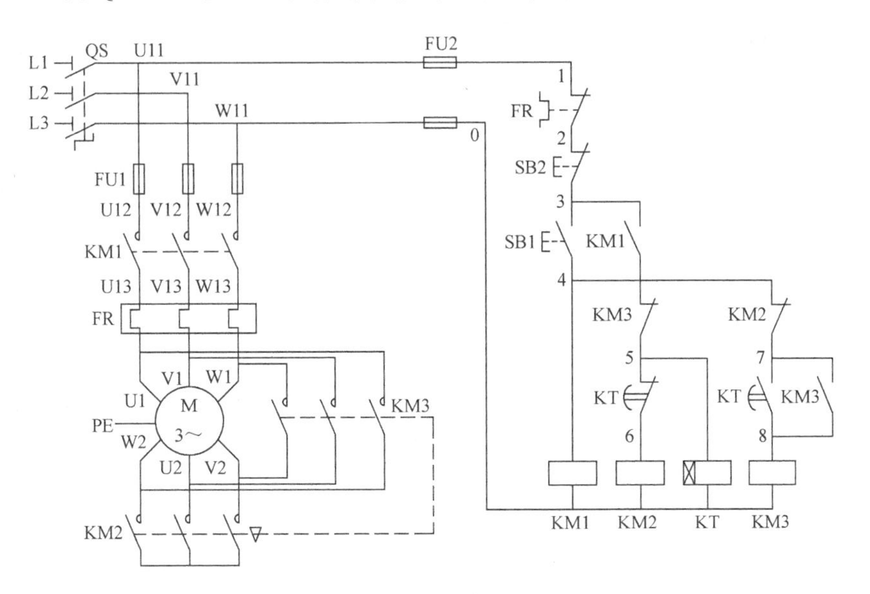

图 5-17　习题 3 图

项目六　双速电动机低速起动高速运转控制电路

一、学习目标

1. 会将双速电动机接成△和YY运转。
2. 会识别、使用 JZC1-44 型接触器式继电器。
3. 能正确识读双速电动机低速起动高速运转控制电路图，并能说出电路的动作程序。
4. 会绘制双速电动机低速起动高速运转控制电路的接线图，且能正确安装与调试电路。

二、学习任务

1. 项目任务

本项目的任务是安装与调试双速电动机低速起动高速运转控制电路。要求电路具有低速起动高速运转控制功能，即按下起动按钮，电动机低速起动；延时一段时间后，电动机高速运转。

2. 任务流程图

具体学习任务及学习过程如图 6-1 所示。

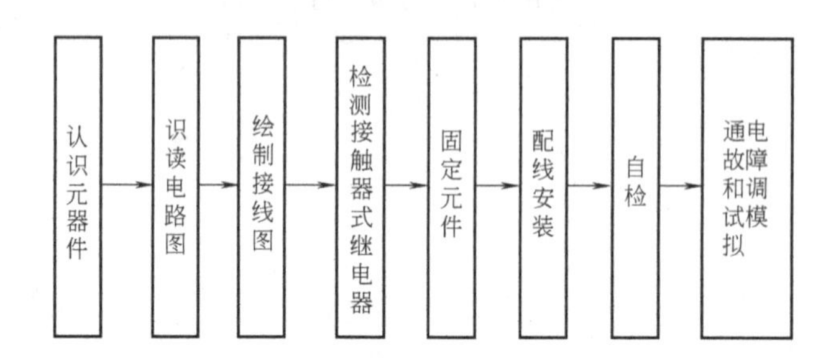

图 6-1　任务流程图

三、环境设备

学习所需工具、设备见表 6-1。

表 6-1　工具、设备清单

序号	分类	名　　称	型　号　规　格	数量	单位	备注
1	工具	常用电工工具		1	套	
2		万用表	MF47	1	只	
3	设备	熔断器	RT18-32	5	只	
4		熔管	5A	3	只	
			2A	2	只	
5		交流接触器	CJX1-12/22,220V	3	只	

（续）

序号	分类	名　称	型 号 规 格	数量	单位	备注
6	设备	热继电器	NR4-63	1	只	
7		时间继电器	JSZ3C,220V	1	只	
8		接触器式继电器	JZC1-44,220V	1	只	
9		按钮	LA 38/203	1	只	
10		控制变压器	BK-100,380/220V	1	只	
11		三相笼型异步电动机	0.45/0.55kW,△/YY,380V	1	台	
12		端子	TB-1512L	2	条	
13		安装网孔板	600mm×700mm	1	块	
14		导轨	35mm	0.5	m	
15		三相电源插头	16A	1	只	
16	消耗材料	铜导线	BVR-1.5mm^2	5	m	
17			BVR-1.5mm^2	2	m	双色
18			BVR-1.0mm^2	3	m	
19			BVR-0.75mm^2	2	m	
20		行线槽	TC3025	若干		
21		紧固件	M4×20 螺钉	若干	只	
22			M4 螺母	若干	只	
23			ϕ4mm 垫圈	若干	只	
24		编码管	ϕ1.5mm	若干	m	
25		编码笔	小号	1	支	

四、背景知识

由项目任务可知，双速电动机有低速和高速两种运转速度。如何通过改变双速电动机定子绕组的联结方式来得到不同的转速成为本项目的关键点。根据电机学原理由电动机的转速公式 $n=(1-s)60f/p$ 可知，可通过三种方法调节三相异步电动机的转速：一是改变电源频率 f；二是改变转差率 s；三是改变磁极对数 p。本项目主要介绍通过改变磁极对数来实现电动机调速的控制电路。

当双速电动机定子绕组的接法改变时，其磁极对数 p 也随之改变，从而改变了电动机转速，所以双速电动机属于变极调速，且为有级调速。

1. 认识元件

（1）双速异步电动机的定子绕组　双速异步电动机定子绕组的接法为△/YY。三相定子绕组采用△联结，由三个联结点接出三个出线端 U1、V1、W1，从每相绕组的中点各接出一个出线端 U2、V2、W2，这样，定子绕组共有 6 个出线端。通过改变这 6 个出线端与电源的连接方式，就可以得到两种不同的转速。

在双速电动机的接线盒内，可以看到三相对称定子绕组的出线端子，其编号分别为 U1-U2、V1-V2 与 W1-W2。根据起动要求，将双速电动机定子绕组接成△运转，如图 6-2 所示，即将电动机的出线端子 U2、V2、W2 悬空，U1、V1、W1 分别与三相电源线 L1、L2、L3 相连，切记电动机的外壳必须接地。将双速电动机定子绕组接成YY运转，如图 6-3 所示，即将电动机接线端子 U1、V1、W1 短接，将 U2、V2、W2 分别与三相电源线 L1、L2、L3 相连。

双速电动机定子绕组采用不同联结方式时的转速与转向见表 6-2。由表可知，电动机定子绕组接成△时，磁极为 4 极，同步转速为 1500r/min；电动机定子绕组接成YY时，磁极为 2 极，同步转速为 3000 r/min。可见，双速电动机高速运转时的转速是低速运转时的两倍。低速与高速切换时，若保持电源相序不变，则电动机的旋转方向相反；若改变电源相序，则电动机的旋转方向相同。根据电机学原理，对于倍极电动机，变极会改变电动机的相序，从而改变电动机的旋转方向。而非倍极双速电动机则与普通的笼型电动机一样，变速时，若电源相序不变，则其旋转方向就不会改变。

表 6-2 双速电动机的转速与转向

定子绕组接法	磁极/个	转速/(r/min)	旋转方向
△联结	4	1500	正向
YY联结(不改变电源相序)	2	3000	反向
YY联结(改变电源相序)	2	3000	正向

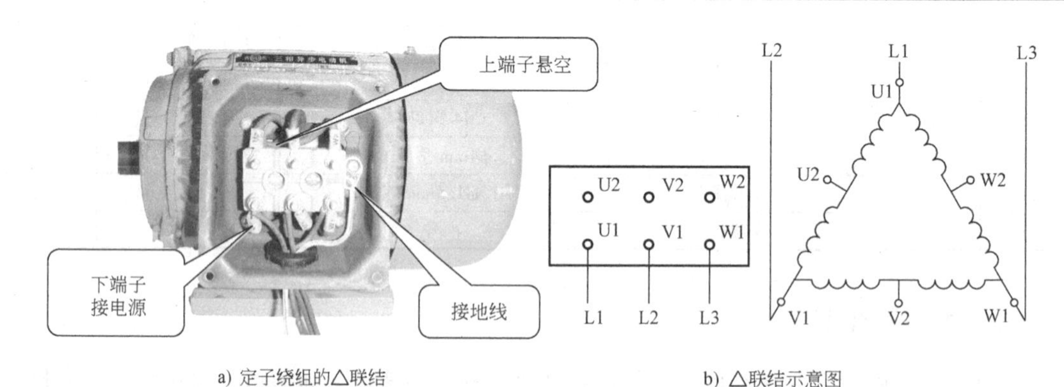

a) 定子绕组的△联结　　b) △联结示意图

图 6-2 双速电动机定子绕组的△联结

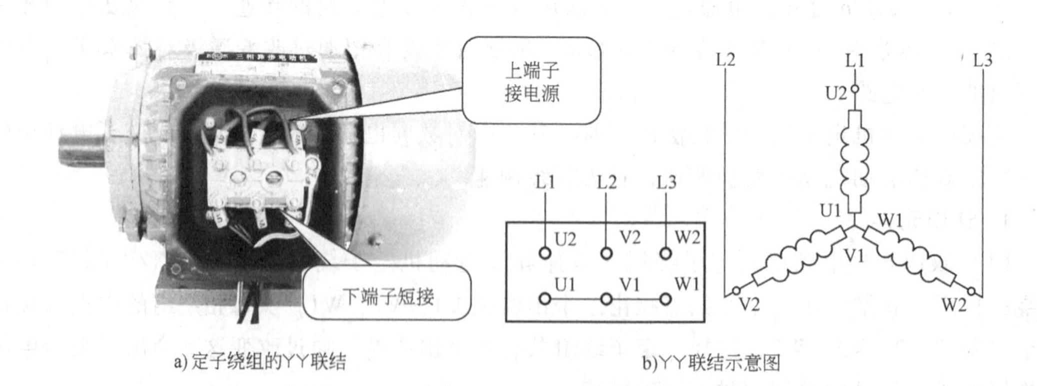

a) 定子绕组的YY联结　　b)YY联结示意图

图 6-3 双速电动机定子绕组的YY联结

双速异步电动机的机座上装有铭牌，铭牌上标有电动机的型号和主要技术数据。如图 6-4 所示，电动机的额定功率为 0.45/0.55kW，额定电流为 1.4/1.5A，额定转速为 1440/

2860r/min，额定电压为 380V，定子绕组采用△/YY联结。

三相异步电动机			
型号 YU801-418		编号 0015	
功率 0.45/0.55kW		电流1.4/1.5A	
电压 380V	磁极2/4极	转速1440/2860r/min	
接法△/YY	防护等级 IP44	频率50Hz	重量10kg
工作制 SI	B级绝缘	生产日期 2004年11月2日	

图 6-4　某双速电动机的铭牌

（2）JZC1-44 型接触器式继电器　中间继电器是一种将一个输入信号变成一个或多个输出信号的电磁式继电器。它的输入信号为线圈的通电和断电，输出信号是触头的动作，不同动作状态的触头分别将信号传给几个元件或电路。接触器式继电器是中间继电器的一种，图 6-5 是部分 JZ 系列中间继电器外形图。

1）用途。JZC1 系列接触器式继电器主要用于 AC 50Hz（或 60Hz），额定工作电压至 660V 的控制电路中，用来控制各种电压线圈，以使信号放大或将信号传递给有关控制元件，并可控制小容量的交流电动机。

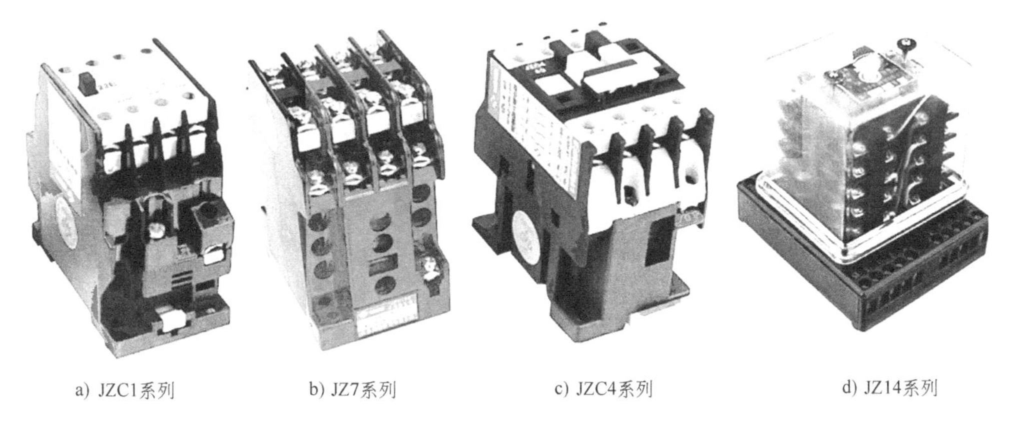

a) JZC1系列　　b) JZ7系列　　c) JZC4系列　　d) JZ14系列

图 6-5　部分 JZ 系列中间继电器外形图

2）型号及含义。JZC1 系列接触器式继电器的型号及含义如下：

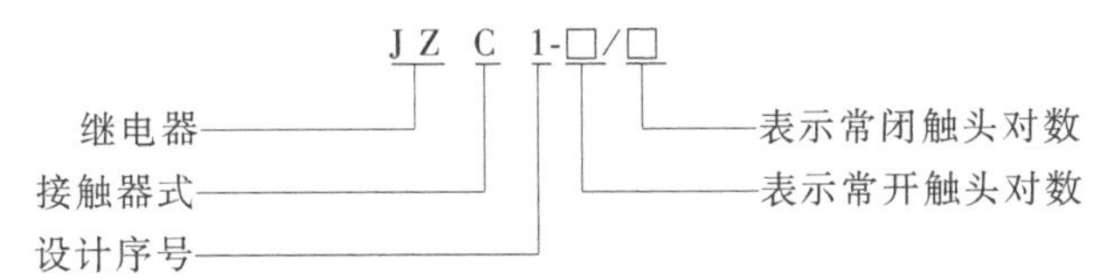

3）主要技术参数。JZC1-44 型接触器式继电器的主要技术参数见表 6-3。

表 6-3　JZC1-44 型接触器式继电器的主要技术参数

线圈额定电压 U_s 等级/V	额定工作电流/A		吸合电压	额定绝缘电压/V	约定发热电流/A	频率/Hz
	380V	660V				
24、36、48、110、127、220、380	5	3	(85%～110%)U_s	660	10	50 或 60

4）外形与符号。如图 6-6 所示，中间继电器的结构与接触器基本相同，由电磁系统、触头系统和动作结构等组成。当中间继电器的线圈得电时，其衔铁和铁心吸合，从而带动常闭触头分断、常开触头闭合；一旦线圈失电，其衔铁和铁心释放，常闭触头复位闭合、常开触头复位断开。

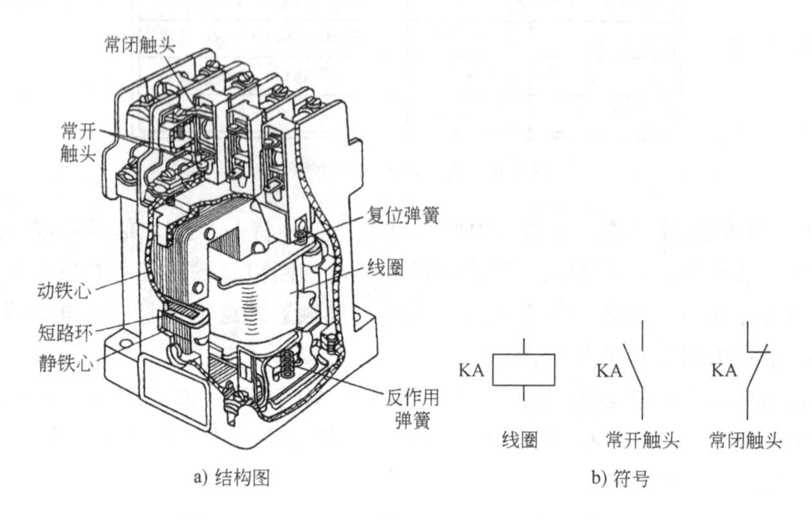

a) 结构图　　b) 符号

图 6-6　JZC1-44 型中间继电器的结构与符号

2. 识读电路图

图 6-7 为双速电动机低速起动高速运转控制电路图。图中的 KM1 主触头闭合时，将三相电源引入，双速电动机接成△低速起动；KM3 主触头闭合时，双速电动机接成YY，通过 KM2 主触头引入电源，电动机高速运转。为了避免 KM1 和 KM3 同时吸合而造成三相电源短路，KM1 与 KM3、KM2 之间采用联锁保护。

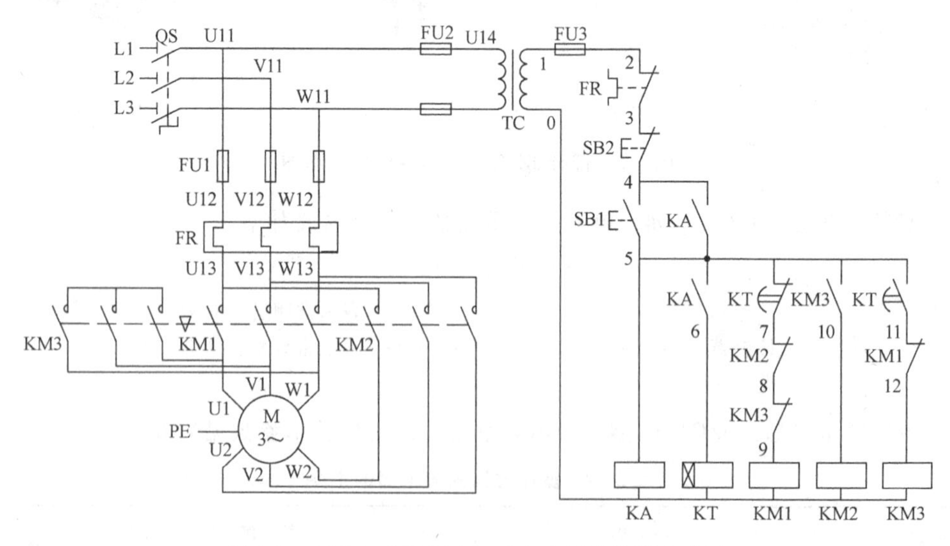

图 6-7　双速电动机低速起动高速运转控制电路图

（1）电路组成　双速电动机低速起动高速运转控制电路的组成及各元件的功能见表6-4。

表 6-4　双速电动机低速起动高速运转控制电路的组成及各元件的功能

序号	电路名称	电路组成	元件功能	备注
1	电源	QS	电源开关	
2	电路	TC	控制变压器,用于降压	
3		FU2	熔断器,用于变压器的短路保护	
4	主电路	FU1	熔断器,用于主电路的短路保护	KM2 和 KM3 联锁
5		FR 驱动元件	过载保护	
6		KM1 主触头	电动机低速运转时引入电源	
7		KM3 主触头	电动机丫丫联结用	
8		KM2 主触头	电动机高速运转时引入电源	
9		M	电动机	
10	控制电路	FU3	熔断器,用于控制电路的短路保护	
11		FR 常闭触头	过载保护	
12		SB2	停止按钮	
13		SB1	起动按钮	
14		KA 自锁触头	KA 自锁用	
15		KA 线圈	控制 KA 的吸合与释放	
16		KA 常开触头	顺序控制 KT 线圈	
17		KT 线圈	起动计时,延时动作触头	
18		KT 延时常闭触头	延时断开 KM1 线圈电路,结束电动机低速起动	
19		KM2、KM3 辅助常闭触头	联锁保护	
20		KM1 线圈	控制 KM1 的吸合与释放	
21		KM3 辅助常开触头	顺序控制 KM2	
22		KM2 线圈	控制 KM2 的吸合与释放	
23		KT 延时常开触头	延时接通 KM3 线圈电路,起动电动机高速运转	
24		KM1 辅助常闭触头	联锁保护	
25		KM3 线圈	控制 KM3 的吸合与释放	

(2) 工作原理　双速电动机低速起动高速运转控制电路的动作顺序如下:

1) 先合上电源开关 QS。

2) 起动。

双速电动机低速起动高速运转控制电路

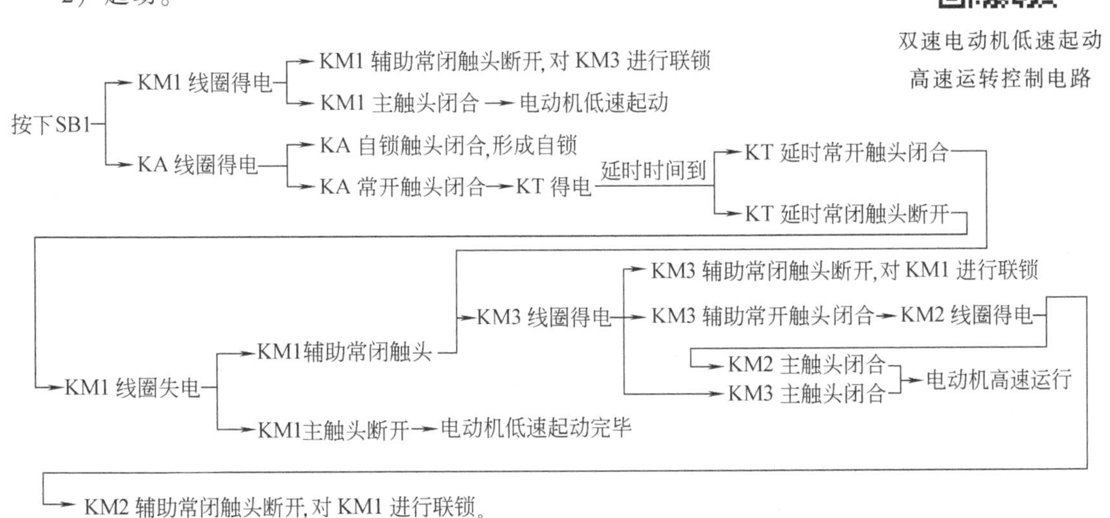

3）停止。按下 SB2 → 控制电路失电 → 接触器主触头断开 → 电动机失电停转。

3. 绘制接线图

根据接线图绘制原则，绘制双速电动机低速起动高速运转控制电路接线图，其元件布置如图 6-8 所示。图 6-9 所示为参考接线图。

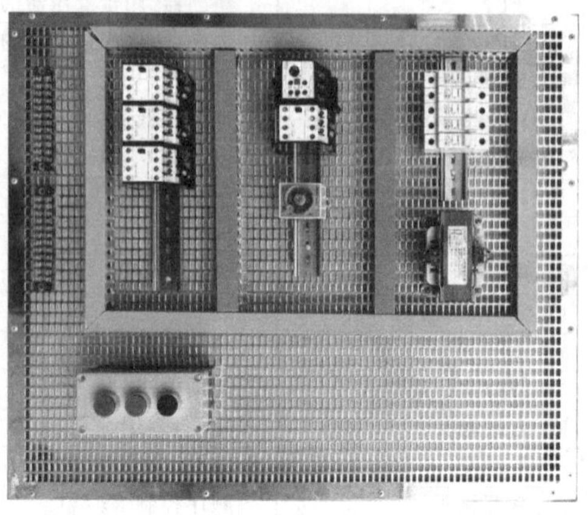

图 6-8　双速电动机低速起动高速运转控制电路元件布置图

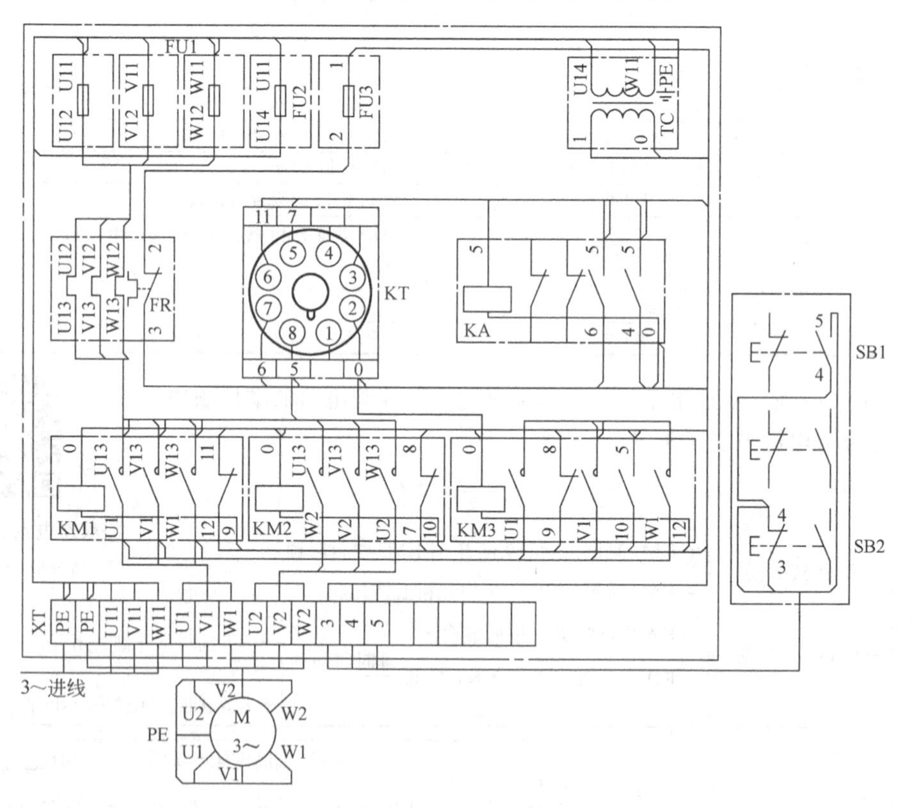

图 6-9　双速电动机低速起动高速运转控制电路参考接线图

五、操作指导

1. 检测接触器式继电器

读图 6-10 后，按照表 6-5 检测 JZC1-44 型接触器式继电器。

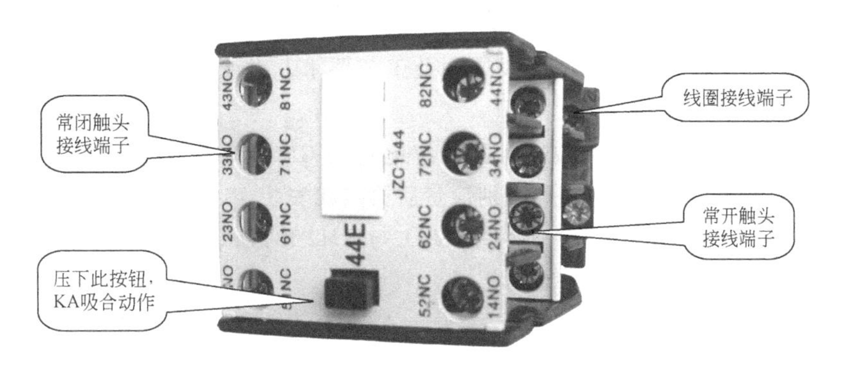

图 6-10　JZC1-44 型接触器式继电器

表 6-5　JZC1-44 型接触器式继电器的检测过程

序号	检测任务	检测方法	参考值	检测值	要点提示
1	读铭牌	位于接触器侧面	标有型号、额定电压、电流等		
2	读线圈的额定电压	看线圈的标签	220V 50Hz		同一型号的接触器式继电器有不同的线圈电压等级
3	找到线圈的接线端子	见图 6-10	A1—A2		
4	找到 4 对常开触头的接线端子		13NO—14NO 23NO—24NO 33NO—34NO 43NO—44NO		编号在继电器的顶部面罩上
5	找到 4 对常闭触头的接线端子		51NC—52NC 61NC—62NC 71NC—72NC 81NC—82NC		
6	检测、判别 4 对常闭触头的好坏	常态时，测量各常闭触头的阻值	阻值均约为 0Ω		若测量阻值与参考阻值不同，则说明触头已损坏或接触不良
		压下继电器后，再测量其阻值	阻值均为∞		
7	检测、判别 4 对常开触头的好坏	常态时，测量各常开触头的阻值	阻值均为∞		
		压下继电器后，再测量其阻值	阻值均约为 0Ω		
8	检测、判别线圈的好坏	万用表置 R×100Ω 档调零后，测量线圈的阻值	阻值约为 500Ω		若阻值过大或过小，说明已损坏
9	测量各触头之间的阻值	万用表置 R×10kΩ 档调零后测量阻值	阻值均为∞		说明所有触头都是独立的

2. 固定元件

按表 6-1 配齐所用元件后，参照项目五的方法及要点，按照图 6-8 固定元件。其中，JZC1-44 型接触器式继电器的固定方法与 CJX1-12/22 型交流接触器一样。

3. 配线安装

（1）线槽配线安装　根据线槽配线原则及工艺要求，对照绘制的接线图进行线槽配线安装。

1）安装控制电路。JZC1-44 型接触器式继电器与 CJX1-12 型交流接触器的常开、常闭触头的分布有所区别，容易混淆，要辨别清楚后再接线安装。

2）安装主电路。布线时，要特别注意 KM1 与 KM2 出线端的编号，确保双速电动机由低速向高速转换时电源相序相反，转向相同。

（2）外围设备配线安装

1）安装连接按钮。

2）安装电动机，连接好电源连接线及金属外壳的接地线。

3）连接三相电源线。

4. 自检

1）检查布线。对照电路图检查是否掉线、错线，是否漏编或错编号以及接线是否牢固等。

2）使用万用表检测。按表 6-6，使用万用表检测安装的电路，若测量阻值与正确阻值不符，应根据电路图检查是否有错线、掉线、错位或短路等情况。

表 6-6　万用表检测电路的过程

序号	检测任务	操作方法		正确阻值	测量阻值	备注
1	检测主电路	断开 FU2，分别测量 XT 的 U11 与 V11、U11 与 W11、V11 与 W11 之间的阻值	常态时，不动作任何元件	均为∞		
2			压下 KM1	均小于 M 单相定子绕组的阻值		
3			同时压下 KM1 和 KM3	均约为 0Ω		
4			同时压下 KM1 和 KM2	均小于 M 单相定子绕组的阻值		
5		压下 KM2，两表棒分别搭接 XT 的 U11 与 W2、V11 与 V2、W11 与 U2		均约为 0Ω		
6		接通 FU2 后，测量 XT 的 U11 与 W11 之间的阻值		TC 一次绕组的阻值		
7	检测控制电路	断开 FU3，测量 0 号与 2 号线之间的阻值	常态时，不动作任何元件	∞		
8			按下 SB1	KA 与 KM1 线圈的并联值		
9			压下 KA	KA、KT 与 KM1 线圈的并联值		
10			压下 KM3 后，按下 SB1	KA、KM1 与 KM2 线圈的并联值		
11			压下 KM2 后，按下 SB1	KA 线圈的阻值		
12		测量 KT 的 11 号线与 TC 的 0 号线之间的阻值		KM3 线圈的阻值		
13		接通 FU3 后，测量 0 号与 2 号线之间的阻值		TC 二次绕组的阻值		

5. 通电调试和故障模拟

（1）调试电路　经自检，确认安装的电路正确和无安全隐患后，在教师的监护下，按表 6-7 通电试车。切记严格遵守操作规程，确保人身安全。

表 6-7 电路运行情况记录表

步骤	操 作 内 容	观察内容	正确结果	观察结果	备 注
1	旋转 FR 整定电流调整装置，将整定电流设定为 10A	整定电流值	10A		
2	旋转 KT 整定时间调整装置，将整定时间设定为 3s	整定时间值	3s		
3	先插上电源插头，再合上断路器	电源插头、断路器	已合闸		已供电，注意安全
4	按下起动按钮 SB1	KA	吸合		单手操作注意安全
		KT	得电		
		KM1	吸合		
		电动机	低速正转		
5	3s 后	KM1	释放		
		KM2	吸合		
		KM3	吸合		
		电动机	高速正转		
6	按下停止按钮 SB2	KA	释放		
		KT	失电		
		KM1	释放		
		KM3	释放		
		电动机	停转		
7	拉下断路器后，拔下电源插头	断路器、电源插头	已分断		做了吗

（2）故障模拟

1）KT 延时常开触头接触不良故障模拟。因 KT 延时常开触头接触不良，导致 KM3 不能得电吸合，从而造成电动机起动后自动停车。下面按表 6-8 模拟操作，观察故障现象。

表 6-8 故障现象观察记录表（一）

步骤	操作内容	造成的故障现象	观察的故障现象	备注
1	拆除 KT 上的 11 号线	电动机低速起动正常，延时后自动停车；同时 KT、KA 保持得电状态		
2	先插上电源插头，再合上断路器			已送电，注意安全
3	按下起动按钮 SB1			
4	延时 3s			
5	按下停止按钮 SB2			
6	拉下断路器后，拔下电源插头			做了吗

2）低速正转起动、高速反转运行故障模拟。由于安装人员的疏忽，改变了 KM2 主触头出线的相序，造成电动机低速正转起动、高速反转运行。下面按表 6-9 模拟操作，观察故障现象。

（3）分析调试及故障模拟结果

1）按下起动按钮 SB1，电动机的定子绕组接成△低速起动，延时一段时间后，电动机自动接成YY高速运行，实现了低速起动高速运转控制。

表 6-9　故障现象观察记录表（二）

步骤	操作内容	造成的故障现象	观察的故障现象	备注
1	对调 KM2 主触头出线中的任意两根	电动机低速正转起动、高速反转运行		
2	先插上电源插头，再合上断路器			已送电，注意安全
3	按下起动按钮 SB1			
4	延时 3s			
5	按下停止按钮 SB2			
6	拉下断路器后，拔下电源插头			做了吗

2）通过接触器 KM1 与 KM2、KM3 的切换，不仅可以改变电动机的转速，还可以改变电动机的转向。这在自动控制大门、金属切削机床等场合应用得非常广泛。

6. 操作要点

1）对于三相倍极电动机，在低速与高速转换时，若电源相序相同，则两者转向相反；反之，则相同。

2）配线时，KM1 和 KM2 的主触头不能对调，否则会造成电源短路事故。

3）时间继电器常开延时触头与常闭延时触头共用 8 号脚。

4）变压器的铁心和电动机外壳必须可靠接地。

5）通电调试前必须检查是否存在人身和设备安全隐患，确定安全后，必须在教师的监护下按照通电调试要求和步骤进行操作。

六、质量评价标准

项目质量考核要求及评分标准见表 6-10。

表 6-10　质量评价表

考核项目	考　核　要　求	配分	评　分　标　准	扣分	得分	备注
元器件安装	1. 按照元件布置图布置元件 2. 正确固定元件	10	1. 不按布置图固定元件扣 10 分 2. 元件安装不牢固每处扣 3 分 3. 元件安装不整齐、不均匀、不合理每处扣 3 分 4. 损坏元件每处扣 5 分			
电路安装	1. 按图施工 2. 合理布线，做到美观 3. 规范走线，做到横平竖直，无交叉 4. 规范接线，无线头松动、反圈、压皮、露铜过长及损伤绝缘层 5. 正确编号	40	1. 不按接线图接线扣 40 分 2. 布线不合理、不美观每根扣 3 分 3. 走线不横平竖直每根扣 3 分 4. 线头松动、反圈、压皮、露铜过长每处扣 3 分 5. 损伤导线绝缘或线芯每根扣 5 分 6. 错编、漏编号每处扣 3 分			

（续）

考核项目	考　核　要　求	配分	评　分　标　准	扣分	得分	备注
通电试车	按照要求和步骤正确调试电路	50	1. 主控电路配错熔管每处扣 10 分 2. 整定电流调整错误扣 5 分 3. 整定时间调整错误扣 5 分 4. 一次试车不成功扣 10 分 5. 两次试车不成功扣 30 分 6. 三次试车不成功扣 50 分			
安全生产	自觉遵守安全文明生产规程		1. 漏接接地线每处扣 10 分 2. 发生安全事故按 0 分处理			
时间	4h		提前正确完成，每 5min 加 5 分；超过定额时间，每 5min 扣 2 分			
开始时间：		结束时间：		实际时间：		

七、拓展与提高——转换开关和时间继电器控制的双速电动机电路

用转换开关和时间继电器控制的双速电动机电路如图 6-11 所示。转换开关置“低速”档时，KM1 得电吸合，电动机低速运转；转换开关置“高速”档时，KT 得电吸合，KT 瞬时常开触头闭合，KM1 得电吸合，电动机低速起动，延时一段时间后，KT 延时触头动作，KM1 失电释放，KM2、KM3 得电吸合，电动机高速运转；转换开关置“停止”档时，控制电路失电，电动机停转。此电路常用于变极调速机床设备，如 T68 镗床等的控制中。

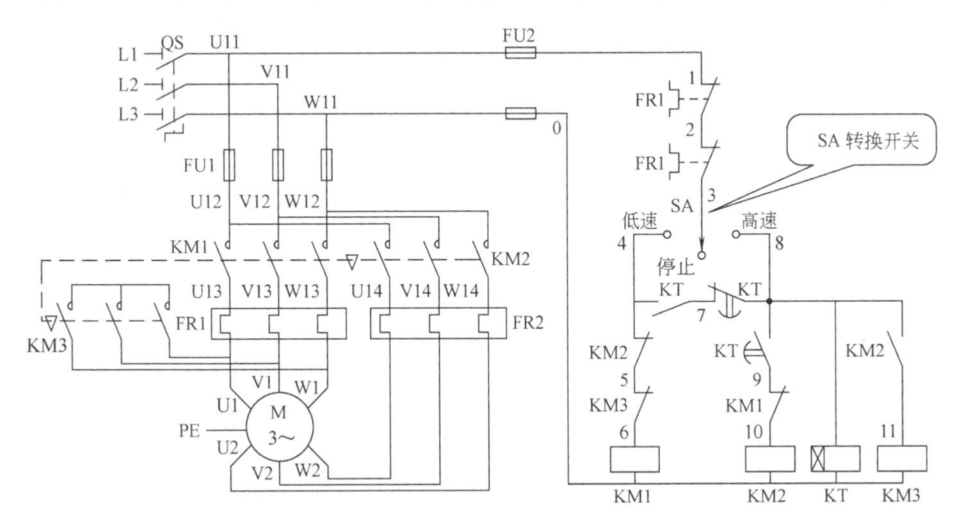

图 6-11　转换开关和时间继电器控制的双速电动机电路

习　　题

1. 如何检测接触器式继电器的好坏？

2. 双速电动机的出线端子是如何分布的？请分别绘制出双速电动机在低速和高速时定子绕组的联结示意图。

3. 请说出双速电动机的转向与电源相序之间的关系。

项目七　单向运转反接制动控制电路

一、学习目标

1. 会识别、使用 JY1 型速度继电器。
2. 会正确识读单向运转反接制动控制电路图，并能说出电路的动作程序。
3. 会绘制单向运转反接制动控制电路的接线图，且能正确安装与调试电路。

二、学习任务

1. 项目任务

本项目的任务是安装与调试单向运转反接制动控制电路。要求电路具有单向运转反接制动控制功能，即按下起动按钮，电动机单方向运转；按下停止按钮，电动机瞬间制动。

2. 任务流程图

具体学习任务及学习过程如图 7-1 所示。

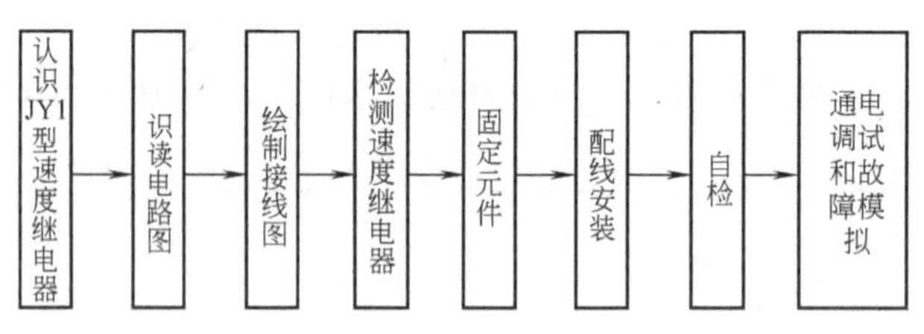

图 7-1　任务流程图

三、环境设备

学习所需工具、设备见表 7-1。

表 7-1　工具、设备清单

序号	分类	名　　称	型　号　规　格	数量	单位	备注
1	工具	常用电工工具		1	套	
2		万用表	MF47	1	只	
3	设备	熔断器	RT18-32	5	只	
4		熔管	5A	3	只	
			2A	2	只	
5		交流接触器	CJX1-12/22,220V	2	只	
6		热继电器	NR4-63	1	只	
7		速度继电器	JY1,500V,2A	1	只	
8		按钮	LA38/203	1	只	
9		控制变压器	BK-100,380/220V	1	只	
10		三相笼型异步电动机	0.75kW,Y联结,380V	1	台	

（续）

序号	分类	名　称	型 号 规 格	数量	单位	备注
11	设备	端子	TB-1512L	1	条	
12		安装网孔板	600mm×700mm	1	块	
13		导轨	35mm	0.5	m	
14		三相电源插头	16A	1	只	
15	消耗材料	铜导线	BVR-1.5mm^2	5	m	
16			BVR-1.5mm^2	2	m	双色
17			BVR-1.0mm^2	5	m	
18			BVR-0.75mm^2	2	m	
19		行线槽	TC3025	若干		
20		紧固件	M4×20 螺钉	若干	只	
21			M4 螺母	若干	只	
22			ϕ4mm 垫圈	若干	只	
23		编码管	ϕ1.5mm	若干	m	
24		编码笔	小号	1	支	

四、背景知识

通过前面六个项目的调试观察到，电动机断电后由于惯性不会立即停转，总是继续转动一段时间后才完全停转，这种惯性转动不能满足迅速停车的要求。对于要求迅速停车的场合，必须采取制动措施，反接制动就是其中的一种制动方法。

分析项目任务可知，单向运转反接制动控制电路具有两个控制功能：电动机单向运转控制和反接制动控制。前者是项目二的功能，后者则是在电动机停车时，将其反接，施加反向力矩，而当转速接近零时，又必须停止反接控制，否则电动机将继续反转下去。因此，需要一个能检测电动机转速的电器，用其自动控制制动过程的结束，速度继电器就具有此功能。

1. 认识 JY1 型速度继电器

JY1 型速度继电器（图 7-2）是反映转速与转向的电器，主要用于 AC 50Hz（或 60Hz），额定工作电压至 500V 的控制电路中，常用来控制电动机反转或反接制动。

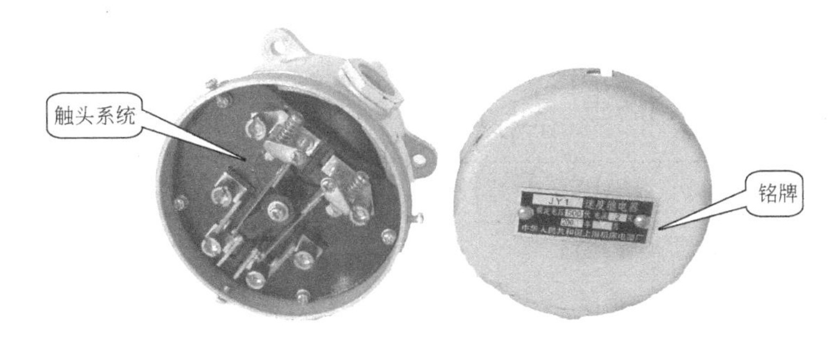

图 7-2　JY1 型速度继电器

（1）型号及含义　JY1 型速度继电器的型号及含义如下：

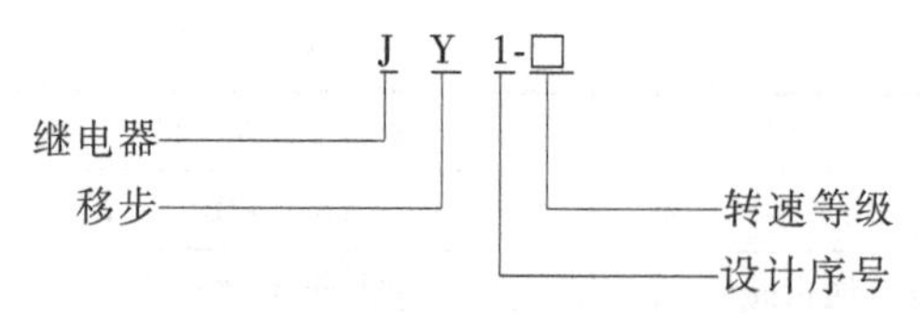

(2) 主要技术参数 JY1 型速度继电器的主要技术参数见表 7-2。

表 7-2 JY1 型速度继电器的主要技术参数

触头额定电压/V	触头额定电流/A	额定工作转速/(r/min)	允许操作频率/(次/min)
500	2	150~3000	660

(3) 外形与符号 如图 7-3a 所示，速度继电器主要由转子、定子、支架、胶木摆杆和触头系统等组成。当速度继电器达到一定转速时，其触头动作；当其转速减小到接近零时，其触头复位。速度继电器的符号如图 7-3 b 所示。

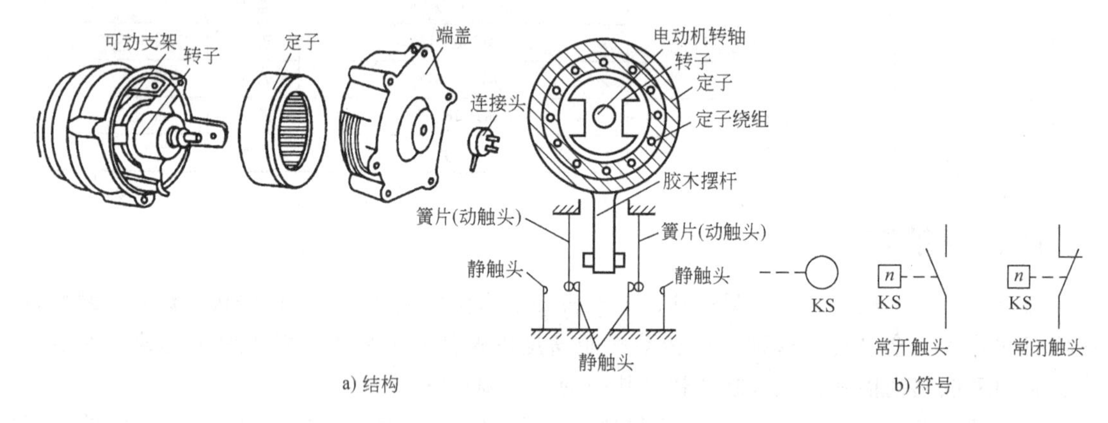

图 7-3 JY1 型速度继电器的结构及符号

2. 识读电路图

图 7-4 为单向运转反接制动控制电路图。图中的 KM1 主触头闭合时，电动机单向运转；KM2 主触头闭合时，电动机反接制动。KM1 与 KM2 之间采用联锁保护。

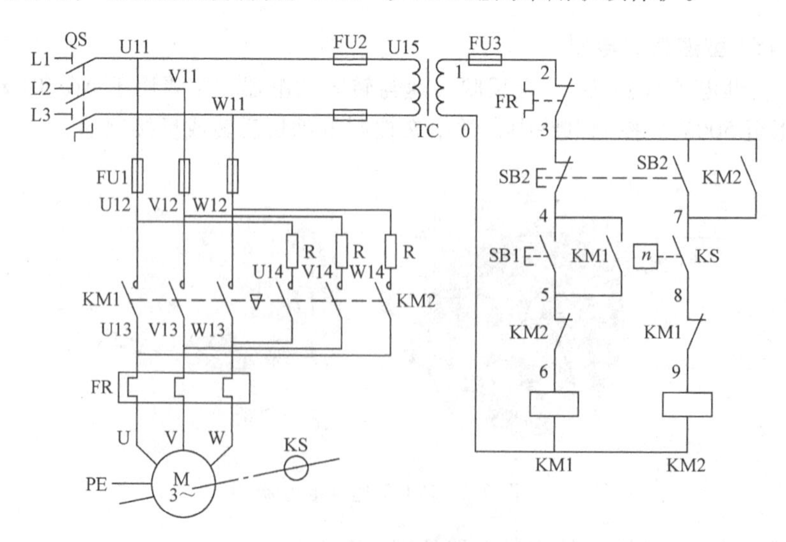

图 7-4 单向运转反接制动控制电路图

（1）电路组成　单向运转反接制动控制电路的组成及各元件的功能见表7-3。

表7-3　单向运转反接制动控制电路的组成及各元件的功能

序号	电路名称	电路组成	元件功能	备注
1	电源电路	QS	电源开关	
2		TC	控制变压器，用于降压	
3		FU2	熔断器，用于变压器的短路保护	
4	主电路	FU1	熔断器，用于主电路的短路保护	
5		KM1 主触头	控制电动机单向运转	
6		KM2 主触头	控制电动机反接制动	
7		反接制动电阻 R	反接制动限流	
8		FR 驱动元件	过载保护	
9		M	电动机	
10	控制电路	FU3	熔断器，用于控制电路的短路保护	
11		FR 常闭触头	过载保护	
12		SB2	停止按钮	
13		SB1	起动按钮	
14		KM1 辅助常开触头	KM1 自锁用	
15		KM2 辅助常闭触头	联锁保护用	
16		KM1 线圈	控制 KM1 的吸合与释放	
17		KM2 辅助常开触头	KM2 自锁用	
18		KS 常开触头	用于速度控制	
19		KM1 辅助常闭触头	用于联锁保护	
20		KM2 线圈	控制 KM2 的吸合与释放	

（2）工作原理　单向运转反接制动控制电路的动作顺序如下：

单向运转反接制动控制电路

1）先合上电源开关QS。

2）起动。

按下SB1 → KM1线圈得电 → KM1辅助常闭触头断开，对KM2进行联锁；→ KM1主触头闭合、KM1辅助常开触头闭合自锁 → 电动机M得电运转 → 电动机转速大于150r/min时 → KS常开触头闭合，为制动做准备

3）反接制动。

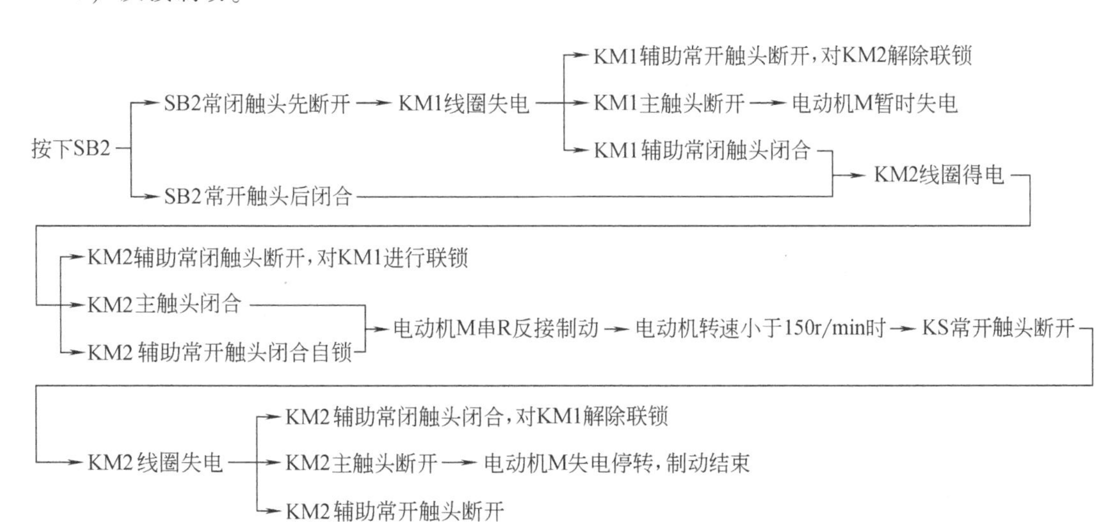

3. 绘制接线图

根据图 7-4 绘制接线图，其元件布置如图 7-5 所示。图 7-6 为参考接线图。

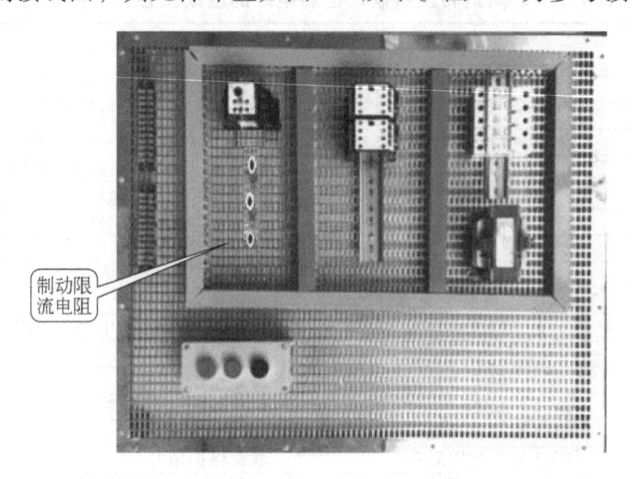

图 7-5　单向运转反接制动控制电路元件布置图

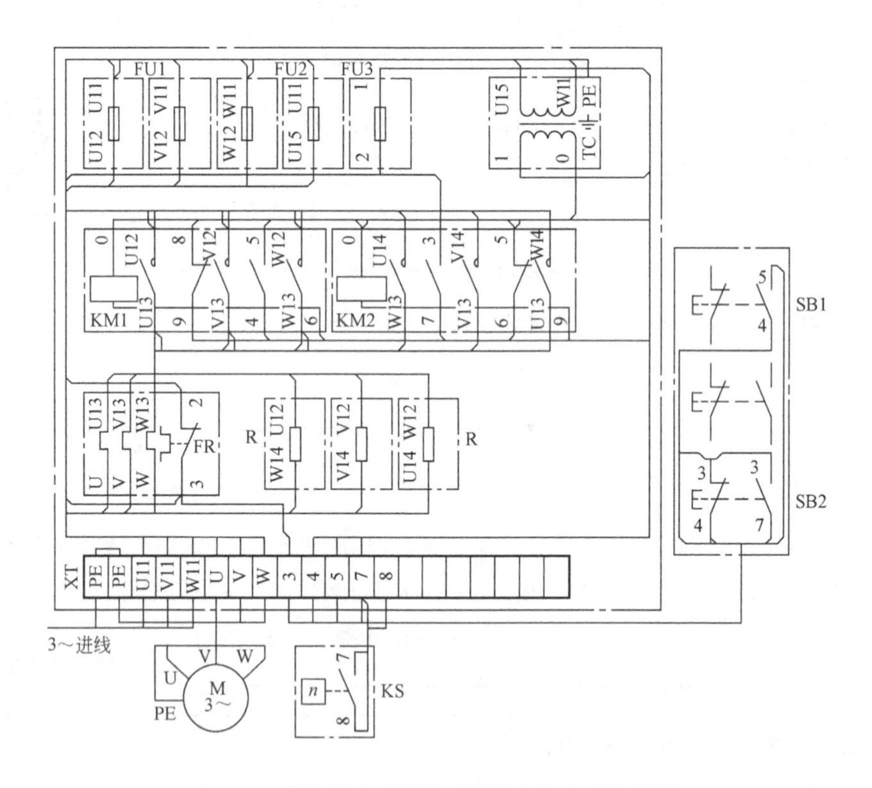

图 7-6　单向运转反接制动控制电路参考接线图

五、操作指导

1. 检测速度继电器

读图 7-7 后，按照表 7-4 检测 JY1 型速度继电器。

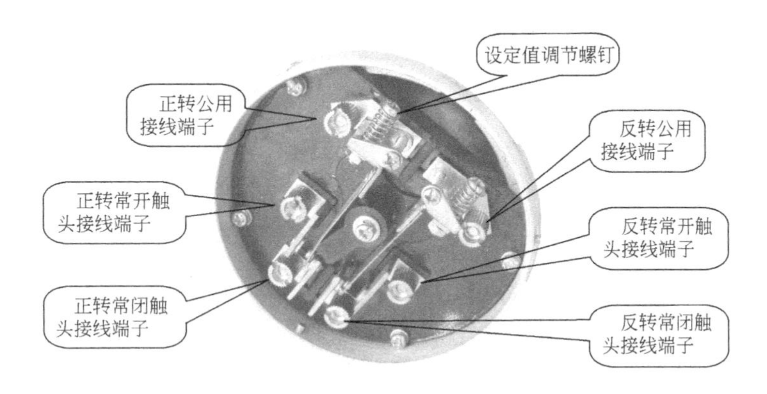

图 7-7　JY1 型速度继电器的触头系统

表 7-4　JY1 型速度继电器的检测过程

序号	检测任务	检测方法	参考值	检测值	要点提示
1	读铭牌	铭牌贴于速度继电器的端盖上	内容有型号、额定电压、电流等		
2	找到常开触头	见图 7-7	动触头与静触头分断		通过摆杆，碰撞触头系统动作
3	找到常闭触头		动触头与静触头接通		
4	找到动作值、返回值的调节螺钉		弹簧中穿着的螺钉		改变螺钉的长短，可改变弹簧的弹力，从而改变KS的动作值、返回值
5	观察触头的动作情况	正旋 KS	只有一组触头动作		旋转的速度要大于150r/min
6		反旋 KS	另一组触头动作		
7	检测、判别两对常闭触头的好坏	旋转 KS，转速小于 150r/min 时测量其阻值	阻值约为 0Ω		若测量阻值与参考阻值不同，则说明触头已损坏或接触不良
8		旋转 KS，转速大于 150r/min 时测量其阻值	阻值为∞		
9	检测、判别两对常开触头的好坏	旋转 KS，转速小于 150r/min 时测量其阻值	阻值为∞		
10		旋转 KS，转速大于 150r/min 时测量其阻值	阻值约为 0Ω		

2. 固定元件

参照项目五的方法和要求，按照图 7-5 固定元件。电动机的转速快，反接制动冲击力大，同轴连接容易损坏速度继电器。实训时，可以采用带传动对速度继电器进行减速，以延长速度继电器的使用寿命。如图 7-8 所示，速度继电器与电动机的轴线要平行，两带轮的中心面要重合，以保证传动带不会因扭曲而从带轮上掉下来。

3. 配线安装

（1）线槽配线安装　根据线槽配线原则及工艺要求，对照绘制的接线图进行线槽配线安装。

1）安装控制电路。

2）安装主电路。

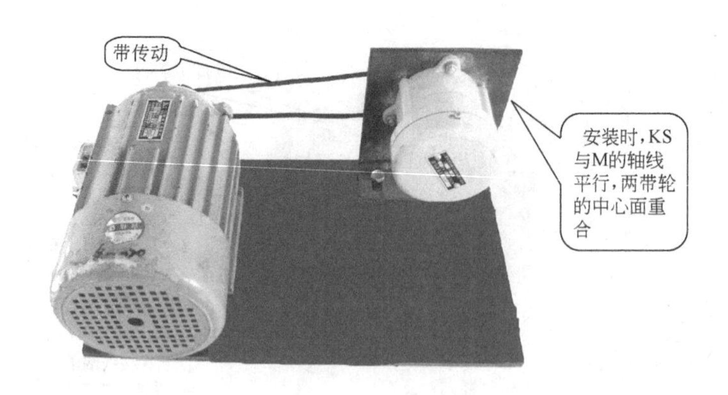

图 7-8 电动机和速度继电器的固定

(2) 外围设备配线安装

1) 安装连接按钮。

2) 连接速度继电器。连接前，要弄清常开与常闭触头的接线端子，更要注意旋转方向与两组触头的对应关系。

3) 安装电动机，连接好电源连接线及金属外壳的接地线。

4) 连接三相电源线。

4. 自检

1) 检查布线。对照接线图检查是否掉线、错线，是否漏编或错编号以及接线是否牢固等。

2) 使用万用表检测。按表 7-5，使用万用表检测安装的电路，若测量阻值与正确阻值不符，应根据电路图检查是否有错线、掉线、错位或短路等情况。

表 7-5 用万用表检测电路

<table>
<tr><th>序号</th><th>检测任务</th><th colspan="2">操作方法</th><th>正确阻值</th><th>测量阻值</th><th>备注</th></tr>
<tr><td>1</td><td rowspan="5">检测主电路</td><td rowspan="4">断开 FU2,分别测量 XT 的 U11 与 V11、U11 与 W11、V11 与 W11 之间的阻值</td><td>常态时,不动作任何元件</td><td>均为∞</td><td></td><td></td></tr>
<tr><td>2</td><td>压下 KM1</td><td>均为 M 两相定子绕组的阻值之和</td><td></td><td></td></tr>
<tr><td>3</td><td rowspan="2">压下 KM2</td><td rowspan="2">均为 M 两相定子绕组与两个 R 的阻值之和</td><td rowspan="2"></td><td></td></tr>
<tr><td>4</td><td></td></tr>
<tr><td>5</td><td colspan="2">接通 FU2 后,测量 XT 的 U11 与 W11 之间的阻值</td><td>TC 一次绕组的阻值</td><td></td><td></td></tr>
<tr><td>6</td><td rowspan="6">检测控制电路</td><td rowspan="5">断开 FU3,测量 0 号与 2 号线之间的阻值</td><td>常态时,不动作任何元件</td><td>∞</td><td></td><td></td></tr>
<tr><td>7</td><td>按下 SB1</td><td rowspan="2">KM1 线圈的阻值</td><td></td><td></td></tr>
<tr><td>8</td><td>压下 KM1</td><td></td><td></td></tr>
<tr><td>9</td><td>旋转 KS,按下 SB2</td><td rowspan="2">KM2 线圈的阻值</td><td></td><td></td></tr>
<tr><td>10</td><td>旋转 KS,压下 KM2</td><td></td><td></td></tr>
<tr><td>11</td><td colspan="2">接通 FU3 后,测量 0 号与 2 号线之间的阻值</td><td>TC 二次绕组的阻值</td><td></td><td></td></tr>
</table>

5. 通电调试和故障模拟

(1) 调试电路 经自检，确认安装的电路正确和无安全隐患后，在教师的监护下，按照表 7-6 通电试车。切记严格遵守操作规程，确保人身安全。

表 7-6　电路运行情况记录表

步骤	操作内容	观察内容	正确结果	观察结果	备注
1	旋转 FR 整定电流调整装置，将整定电流设定为 10A	整定电流值	10A		
2	调节速度继电器的调整螺钉，改变动作值、返回值	弹簧的弹力大小			
3	先插上电源插头，再合上断路器	电源插头断路器	已合闸		已供电，注意安全
4	按下起动按钮 SB1	KM1	吸合		所用 KS 触头与旋转方向要对应，否则不能反接制动
		电动机	运转		
		KS 常开触头	闭合		
5	按下停止按钮 SB2（必须按到底）	KM1	释放		
		KM2	闭合后释放		
		电动机	瞬间停转		
6	⚠ 拉下断路器后，拔下电源插头	断路器、电源插头	已分断		做了吗

（2）故障模拟　在实际工作中，油污等会导致触头接触不良，造成反接制动时速度继电器失灵，电动机不能瞬间制动故障。下面按表 7-7 模拟操作，观察故障现象。

表 7-7　故障现象观察记录表

步骤	操作内容	造成的故障现象	观察的故障现象	备注
1	拆除 KS 上的 7 号线	按下停止按钮后，电动机不能瞬间停车，且 KM2 不动作		
2	先插上电源插头，再合上断路器			已送电，注意安全
3	按下起动按钮 SB1			
4	按下停止按钮 SB2（必须按到底）			
5	⚠ 拉下断路器后，拔下电源插头			做了吗

（3）分析调试及故障模拟结果

1）按下起动按钮 SB1，电动机单向运转，速度继电器动作；按下停止按钮 SB2，电动机瞬间停车，实现了电动机单向运转反接制动控制。这种控制原则称为速度控制原则，应用于反转及反接制动等控制中。

2）反接制动力大、制动迅速，但制动过程中冲击大，容易损坏传动零件，不能频繁使用。

6. 操作要点

1）接线时，要理清旋转方向与触头之间的对应关系。

2）调整速度继电器的动作值和返回值时，必须先切断电源，以确保人身安全。

3）反接制动操作不宜过于频繁。

4）电动机外壳和变压器的铁心都必须可靠接地。

5）通电调试前必须检查是否存在人身和设备安全隐患，确定安全后，必须在教师的监护下按照通电调试要求和步骤进行操作。

六、质量评价标准

项目质量考核要求及评分标准见表 7-8。

表 7-8　质量评价表

考核项目	考　核　要　求	配分	评　分　标　准	扣分	得分	备注
元器件安装	1. 按照元件布置图布置元件 2. 正确固定元件	10	1. 不按布置图固定元件扣 10 分 2. 元件安装不牢固每处扣 3 分 3. 元件安装不整齐、不均匀、不合理每处扣 3 分 4. 损坏元件每处扣 5 分			
电路安装	1. 按图施工 2. 合理布线，做到美观 3. 规范走线，做到横平竖直，无交叉 4. 规范接线，无线头松动、反圈、压皮、露铜过长及损伤绝缘层 5. 正确编号	40	1. 不按接线图接线扣 40 分 2. 布线不合理、不美观每根扣 3 分 3. 走线不横平竖直每根扣 3 分 4. 线头松动、反圈、压皮、露铜过长每处扣 3 分 5. 损伤导线绝缘或线芯每根扣 5 分 6. 错编、漏编号每处扣 3 分			
通电试车	按照要求和步骤正确调试电路	50	1. 主控电路配错熔管每处扣 10 分 2. 整定电流调整错误扣 5 分 3. 速度整定值调整错误扣 5 分 4. 一次试车不成功扣 10 分 5. 两次试车不成功扣 30 分 6. 三次试车不成功扣 50 分			
安全生产	自觉遵守安全文明生产规程		1. 漏接接地线每处扣 10 分 2. 发生安全事故按 0 分处理			
时间	4h		提前正确完成，每 5min 加 5 分；超过定额时间，每 5min 扣 2 分			
开始时间：		结束时间：		实际时间：		

七、拓展与提高——全波整流能耗制动控制电路

全波整流能耗制动控制电路如图 7-9 所示。按下起动按钮 SB1，KM1 得电吸合，电动机运转；按下停止按钮 SB2，KM1 失电释放，KM2 得电吸合，电动机的定子绕组通入直流电，此时定子绕组产生一个恒定的磁场。转子由于惯性而旋转，产生的感应电流受电磁力的作用，其方向与转子的转动方向相反，从而起到了制动的作用，这种制动方式称为耗能制动。同时 KT 得电计时，待 KM2 失电释放时，制动完毕。

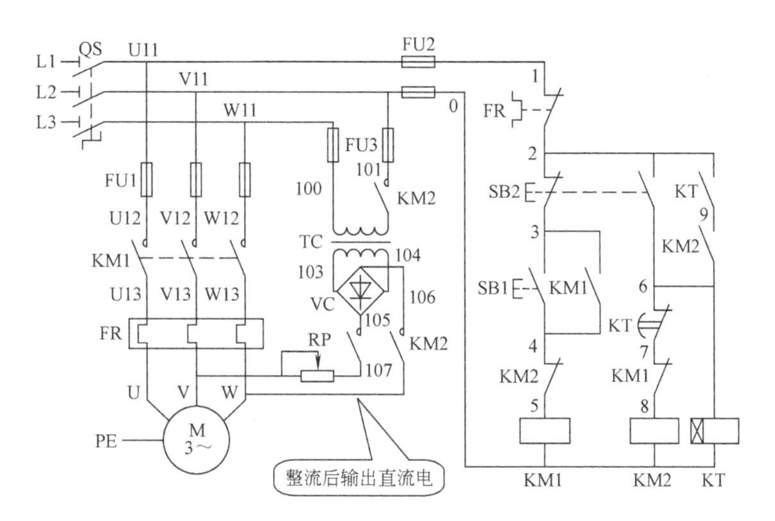

图 7-9　全波整流能耗制动控制电路图

习　题

1. 如何检测、使用速度继电器？

2. 请叙述单向运转反接制动控制电路的工作原理。如果电路中的 KS 常闭触头损坏，会出现何种故障？

项目八　CA6140型卧式车床电气控制电路的故障诊断

一、学习目标

1. 熟悉CA6140型卧式车床的主要结构及电气控制要求，知道它的主要运动形式。
2. 会识读CA6140型卧式车床控制电路图，并能说出电路的动作程序。
3. 能正确操作CA6140型卧式车床，并能初步诊断其电气控制电路的常见故障。

二、学习任务

1. 项目任务

本项目的任务是操作CA6140型卧式车床，并诊断其电气控制电路的常见故障。

2. 任务流程图

具体的学习任务及学习过程如图8-1所示。

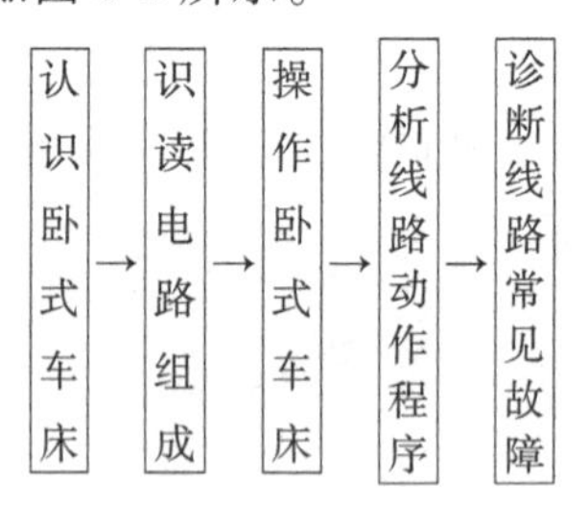

图8-1　任务流程图

三、环境设备

学习所需工具、设备见表8-1。

表8-1　工具、设备清单

序号	分类	名称	型号规格	数量	单位	备注
1	工具	常用电工工具		1	套	
2		万用表	MF47	1	只	
3	设备	卧式车床	CA6140型	1	台	

四、背景知识

CA6140型卧式车床是一种应用极为广泛的金属切削机床，它能够车削外圆、内圆、端面、螺纹及成形表面。要想对机床电气控制电路的故障进行诊断，首先需了解机床的主要结构和运动形式，熟悉各操作手柄、按钮的作用，并能够在此基础上较熟练地操作机床，掌握电路动作程序，然后再运用正确的方法对故障进行分析、检测和排除。

1. 认识CA6140型卧式车床

(1) 主要结构及运动形式　车床是使用最广泛的金属切削机床之一，主要用于加工各种回转表面（内外圆柱面、端面、圆锥面、成形回转面等），还可用于车削螺纹和进行孔加工。CA6140 型卧式车床是我国自行设计制造的一种车床，与 C620-1 型车床比较，它具有性能优越、机构先进、操作方便和外形美观等特点。CA6140 型卧式车床主要由床身、主轴箱、进给箱、溜板箱、刀架、丝杠、光杠及尾座等部分组成，其结构如图 8-2 所示。

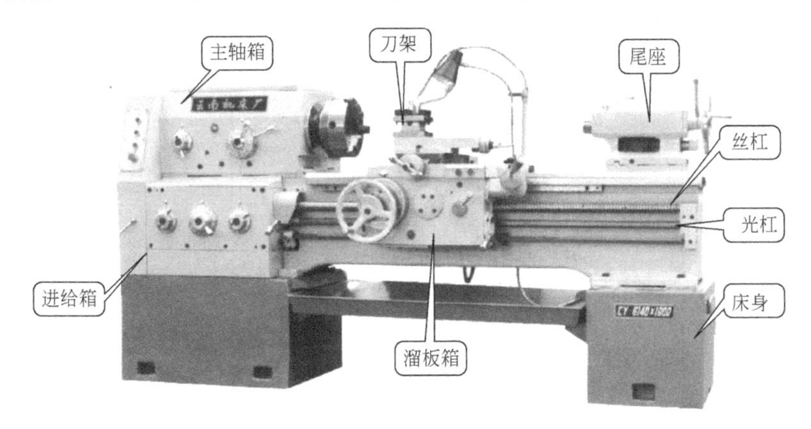

图 8-2　CA6140 型卧式车床

车床有两个主要的运动部分：一个是卡盘或顶尖带动工件的旋转运动，即车床的主运动；另一是溜板箱带动刀架的直线进给运动。车床工作时，大部分功率消耗在主运动上，刀架的进给运动所消耗的功率很小。车床的主轴一般只需要单向旋转，只有加工螺纹退刀时，才通过机械方法实现反转。根据加工工艺要求，主轴应有不同的切削速度，其变速是由主轴电动机经 V 带传送到主轴变速箱来实现的。

（2）型号及含义　CA6140 型卧式车床的型号及含义如下：

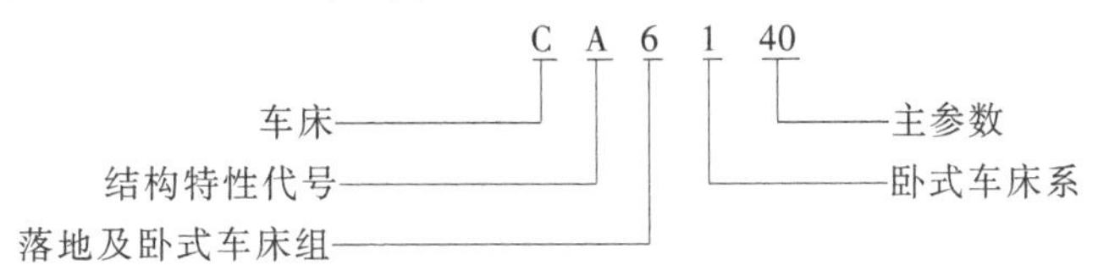

（3）电力拖动特点及控制要求

1）主轴电动机一般选用三相笼型异步电动机，采用机械方法进行调速与反转切换。

2）在车削加工时，为防止刀具和工件温度过高，由冷却泵电动机提供切削液进行冷却。冷却泵电动机必须在主轴电动机起动后方可起动；主轴电动机停止时，冷却泵电动机必须同时停止。

3）为提高工作效率，刀架可由快速移动电动机拖动，其移动方向由进给操作手柄配合机械装置控制。

4）必须有过载、短路、欠电压、失电压保护。

5）具有安全的局部照明装置。

2. 识读电路组成

（1）机床电路图的基本知识　如图 8-3 所示，机床电路图中包含的电气元件和符号较多，为了能正确识读机床电路图，除前面所学的识读原则外，还需掌握以下几点。

1）电路图按功能分成若干图区，通常将一条支路划为一个图区，并从左到右依次用阿拉伯数字编号，标注在图形下部的图区栏中。

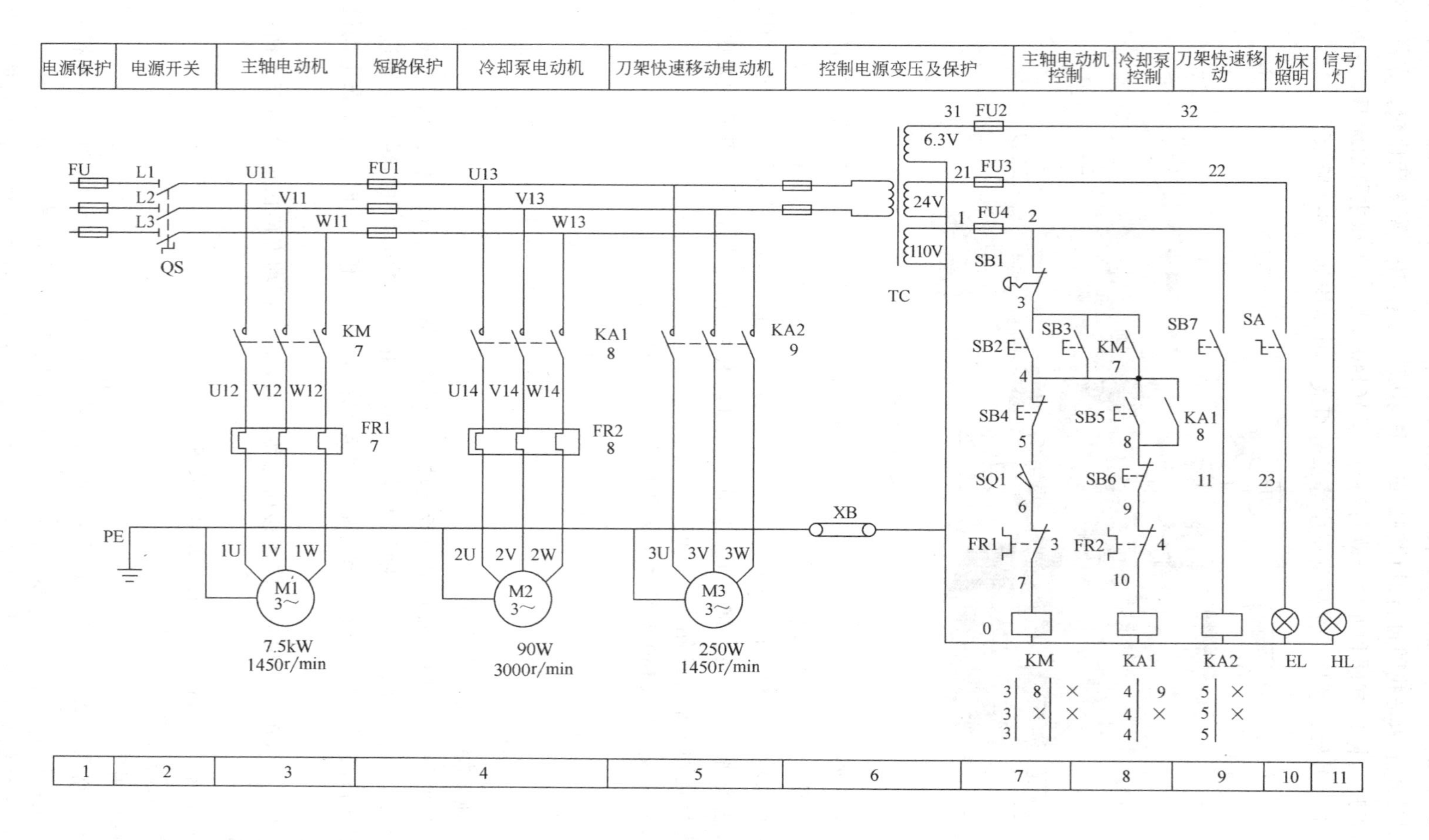

图 8-3 CA6140 车床的电路图

2）对于电路图中每条电路在机床电气操作中的用途，必须用文字标明在电路图上部的用途栏中。

3）在电路图中，接触器线圈文字符号“KM”的下方画两条竖直线，分成左、中、右三栏，将受其控制而动作的触头所处的图区号按表 8-2 的规定表示，对没有使用的触头在相应的栏中用“×”标出或不标出任何符号。

表 8-2　接触器线圈符号下的数字标记

栏　目	左　栏	中　栏	右　栏
触头类型	主触头所处的图区号	辅助常开触头所处的图区号	辅助常闭触头所处的图区号
举例 KM 3　8　× 3　×　× 3	表示 3 对主触头均在图区 3 中	表示 1 对辅助常开触头在图区 8 中,另一对未使用	表示 2 对辅助常闭触头均未使用

4）在电路图中，继电器线圈文字符号的下方画一条竖直线，分成左、右两栏，将受其控制而动作的触头所处的图区号按表 8-3 的规定表示，对没有使用的触头在相应的栏中用“×”标出或不标出任何符号。

表 8-3　继电器线圈下的数字标记

栏　目	左　栏	中　栏
触头类型	常开触头所处的图区号	常闭触头所处的图区号
举例 KA1 4　9 4　× 4	表示 3 对常开触头均在图区 4 中	表示一对常闭触头在图区 9 中,另一对未使用

（2）电路组成　CA6140 型卧式车床电气控制电路的组成及各元件的功能见表 8-4。

表 8-4　CA6140 型卧式车床电气控制电路的组成及各元件的功能

序号	电路名称	参考区位	电路组成	元件功能	备注
1	电源电路	1	FU	主轴 M1 短路保护	
2		2	QS	电源开关	
3	主电路	3	KM 主触头	控制 M1 运转	
4		3	FR1 驱动元件	M1 过载保护	
5		3	M1	主轴电动机	
6		4	FU1	M2 和 M3 短路保护	
7		4	KA1 常开	控制 M2 运转	
8		4	FR2	M2 过载保护	
9		4	M2	冷却泵电动机	
10		5	KA2 常开	控制 M3 运转	
11		5	M3	快速移动电动机	

（续）

序号	电路名称	参考区位	电路组成	元件功能	备注
12	控制电路、照明电路	6	TC	输出 110V 控制电压、24V 照明电压、6.3V 信号灯电压	
13		7	SB1	急停按钮	
14		7、8	SB2、SB3	主轴起动按钮	异地控制
15		7	SB4	主轴停止按钮	
16		7	SQ1	安全保护（打开带罩后使主轴不得电）	SQ1 由带罩压合
17		7	KM 线圈	控制 KM 的吸合与释放	
18		8	KM 辅助常开	KM 自锁、顺序控制 KA1	
19		8	SB5	冷却泵电动机起动按钮	
20		8	SB6	冷却泵电动机停止按钮	
21		8	KA1 线圈	控制 KA1 的吸合与释放	
22		9	SB7	刀架快速移动按钮	
23		9	KA2 线圈	控制 KA2 的吸合与释放	
24		10	SA	照明开关	
25		10	EL	照明灯	

五、操作指导

1. 操作 CA6140 型卧式车床并分析电路动作程序

（1）开机前的准备　如图 8-4 所示，合上电源开关 QS 后指示灯点亮，再合上机床照明开关 SA，照明灯 EL 点亮。各操作手柄置于合理位置后方可进行后续操作。

图 8-4　CA6140 型卧式车床的电源开关

（2）主轴电动机的控制

1）起动主轴电动机，观察其运行情况。按表 8-5 逐项操作，观察主轴电动机 M1 和电气控制箱内部电气元件的动作情况，并做好记录。部分操作按钮如图 8-5 所示，电气控制箱内部电气元件的布置如图 8-6 所示。

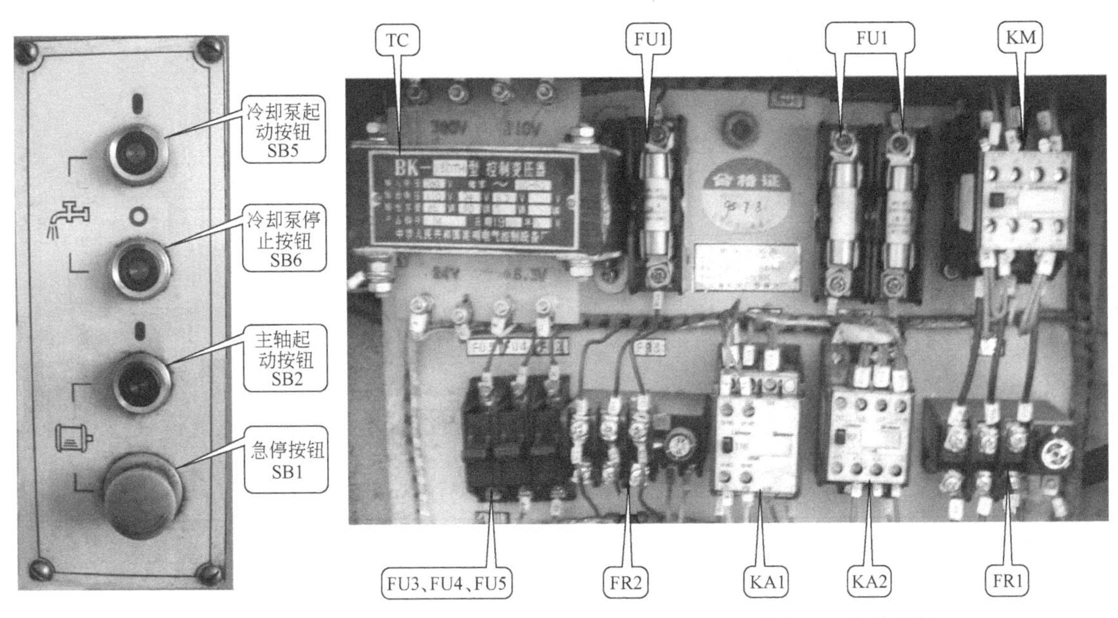

图 8-5　CA6140 型卧式车床的部分操作按钮

图 8-6　CA6140 型卧式车床的电气控制箱

表 8-5　主轴电动机 M1 运行情况记录表

序号	操作内容	观察结果	正常结果	观察结果
1	按下 SB2 或 SB3	KM	吸合	
		主轴	运转	
2	按下 SB4 或 SB1	KM	释放	
		主轴	停转	

注：SB1 不能自动复位，需手动复位后方可再次起动。

2）分析电路动作顺序。正常工作时（不打开带罩），SQ1 处于压合状态。

① 起动：按下 SB2 或 SB3（7 区、8 区）→ KM 线圈得电吸合且自锁→KM 主触头吸合→主轴电动机 M1 得电运转。

② 停止：按下 SB4 或 SB1（8 区、7 区）→ KM 线圈失电（7 区）→ KM 常开触头断开（3 区）→ 主轴电动机 M1 失电停转。

（3）刀架快速移动电动机的控制

1）起动刀架快速移动电动机，观察其运行情况。使进给操作手柄处于合理位置后，按表 8-6 进行操作，观察刀架和电气控制箱内部电气元件的动作情况，并记录观察结果。刀架快速移动操作手柄如图 8-7 所示，起动按钮 SB7 安装在其顶端。

2）分析电路动作程序。刀架快速移动电动机控制电路是由装在快速移动操作手柄顶端的按钮 SB7（9 区）与 KA2（9 区）组成的点动控制电路。按下 SB7（9 区），刀架快速移动；松开 SB7（9 区），刀架停止移动。刀架的移动方向由进给操作手柄配合机械装置控制。

（4）冷却泵电动机的控制

1）起动冷却泵电动机，观察其运行情况。主轴电动机起动后按表 8-7 操作，观察冷却泵和电气元件的工作情况，并做好记录。

图 8-7 CA6140 型卧式车床刀架快速移动操作手柄

表 8-6 刀架快速移动电动机 M3 运行情况记录表

序号	操 作 内 容	观 察 内 容	正 常 结 果	观察结果
1	按下 SB7	KA2	吸合	
		刀架电动机 M3	运转	
		刀架	快速移动	
2	松开 SB7	KA2	释放	
		刀架电动机 M3	停转	
		刀架	快速移动停止	

注：刀架快速移动时不能撞上车床的其他部件。

表 8-7 冷却泵电动机 M2 运行情况记录表

序号	操 作 内 容	观 察 内 容	正 常 结 果	观察结果
1	按下 SB5	KA1	吸合	
		冷却泵电动机 M2	运转	
		切削液管	有切削液流出	
2	按下 SB6	KA1	释放	
		冷却泵电动机 M2	停转	
		切削液管	冷切削流出停止	

2）分析电路动作程序。主轴电动机 M1 和冷却泵电动机 M2 在控制电路中采用了顺序控制，所以只有在主轴电动机起动后，按下 SB5（8 区）时，冷却泵电动机才得电运转；当按下 SB6（8 区）或主轴电动机停止（8 区 KM 辅助常开触头复位）后，冷却泵电动机失电停转。

2. 诊断 CA6140 型卧式车床电路常见故障

当机床出现故障后，应能够快速、准确地找到症结所在。在学习过程中，首先由教师设置人为故障，在知道故障点的情况下观察各种故障现象，然后在不知道故障点的情况下，根据故障现象进行诊断，逐步完成任务。

（1）主轴不能正常起动

1）观察故障现象。按表 8-8 逐一观察故障现象，并做好记录（教师设置故障点，组织学生操作观察）。

表 8-8　主轴不能正常起动的故障观察表

序号	故　障　点	观　察　现　象			
		照明灯	指示灯	主轴电动机	电气控制箱
1	KM 主触头损坏	点亮	点亮	不能运转	KM 吸合
2	FU4 开路	点亮	点亮	不能运转	接触器 KM 不吸合
3	KM 线圈损坏	点亮	点亮	不能运转	接触器 KM 不吸合
4	KM 线圈的 0 号线脱落	点亮	点亮	不能运转	接触器 KM 不吸合

2）分析故障现象。根据上述故障点及故障现象，可以分析出主轴不能正常起动的故障原因如下。

主电路：三相电源中的 U11、V11、W11、KM 主触头、FR1 驱动元件、1U、1V、1W 断线或接线松脱及损坏等。

控制电路：TC、FU4、SB1、SB2、SB4、SQ1、KM 线圈、FR1 常闭触头、1 号线、2 号线、3 号线、4 号线、5 号线、6 号线、7 号线、0 号线断线或接线松脱及损坏等。

3）诊断故障。教师设置故障，学生分组诊断故障。以表 8-8 中的故障点 4 为例，其诊断过程如图 8-8 所示。

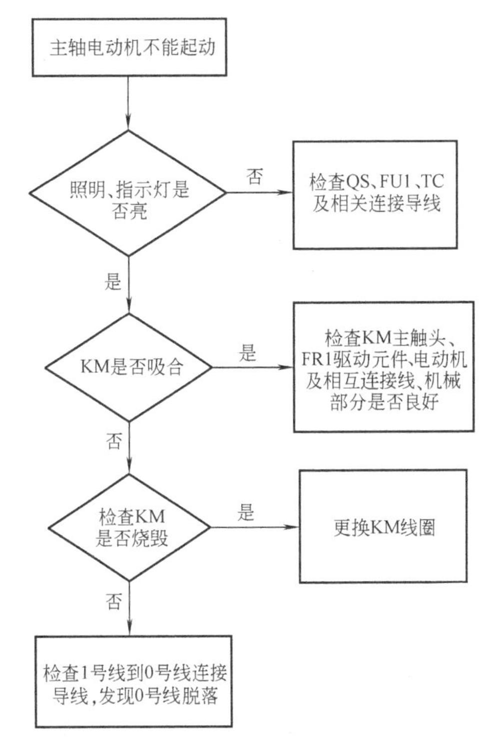

图 8-8　故障诊断流程图（一）

（2）刀架快速移动电动机不能起动

1）观察故障现象。以只有刀架快速移动电动机不能起动为例，按表 8-9 观察故障现象，并分析原因。

2）分析故障现象。根据上述故障点及故障现象，可以分析出刀架快速移动电动机 M3 不能起动的故障原因如下。

主电路：三相电源中的 U13、V13、W13、KA2 常开触头、3U、3V、3W、电动机 M3 断线或接线松脱及损坏等。

控制电路：2 号线、SB7、11 号线、KA2 线圈、0 号线断线或接线松脱及损坏等。

表 8-9　刀架快速移动电动机 M3 不能起动的故障观察表

序号	故　障　点	观　察　现　象	
		刀架快速移动电动机	电气控制箱内部
1	SB7 开路	不能起动	KA2 不吸合
2	KA2 线圈开路	不能起动	KA2 不吸合
3	KA2 常开触头损坏	不能起动	KA2 吸合
4	KA2 线圈的 0 号线脱落	无声音	KA2 不吸合

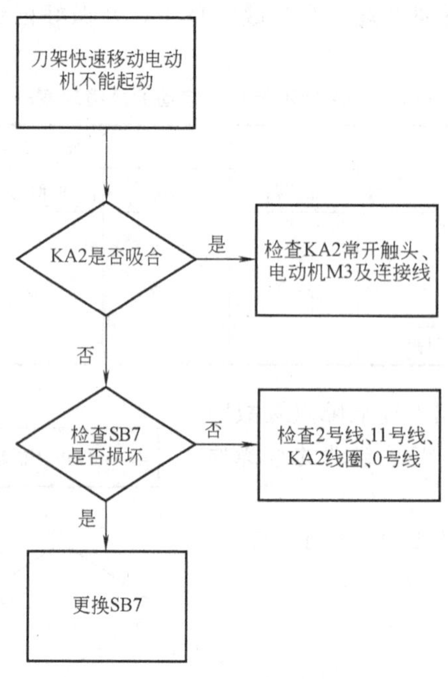

图 8-9　故障诊断流程图（二）

3）诊断故障。教师设置故障，学生分组诊断故障，以表 8-9 中的故障点 1 为例，其诊断流程如图 8-9 所示。

3. 操作要点

1）按步骤正确操作 CA6140 型卧式车床，确保设备及人身安全。

2）注意观察 CA6140 型卧式车床电气元件的安装位置和走线情况。

3）严禁扩大故障范围或造成新的故障，不得损坏电气元件或设备。

4）停电后要验电，带电检修时必须由指导教师现场监护，以确保用电安全。

六、评价标准

机床控制电路故障诊断的评价标准见表 8-10。

表 8-10　评价标准

项目内容	配分	评　分　标　准	扣　分	得　分
故障现象	10	不能熟练操作机床，扣 5 分		
		不能确定故障现象，提示一次扣 5 分		
故障范围	20	不会分析故障范围，提示一次扣 5 分		
		故障范围错误，每处扣 5 分		
故障检测	40	停电不验电，扣 5 分		
		工具和仪表使用不当，每次扣 5 分		
		检测方法、步骤错误，每次扣 5 分		
		不会检测，提示一次扣 5 分		

（续）

项目内容	配分	评 分 标 准	扣 分	得 分
故障修复	30	不能查出故障点，提示一次扣10分		
		查出故障点但不会排除，扣10分		
		造成新的故障或扩大故障范围，扣30分		
安全文明生产	违反安全文明生产操作规程，扣5~50分			
定额时间 30min	不允许超时检查，修复过程中允许超时，每超5min扣5分			
开始时间：		结束时间：		

七、拓展与提高——机床电气设备的日常维护保养

机床电气设备在运行中难免会发生各种故障，轻者使机床停止工作，影响生产，重者则会造成事故。出现故障后能迅速将其排除固然很重要，但更重要的是要加强设备的日常维护保养，消除隐患，防止故障发生。

机床电气设备的日常维护保养包括电动机和控制设备的日常维护保养。

（1）电动机的日常维护保养

1）电动机应保持清洁，进、出风口必须保持通畅，不允许油污、水滴或切屑等杂物掉入电动机内部。

2）在正常运行时，用钳形电流表检查电动机的负载电流是否正常，同时查看三相电流是否平衡。

3）经常检查电动机的振动、噪声、气味是否正常，当有异常气味、冒烟、起动困难等现象时，应立即停车检修。

4）定期用兆欧表检查绝缘电阻（对于工作在潮湿、多尘及含有腐蚀性气体等环境中的电动机，更应该经常检查）。三相380V的电动机及各种低压电动机的绝缘电阻至少应为0.5MΩ，否则不可使用；高压电动机定子绕组的绝缘电阻为1MΩ/kV，转子的绝缘电阻至少为0.5MΩ方可使用。若发现绝缘电阻达不到规定的要求，则应采取相应的措施进行处理，符合要求后才能使用。

5）经常检查电动机的接地装置，使其保持牢固可靠。

6）经常检查电动机的温升是否正常。

7）检查电动机的引出线是否绝缘良好、连接可靠。

（2）控制设备的日常维护保养

1）电气控制箱的门、盖、锁及门框周围的耐油密封垫均应良好。门、盖应关闭严密，里面应保持清洁，无水滴、油污和切屑进入电气控制箱内，以免损坏电气设备而造成事故。

2）操作台上的所有操作按钮、手柄都应保持清洁、完好。

3）检查接触器、继电器等电器触头系统的吸合是否良好，有无噪声、卡死或迟滞现象，触头接触面有无毛边或穴坑；电磁线圈是否过热；各种弹簧的弹力是否适当；灭弧装置是否完好等。

4）检查试验位置开关是否起作用。

5）检查各电器的整定值是否符合要求。

6）检查各电路接头是否连接牢靠，各部件之间的连接导线、电缆或穿线的软管不得被切削液、油污等腐蚀。

7）检查电气控制箱及导线通道的散热情况是否良好。

8）检查各类指示信号装置和照明装置是否完好。

（3）电气设备的维护保养周期。对电气设备一般不进行开门监护，主要依靠定期维护保养，来实现电气设备较长时间的安全稳定运行。一般在工业机械的一、二级保养的同时进行电气设备的维护保养工作。

1）配合工业机械一级保养进行电气设备的维护保养工作。金属切削类机床一级保养一般一季度进行一次。这时，主要对机床电气控制箱内的电气元件进行如下维护保养：

① 修复或更换即将损坏的电气元件。

② 清扫电气柜内的积尘异物。

③ 整理内部接线，使之整齐美观；将平时应急修理的改动处恢复成正规状态。

④ 紧固接线端子和电气元件的接线螺钉，使所有接线头牢固可靠；紧固熔断器的可动部分，使其接触良好。

⑤ 对电动机进行小修和中修检查。

⑥ 通电试车，使电气元件的动作程序正确可靠。

2）配合工业机械二级保养进行电气设备的维护保养工作。金属切削类机床二级保养一般一年进行一次。这时，主要对机床电气箱内的电气元件进行如下维护保养：

① 一级保养时的各项维护保养工作。

② 着重检查动作频繁且电流较大的接触器、继电器触头，触头严重磨损时应更换新触头。

③ 检修有明显噪声的接触器和继电器，对其进行修复或更换。

④ 校验热继电器，看其能否正常工作。

⑤ 校验时间继电器，使其延时时间及精度符合要求。

习　题

1. 若CA6140型卧式车床的主轴电动机M1只能点动，可能的故障原因是什么？在此情况下冷却泵能否正常工作？

2. 为何CA6140型卧式车床的主轴电动机用交流接触器控制，而另外两台电动机用中间继电器控制？

3. CA6140型卧式车床上SQ的作用是什么？

4. 简述CA6140型卧式车床主轴电动机与冷却泵电动机的电气控制关系。

项目九　MA1420A 型万能外圆磨床电气控制电路的故障诊断

一、学习目标

1. 熟悉 MA1420A 型万能外圆磨床的主要结构及电气控制要求，知道它的主要运动形式。

2. 会正确识读 MA1420A 型万能外圆磨床电气控制电路图，且能说出电路的动作程序。

3. 能正确操作 MA1420A 型万能外圆磨床，能初步诊断电气控制电路的常见故障。

二、学习任务

1. 项目任务

本项目的任务是操作 MA1420A 型万能外圆磨床，并诊断其电气控制电路的常见故障。

2. 任务流程图

具体的学习任务及学习过程如图 9-1 所示。

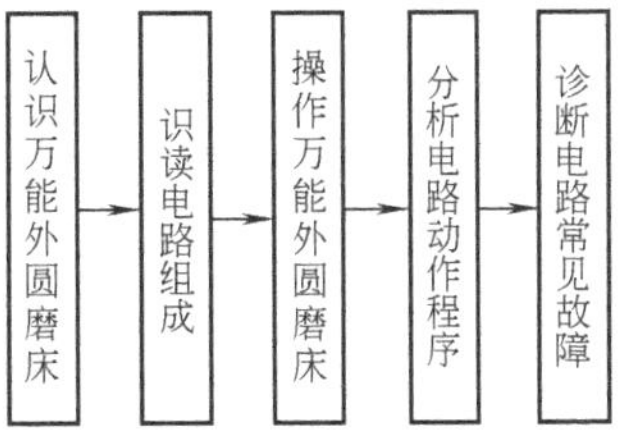

认识万能外圆磨床 → 识读电路组成 → 操作万能外圆磨床 → 分析电路动作程序 → 诊断电路常见故障

图 9-1　任务流程图

三、环境设备

学习所需工具、设备见表 9-1。

表 9-1　工具、设备清单

序号	分类	名　　称	型号规格	数　量	单　位	备　注
1	工具	常用电工工具		1	套	
2		万用表	MF47	1	只	
3	设备	外圆磨床	MA1420A 型	1	台	

四、背景知识

MA1420A 型万能外圆磨床主要用于加工外圆柱面及外圆锥面。下面介绍它的主要结构和运动形式，以及其操作方法。

1. 认识 MA1420A 型万能外圆磨床

（1）主要结构及运动形式　MA1420A 型万能外圆磨床主要由床身、工件头架、工作台、砂轮架、尾架、控制箱等部分组成，其外形如图 9-2 所示。

MA1420A 型万能外圆磨床的床身上安装有工作台和砂轮架，并通过工作台支承着头架及尾架等部件，床身内部有存放液压油的储油池，液压系统采用了噪声小、输油平稳的螺杆泵。工件头架用于装夹工件，并带动工件旋转。砂轮架用于支承并传动砂轮轴。内圆磨具用于支承磨内孔的砂轮主轴，由单独的电动机经带传动驱动。尾架用于支承工件，它和工件头架的前顶尖一起把工件沿轴线顶牢。工作台由上工作台和下工作台两部分组成，上工作台可相对于下工作台偏转一定角度，用于磨削锥度较小的长圆锥面。

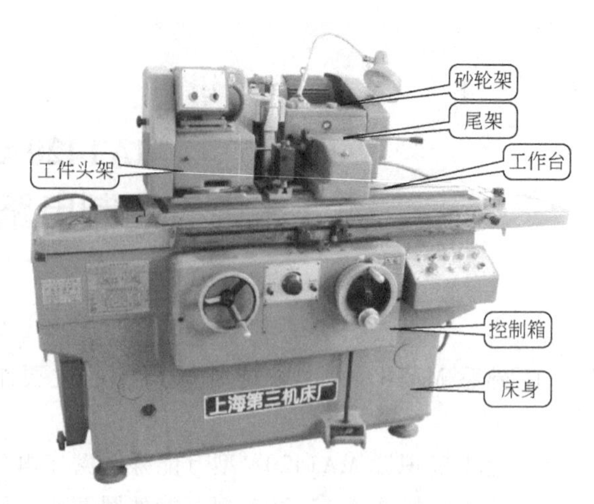

图 9-2　MA1420A 型万能外圆磨床外形图

如图 9-3 所示，MA1420A 型万能外圆磨床的主运动是砂轮架（或内圆磨具）主轴带动砂轮做高速旋转运动，头架主轴带动工件做旋转运动。其辅助运动是砂轮架的快速进退运动和尾架套筒的快速退回运动。砂轮架做横向（径向）进给运动，工作台由液压驱动和手动两种方式来实现纵向（轴向）往复运动。砂轮架和头架可回转，以实现微量进给。

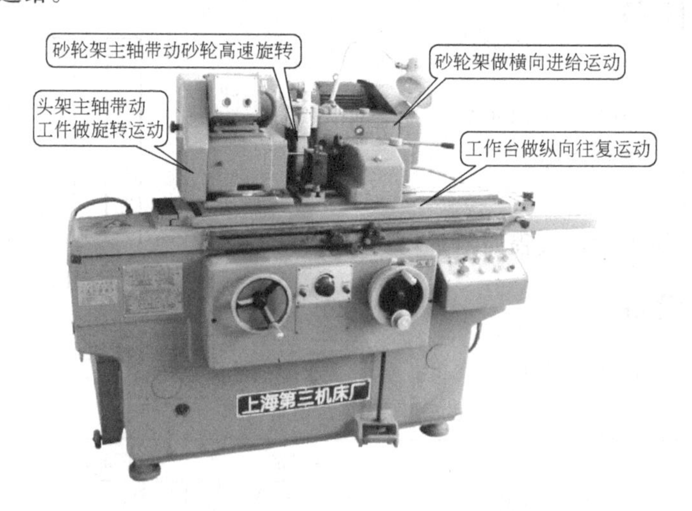

图 9-3　MA1420A 型万能外圆磨床运动形式示意图

（2）型号及含义　MA1420A 型万能外圆磨床的型号及含义如下：

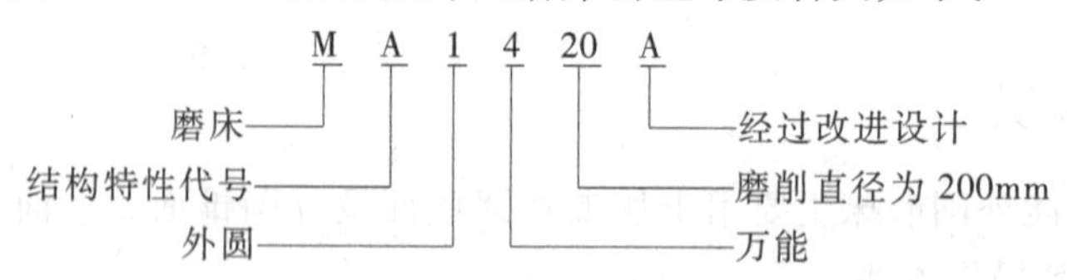

（3）电力拖动特点及控制要求　MA1420 型万能外圆磨床采用 AC 380V、50Hz 的三相电源供电，并有保护接地措施。它共有四台电动机，其中砂轮电动机 M1 只需正转控制；M2 为液压泵电动机，只有在 M2 起动后，其他电动机才能起动；M3 为冷却泵电动机；头架电动机 M4 是双速电动机，需低速与高速控制。

2. 识读电路组成

MA1420A 型万能外圆磨床的电气控制电路如图 9-4 所示，下面按表 9-2 识读其电路组成及各元件的功能。

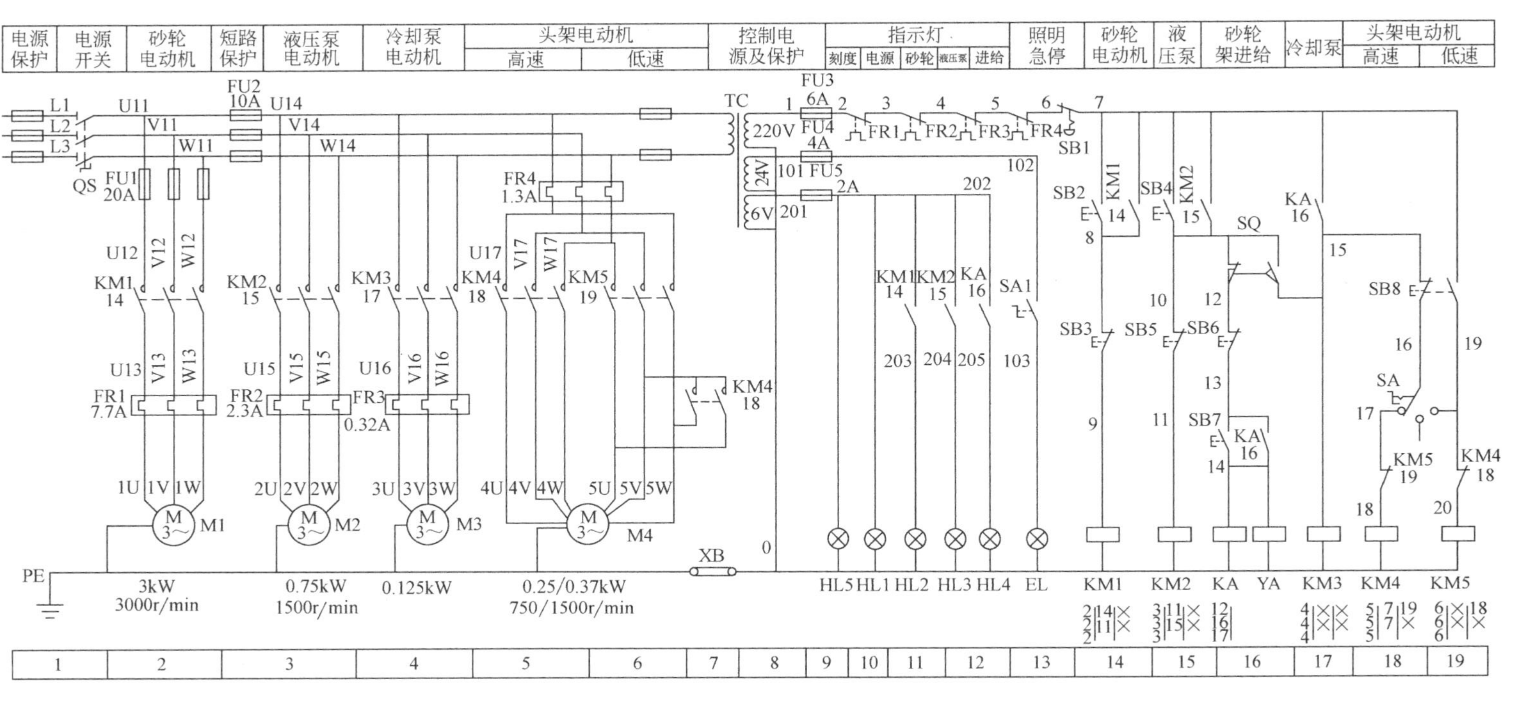

图 9-4 MA1420A 型万能外圆磨床的电气控制电路图

表 9-2　MA1420A 型万能外圆磨床的电路组成及各元件的功能

序号	电路名称	参考区位	电路组成	元 件 功 能	备注
1	电源电路	1	QS	总电源开关	
2	主电路	2	FU1	熔断器，用于砂轮电动机 M1 的短路保护	
3		2	KM1 主触头	控制砂轮电动机 M1 的运转	
4		2	M1	砂轮电动机	
5		2	FR1	砂轮电动机过载保护	
6		3	FU2	短路保护用	
7		3	KM2 主触头	控制液压泵电动机 M2 运转	
8		3	FR2	液压泵电动机 M2 过载保护	
9		3	M2	液压泵电动机，提供液压压力	
10		4	KM3 主触头	控制冷却泵电动机 M3 运转	
11		4	FR3	冷却泵电动机 M3 过载保护	
12		4	M3	冷却泵电动机，提供切削液	
13		5、7	KM4 主触头	控制头架电动机 M4 高速运转	
14		5、6	FR4	头架电动机过载保护	
15		5、6	M4	头架电动机，提供高、低速动力	
16		6	KM5 主触头	控制头架电动机 M4 低速运转	
17	控制电路	13	SB1	急停按钮	
18		14	SB2	砂轮电动机 M1 起动按钮	
19		14	SB3	砂轮电动机 M1 停止按钮	
20		15	SB4	液压泵电动机 M2 起动按钮	
21		15	SB5	液压泵电动机 M2 停止按钮	
22		16	SB6	砂轮架快退按钮	
23		16	SB7	砂轮架快进按钮	
24		18、19	SB8	头架电动机低速点动按钮	
25		13	SA1	控制照明开关	
26		18	SA	头架电动机高、低速选择开关	
27		10	HL1	HL1-电源指示	
28		11	HL2	HL2-砂轮指示	
29		12	HL3	HL3-液压泵指示	
30		12	HL4	HL4-进给指示	
31		9	HL5	HL5-刻度指示	
32		13	EL	工作照明	
33		16	SQ	磨削内圆时，SQ 压合不允许砂轮架后退	
34		8	TC	提供 6V、24V、220V 电源	
35		16	YA	控制液压回路导通，实现砂轮架进退	
36		9	FU3、FU4、FU5	控制电路、照明电路、指示灯电路短路保护	
37		16	KA	保证冷却泵电动机和头架电动机在液压泵工作后工作（17 区中的 KA 常开触头）	
38		14～19	KM1、KM2、KM3、KM4、KM5	控制砂轮、液压泵、冷却泵、头架电动机用接触器	

五、操作指导

1. 操作MA1420A型万能外圆磨床并分析电路动作程序

（1）开机前的准备　如图9-5所示，合上电源开关QS（1区）后电源指示灯HL1（10区）与刻度指示灯HL5（9区）点亮，再合上照明开关SA1（13区），照明灯EL（13区）点亮。

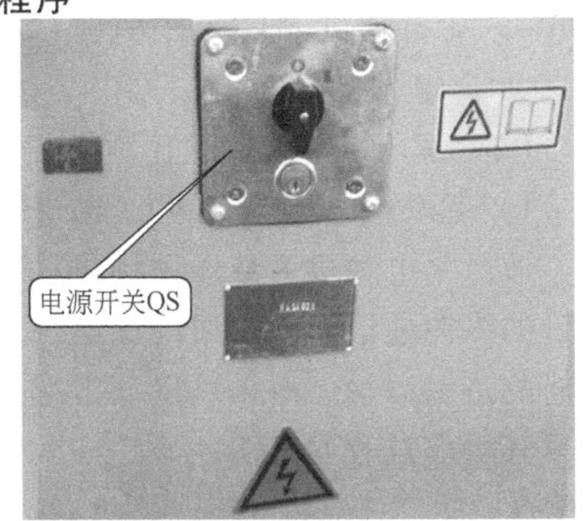

图9-5　MA1420A型万能外圆磨床电源开关布置图

（2）砂轮电动机的控制

1）起动砂轮电动机，观察其运行情况。观察电气控制面板（图9-6）和电气控制箱内部电气元件的布置情况（图9-7），找到对应的电气元件后，按表9-3起动砂轮电动机，观察它及电气控制箱内部元件的动作情况，并做好记录。

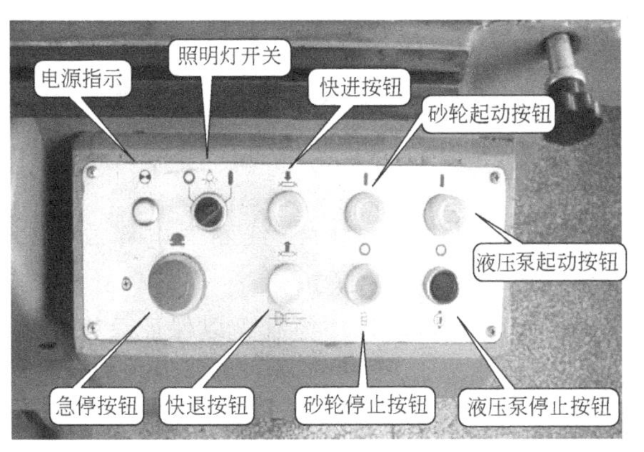

图9-6　MA1420A型万能外圆磨床电气控制面板

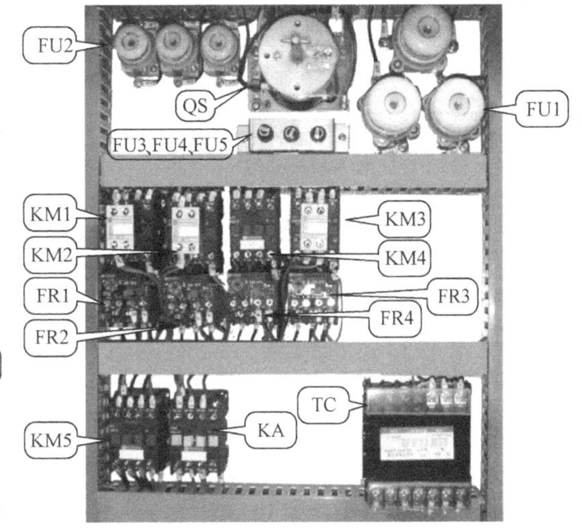

图9-7　MA1420A型万能外圆磨床电气控制箱

表9-3　砂轮电动机M1运行情况记录表

序号	操作内容	观察内容	正常结果	观察结果
1	按下砂轮起动按钮SB2	KM1	吸合	
		砂轮电动机M1	运转	
2	按下砂轮停止按钮SB3	KM1	释放	
		砂轮电动机M1	停转	

MA1420A型万能外圆磨床的砂轮如图9-8所示。

2）分析电路动作顺序。

① 起动：按下SB2（14区）→SB2常开触头闭合（14区）→KM1线圈得电吸合（14区）→KM1常开触头闭合（2、11、14区）→砂轮电动机M1起动运转（2区），指示灯HL2

点亮（11 区）。

② 停止：按下 SB3（14 区）→SB3 常闭触头分断（14 区）→KM1 线圈失电释放（14 区）→砂轮电动机 M1 停止运转（2 区），指示灯 HL2 熄灭（11 区）。

（3）液压泵电动机的控制

1）起动液压泵电动机，观察其运行情况。液压泵电动机为液压系统供油，实现工作台的纵向进给、砂轮架的快速进退及尾架套筒的进退运动，而且可以润滑导轨、丝杠等，其操作过程见表 9-4。它的操作按钮如图 9-6 所示。

图 9-8　MA1420A 型万能外圆磨床的砂轮

表 9-4　液压泵电动机 M2 运行情况记录表

序号	操作内容	观察内容	正常结果	观察结果
1	按下液压泵起动按钮 SB4	KM2	吸合	
		液压泵电动机 M2	运转	
2	按下液压泵停止按钮 SB5	KM2	释放	
		液压泵电动机 M2	停转	

2）分析电路动作程序。

① 起动：按下 SB4（15 区）→SB4 常开触头闭合（15 区）→KM2 线圈得电吸合（15 区）→KM2 常开触头闭合（3、12、15 区）→液压泵电动机 M2 起动运转（3 区），指示灯 HL3 点亮（12 区）。

② 停止：按下 SB5（15 区）→SB5 常闭触头分断（15 区）→KM2 线圈失电释放（15 区）→液压泵电动机 M2（3 区）停止运转，指示灯 HL3 熄灭（12 区）。

液压泵电动机的控制电路利用 KM2 常开触头（15 区）实现顺序控制，以保证只有在液压泵电动机起动后，冷却泵、头架电动机才能起动的控制要求。

（4）砂轮架快速进退的控制

1）操作砂轮架快进、快退，观察其运行情况。砂轮架的快速进退通过电磁铁 YA 的吸合、释放来实现，同时冷却泵电动机 M3 起动，其操作过程见表 9-5。它的操作按钮如图 9-6 所示。

表 9-5　砂轮架运行情况记录表

序号	操作内容	观察内容	正常结果	观察结果
1	按下快进按钮 SB7	KA	吸合	
		电磁铁 YA	吸合	
		砂轮架	快进（YA 吸合后动作）	
		KM3	吸合	
		冷却泵电动机 M3	运转	
2	按下快退按钮 SB6	KA	释放	
		电磁铁 YA	释放	
		砂轮架	快退（YA 释放后动作）	
		KM3	释放	
		冷却泵电动机 M3	停转	

注：电气控制箱内的新型交流接触器与热继电器如图 9-9 所示。

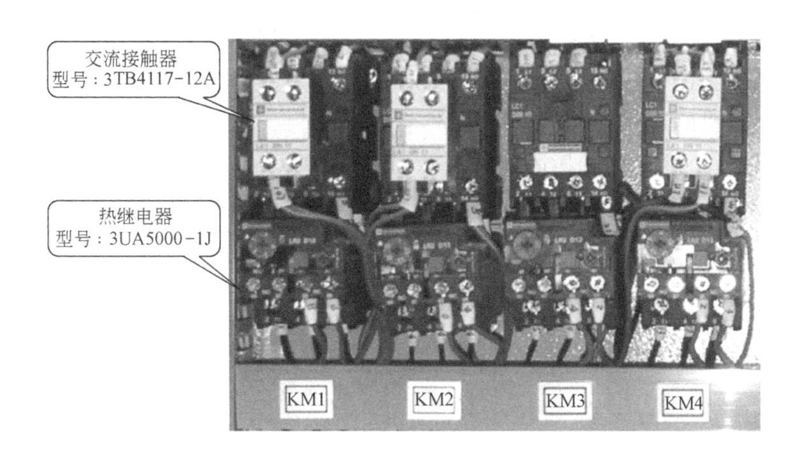

图 9-9　电气控制箱内的新型交流接触器与热继电器

2）分析电路动作程序

① 快进：按下 SB7（16 区）→SB7 常开触头闭合（16 区）→KA 线圈得电吸合自锁（16 区），YA 电磁铁得电（16 区）→砂轮架快速前进，KA 常开触头闭合（12、16、17 区）→进给指示灯 HL4 点亮（12 区），KM3 线圈得电吸合（17 区）→冷却泵电动机 M3 起动运转（4 区）。

② 快退：按下 SB6（16 区）→SB6 常闭触头分断（16 区）→KA 线圈失电释放（16 区），YA 电磁铁失电（16 区）→砂轮架快速退回，同时 KM3 线圈失电释放（17 区），指示灯 HL4 熄灭（12 区）→冷却泵电动机 M3 失电停转（4 区）。

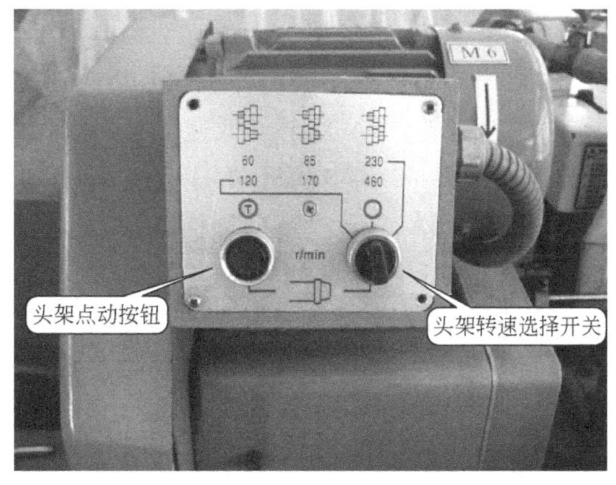

图 9-10　头架电动机的电气操作面板

（5）头架的点动控制

1）点动头架电动机，观察其运行情况。点动头架电动机可以对工件位置进行调整，其操作过程见表 9-6。头架电动机的电气操作面板如图 9-10 所示。

表 9-6　头架电动机 M4 点动运行情况记录表

序号	操作内容	观察内容	正常结果	观察结果
1	按下头架点动按钮 SB8	KM5	吸合	
		头架电动机 M4	低速	
2	松开头架点动按钮 SB8	KM5	释放	
		头架电动机 M4	停转	

2）分析电路动作顺序。

① 起动：按下 SB8（19 区）→SB8 常开触头闭合（19 区）→KM5 线圈得电吸合（19 区）→KM5 主触头闭合（6 区）→头架电动机 M4 起动运转（5 区）。

② 停止：松开 SB8（19 区）→KM5 线圈失电释放（19 区）→KM5 主触头分断（6 区）→头架电动机 M4 失电停转（5 区）。

（6）头架电动机的运转控制

1）起动头架电动机，观察其运行情况。如图 9-10 所示，头架电动机的速度由头架转速选择开关 SA 控制，共有高速、低速和停止三个档位，其操作过程见表 9-7。

表 9-7　头架电动机 M4 运行情况记录表

序号	操作内容	观察内容	正常结果	观察结果
1	SA 置于“高速”档	KM4	吸合	
		头架电动机 M4	高速运转	
2	SA 置于“低速”档	KM5	吸合	
		头架电动机 M4	低速运转	
3	SA 置于“停止”档	KM4、KM5	释放	
		头架电动机 M4	停转	

2）分析电路动作顺序。

① 高速运转：SA 置于“高速”档（18 区）→KM4 线圈得电吸合（18 区）→KM4 主触头闭合（5、7 区）→头架电动机 M4 以YY联结高速运转（5、6 区）。

② 低速运转：SA 置于“低速”档（18 区）→KM5 线圈得电吸合（18 区）→KM5 主触头闭合（6 区）→头架电动机 M4 以△联结低速运转（6 区）。

③ 停止：SA 置于“停止”档（18 区）→KM4 或 KM5 线圈失电（18、19 区）→头架电动机 M4 停止运转（6 区）。

（7）紧停控制　当机床控制部分出现紧急故障时，可按下急停按钮 SB1（13 区）切断全部控制电路，并自锁保持到故障排除，直至人工解锁后转入正常操作。

急停动作程序：按下急停按钮 SB1（13 区），控制电路失电，电路停止工作。

2. 诊断 MA1420A 型万能外圆磨床电路常见故障

MA1420A 型万能外圆磨床常见故障的诊断及排除方法与前面学习的方法相同，但由于其电气与机械联锁较多，又使用了双速电动机，在工作时常会出现一些特有的故障。

（1）所有电动机都不能起动

1）观察故障现象。按表 9-8 逐一操作，认真观察电动机和电气控制箱内部电气元件的动作情况（教师按表 9-8 设置模拟故障，组织学生操作机床并记录观察结果）。

表 9-8　所有电动机都不能起动的故障观察表

序号	故障点	观察现象			
		照明灯	电源指示灯	所有电动机的运转情况	电气控制箱内部
1	FU2（U 相）损坏	不亮	不亮	不能运转	无动作
2	TC 一次绕组损坏				
3	1 号线断线	点亮	点亮		
4	FU3 断线	点亮	点亮	不能运转	无动作
5	电动机 M1 过载	点亮	点亮	先转后停	FR1 动作

2）分析故障现象。根据上述故障点出现的故障现象，可以分析出 MA1420A 型万能外圆磨床所有电动机都不能起动的故障原因如下。

主电路：主电路中存在断点，QS 没有闭合，U11、W11、FU2、U14、W14 断线或接线松脱及损坏等。

控制电路：TC、1 号线、FU3、2 号线、FR1 常闭触头、3 号线、FR2 常闭触头、4 号线、FR3 常闭触头、5 号线、FR4 常闭触头、6 号线、SB1 常闭触头、7 号线、0 号线断线或接线松脱及损坏等。

3）诊断故障。教师设置故障，学生分组诊断故障。以表 9-8 中的故障点 5 为例，其诊断过程如图 9-11 所示。

（2）头架电动机只有高速没有低速

1）观察故障现象。按表 9-9 逐一操作，观察头架电动机和电气控制箱内部电气元件的动作情况（教师按表 9-9 设置模拟故障，组织学生操作机床并记录观察结果）。

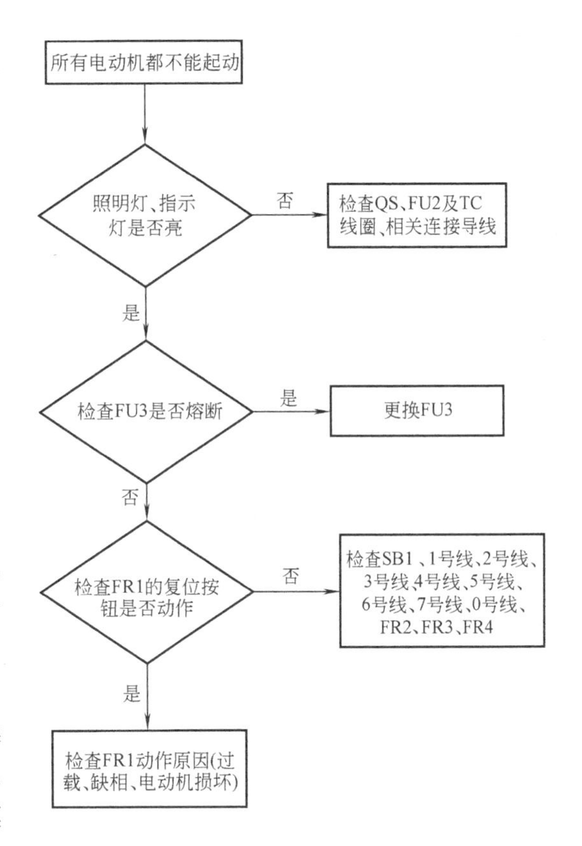

图 9-11　故障诊断流程图（一）

表 9-9　头架电动机只有高速没有低速的故障观察表

序号	故障点	观察现象			
		照明灯	指示灯	头架电动机	电气控制箱内部
1	SA 损坏	点亮		高速运转，低速不转	KM5 不吸合
2	KM5 线圈损坏				
3	KM4 常闭触头损坏				
4	19 号线断线				
5	KM5 主触头损坏				KM5 吸合

2）分析故障现象。根据上述故障点出现的故障现象，可以分析出 MA1420A 型万能外圆磨床头架电动机只有高速没有低速的故障原因如下。

主电路：主电路中存在断点，U17、V17、W17、KM5 主触头损坏、5U、5V、5W 断线或接线松脱及损坏等。

控制电路：7 号线、SB8、19 号线、SA 转换开关、KM4 常闭触头、20 号线、KM5 线圈、0 号线断线或接线松脱及损坏等。

3）诊断故障。教师设置故障，学生分组诊断故障。以表 9-9 中的故障点 1 为例，其诊断过程如图 9-12 所示。

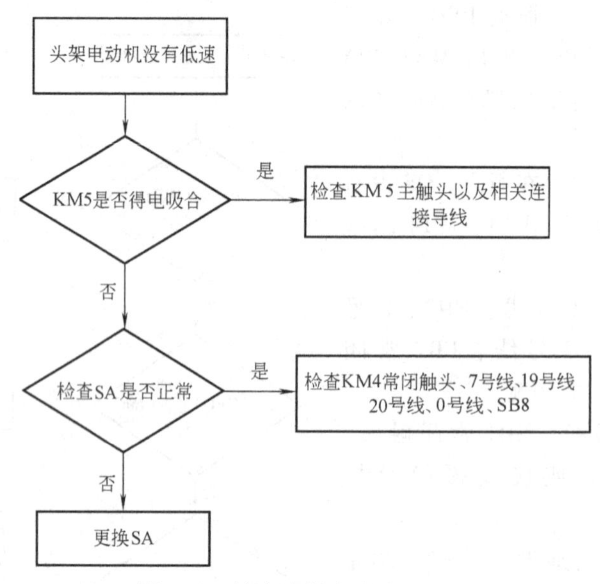

图 9-12　故障诊断流程图（二）

3. 操作要点

1）按步骤正确操作 MA1420A 型万能外圆磨床，确保设备和人身安全。

2）注意观察 MA1420A 型万能外圆磨床电气元件的安装位置和走线情况。

3）严禁扩大故障范围或造成新的故障，不得损坏电气元件或设备。

4）停电后要验电，带电检修时必须由指导教师现场监护，以确保用电安全。

六、评价标准

机床控制电路故障诊断的评价标准见表 9-10。

表 9-10　评价标准

项目内容	配分	评　分　标　准	扣　分	得　分
故障现象	10	不能熟练操作机床，扣 5 分		
		不能确定故障现象，提示一次扣 5 分		
故障范围	20	不会分析故障范围，提示一次扣 5 分		
		故障范围错误，每处扣 5 分		
故障检测	40	停电不验电，扣 5 分		
		工具和仪表使用不当，每次扣 5 分		
		检测方法、步骤错误，每次扣 5 分		
		不会检测，提示一次扣 5 分		
故障修复	30	不能查出故障点，提示一次扣 10 分		
		查出故障点但不会排除，扣 10 分		
		造成新的故障或扩大故障范围，扣 30 分		
安全文明生产	违反安全文明生产操作规程，扣 5~50 分			
定额时间 30min	不允许超时检查，修复过程中允许超时，每超 5min 扣 5 分			
开始时间：		结束时间：		

七、拓展与提高——观察法

虽然对电气设备进行了日常维护保养工作，降低了电气故障发生率，但电气故障的发生还是不可避免的。因此，维修电工不但要掌握电气设备的日常维护保养知识，而且要学会正确的检修方法。下面介绍电气故障发生后的一般分析和检修方法。

1. 检修前的故障调查

当工业机械发生电气故障后，切忌盲目动手检修。在检修前，应通过问、看、听、摸来了解故障前后的操作情况和故障发生后出现的异常现象，以便根据故障现象判断出故障发生的部位，进而准确地排除故障。

2. 观察法

（1）观察法检修要点

1）问：询问操作者故障发生前后电路和设备的运行状况以及故障发生后的症状，如故障是经常发生还是偶尔发生；是否有响声、冒烟、火花、异常振动等征兆；故障发生前有无切削力过大和频繁起动、停止、制动等情况；有无经过保养检修或改动电路等。

2）看：察看故障发生前是否有明显的外观征兆，如各种信号；有指示装置的熔断器无指示；保护电器脱扣动作；接线脱落；触头烧蚀或熔焊；线圈过热烧毁等。

3）听：在线路还能运行和不扩大故障范围、不损坏设备的前提下，可通电试车，仔细听电动机、接触器和继电器等电器的声音是否正常。

4）摸：在刚切断电源后，尽快触摸检查电动机、变压器、电磁线圈及熔断器等，看是否有过热现象。

学生在使用观察法时要注意选择观察位置，先定点观察后动点观察，根据需要选择好对比点，并在观察中仔细比较。观察中应注重逻辑联系，由表窥里，由果究因，观察时可以随时做好记录，积累经验，不断培养观察能力，从根本上提高排除故障的能力。

（2）观察法应用举例　以砂轮电动机 M1 过载故障为例，首先询问操作者砂轮电动机 M1 在工作中有无异常声响和异常振动，结果是有异常；再仔细察看砂轮电动机 M1 是否频繁起动、停止、制动等，是否负载过重，仔细察看电气控制箱内热继电器 FR1 是否动作，结果是电动机 M1 频繁起动且负载过重，FR1 热继电器动作保护；在刚切断电源后，尽快触摸检查砂轮电动机 M1 看其是否过热，结果是过热；最后确定砂轮电动机 M1 过载。手动复位 FR1 后通电试车，仔细听砂轮电动机 M1 的声音是否正常，结果是正常，故障排除。

习　题

1. 在 MA1420A 型万能外圆磨床中，电磁铁 YA 的作用是什么？
2. 简述 KA 中间继电器的作用。
3. 为什么头架电动机采用双速电动机？
4. MA1420A 型万能外圆磨床中电气控制电路具有哪些电气联锁措施？
5. 根据 MA1420A 型万能外圆磨床电路图，分析头架电动机的控制过程。

第二单元　PLC、变频器控制系统

项目十　三相异步电动机单向运转控制系统

一、学习目标

1. 认识 PLC 的面板组成。

2. 会分析三相异步电动机单向运转控制系统的控制要求和分配输入/输出点；能正确识读系统梯形图与电路图。

3. 会使用 GX Developer 编程软件输入梯形图。

4. 能正确安装与调试三相异步电动机单向运转控制系统，弄懂输入输出控制及自锁保持控制。

二、学习任务

1. 项目任务

本项目的任务是安装与调试三相异步电动机单向运转控制系统。系统的控制要求如下：

（1）起停控制　按下起动按钮，电动机运转；按下停止按钮，电动机停转。

（2）保护措施　系统具有必要的短路保护和过载保护措施。

2. 任务流程图

具体的学习任务及学习过程如图 10-1 所示。

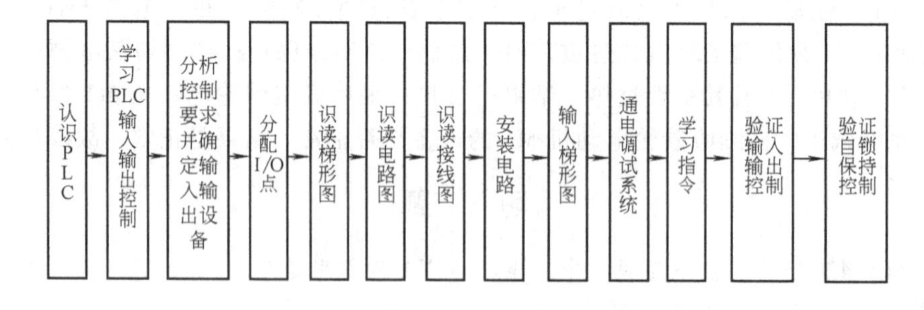

图 10-1　任务流程图

三、环境设备

学习所需工具、设备见表 10-1。

表 10-1　工具、设备清单

序号	分类	名　　称	型　号　规　格	数量	单位	备注
1	工具	常用电工工具		1	套	
2		万用表	MF47	1	只	
3	设备	PLC	FX_{3U}-48MR	1	只	
4		三极小型断路器	DZ47-63	1	只	
5		三相电源插头	16A	1	只	
6		控制变压器	BK100,380V/220V	1	只	
7		熔断器底座	RT18-32	6	只	
8		熔管	5A	3	只	
9			2A	3	只	
10		热继电器	NR4-63	1	只	
11		交流接触器	CJX1-12/22,220V	1	只	
12		按钮	LA38-203	3	只	
13		三相笼型电动机	380V,0.75kW,Y联结	1	台	
14		端子板	TB-1512L	1	条	
15		安装网孔板	600mm×700mm	1	块	
16		导轨	35mm	0.5	m	
17	消耗材料	铜导线	BVR-1.5mm^2	5	m	
18			BVR-1.5mm^2	2	m	双色
19			BVR-1.0mm^2	5	m	
20		紧固件	M4×20 螺钉	若干	只	
21			M4 螺母	若干	只	
22			ϕ4mm 垫圈	若干	只	
23		行线槽	TC3025	若干	m	
24		编码管	ϕ1.5mm	若干	m	
25		编码笔	小号	1	支	

四、背景知识

第一单元的7个控制电路都属于继电器控制型电路，一旦安装、调试完成，其控制功能是唯一的，如遇产品改型，就必须重新设计、重新安装。而使用可编程序控制器（简称PLC），融入计算机功能，便能减小系统改造和维修的工作量，降低成本，缩短产品的更新周期。虽然本项目与项目二的控制功能一样，但本项目应用的是PLC控制技术。

认识PLC

1. 认识三菱FX系列PLC

FX系列PLC是日本三菱公司生产的小型可编程序控制器，其新一代产品有FX_{1S}、FX_{1N}、FX_{2N}、FX_{2NC}及FX_{3U}等系列，是FX_0、FX_1、及FX_2系列

PLC 的换代产品。图 10-2 所示为部分三菱 FX 系列 PLC，这些产品的基本指令和步进指令相同，外部特征相似。本书将选用 FX_{3U}-48MR 型 PLC 进行学习。

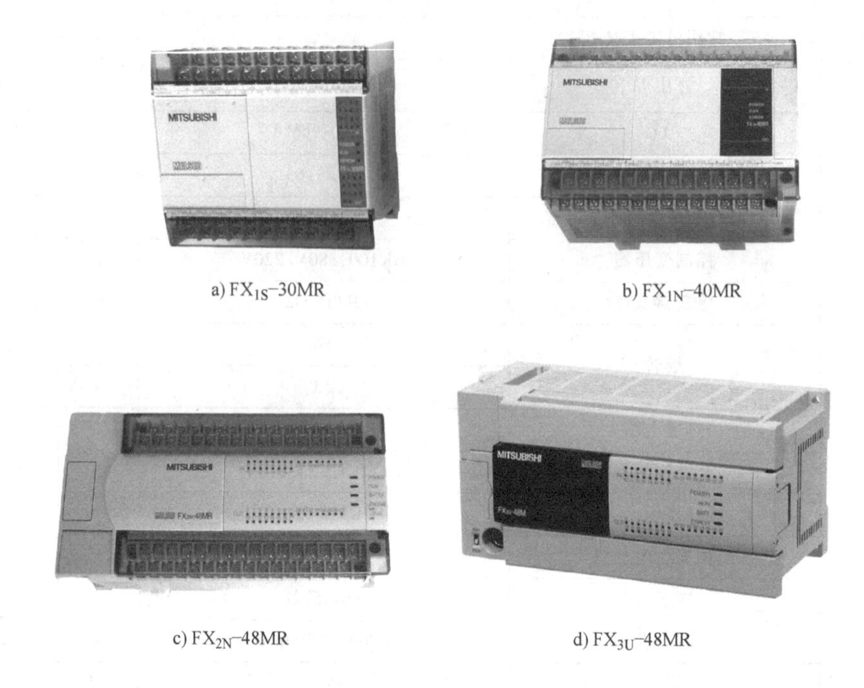

a) FX_{1S}–30MR　　b) FX_{1N}–40MR

c) FX_{2N}–48MR　　d) FX_{3U}–48MR

图 10-2　部分三菱 FX 系列 PLC

如图 10-3 所示，三菱 FX_{3U}–48MR 型 PLC 的面板主要由三部分组成：接线端子（包括输入、输出端子）、指示部分和接口部分。

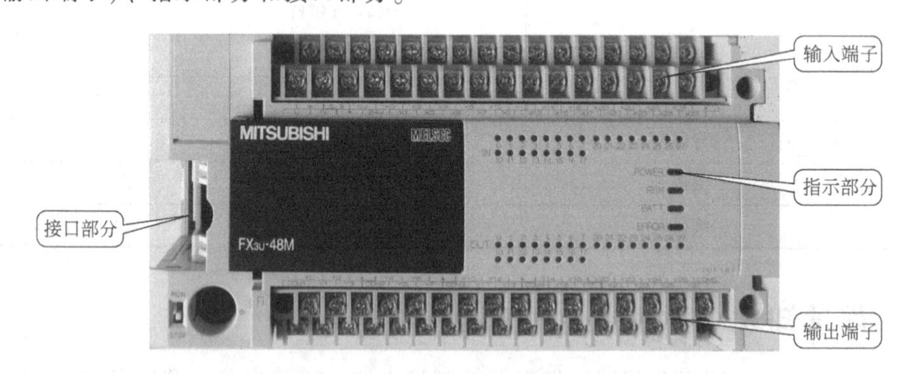

图 10-3　三菱 FX_{3U}-48MR 型 PLC

（1）输入、输出端子　如图 10-4 所示，PLC 的上侧端子为输入端子，下侧端子为输出端子，各端子的用途见表 10-2。

（2）指示部分　如图 10-4 所示，指示 LED 直接反映 PLC 的输入、输出等工作状态，其各部分的动作表示见表 10-3。

（3）接口部分　打开 PLC 的接口盖板和面板盖板后可见各外部接口，其用途见表 10-4。

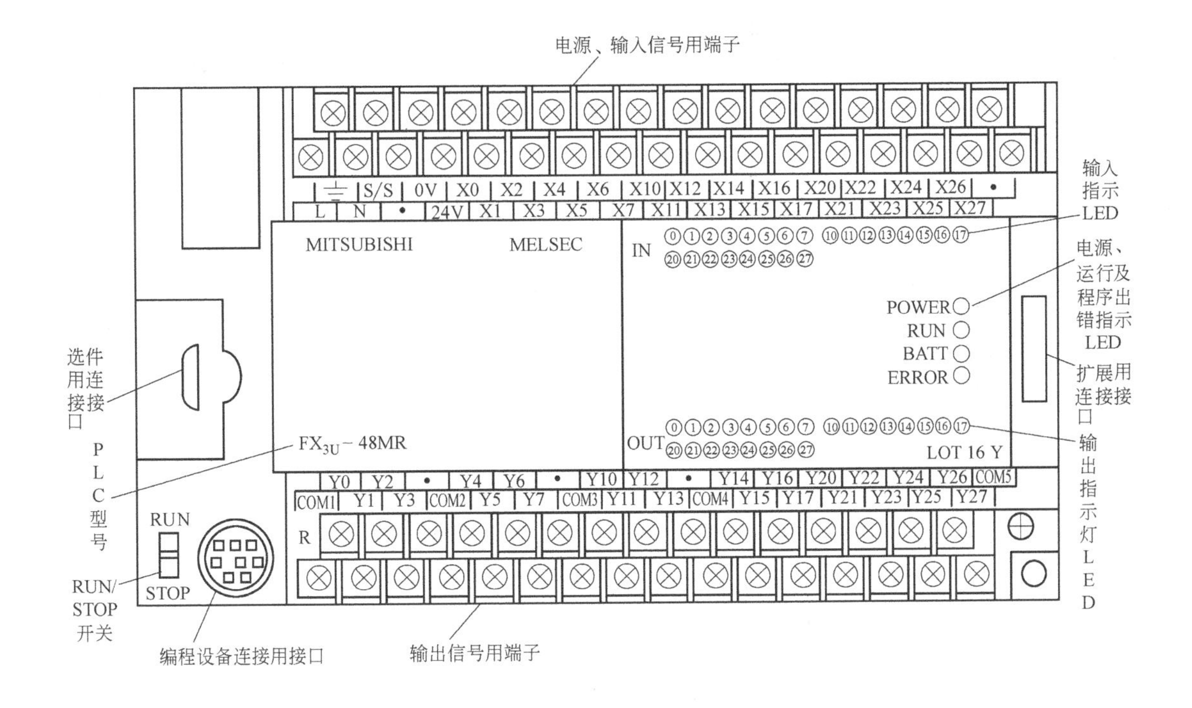

图 10-4　三菱 FX_{3U}-48MR 的面板示意图

表 10-2　外部接线端子及其用途

序号	端子种类		端子用途	要点提示
1	输入端子	输入电源端子(L、N)、接地端子(⏚)	用于 PLC 引入外部电源	PLC 工作电源为 AC 85~264V,必须从输入端子(L、N)引入。若接至其他端子,则会烧坏 PLC
2		输入信号端子 X0~X7、X10~X17、X20~X27,电源 0V 端子	用于连接 PLC 与输入设备	输入信号端子又称输入点,共有24个,采用八进制编号
3		输入电源端子(24V、S/S)	供应 DC 24V 电源输入	做输入端子的电源
4	输出端子	输出电源端子(+24、0V)	供应 DC 24V 电源输出	可以连接至外部传感器,做外部传感器的电源
5		输出信号端子 Y0~Y3、公共端子 COM1	用于连接 PLC 与输出设备	输出信号端子又称输出点,也采用八进制编号,共有 16 个输出点,分 5 组输出。使用时,同组输出点不能使用不同电源,一定要查阅 PLC 使用手册,根据负载的大小、电源等级及电源类型,合理分配并正确使用输出点
6		输出信号端子 Y4~Y7、公共端子 COM2		
7		输出信号端子 Y10~Y13、公共端子 COM3		
8		输出信号端子 Y14~Y17、公共端子 COM4		
9		输出信号端子 Y20~Y27、公共端子 COM5		

表 10-3　指示 LED 及其动作表示

序号	LED 名称	动作表示	要点提示
1	内置电池指示 LED(BATT)	PLC 内部电池电量不足时，LED 点亮	调试检修时，可以根据 LED 的亮灭状态，判断是 PLC 本身异常，还是外部设备异常
2	输入指示 LED(IN0～27)	外部输入开关闭合时，LED 点亮	
3	输出指示 LED(OUT0～27)	程序驱动输出继电器动作时，对应的 LED 点亮	
4	电源指示 LED(POWER)	PLC 处于通电状态时，LED 点亮	
5	运行指示 LED(RUN)	PLC 运行时，LED 点亮	
6	程序出错指示 LED(ERROR)	程序错误时，LED 闪烁；CPU 错误时，LED 点亮	

表 10-4　常用外部接口及其用途

序号	接口名称	接口用途	要点提示
1	选件用连接接口	用于连接 PLC 存储卡盒、功能扩展板	
2	扩展用连接接口	用于连接输入输出扩展单元	
3	编程设备用连接接口	用于连接 PLC 与手持编程器或计算机	RS-422 接口
4	RUN/STOP 开关	置于“RUN”位置时，PLC 运行；置于“STOP”位置时，PLC 处于停止状态，用户可以进行程序的读写、编辑和修改	

（4）型号及含义　三菱 FX 系列 PLC 的型号及含义如下：

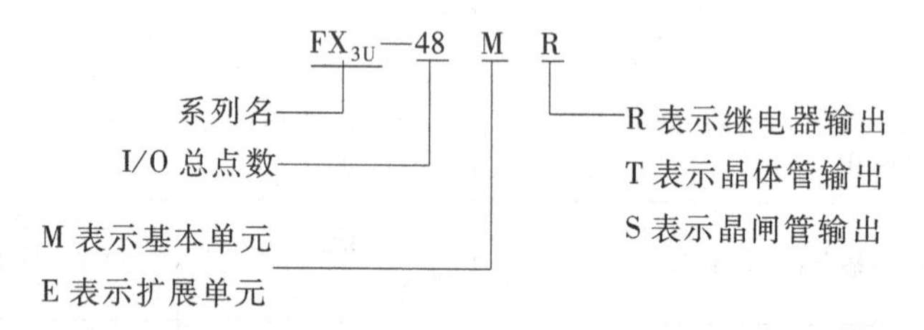

2. 学习 PLC 输入输出控制

PLC 控制系统由硬件和软件两大部分组成。用户将系统控制要求设计成程序写入 PLC 后，PLC 便在输入信号的指令下，按照程序控制输出设备工作。就程序本身而言，必须借助机内器件来表达，这就是编程元件。考虑到工程人员的习惯，编程元件都按类似于继电器电路中的元件命名，如输入继电器、输出继电器、定时器、辅助继电器等。但与继电器电路中的元件不同的是，编程元件具有无穷多个常开、常闭触点供编程时使用，故又称其为软元件。

（1）输入继电器　PLC 的每一个输入点都有一个对应的输入继电器，用于接收外部输入信号，用 X□□□表示。PLC 输入点的状态由输入信号决定，当某个输入点端子与 0V 接通，24V 与 S/S 连接完成时，该输入继电器的线圈得电，其常开触点接通，常闭触点断开；反之，其触点恢复常态。所以在程序中不会出现输入继电器的线圈，只使用其触点。

1）编号范围。三菱 FX_{3U} 系列 PLC 输入继电器的最大编号范围为 X000～X367（输入输出点总和在 256（十进制）点以下），采用八进制编号。用户设计程序时，应注意使用的输入继电器不得超过所用 PLC 输入点的范围，否则程序无效。

2）符号。输入继电器的符号如图 10-5 所示。

（2）输出继电器　PLC 的每一个输出点都有一个对应的输出继电器，主要用于驱动外部负载，用 Y□□□表示。当某一输出继电器的线圈接通时，与其连接的外部负载接通电源工作；反之，该负载断电停止工作，故输出继电器的线圈只能由用户程序驱动，其常开、常闭触点只作为其他软元件的工作条件出现在程序中。

1）编号范围。三菱 FX_{3U} 系列 PLC 输出继电器的最大编号范围为 Y000～Y367（输入输出点总和在 256（十进制）点以下），也采用八进制编号。与输入继电器一样，在进行程序设计时，使用的输出继电器不得超过所用 PLC 输出点的范围，否则程序无效。

2）符号。输出继电器的符号如图 10-6 所示。

图 10-5　输入继电器的符号

图 10-6　输出继电器的符号

（3）输入输出控制　输入输出继电器是输入输出点在 PLC 内部的反映，PLC 运行时反复采样输入输出点的状态，扫描执行程序后，驱动输出设备工作。图 10-7 为 PLC 的输入输出控制示意图，其动作时序如图 10-8 所示。

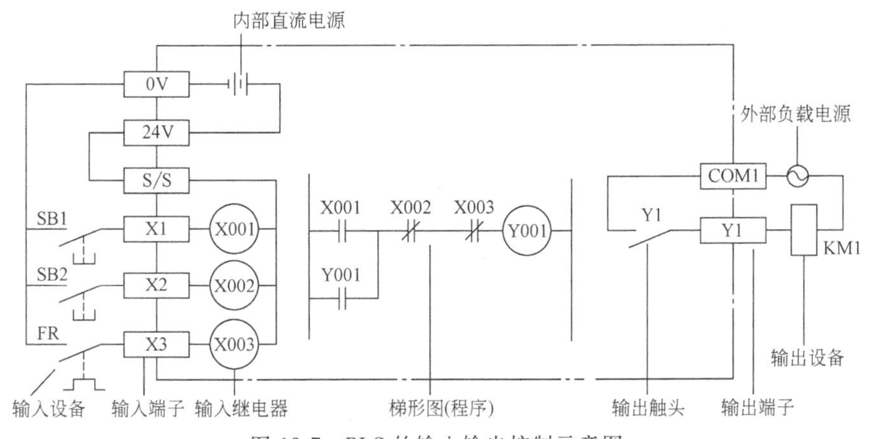

图 10-7　PLC 的输入输出控制示意图

1）起动。按下按钮 SB1→输入继电器 X001 得电动作→梯形图中的 X001 常开触点闭合→输出继电器 Y001 得电动作，且自锁保持→输出触头 Y1 闭合→输出设备 KM1 线圈得电动作，系统启动。

2）停止。按下按钮 SB2→输入继电器 X002 得电动作→梯形图中的 X002 常闭触点断开→输出继电器 Y001 失电复位→输出触头 Y1 断开→输出设备 KM1 失电释放，

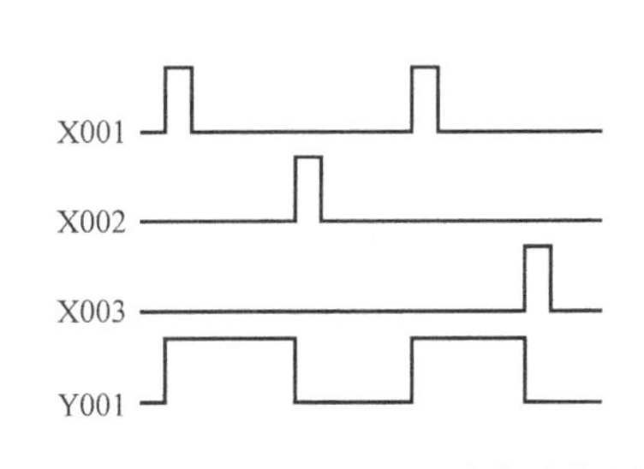

图 10-8　输入输出继电器动作时序图

系统停止工作。

过载保护执行原理与之类似。

3. 分析控制要求并确定输入输出设备

（1）分析控制要求　项目任务要求该系统具有电动机单向运转控制功能，即按下起动按钮，电动机得电运转；按下停止按钮（或过载），电动机停止运转。

（2）确定输入设备　根据控制要求分析，系统共有 3 个输入信号：起动、停止和过载信号。由此确定，系统的输入设备有两只按钮和一只热继电器，PLC 需用 3 个输入点分别与它们的常开触头相连。

（3）确定输出设备　与项目二相同，三相异步电动机的电源可由接触器的主触头引入，当接触器吸合时，电动机得电运转；接触器释放时，电动机失电停转。由此确定，系统的输出设备只有一只接触器，PLC 用 1 个输出点驱动控制该接触器的线圈即可满足要求。

4. 分配输入/输出点（以下简称 I/O 点）

根据确定的输入/输出设备及输入输出点数，分配 I/O 点，见表 10-5。

表 10-5　输入/输出设备及 I/O 点分配表

输入			输出		
元件代号	功能	输入点	元件代号	功能	输出点
SB1	起动	X1	KM	电动机运转控制	Y0
SB2	停止	X2			
FR	过载保护	X3			

5. 识读梯形图

不同的 PLC 生产厂方所提供的编程语言有所不同，但程序的表达方式大致相同，常用的表达方式为梯形图和指令表两种。图 10-9 为电动机单向运转控制系统梯形图，图中的输入输出继电器与表 10-5 中分配的 I/O 点相对应。其动作时序如图 10-10 所示，按下起动按钮 SB1 后输入继电器 X001 动作，Y000 动作驱动输出设备 KM 吸合起动；按下停止按钮 SB2，X002、Y000 复位，KM 释放停止。图中 END 为程序结束指令，表示程序结束。

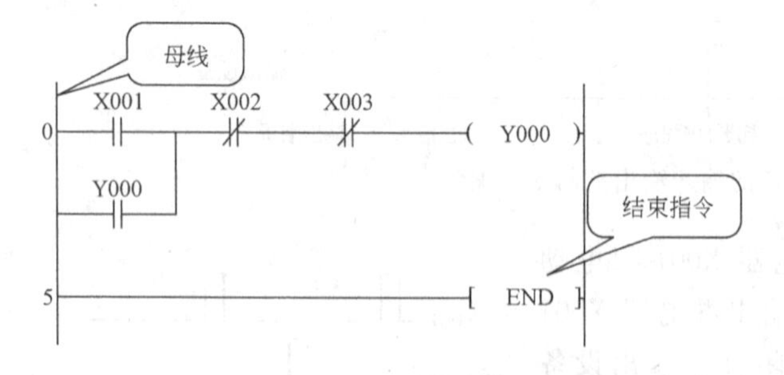

图 10-9　电动机单向运转控制系统梯形图

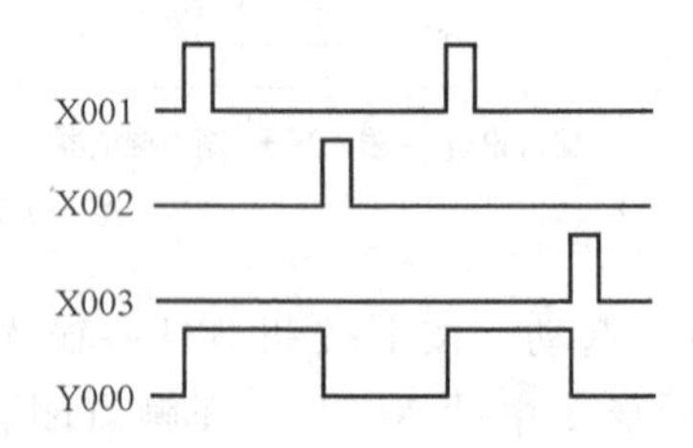

图 10-10　电动机单向运转控制系统动作时序图

6. 识读电路图

图 10-11 为电动机单向运转控制系统电路图，图中 PLC 的输入电路从 101 开始递增编

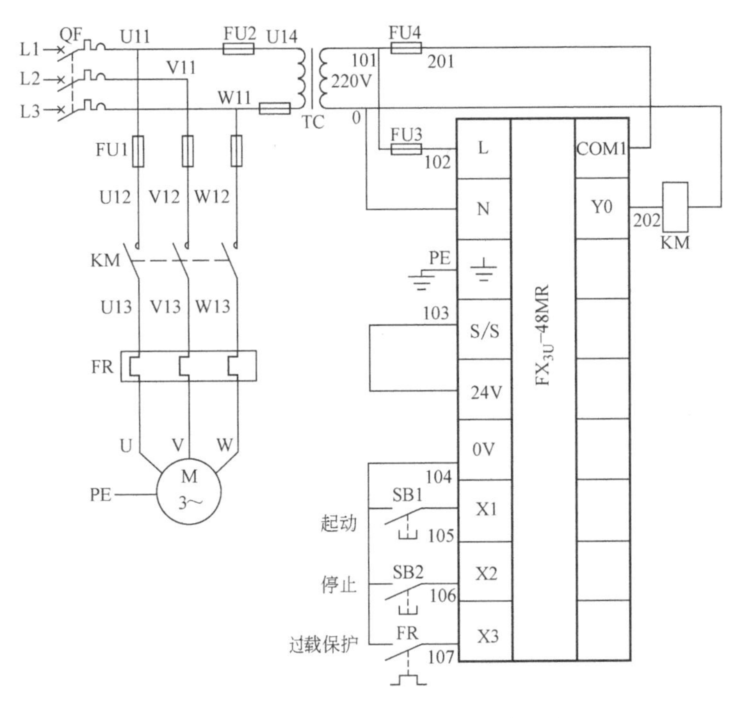

图 10-11　电动机单向运转控制系统电路图

号，输出电路从 201 开始递增编号，其电路组成及各元件的功能见表 10-6。

表 10-6　电动机单向运转控制系统的电路组成及各元件的功能

序号	电路名称		电路组成	元件功能	备注
1	电源电路		QF	电源开关	
2			TC	给 PLC 及 PLC 输出设备提供电源	
3			FU2	熔断器,用于变压器的短路保护	
4	主电路		FU1	熔断器,用于主电路的短路保护	
5			KM 主触头	电动机引入电源	
6			FR 驱动元件	过载保护	
7			M	电动机	
8	控制电路	PLC 输入电路	FU3	熔断器,用于 PLC 输入电源的短路保护	
9			SB1	起动	共用公共端 COM
10			SB2	停止	
11			FR	过载保护	
12		PLC 输出电路	FU4	熔断器,用于 PLC 输出电路的短路保护	
13			KM 线圈	控制 KM 主触头的吸合与释放	

7. 识读接线图

图 10-12 是电动机单向运转控制系统接线图，其元件布置及布线情况见表 10-7。

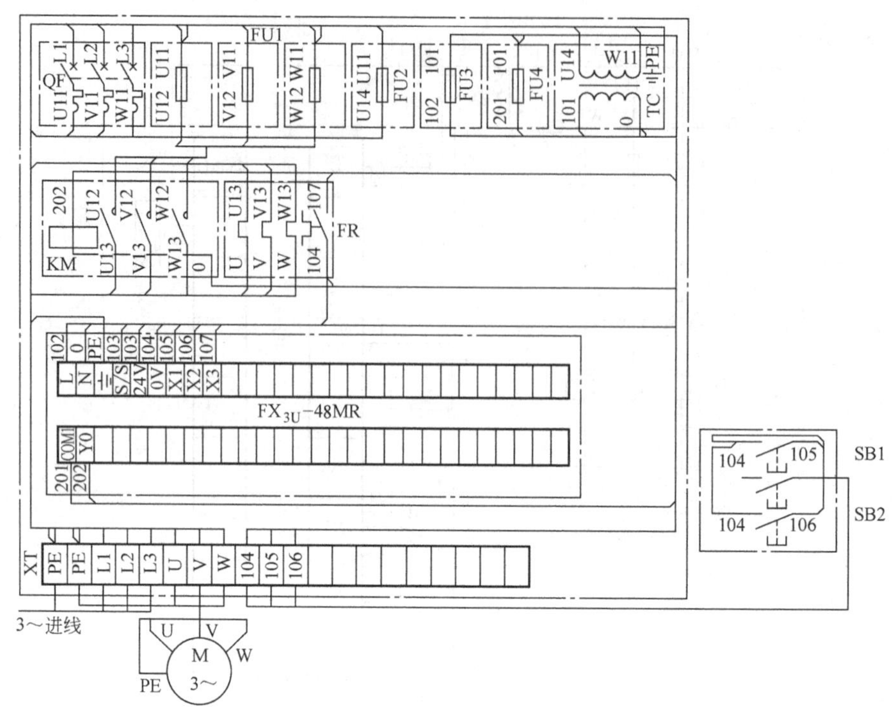

图 10-12　电动机单向运转控制系统接线图

表 10-7　电动机单向运转控制系统元件布置及布线一览表

序号	项　　目		具　体　内　容	备注
1	元件位置		QF、FU1、FU2、FU3、FU4、TC、KM、FR、PLC、XT	
2			SB1、SB2、电动机 M	
3	板上元件的布线	PLC 输入电路走线	0:TC→KM TC→PLC	
4			101:TC→FU4→FU3	
5			102:FU3→PLC	
6			103:PLC→PLC	
7			104:PLC→FR→XT	
8			105:PLC→XT	
9			106:PLC→XT	
10			107:PLC→FR	
11		PLC 输出电路走线	201:FU4→PLC	
12			202:PLC→KM	
13		主电路走线	L1、L2、L3:XT→QF	
14			U11:QF→FU1→FU2	
15			V11:QF→FU1	
16			W11:QF→FU1→TC	
17			U12、V12、W12:FU1→KM	
18			U13、V13、W13:KM→FR	
19			U14:FU2→TC	
20			U、V、W:FR→XT	

（续）

序号	项　目		具 体 内 容	备注
21	外围元件的布线	按钮走线	104:XT→SB1→SB2	
22			105:XT→SB1	
23			106:XT→SB2	
24		电动机走线	U、V、W:XT→M	
25		接地线走线	PE:XT→PLC(板上) XT→TC(板上) 电源→XT→电动机 M(外围)	

五、操作指导

1. 安装电路

（1）检查元件　按表 10-1 配齐所用元件，检查各元件的规格是否符合要求，检测各元件的质量是否完好。

（2）固定元件　根据接线图，参考图 10-13 固定元件，其中 PLC、断路器只需直接卡装于 35mm 的导轨上。

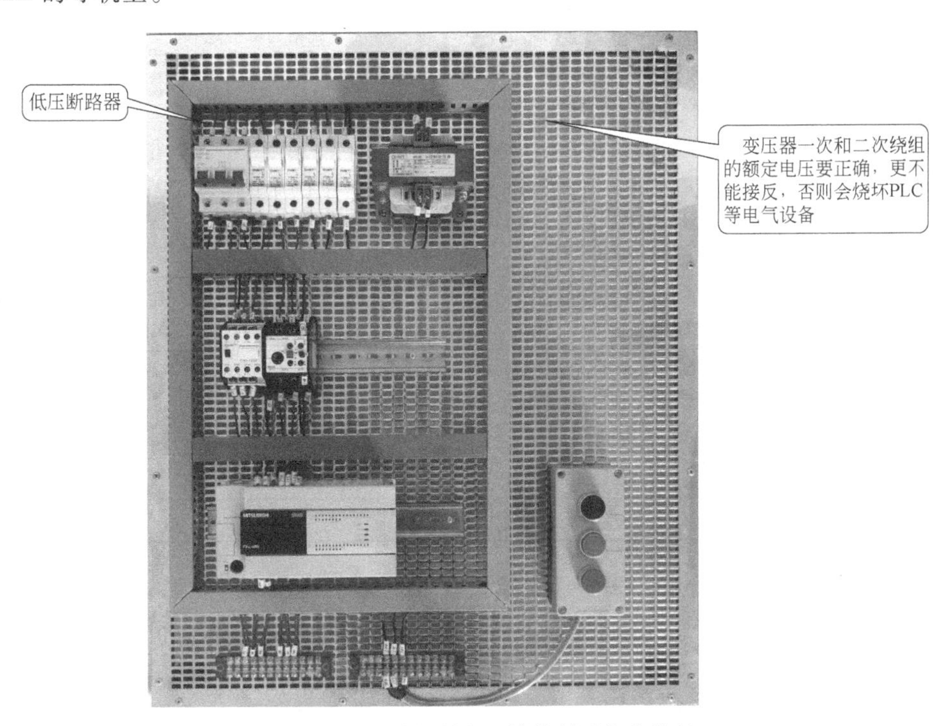

图 10-13　电动机单向运转控制系统安装板

（3）配线安装

1）线槽配线安装。根据线槽配线原则及工艺要求，对照接线图进行线槽配线安装。

① 安装控制电路。按照线号依次安装 PLC 输入电路，再安装 PLC 输出电路。

② 安装主电路。按照线号依次安装主电路。

2）外围设备配线安装。

① 安装连接按钮。

② 安装电动机，连接电动机电源线及金属外壳接地线。

③ 连接三相电源线。

（4）自检

1）检查布线。对照电路图检查是否掉线、错线，是否漏编、错编号以及接线是否牢固等。

2）使用万用表检测。按表10-8，使用万用表检测安装的电路，如测量阻值与正确阻值不符，应根据电路图检查是否存在错线、掉线、错位、短路等情况。

表10-8 用万用表检测电路

<table>
<tr><th>序号</th><th>检测任务</th><th colspan="2">操作方法</th><th>正确阻值</th><th>测量阻值</th><th>备注</th></tr>
<tr><td rowspan="2">1</td><td rowspan="4">检测主电路</td><td rowspan="2">合上QF,断开FU2后,分别测量XT的L1与L2、L2与L3、L3与L1之间的阻值</td><td>常态时,不动作任何元件</td><td>均为∞</td><td></td><td></td></tr>
<tr><td>压下KM</td><td>均为M两相定子绕组的阻值之和</td><td></td><td></td></tr>
<tr><td>2</td><td colspan="2">压下接触器,重新测量XT的L1与L2、L2与L3、L3与L1之间的阻值</td><td>均为M两相定子绕组的阻值之和</td><td></td><td></td></tr>
<tr><td>3</td><td colspan="2">接通FU2,测量XT的L1与L3之间的阻值</td><td>TC一次绕组的阻值</td><td></td><td></td></tr>
<tr><td>4</td><td rowspan="4">检测PLC输入电路</td><td colspan="2">测量PLC的电源输入端L与N之间的阻值</td><td>约为TC二次绕组的阻值</td><td></td><td></td></tr>
<tr><td>5</td><td colspan="2">测量电源输入端子L与公共端子0V之间的阻值</td><td>∞</td><td></td><td></td></tr>
<tr><td>6</td><td colspan="2">常态时,测量所用输入点X与公共端子0V之间的阻值</td><td>均为几千欧到几十千欧</td><td></td><td></td></tr>
<tr><td>7</td><td colspan="2">逐一动作输入设备,测量对应的输入点X与公共端子0V之间的阻值</td><td>均约为0Ω</td><td></td><td></td></tr>
<tr><td>8</td><td>检测PLC输出电路</td><td colspan="2">测量输出点Y0与公共端子COM1之间的阻值</td><td>TC一次绕组与KM线圈的阻值之和</td><td></td><td></td></tr>
<tr><td>9</td><td colspan="6">检测完毕,断开QF</td></tr>
</table>

（5）通电观察PLC的指示LED　经自检，确认电路正确和无安全隐患后，在教师的监护下，按表10-9通电观察PLC的指示LED（教师预先清空PLC用户程序）。

表10-9 指示LED工作情况记录表

步骤	操作内容	观察LED	正确结果	观察结果	备注
1	先插上电源插头,再合上断路器	POWER	点亮		已供电,注意安全
2	按下SB1	IN1	点亮		输入继电器X001动作
3	松开SB1	IN1	熄灭		输入继电器X001复位
4	按下SB2	IN2	点亮		输入继电器X002动作
5	松开SB2	IN2	熄灭		输入继电器X002复位

（续）

步骤	操作内容	观察 LED	正确结果	观察结果	备注
6	按下 FR 测试按钮（Test）	IN3	点亮		输入继电器 X003 动作
7	按下 FR 复位按钮（Reset）	IN3	熄灭		输入继电器 X003 复位
8	拨动 RUN/STOP 开关至“STOP”位置	RUN	熄灭		PLC 停止运行
9	拨动 RUN/STOP 开关至“RUN”位置	RUN	点亮		PLC 运行
10	按下 SB1	OUT0	不亮		内部无程序
11	拉下断路器后，拔下电源插头	断路器 电源插头	已分断		做了吗

当操作者动作输入设备时，输出设备可能会产生不符合本项目控制要求的动作，如按下停止按钮 SB2 时 KM 吸合等，这都是 PLC 运行原有程序的结果，初学者对此无需担心。

输入梯形图

2. 输入梯形图

PLC 编程设备一般有两类：一类是手持编程器，其携带方便，适用于工业控制现场；另一类是个人计算机，它借助 PLC 编程软件编程，操作简单、便于修改。三菱 GX Developer 编程软件是一种适用于 FX 系列 PLC 的中文编程软件，用它可进行梯形图和指令表等程序的输入，还可完成程序编辑、传送、监控等操作。下面介绍利用 GX Developer 编程软件，输入电动机单向运转控制系统梯形图（图 10-9）的方法。

（1）启动 GX Developer 编程软件 双击桌面上的图标 GX Developer，弹出图 10-14 所示的 GX MELSOFT 系列 Developer 窗口。

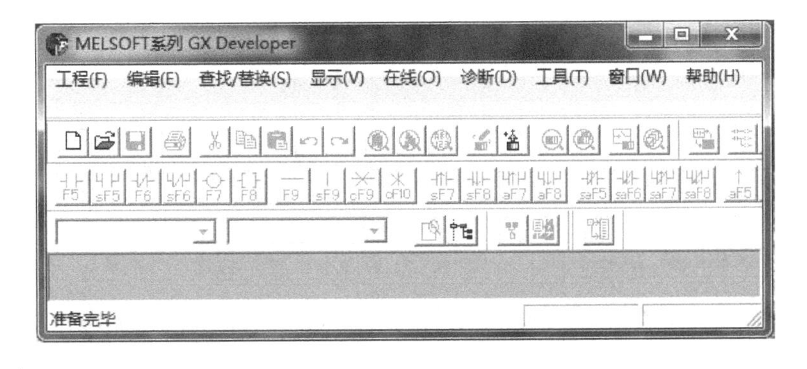

图 10-14 GX MELSOFT 系列 Developer 窗口

（2）创建新工程，选择 PLC 类型 如图 10-15 所示，执行［工程］→［创建新工程］命令，弹出图 10-16 所示的“创建新工程”对话框。在“PLC 系列”下拉列表中选中“FX-CPU”，在“PLC 类型”下拉列表中选中“FX3U(C)”，在“程序类型”选项区中选中“梯形图”，回车或按［确认］键，进入程序编辑状态，如图 10-17 所示。

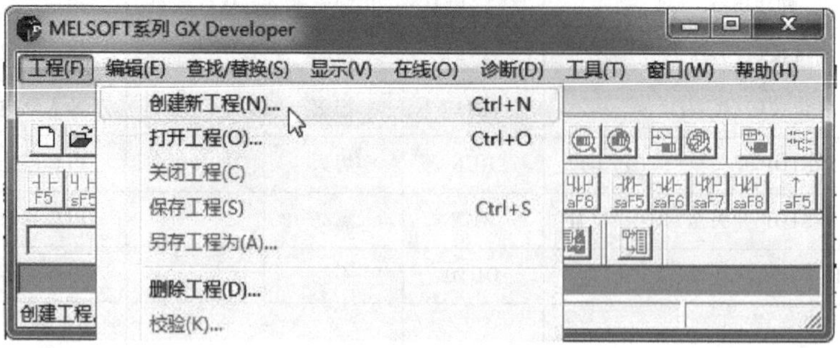

图 10-15　创建新工程命令

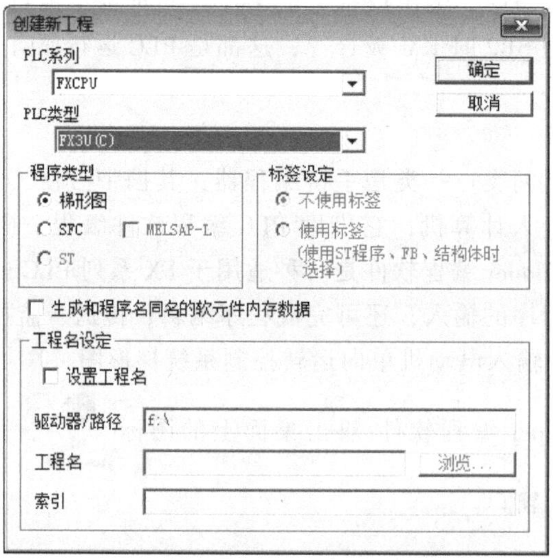

图 10-16　“创建新工程”对话框

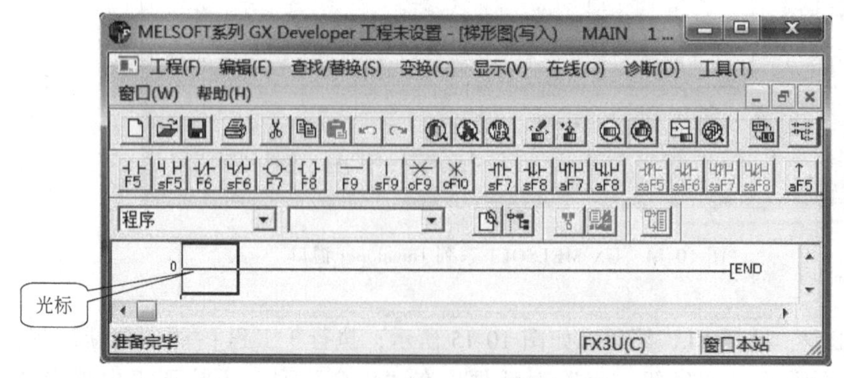

a) GX Developer 梯形图窗口

图 10-17　程序编辑界面

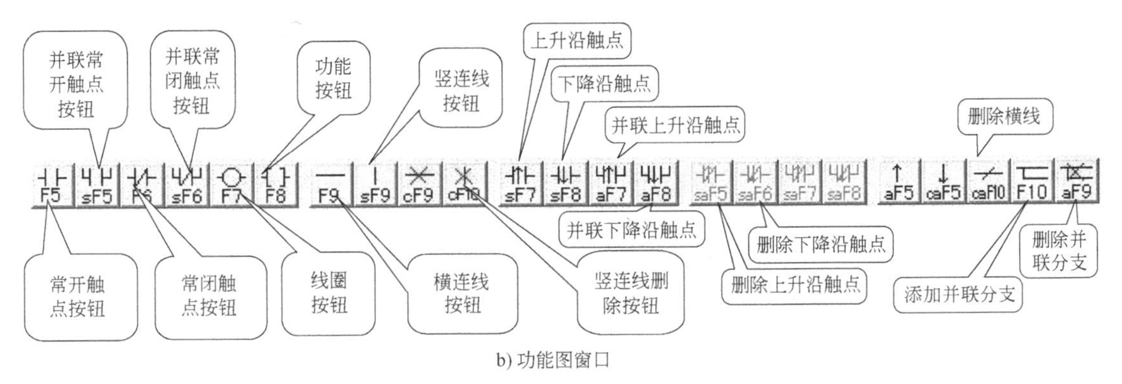

b) 功能图窗口

图 10-17　程序编辑界面（续）

（3）输入元件

1）输入常开触点 X001。单击功能图窗口中的常开触点按钮 F5，弹出图 10-18 所示的“梯形图输入”对话框，定位光标后，用键盘输入“X001”。回车或按［确认］键后，梯形图编辑区光标处显示常开触点 X001，如图 10-19 所示。

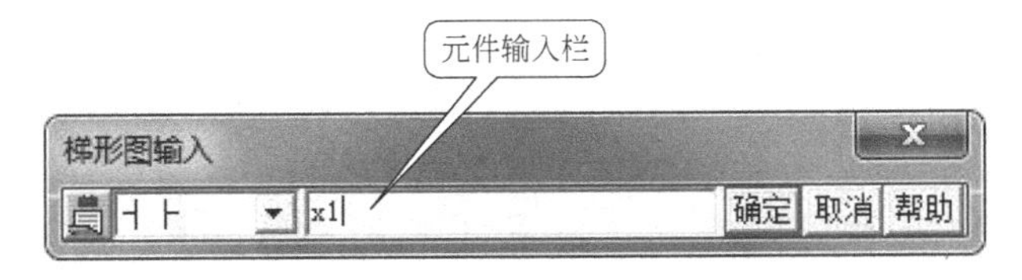

图 10-18　“梯形图输入”对话框

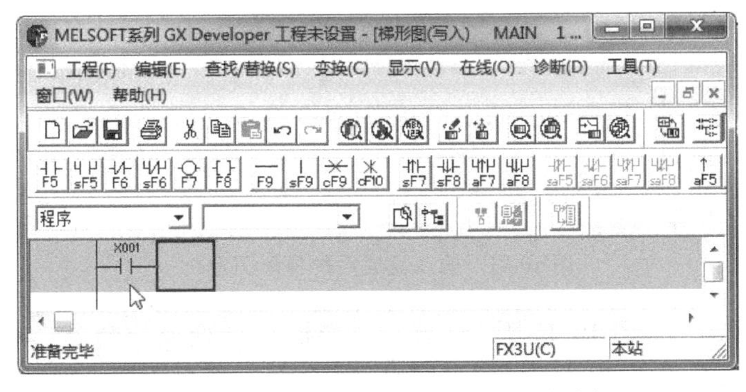

图 10-19　输入常开触点 X001 后的梯形图窗口

2）并联常开触点 Y000。如图 10-19 所示，单击常开触点 X001 的下方，将光标移至常开触点 Y000 输入处。单击功能图窗口中的并联常开触点按钮 sF5，弹出“梯形图输入”对话框，定位光标后输入“Y000”。回车或按［确认］键后，梯形图编辑区光标处显示常开触点 Y000 与常开触点 X000 并联，如图 10-20 所示。

3）串联常闭触点 X002。单击常开触点 X001 右侧，将光标移至常闭触点 X002 输入处。单击功能图窗口中的常闭触点按钮 F6，在弹出的“梯形图输入”对话框中输入“X002”后，回车或按［确认］键。

4）用同样的方法，串联常闭触点 X003。

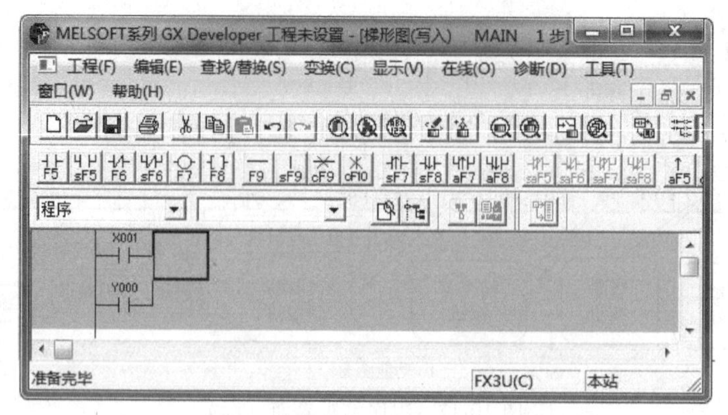

图 10-20　并联常开触点 Y000 后的梯形图窗口

5）串联输出线圈 Y000。单击功能图窗口中的线圈按钮，在弹出的“梯形图输入”对话框中输入“Y000”后，回车或按［确认］键。

6）输入 END。单击功能图窗口中的功能按钮，在弹出的“梯形图输入”对话框中输入“END”后，回车或按［确认］键。图 10-21 是输入完成后的梯形图窗口。

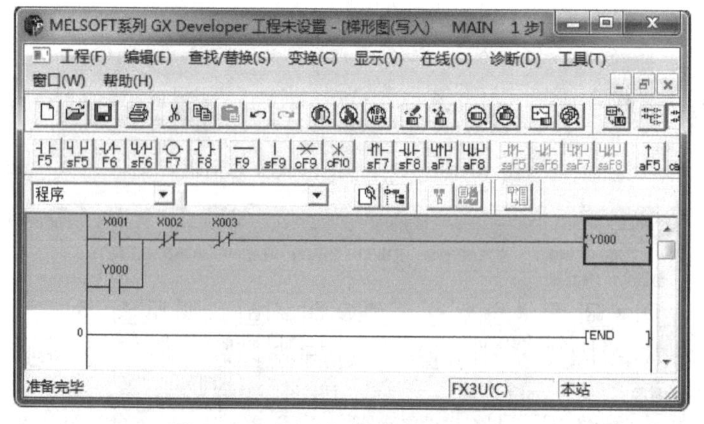

图 10-21　输入完成后的梯形图窗口

（4）变换梯形图　如图 10-22 所示，执行［变换］→［变换］命令，将创建的梯形图变换格式后存入计算机。变换完成后的梯形图底纹由灰色变成白色，如图 10-23 所示。

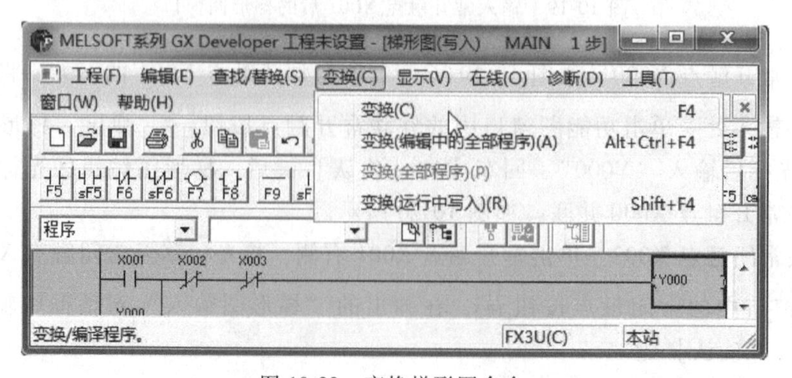

图 10-22　变换梯形图命令

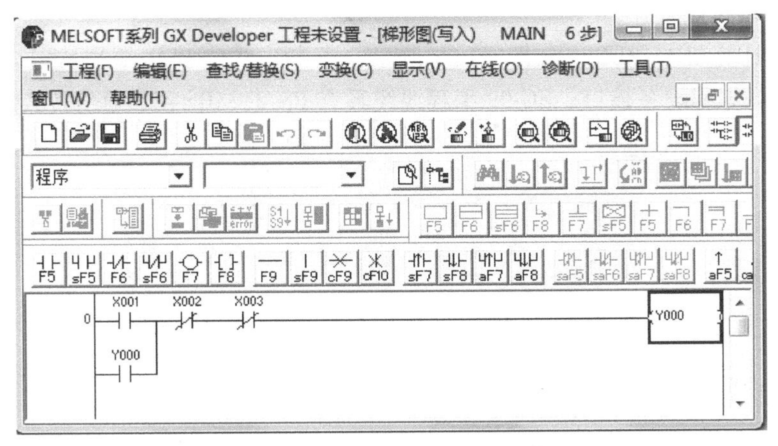

图 10-23　变换完成后的梯形图窗口

（5）保存工程　如图 10-24 所示，执行［工程］→［保存工程］命令后，弹出图 10-25 所示的“另存工程为”对话框。在该对话框中选择保存工程的磁盘、路径，将工程赋名为“项目 10-1. PMW”后 按［确认］键保存。

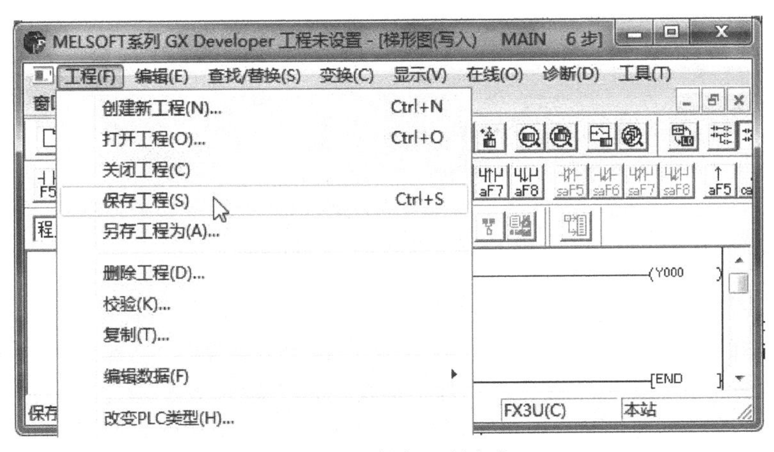

图 10-24　保存工程命令

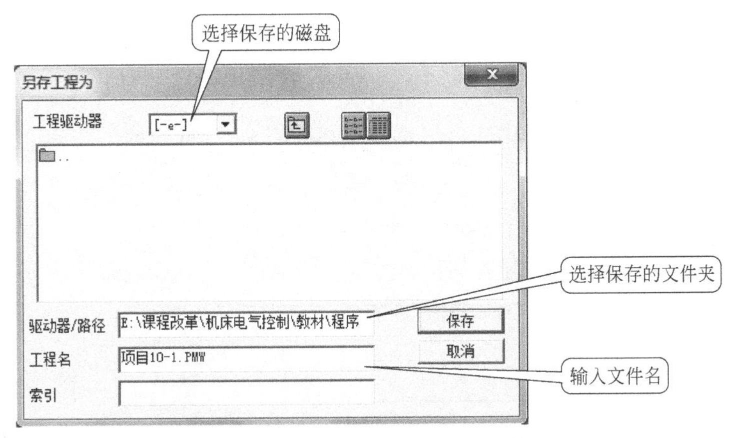

图 10-25　“另存工程为”对话框

3. 通电调试系统

（1）连接计算机与 PLC　如图 10-26 所示，用 SC-09 编程线缆连接计算机的串行口 COM1 与 PLC 的编程设备接口。SC-09 编程线缆具有 RS-232/RS-422 通信转换功能。

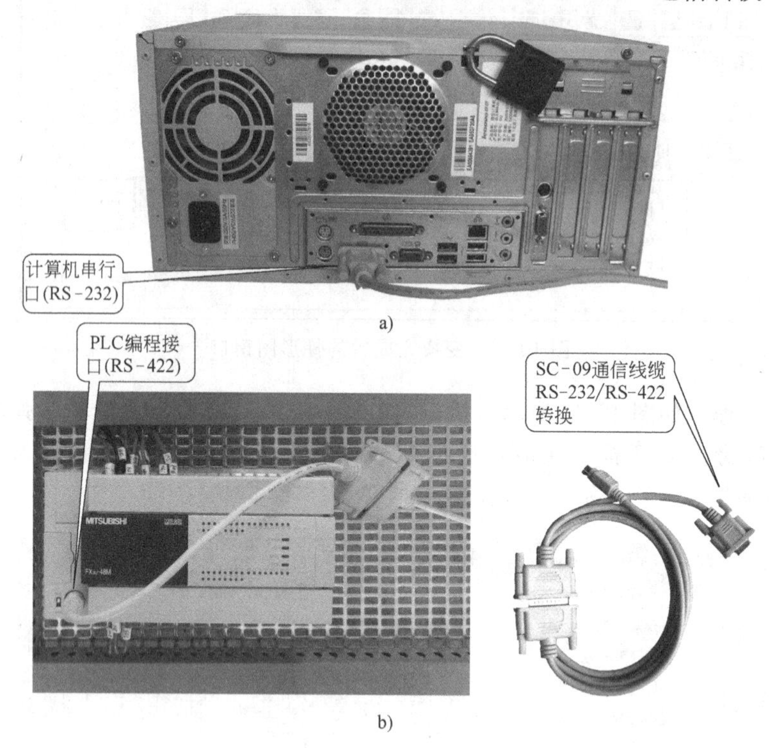

图 10-26　PLC 与计算机连接

（2）写入程序

1）接通系统电源，将 PLC 的 RUN/STOP 开关拨至“STOP”位置。

2）端口设置。如图 10-27 所示，执行［在线］→［传输设置］命令，在弹出的“传输设置”对话框中双击［串行 USB］图标，弹出“PC I/F 串口详细设置”对话框，单击选中对话框中“RS-232C”，分别选择“COM 端口”下拉列表中的“COM1”和“传送速度”下拉列表中的 9.6kbps”后，单击［确认］按钮完成操作，如图 10-28 所示。

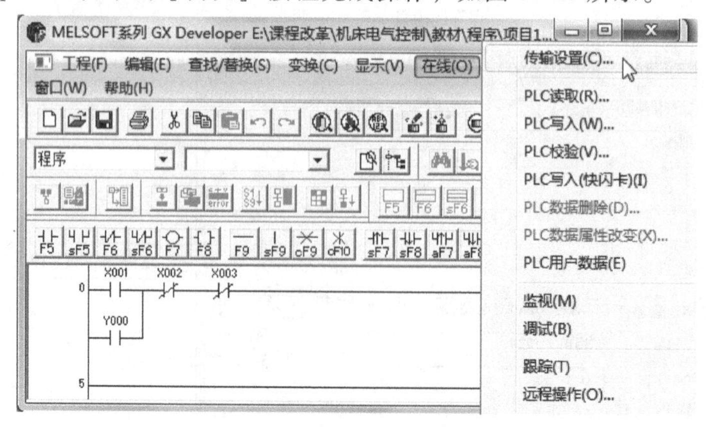

图 10-27　传输设置命令

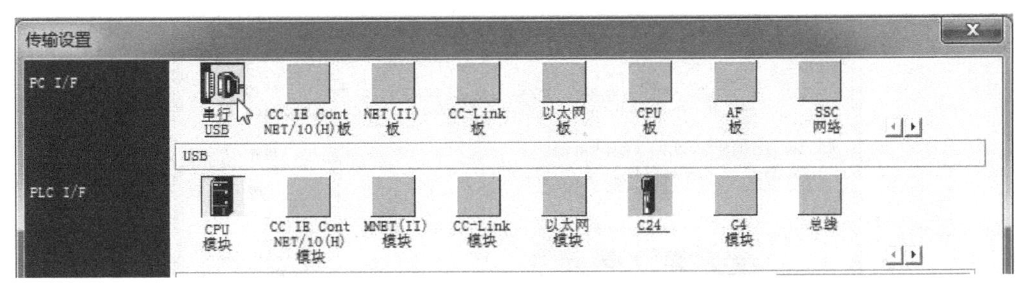

a)“传输设置”对话框

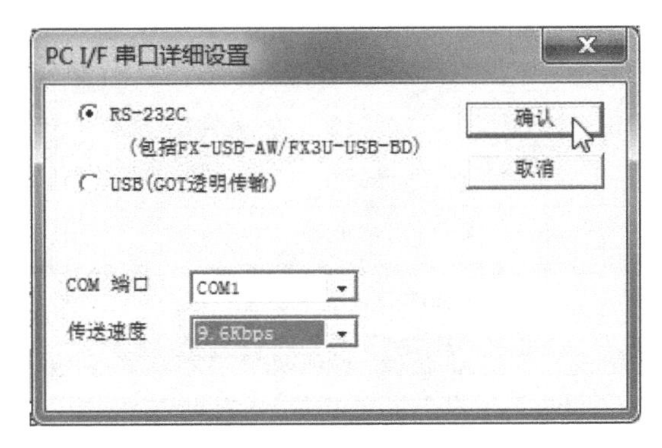

b)“PC I/F串口详细设置”对话框

图 10-28　传输设置

3）写入工程“项目 10-1. PMW”。如图 10-29 所示，执行［在线］→［PLC 写入］命令后，弹出图 10-30a 所示的“PLC 写入”对话框，先勾选“程序”下的 MAIN”复选框，再如图 10-30b 所示单击“程序”选项卡中“指定范围”里的“步范围”，并在“步范围”一栏中输入程序结束步数据。单击［执行］按钮后，计算机便开始向 PLC 传送程序。传送程序的同时，计算机显示传送进程，直至传送结束，如图 10-31 所示。

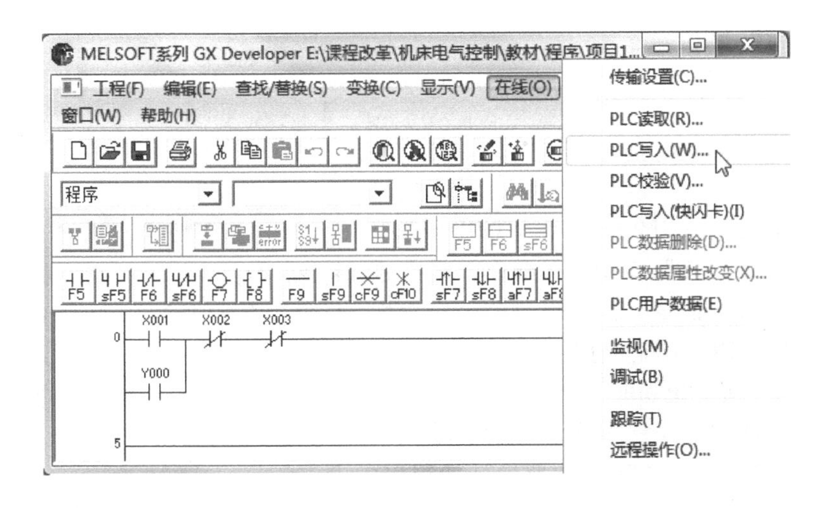

图 10-29　PLC 写入命令

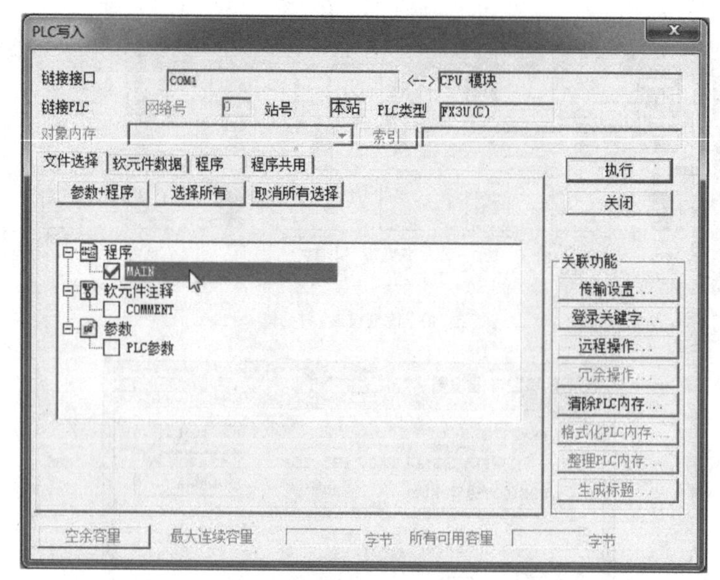

a)“PLC写入”对话框

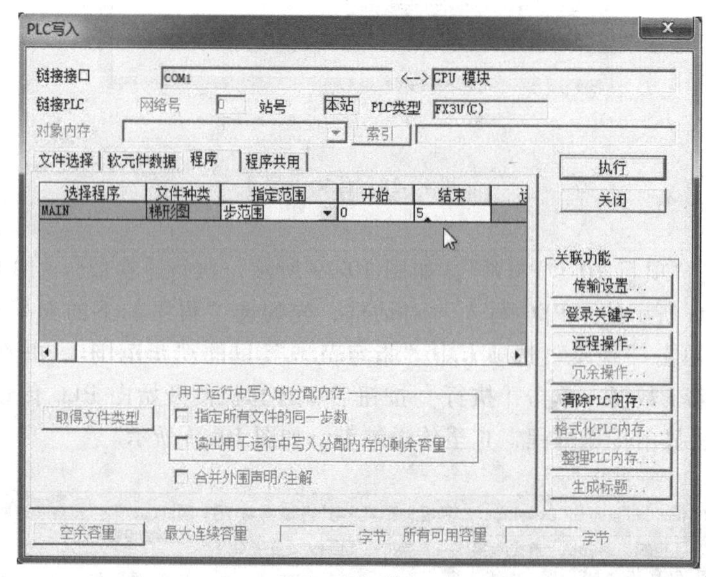

b) PLC写入设置

图 10-30　PLC 写入

（3）调试系统　将 PLC 的 RUN/STOP 开关拨至“RUN”位置后，按照表 10-10 操作，观察系统的运行情况并做好记录。若出现故障，应立即切断电源，分析原因，检查电路或梯形图后重新调试，直至系统实现预定功能。

（4）分析调试结果　三相异步电动机单向运转控制系统在外部按钮指令下，按照设计的程序，对输入输出状态进行计算、处理和判断后，驱动输出设备完成相应的动作。按下起动按钮 SB1，

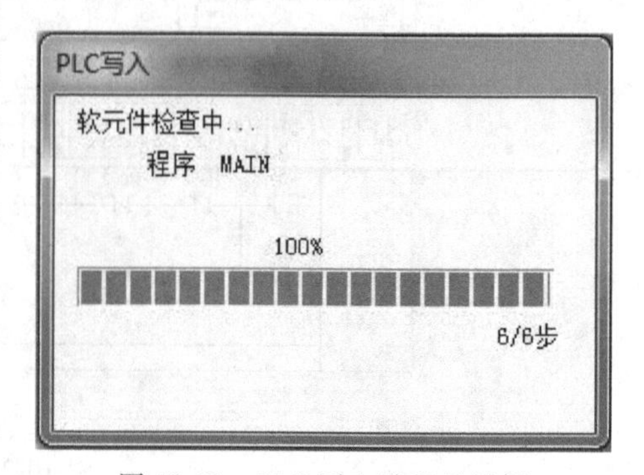

图 10-31　PLC 写入进程显示框

PLC 驱动输出设备 KM 吸合，电动机得电连续运转；按下停止按钮 SB2，PLC 停止驱动 KM，电动机失电停止运转。

表 10-10 系统运行情况记录表（一）

步骤	操作内容	观察内容						备注
		指示 LED		接触器		电动机		
		正确结果	观察结果	正确结果	观察结果	正确结果	观察结果	
1	按下 SB1	OUT0 点亮		KM 吸合		运转		
2	按下 SB2	OUT0 熄灭		KM 释放		停转		
3	按下 SB1	OUT0 点亮		KM 吸合		运转		
4	按 FR 测试按钮	OUT0 熄灭		KM 释放		停转		
5	按下 FR 复位按钮，将 FR 复位							

4. 学习指令

PLC 的梯形图和指令表之间有严格的一一对应关系，梯形图用图形符号之间的相互关系表达控制思想，指令则是其对应的语句表达形式。

（1）打开指令表窗口　如图 10-32 所示，执行［显示］→［列表显示］命令，将视图切换至指令表窗口，如图 10-33 所示。

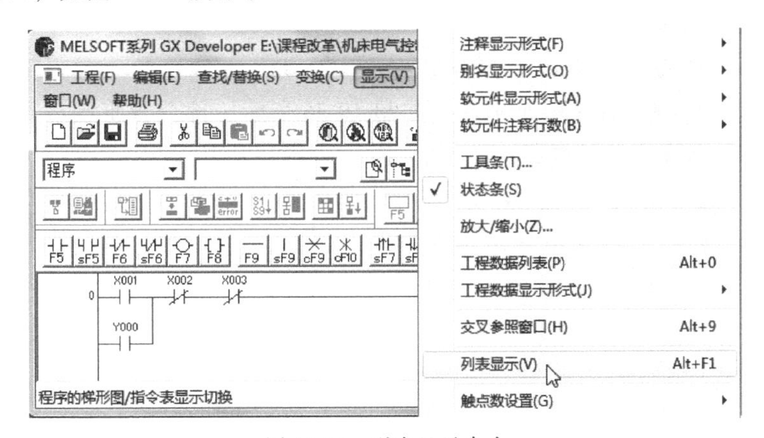

图 10-32 列表显示命令

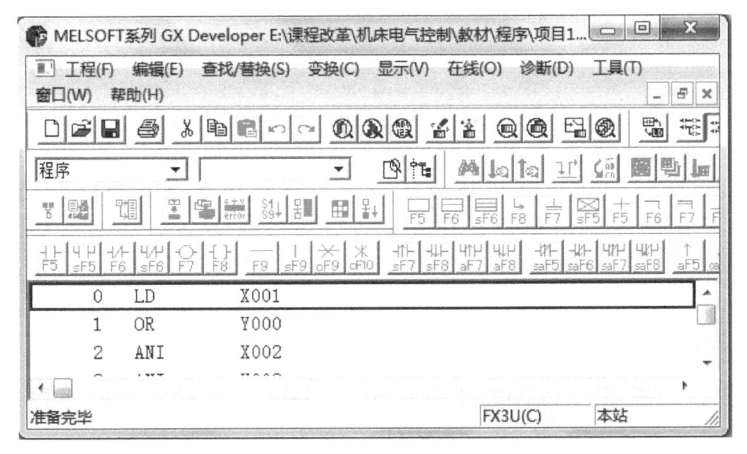

图 10-33 指令表窗口

（2）阅读指令表　各指令的功能见表 10-11。

表 10-11　系统程序指令表

程序步	指令	元件号	指令功能	备注
0	LD	X001	从母线上取用常开触点 X001	
1	OR	Y000	并联常开触点 Y000	
2	ANI	X002	串联常闭触点 X002	
3	ANI	X003	串联常闭触点 X003	
4	OUT	Y000	驱动线圈 Y000	
5	END		程序结束	

5. 验证输入输出控制

将系统梯形图 10-9 修改为图 10-34，其中输入继电器 X004 取代了 X002，输出继电器 Y001 取代了 Y000，其他不变。

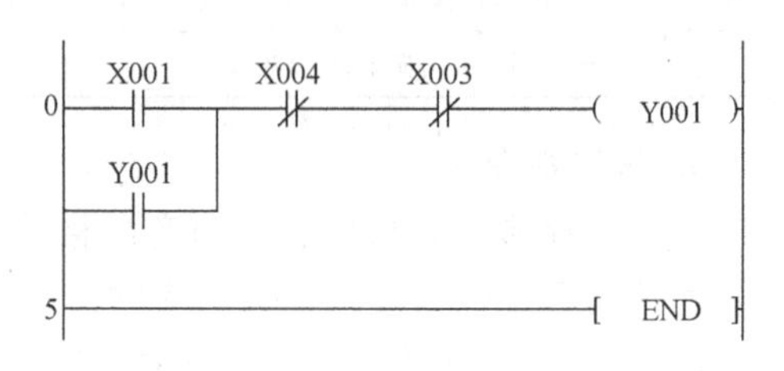

图 10-34　修改后的梯形图

（1）打开梯形图窗口　如图 10-35 所示，执行［显示］→［梯形图显示］命令，将视图切换至梯形图窗口。

（2）修改梯形图

1）将元件 X002 修改为 X004。双击常闭触点 X002，在弹出的“梯形图输入”对话框中，将 X002 修改为 X004 后，回车确认。如图 10-36 所示，部分梯形图底纹由白色变为灰色，表示此时梯形图处于编辑状态。

图 10-35　梯形图显示命令

2）将 Y000 修改为 Y001。与上述方法一样，将常开触点 Y000 和线圈 Y000 都修改为 Y001。

3）变换梯形图。

4）另存工程。如图 10-37 所示，执行［工程］→［另存工程为］命令，在弹出的“另存工程为”对话框中，将文件赋名为“项目 10-2. PMW”后按［确认］按钮保存。

（3）写入程序　将 RUN/STOP 开关拨至“STOP”位置后，按照程序“项目 10-1. PMW”的写入方法将程序“项目 10-2．PMW”写入 PLC。

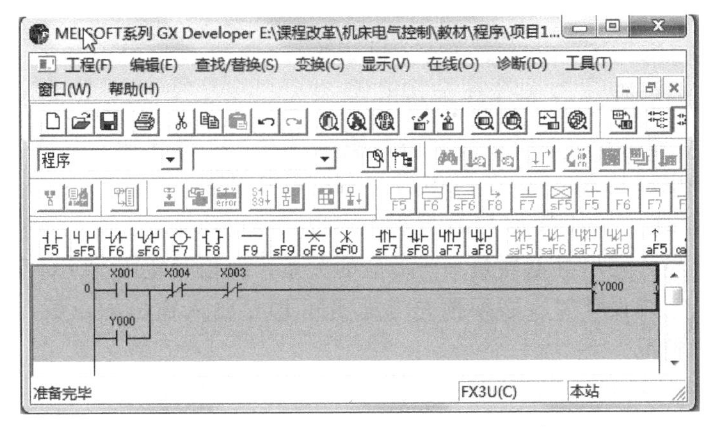

图 10-36 编辑状态下的 GX Developer 窗口

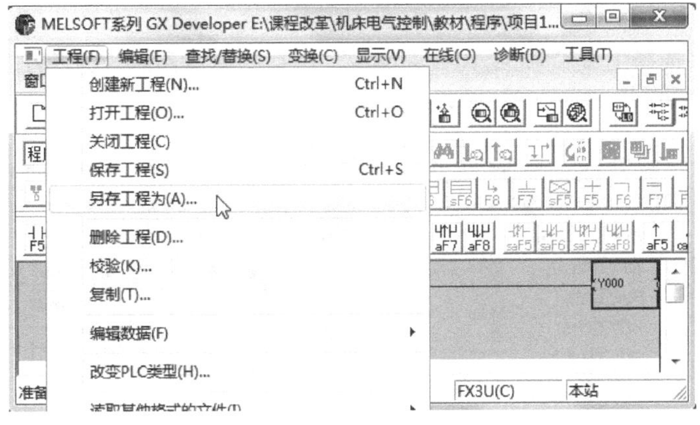

图 10-37 另存文件

（4）调试系统 将 RUN/STOP 开关拨至“RUN”位置后，按表 10-12 操作，观察系统运行情况并做好记录。

表 10-12 系统运行情况记录表（二）

步骤	操作内容	观察内容				备注
		指示 LED		接触器		
		正确结果	观察结果	正确结果	观察结果	
1	按下 SB1	IN1 点亮		KM 不动作		
		OUT0 不亮				
		OUT1 点亮				
2	按下 SB2	IN2 点亮		KM 不动作		
		IN4 不亮				
		OUT1 点亮				
3	按下 FR 测试按钮	IN3 点亮		KM 不动作		
		OUT1 熄灭				
4	按下 FR 复位按钮，将 FR 复位					

（5）分析调试结果

1）按下起动按钮 SB1，程序驱动输出继电器 Y001 动作；但在硬件上，KM 由输出点 Y0 驱动，两者未能达成统一，故 KM 不动作。

2）按下停止按钮 SB2，程序未能做出判断。因为 SB2 接在输入点 X2 上，而程序实现停止功能的输入继电器是 X004，故 Y001 继续保持动作状态。

3）当 FR 动作时，Y001 指示 LED 熄灭，实现了停止功能。

输入输出点与输入输出继电器是一一对应的关系，编程时使用的元件编号必须与硬件连接相对应。在进行系统设计时，必须预先考虑实际 PLC 输入输出的点数，以免出现不能满足用户编程需要的情况。

6. 验证自锁保持控制

删除系统梯形图 10-9 中的自锁保持触点 Y000，通电试车，验证自锁保持控制。

（1）修改梯形图

1）打开工程“项目 10-1．pmw”。如图 10-38 所示，执行［工程］→［打开工程］命令，在弹出的对话框中选择工程“项目 10-1．pmw”保存的磁盘路径，选中“项目 10-1．pmw”后按［确定］键即可。

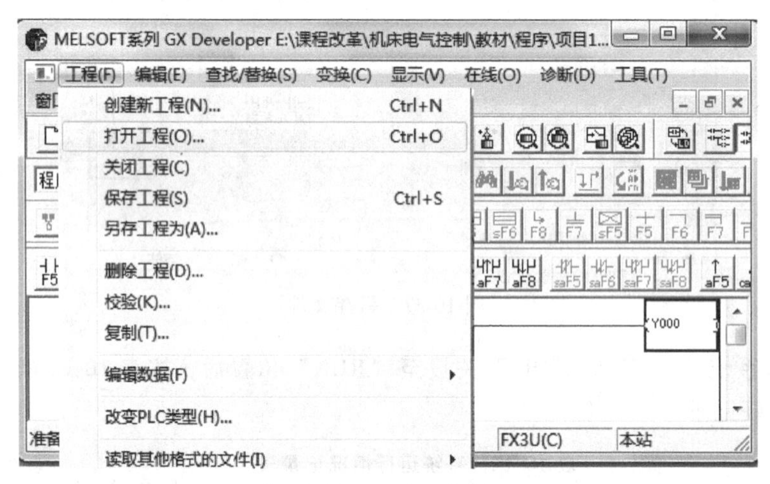

图 10-38　打开工程命令

2）删除常开触点 Y000。将光标移到常开触点 Y000 的后面，按下键盘上的退格键［Backspace］将其删除。

3）删除竖连线。将光标移到所要删除竖连线的右上方，按下功能图窗口中的竖连线删除按钮 cF10 即可。

4）变换梯形图。

5）另存文件。将工程另存为“项目 10-3．pmw”。

（2）写入程序　将 RUN/STOP 开关拨至“STOP”位置后，写入工程“项目 10-3．pmw”。

（3）调试系统　将 RUN/STOP 开关拨至“RUN”位置，按表 10-13 操作，观察系统的运行情况并做好记录。

表 10-13　系统运行情况记录表（三）

步骤	操作内容	观察内容				备注
		指示 LED		接触器		
		正确结果	观察结果	正确结果	观察结果	
1	按下 SB1	IN1	点亮	KM 吸合		
		OUT0	点亮			
2	松开 SB1	IN1	熄灭	KM 释放		
		OUT0	熄灭			

（4）分析调试结果　比较“项目 10-3. pmw”与“项目 10-1 . pmw”的运行结果，实现自锁保持的方法是并联输出继电器及输入继电器的常开触点。自锁保持程序的应用非常广泛，这里是输出继电器自锁保持，待学习辅助继电器后，通常还采用辅助继电器自锁保持。

7. 操作要点

1）认真查阅 PLC 使用手册，安装接线要正确，避免损坏机器设备。

2）系统的硬件部分必须有必要的接地保护。

3）输入梯形图过程中要及时变换、保存，避免由于掉电或编程错误而出现程序丢失现象。

4）串行口的设置要正确，否则会出现计算机通信错误。

5）通电调试操作必须在教师的监护下进行。

6）应在规定的时间内完成训练项目，同时做到安全操作和文明生产。

六、质量评价标准

项目质量考核要求及评分标准见表 10-14。

表 10-14　质量评价表

考核项目	考核要求	配分	评分标准	扣分	得分	备注
系统安装	1. 正确安装元件 2. 按图完整、正确及规范地接线 3. 按照要求编号	30	1. 元件松动每处扣 2 分，损坏每处扣 4 分 2. 错、漏线每处扣 2 分 3. 反圈、压皮、松动每处扣 2 分 4. 错、漏编号每处扣 1 分			
编程操作	1. 会创建程序新工程 2. 会输入梯形图 3. 会保存工程 4. 会写入程序 5. 会变换梯形图	40	1. 不能创建程序新工程或创建错误扣 4 分 2. 输入梯形图错误每处扣 2 分 3. 保存工程错误扣 4 分 4. 写入程序错误扣 4 分 5. 变换梯形图错误扣 4 分			
运行操作	1. 操作运行系统，分析操作结果 2. 正确编辑修改程序，验证输入输出控制 3. 正确编辑修改程序，验证自锁保持控制	30	1. 系统通电操作错误每步扣 3 分 2. 分析操作结果错误每处扣 2 分 3. 编辑修改程序错误每处扣 2 分 4. 分析验证结果错误每处扣 2 分			
安全生产	自觉遵守安全文明生产规程		1. 漏接接地线每处扣 5 分 2. 每违反一项规定扣 3 分 3. 发生安全事故按 0 分处理			
时间	4h		提前正确完成，每 5min 加 5 分 超过定额时间，每 5min 扣 2 分			
开始时间：		结束时间：		实际时间：		

七、拓展与提高

1. LD、LDI 及 OUT 指令说明

（1）指令及其功能　LD、LDI 及 OUT 指令的功能和电路表示见表 10-15。

表 10-15　LD、LDI 及 OUT 指令的功能和电路表示

助记符、名称	功　能	电路表示和可用软元件	程序步
LD 取	常开触点逻辑运算开始	X,Y,M,S,T,C	1
LDI 取反	常闭触点逻辑运算开始	X,Y,M,S,T,C	1
OUT 输出	线圈驱动	Y,M,S,T,C	Y,M:1　S,特 M:2 T:3　C:3～5

（2）指令说明

1）LD、LDI 指令用于将触点连接到母线上，在分支的起点也可使用。

2）OUT 指令用于驱动输出继电器、辅助继电器、状态、定时器、计数器等线圈，对输入继电器不能使用。

3）并联的 OUT 指令可以连续使用。

（3）应用举例　LD、LDI 及 OUT 指令的应用举例如图 10-39 所示。

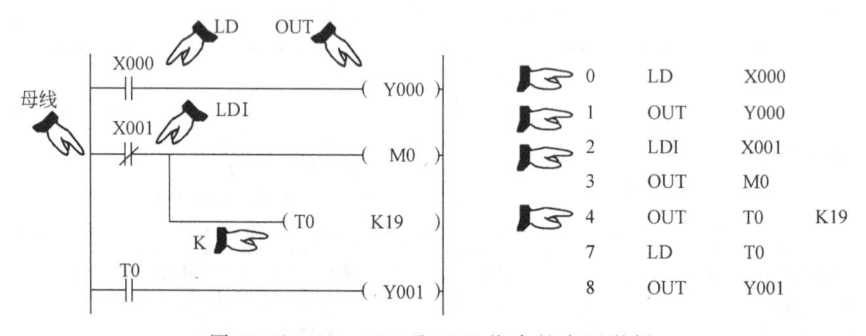

图 10-39　LD、LDI 及 OUT 指令的应用举例

2. AND 及 ANI 指令说明

（1）指令及其功能　AND 及 ANI 指令的功能和电路表示见表 10-16。

表 10-16　AND 及 ANI 指令的功能和电路表示

助记符、名称	功能	电路表示和可用软元件	程序步
AND 与	常开触点串联连接	X,Y,M,S,T,C	1
ANI 与非	常闭触点串联连接	X,Y,M,S,T,C	1

(2) 指令说明

1) AND、ANI 指令可串联连接 1 个触点。

2) OUT 指令后，通过触点对其他线圈使用 OUT 指令，称之为纵接输出。

(3) 应用举例　AND 及 ANI 指令的应用举例如图 10-40 所示。

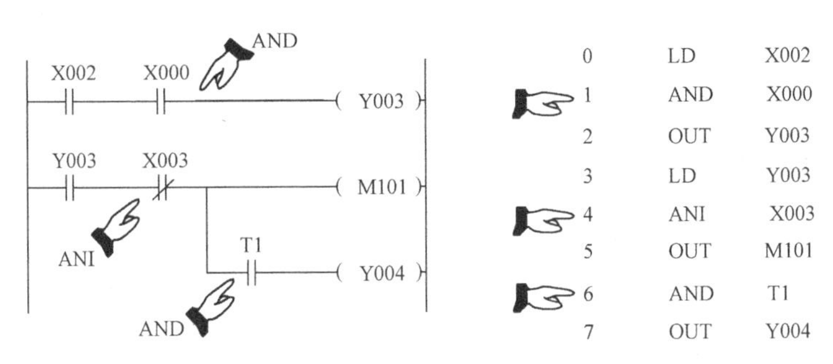

图 10-40　AND 及 ANI 指令的应用举例

3. OR 及 ORI 指令说明

(1) 指令及其功能　OR 及 ORI 指令的功能和电路表示见表 10-17。

表 10-17　OR 及 ORI 指令的功能和电路表示

助记符、名称	功能	电路表示和可用软元件	程序步
OR 或	常开触点并联连接	X,Y,M,S,T,C	1
ORI 或非	常闭触点并联连接	X,Y,M,S,T,C	1

(2) 指令说明

1) OR、ORI 指令可并联连接 1 个触点。

2) OR、ORI 指令是指该指令步的开始，与 LD、LDI 指令步进行并联连接。

(3) 应用举例　OR 及 ORI 指令的应用举例如图 10-41 所示。

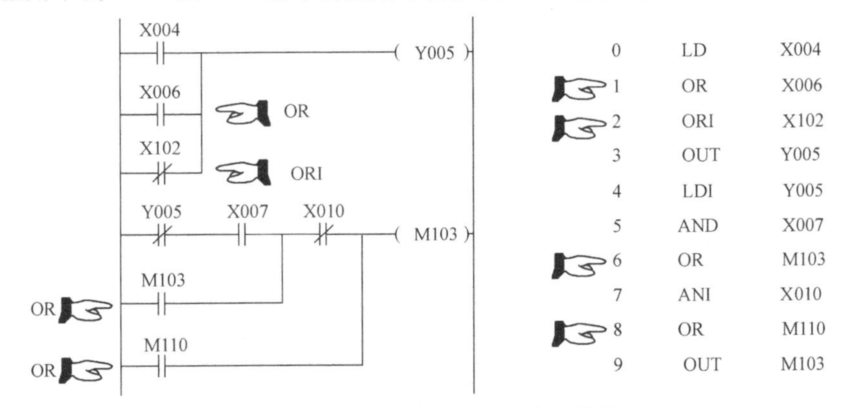

图 10-41　OR 及 ORI 指令的应用举例

习　题

1. 请写出图10-42a所示梯形图对应的指令表，若其输入继电器的动作时序如图10-42b所示，试画出Y003的动作时序图。

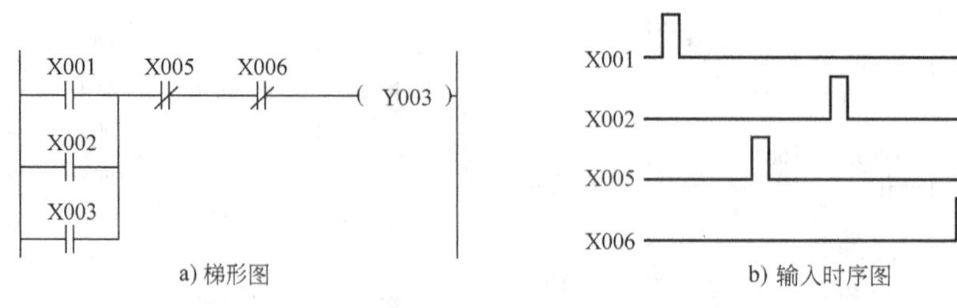

a) 梯形图　　b) 输入时序图

图10-42　习题1图

2. 请画出指令表10-18所对应的梯形图。

表10-18　习题2表

LD　X001 OR　Y003 OR　Y004	ANI　X000 ANI　Y001 ANI　Y002	OUT　Y003 END

3. 若项目十的控制要求不变，而输入输出点重新按表10-19分配，请画出系统电路图和梯形图。

表10-19　习题3表

输入			输出		
元件代号	功能	输入点	元件代号	功能	输出点
SB1	起动	X3	KM	电动机运转控制	Y4
SB2	停止	X5			
FR	过载保护	X6			

4. 设计电动机多地控制系统，画出系统电路图和梯形图。系统控制要求如下：

1）按下起动按钮SB1或SB2，电动机起动运转。

2）按下停止按钮SB3或SB4，电动机停转。

3）具有必要的短路保护和过载保护措施。

项目十一　丝杠传动机构的电动机控制系统

一、学习目标

1. 会使用辅助继电器。

2. 会分析丝杠传动机构电动机控制系统的控制要求、分配 I/O 点；会设计系统梯形图与电路图。

3. 能正确安装与调试丝杠传动机构的电动机控制系统。

二、学习任务

1. 项目任务

本项目的任务是安装与调试丝杠传动机构的电动机 PLC 控制系统。系统控制要求如下：

（1）自动往返控制　如图 11-1 所示，滑台由丝杠驱动做往返运动。当滑台碰撞 SQ1 后，滑台向右移动；当碰撞 SQ2 后，滑台向左移动。

（2）掉电保持控制　当机构掉电又恢复供电时，滑台能按掉电前的方向移动。

（3）保护措施　系统具有必要的短路保护和过载保护措施。

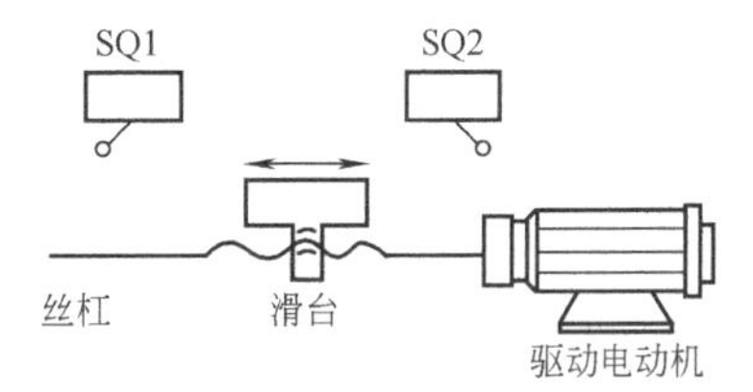

图 11-1　丝杠传动机构工作示意图

2. 任务流程图

具体的学习任务及学习过程如图 11-2 所示。

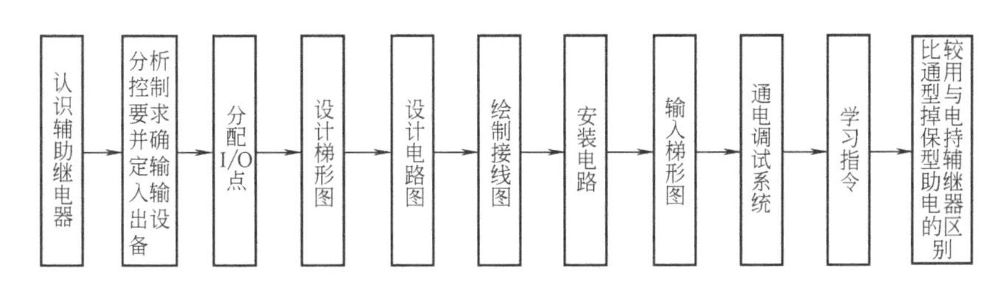

图 11-2　任务流程图

三、环境设备

学习所需工具、设备见表 11-1。

表 11-1　工具、设备清单

序号	分类	名称	型号规格	数量	单位	备注
1	工具	常用电工工具		1	套	
2		万用表	MF47	1	只	

（续）

序号	分类	名称	型号规格	数量	单位	备注
3	设备	PLC	FX_{3U}-48MR	1	只	
4		三极小型断路器	DZ47-63	1	只	
5		三相电源插头	16A	1	只	
6		控制变压器	BK100,380V/220V	1	只	
7		熔断器底座	RT18-32	6	只	
8		熔管	5A	3	只	
9			2A	3	只	
10		热继电器	NR4- 63	1	只	
11		交流接触器	CJX1-12/22,220V	2	只	
12		按钮	LA38/203	1	只	
13		三相笼型电动机	380V,0.75kW,Y联结	1	台	
14		端子板	TB-1512L	2	条	
15		安装网孔板	600mm×700mm	1	块	
16		导轨	35mm	0.5	m	
17	消耗材料	铜导线	BVR-1.5mm^2	5	m	
18			BVR-1.5mm^2	2	m	双色
19			BVR-1.0mm^2	5	m	
20		紧固件	M4×20 螺钉	若干	只	
21			M4 螺母	若干	只	
22			ϕ4mm 垫圈	若干	只	
23		行线槽	TC3025	若干	m	
24		编码管	ϕ1.5mm	若干	m	
25		编码笔	小号	1	支	

四、背景知识

丝杠传动机构的电动机控制系统具有两种控制功能：自动往返和掉电保持。前者是位置控制，可通过行程开关来实现；后者要求系统掉电时，能够存储掉电前的状态，待系统恢复供电后，继续按掉电前的状态工作。PLC 的辅助继电器就是用于存储中间状态的软元件，其中掉电保持型辅助继电器具有掉电保持功能。

1. 认识辅助继电器

辅助继电器的用途与继电器电路中的中间继电器类似，常用于中间状态的存储及信号类型的变换，以进行程序辅助运算。

（1）通用型辅助继电器

1）编号范围。三菱 FX_{3U} 系列 PLC 通用型辅助继电器的编号范围为 M0～M499（500 点），采用十进制编号。在 FX 系列 PLC 中，除了 X 和 Y 采用八进制编号外，其他软元件均采用十进制编号。

2）符号。辅助继电器的符号如图 11-3 所示。与输出继电器一样，辅助继电器的线圈只能由程序驱动。编程时，其触点可以任意使用，但不能用它直接驱动输出设备。

3）应用举例。以图 11-4 为例，X001 为 ON 时，M3 动作且保持，Y000 动作；X002 为 ON 时，M3 复位，Y000 复位。一旦 PLC 掉电，通用型辅助继电器 M3 的状态复位。

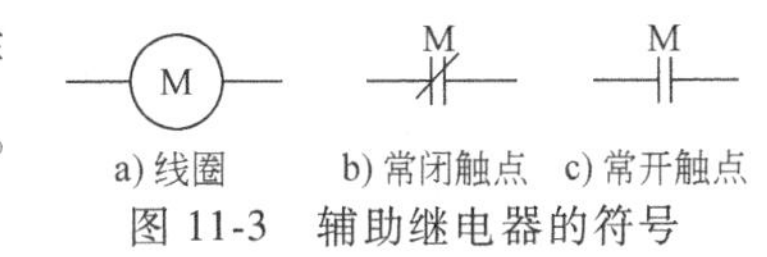

图 11-3　辅助继电器的符号

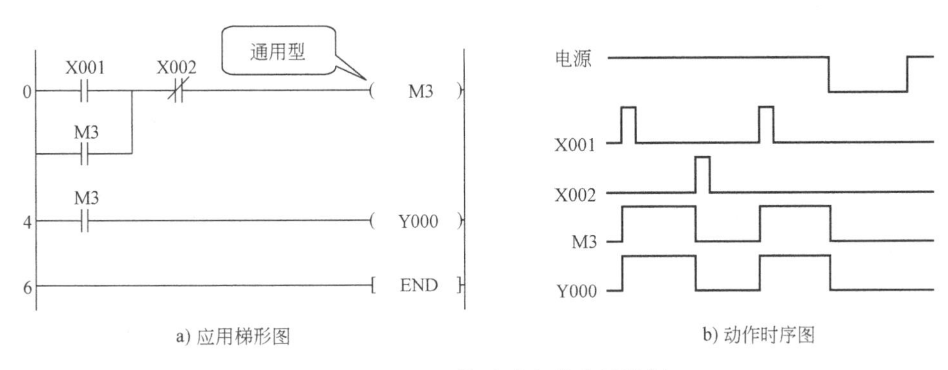

图 11-4　通用型辅助继电器应用举例

（2）掉电保持型辅助继电器　掉电保持型辅助继电器具有记忆功能，即 PLC 掉电时，辅助继电器保存原有的状态，待系统恢复供电后，辅助继电器继续保持掉电前的状态。

1）编号范围。三菱 FX_{3U}系列 PLC 掉电保持型辅助继电器的编号范围为 M500 ~ M7679（7180 点），采用十进制编号。

2）符号。其符号与通用型辅助继电器一样。

3）应用举例。以图 11-5 为例，PLC 的电源正常时，掉电保持型辅助继电器 M540 与通用型辅助继电器的功能一样；PLC 掉电后，M540 的状态仍为 ON，待 PLC 恢复供电时，M540 继续驱动 Y000 动作。

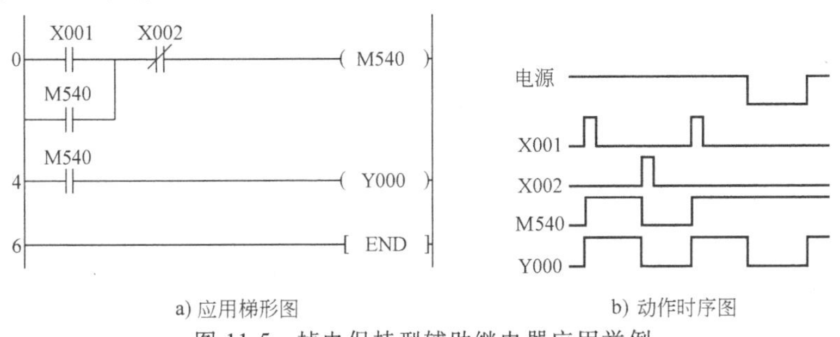

图 11-5　掉电保持型辅助继电器应用举例

2. 分析控制要求并确定输入输出设备

（1）分析控制要求　系统要求丝杠传动机构的驱动电动机具有正、反两个旋转方向：正转时，滑台左移；反转时，滑台右移。结合项目四分析控制要求如下：

1）按下左移起动按钮或右移到位开关 SQ2 动作，电动机正转，滑台左移。

2）按下右移起动按钮或左移到位开关 SQ1 动作，电动机反转，滑台右移。

3）按下停止按钮（或过载），电动机停止运转。

4）系统能够保持掉电时的状态，失电又恢复供电后，电动机仍然按掉电前的旋转方向旋转。

（2）确定输入设备 根据控制要求分析，系统有 6 个输入信号：左移起动、左移到位、右移起动、右移到位、停止和过载信号。由此确定，系统的输入设备有三只按钮、两只行程开关和一只热继电器，PLC 需用 6 个输入点分别与它们的常开触头相连。

（3）确定输出设备　电动机实现正、反转需要两只接触器进行切换控制。由此确定，系统输出设备有两只接触器，PLC 需用 2 个输出点分别驱动控制正、反转接触器的线圈。

3. 分配 I/O 点

根据确定的输入输出设备及输入输出点数，分配 I/O 点，见表 11-2。

表 11-2　输入输出设备及 I/O 点分配表

输入			输出		
元件代号	功能	输入点	元件代号	功能	输出点
SB1	左移起动	X1	KM1	左移接触器	Y0
SB2	右移起动	X2	KM2	右移接触器	Y1
SB3	停止	X3			
SQ1	左移到位	X4			
SQ2	右移到位	X5			
FR	过载保护	X6			

4. 设计梯形图

结合图 11-5 所示的掉电保持型辅助继电器应用实例，将左移和右移看成系统的两个工作状态，分别用两个掉电保持型辅助继电器表示。

（1）设计左移梯形图　如图 11-6 所示，M500 是掉电保持型辅助继电器。当按下左移起动按钮或右移到位时，X001 或 X005 为 ON，M500 动作且保持，驱动 Y000 动作，滑台左移。当按下右移起动按钮、停止按钮或左移到位、FR 动作时，对应的输入继电器 X002、X003、X004 或 X006 为 ON，M500 复位，Y000 复位，滑台停止左移。

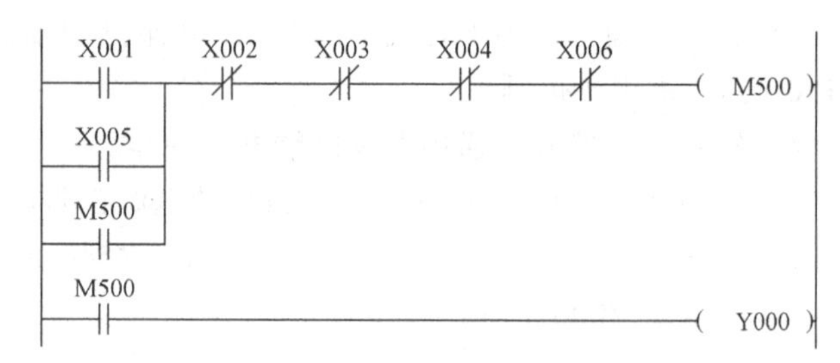

图 11-6　左移梯形图

（2）设计右移梯形图　如图 11-7 所示，当按下右移起动按钮或左移到位时，X002 或 X004 为 ON，M501 动作且保持，驱动 Y001 动作，滑台右移。当按下左移起动按钮、停止按钮或右移到位、FR 动作时，对应的输入继电器 X001、X003、X005 或 X006 动作，M501 复位，Y001 复位，滑台停止右移。

（3）整理、完善梯形图　为了确保安全，除了在硬件上进行正反转接触器联锁控制外，通常在软件中也对其线圈使用常闭触点联锁，即将 Y000 和 Y001 的常闭触点相互串联在对方的线圈电路中。整理完善后的系统梯形图如图 11-8 所示。

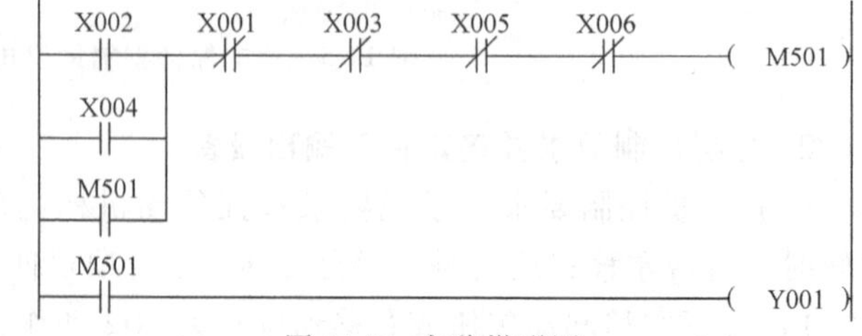

图 11-7　右移梯形图

5. 设计电路图

根据分配的 I/O 点设计系统电路图，如图 11-9 所示。

6. 绘制接线图

根据图 11-9 绘制接线图，图 11-10 是丝杠传动机构的电动机控制系统参考接线图。

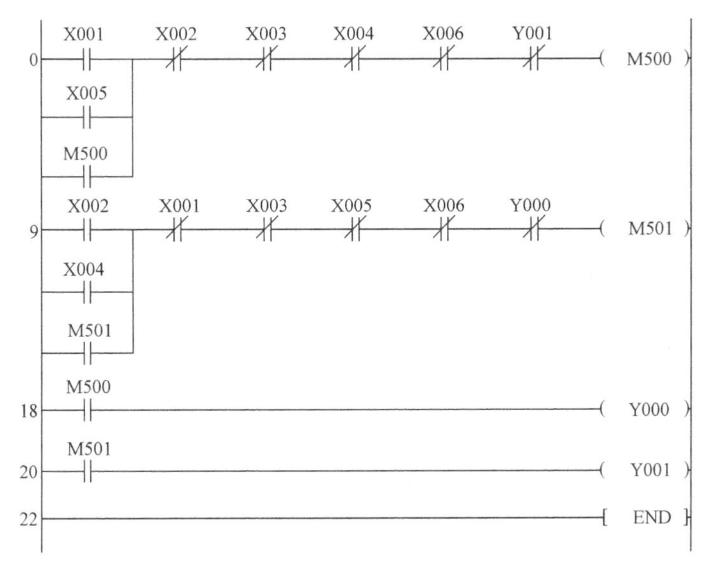

图 11-8　系统梯形图

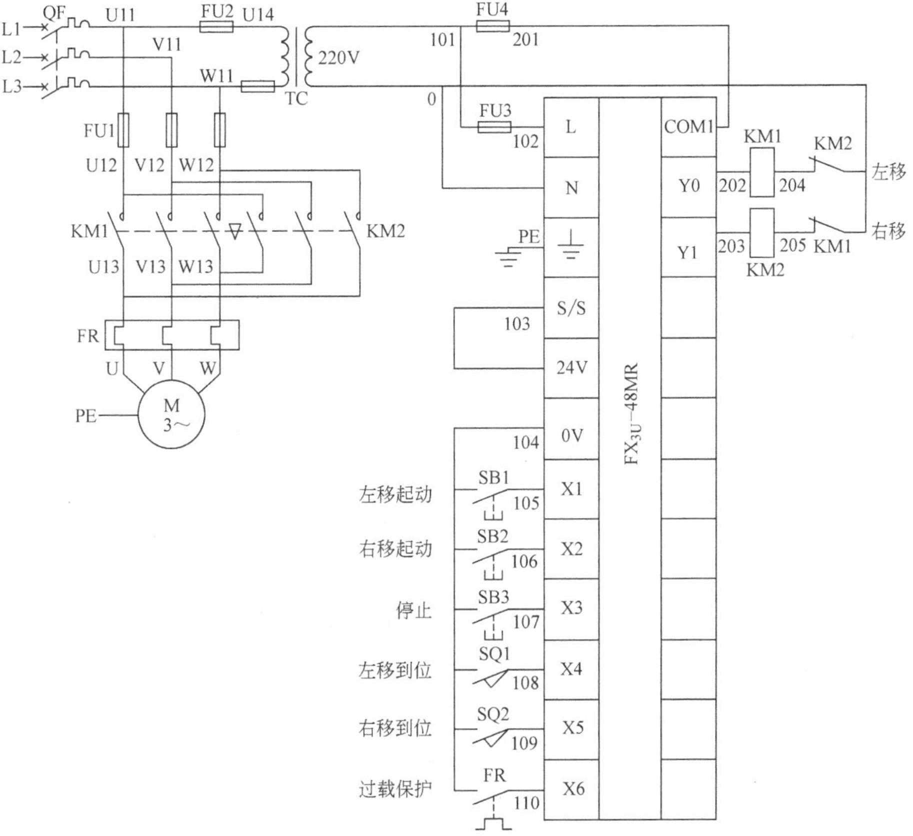

图 11-9　丝杠传动机构的电动机控制系统电路图

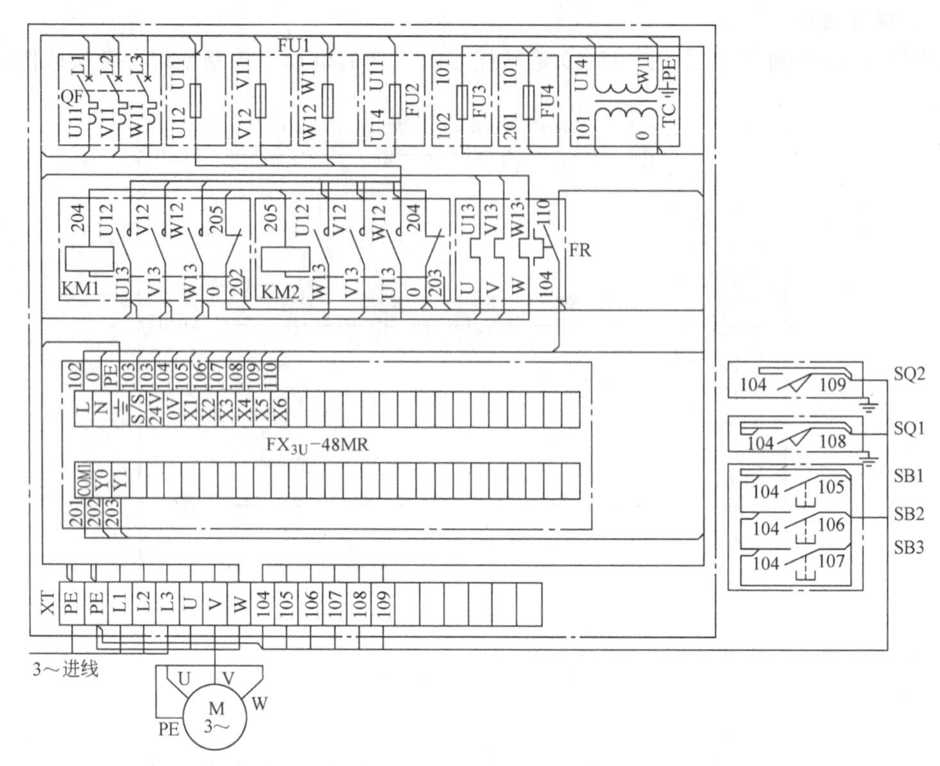

图 11-10　丝杠传动机构的电动机控制系统参考接线图

五、操作指导

1. 安装电路

(1) 安装元件

1) 检查元件。按表 11-1 配齐所用元件，检查元件的规格是否符合要求，检测元件的质量是否完好。

2) 固定元件。按照绘制的接线图，参考图 11-11 固定元件。

(2) 配线安装

1) 线槽配线安装。根据线槽配线原则及工艺要求，对照接线图进行线槽配线安装。

① 安装控制电路。按照线号依次安装 PLC 输入电路，再安装 PLC 输出电路。

② 安装主电路。按照线号依次安装主电路。

2) 外围设备配线安装。

① 安装连接按钮。

② 安装电动机，连接电动机电源线及金属外壳接地线。

③ 连接三相电源线。

图 11-11　丝杠传动机构的电动机控制系统安装板

(3) 自检

1) 检查布线。对照电路图检查是否掉线、错线，是否漏编、错编号以及接线是否牢固等。

2) 使用万用表检测。按表 11-3，使用万用表检测安装的电路，若测量阻值与正确阻值不符，应根据电路图检查是否存在错线、掉线、错位、短路等情况。

表 11-3 用万用表检测电路

<table>
<tr><th>序号</th><th>检测任务</th><th colspan="2">操作方法</th><th>正确阻值</th><th>测量阻值</th><th>备注</th></tr>
<tr><td>1</td><td rowspan="4">检测主电路</td><td rowspan="3">合上 QF，断开 FU2 后分别测量 XT 的 L1 与 L2、L2 与 L3、L3 与 L1 之间的阻值</td><td>常态时，不动作任何元件</td><td>均为∞</td><td></td><td></td></tr>
<tr><td>2</td><td>压下 KM1</td><td rowspan="2">均为 M 两相定子绕组的阻值之和</td><td></td><td></td></tr>
<tr><td>3</td><td>压下 KM2</td><td></td><td></td></tr>
<tr><td>4</td><td colspan="2">接通 FU2，测量 XT 的 L1 和 L3 之间的阻值</td><td>TC 一次绕组的阻值</td><td></td><td></td></tr>
<tr><td>5</td><td rowspan="4">检测 PLC 输入电路</td><td colspan="2">测量 PLC 的电源输入端子 L 与 N 之间的阻值</td><td>约为 TC 二次绕组的阻值</td><td></td><td></td></tr>
<tr><td>6</td><td colspan="2">测量电源输入端子 L 与公共端子 0V 之间的阻值</td><td>∞</td><td></td><td></td></tr>
<tr><td>7</td><td colspan="2">常态时，测量所用输入点 X 与公共端子 0V 之间的阻值</td><td>均为几千欧至几十千欧</td><td></td><td></td></tr>
<tr><td>8</td><td colspan="2">逐一动作输入设备，测量对应的输入点 X 与公共端子 0V 之间的阻值</td><td>均约为 0Ω</td><td></td><td></td></tr>
<tr><td>9</td><td>检测 PLC 输出电路</td><td colspan="2">分别测量输出点 Y0 与 COM1、Y1 与 COM1 之间的阻值</td><td>均为 TC 二次绕组和 KM 线圈的阻值之和</td><td></td><td></td></tr>
<tr><td>10</td><td colspan="6">检测完毕，断开 QF</td></tr>
</table>

(4) 通电观察 PLC 的指示 LED 经自检，确认电路正确和无安全隐患后，在教师的监护下，按照表 11-4 通电观察 PLC 的指示 LED。

表 11-4 指示 LED 工作情况记录表

步骤	操作内容	观察 LED	正确结果	观察结果	备注
1	先插上电源插头，再合上断路器	POWER	点亮		已供电，注意安全
2	拨动 RUN/STOP 开关至“RUN”位置	RUN	点亮		PLC 运行
3	拨动 RUN/STOP 开关至“STOP”位置	RUN	熄灭		PLC 停止运行
4	按下 SB1	IN1	点亮		输入继电器 X001 动作
5	按下 SB2	IN2	点亮		输入继电器 X002 动作
6	按下 SB3	IN3	点亮		输入继电器 X003 动作
7	动作 SQ1	IN4	点亮		输入继电器 X004 动作
8	动作 SQ2	IN5	点亮		输入继电器 X005 动作
9	按下 FR 测试按钮(Test)	IN6	点亮		输入继电器 X006 动作
10	按下 FR 复位按钮(Reset)	IN6	熄灭		输入继电器 X006 复位
11	⚠ 拉下断路器后，拔下电源插头	断路器 电源插头	已分断		做了吗

2. 输入梯形图

1）双击桌面上的图标 GX Developer ，启动 GX Developer 编程软件。

2）创建新工程。执行［工程］→［创建新工程］命令，在弹出的“创建新工程”对话框中选择 PLC 的类型为 FX_{3U}。

3）输入元件。根据项目十的方法，输入系统梯形图，其中辅助继电器线圈 M 与输出继电器线圈 Y 的输入方法一样。

4）变换梯形图。执行［变换］→［变换（全部程序）］命令，变换梯形图。

5）保存工程。执行［工程］→［保存工程］命令，在弹出的“另存工程为”对话框中选择工程驱动器的磁盘和驱动器/驱动器，输入工程名为“项目 11-1 . pmw”后单击［保持］按钮。

3. 通电调试系统

（1）连接计算机与 PLC 用 SC-09 编程线缆连接计算机的串行口 COM1 与 PLC 的编程设备接口。

（2）写入程序

1）接通系统电源，将 PLC 的 RUN/STOP 开关拨至“STOP”位置。

2）端口设置。执行［在线］→［传输设置］命令，在弹出的“传输设置”对话框中选择“COM1”和“9. 6kbps”后，单击［确认］按钮完成操作。

3）写入程序“项目 11-1. pmw”。执行［在线］→［PLC 写入］命令，在弹出的“PLC 写入”对话框中勾选“程序”下的“MAIN”复选框，再单击“程序”选项卡中“指定范围”里的“步范围”，在“步范围”一栏的“结束”中输入程序结束步数据。单击［执行］按钮后，计算机便将程序写入 PLC 中。

（3）调试系统　将 PLC 的 RUN/STOP 开关拨至“RUN”位置后，按表 11-5 操作，观察系统运行情况并做好记录。若出现故障，应立即切断电源，分析原因，检查电路或梯形图后重新调试，直至系统实现预定功能。

表 11-5　系统运行情况记录表（一）

步骤	操作内容	观察内容						备注
		指示 LED		接触器		电动机		
		正确结果	观察结果	正确结果	观察结果	正确结果	观察结果	
1	按下 SB1	OUT0 点亮		KM1 吸合		正转		左移
2	动作 SQ1	OUT0 熄灭		KM1 释放		反转		右移
		OUT1 点亮		KM2 吸合				
3	动作 SQ2	OUT1 熄灭		KM2 释放		正转		左移
		OUT0 点亮		KM1 吸合				
4	动作 SQ1	OUT0 熄灭		KM1 释放		反转		右移
		OUT1 点亮		KM2 吸合				
5	按下 SB3	OUT1 熄灭		KM2 释放		停转		停止
6	按下 SB2	OUT1 点亮		KM2 吸合		反转		右移

（续）

步骤	操作内容	观察内容						备注
		指示 LED		接触器		电动机		
		正确结果	观察结果	正确结果	观察结果	正确结果	观察结果	
7	动作 SQ2	OUT1 熄灭		KM2 释放		正转		左移
		OUT0 点亮		KM1 吸合				
8	动作 SQ1	OUT0 熄灭		KM1 释放		反转		右移
		OUT1 点亮		KM2 吸合				
9	动作 SQ2	OUT1 熄灭		KM2 释放		正转		左移
		OUT0 点亮		KM1 吸合				
10	拉下断路器，PLC 掉电	OUT0 熄灭		KM1 释放		停转		
11	合上断路器，恢复供电	OUT0 点亮		KM1 吸合		正转		继续左移
12	按下 FR 测试按钮	OUT0 熄灭		KM1 释放		停转		保护
13	按下 FR 复位按钮，将 FR 复位							

（4）分析调试结果

1）按下 SB1，起动滑台左移，左移到位后 SQ2 动作，滑台停止左移，同时起动右移；右移到位后 SQ1 动作，滑台停止右移，同时起动左移，进入新的循环，自动往返工作。

2）系统具有掉电保持功能，即失电又恢复供电后，滑台仍按掉电前的状态工作。

3）X001、X002、X004、X005 软元件联锁取代硬件上的开关联锁，不同状态之间可以直接切换。

4. 学习指令

1）执行［显示］→［列表显示］命令，将视图切换至指令表窗口。

2）阅读指令表，各指令的功能见表 11-6。

表 11-6　系统程序指令表

程序步	指令	元件号	指令功能	备注
0	LD	X001	母线上取常开触点 X001	
1	OR	X005	并联常开触点 X005	
2	OR	M500	并联常开触点 M500	
3	ANI	X002	串联常闭触点 X002	
4	ANI	X003	串联常闭触点 X003	
5	ANI	X004	串联常闭触点 X004	
6	ANI	X006	串联常闭触点 X006	
7	ANI	Y001	串联常闭触点 Y001	
8	OUT	M500	驱动线圈 M500	
9	LD	X002	母线上取常开触点 X002	
10	OR	X004	并联常开触点 X004	

（续）

程序步	指令	元件号	指令功能	备注
11	OR	M501	并联常开触点 M501	
12	ANI	X001	串联常闭触点 X001	
13	ANI	X003	串联常闭触点 X003	
14	ANI	X005	串联常闭触点 X005	
15	ANI	X006	串联常闭触点 X006	
16	ANI	Y000	串联常闭触点 Y000	
17	OUT	M501	驱动线圈 M501	
18	LD	M500	母线上取常开触点 M500	
19	OUT	Y000	驱动线圈 Y000	
20	LD	M501	母线上取常开触点 M501	
21	OUT	Y001	驱动线圈 Y001	
22	END		结束指令	

5. 修改程序，比较通用型与掉电保持型辅助继电器的区别

修改后的系统梯形图如图 11-12 所示，使用通用型辅助继电器 M5 代替 M500，用 M6 代替 M501。

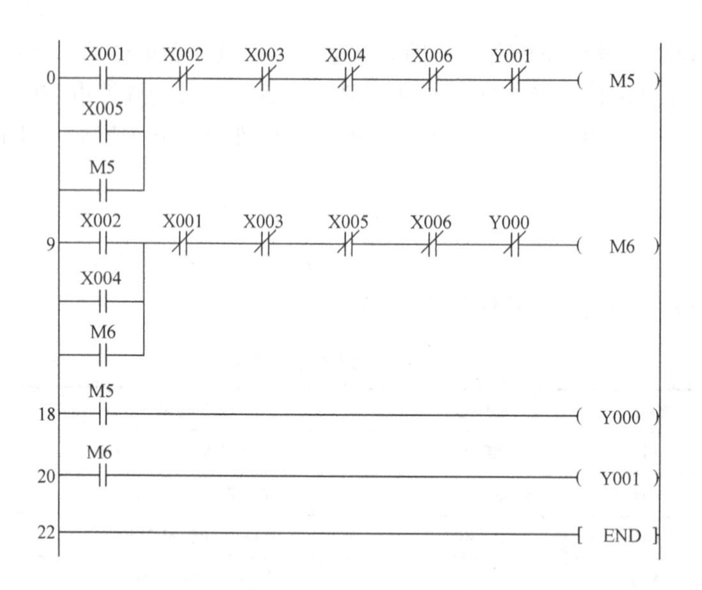

图 11-12　修改后的系统梯形图

（1）修改梯形图

1）执行［显示］→［梯形图显示］命令，将视图切换至梯形图窗口。

2）双击更改元件图标，在弹出的“梯形图输入”对话框中重新输入元件号。

3）变换梯形图。

4）另存工程。执行［工程］→［另存工程为］命令，在弹出的“另存工程为”对话框中，将工程另外赋名为“项目 11-2. pmw ”后按［确认］按钮保存。

(2) 写入程序　将 RUN/STOP 开关拨至“STOP”位置后，将程序“项目 11-2. pmw”写入 PLC。

(3) 调试系统　将 RUN/STOP 开关拨至“RUN”位置，按表 11-7 操作，观察系统运行情况并做好记录。

表 11-7　系统运行情况记录表（二）

步骤	操作内容	观察内容						备注
		指示 LED		接触器		电动机		
		正确结果	观察结果	正确结果	观察结果	正确结果	观察结果	
1	按下 SB1	OUT0 点亮		KM1 吸合		正转		左移
2	动作 SQ1	OUT0 熄灭		KM1 释放		反转		右移
		OUT1 点亮		KM2 吸合				
3	动作 SQ2	OUT1 熄灭		KM2 释放		正转		左移
		OUT0 点亮		KM1 吸合				
4	动作 SQ1	OUT0 熄灭		KM1 释放		反转		右移
		OUT1 点亮		KM2 吸合				
5	拉下断路器	OUT1 熄灭		KM2 释放		停转		PLC 掉电
6	合上断路器	OUT1 熄灭		KM2 不动作		不转		恢复供电

(4) 分析运行结果　当 PLC 失电恢复后，滑台不能按掉电前的状态工作。比较两个程序的运行结果可知，一旦 PLC 掉电，通用型辅助继电器复位，而掉电保持型辅助继电器保持。

6. 操作要点

1）输入梯形图时，要注意及时变换、保存，避免由于掉电或编程错误而出现程序丢失现象。

2）辅助继电器可用于中间状态存储与运算，其中，掉电保持型辅助继电器具有掉电保持功能。

3）为了确保安全，正反转控制系统的软件和硬件都必须实施联锁控制。

4）通电调试操作必须在教师的监护下进行。

5）应在规定的时间内完成训练项目，同时做到安全操作和文明生产。

六、质量评价标准

项目质量考核要求及评分标准见表 11-8。

表 11-8　质量评价表

考核项目	考核要求	配分	评分标准	扣分	得分	备注
系统安装	1. 正确安装元件 2. 按图完整、正确及规范地接线 3. 按要求正确编号	30	1. 元件松动每处扣 2 分，损坏每处扣 4 分 2. 错、漏线每处扣 2 分 3. 反圈、压皮、松动每处扣 2 分 4. 错、漏编号每处扣 1 分			

（续）

考核项目	考 核 要 求	配分	评 分 标 准	扣分	得分	备注
编程操作	1. 会创建程序新工程 2. 会输入梯形图 3. 会保存工程 4. 会写入程序 5. 会变换梯形图	40	1. 不能创建程序新工程或创建错误扣 4 分 2. 输入梯形图错误每处扣 2 分 3. 保存工程错误扣 4 分 4. 写入程序错误扣 4 分 5. 变换梯形图错误扣 4 分			
运行操作	1. 会操作运行系统，分析操作结果 2. 会编辑修改程序，验证掉电保持功能	30	1. 系统通电操作错误每步扣 3 分 2. 分析操作结果错误每处扣 2 分 3. 编辑修改程序错误每处扣 2 分 4. 分析验证结果错误每处扣 2 分			
安全生产	自觉遵守安全文明生产规程		1. 漏接接地线每处扣 5 分 2. 每违反一项规定扣 3 分 3. 发生安全事故按 0 分处理			
时间	4h		提前正确完成，每 5min 加 5 分 超过定额时间，每 5min 扣 2 分			
开始时间：		结束时间：		实际时间：		

七、拓展与提高——GX Developer 编程软件的安装

GX Developer 编程软件的安装步骤如下：

1）打开 GX Developer 编程软件安装包，如图 11-13 所示。

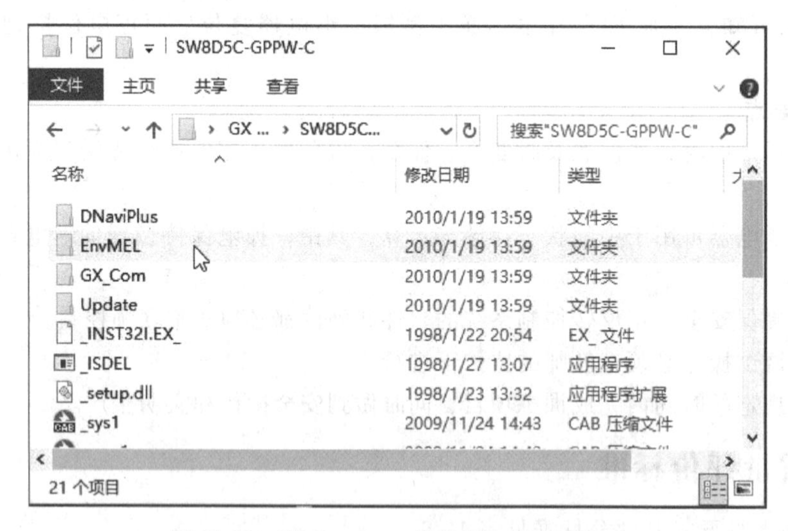

图 11-13 GX Developer 编程软件安装包窗口

2）双击图标“EnvMEL”，弹出图 11-14 所示的通用环境安装窗口。

3）双击图标“SETUP”，弹出图 11-15 所示的程序安装准备进程对话框。计算机准备完毕，会弹出设置程序对话框，如图 11-16 所示。

4）单击设置程序对话框中的［下一个］按钮，弹出“信息”对话框，如图 11-17 所示。

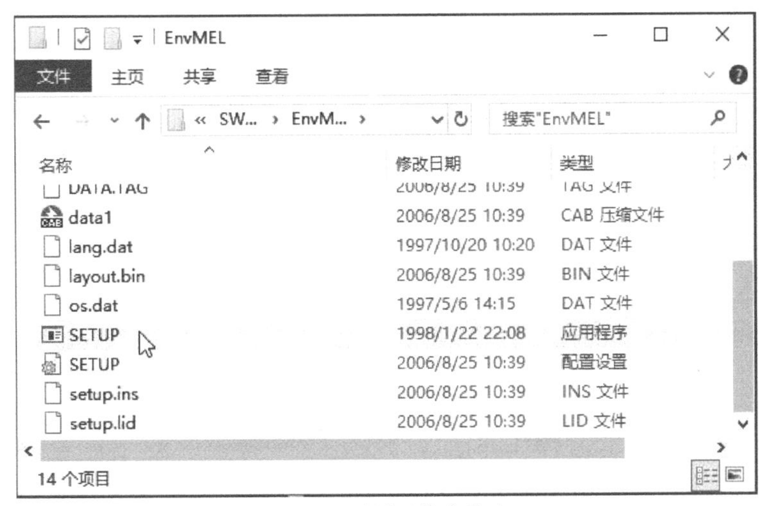

图 11-14　通用环境安装窗口

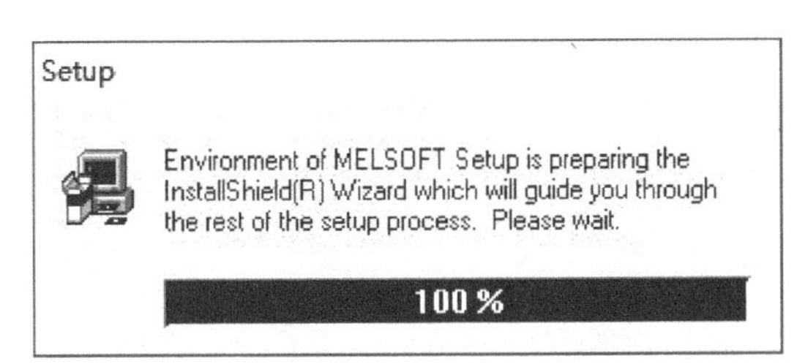

图 11-15　程序安装准备进程对话框

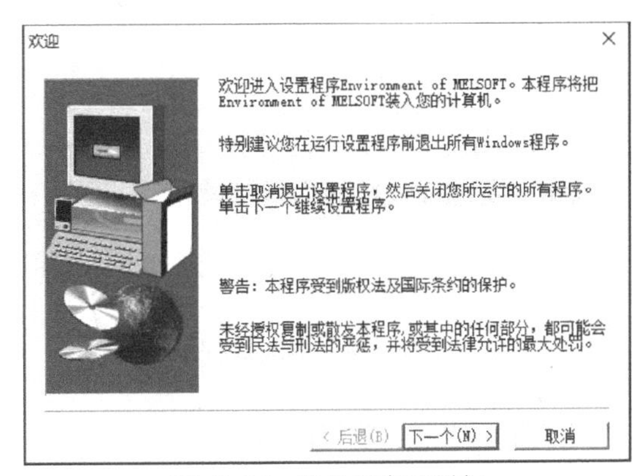

图 11-16　设置程序对话框

5）在“信息”对话框中单击［下一个］按钮，弹出设置程序安装进程对话框，如图 11-18 所示。计算机准备完毕，会弹出“设置完成”对话框，如图 11-19 所示。

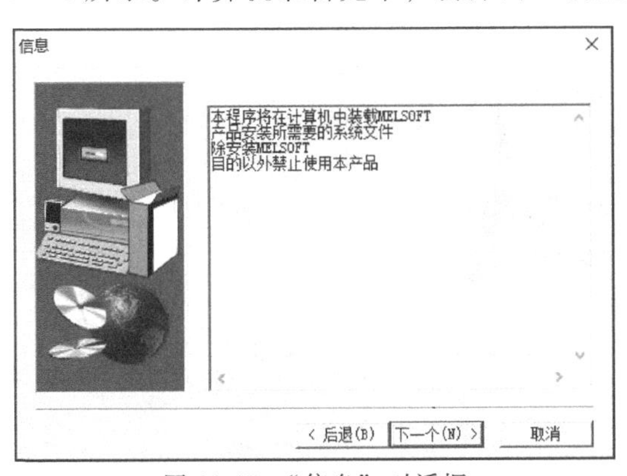

图 11-17　“信息”对话框

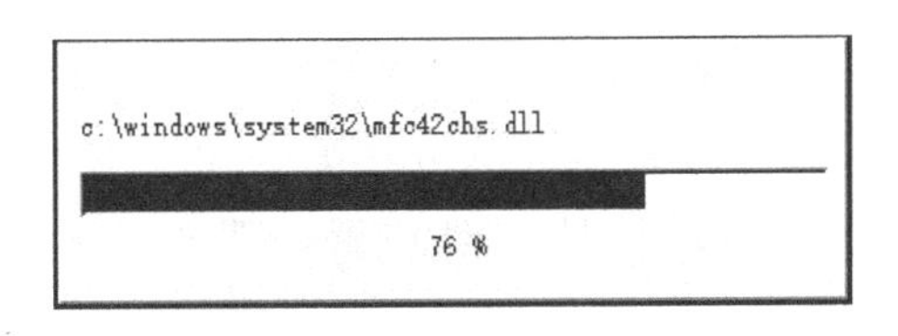

图 11-18　设置程序安装进程对话框

6）单击“设置完成”对话框中的［结束］按钮，完成通用环境的安装。

7）再次打开 GX Developer 编程软件安装包。

8）双击图标“SETUP”，弹出程序安装准备界面和程序安装准备进程对话框，如图11-20和图11-21所示。计算机准备完毕，会弹出“安装”对话框，如图11-22所示。

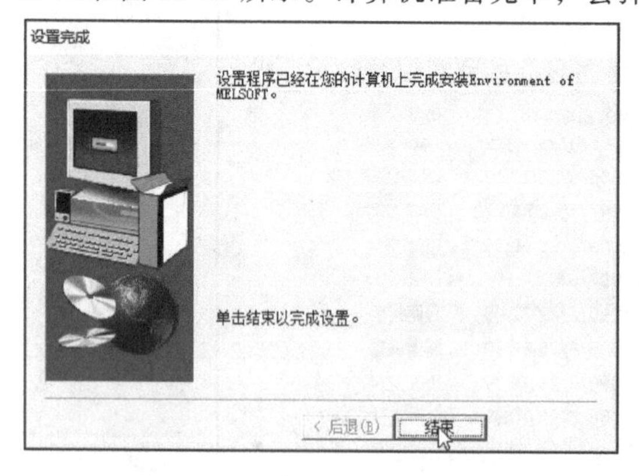

图 11-19 “设置完成”对话框

图 11-20 程序安装准备界面

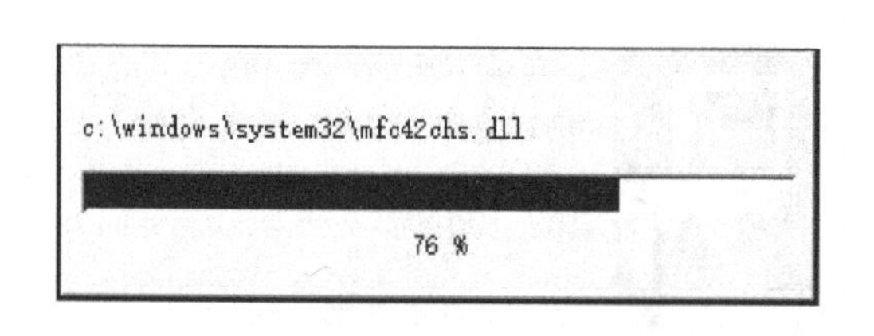

图 11-21 程序安装准备进程对话框

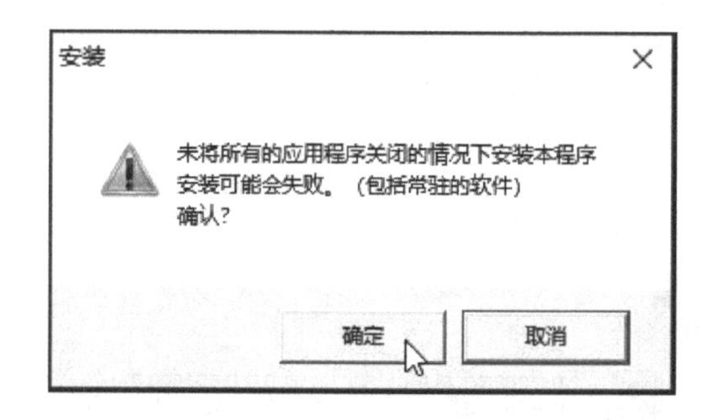

图 11-22 “安装”对话框

9）单击“安装”对话框中的［确定］按钮，弹出设置程序对话框，如图11-16所示。

10）单击设置程序对话框中的［下一个］按钮，弹出“用户信息”对话框，如图11-23所示。

11）在“用户信息”对话框中填入相关信息后，单击［下一个］按钮，弹出“注册确认”对话框，如图11-24所示。

12）单击“注册确认”对话框中的［是］按钮，弹出“输入产品序列号”对话框，如图11-25所示。

13）在“输入产品序列号”对话框中填入相关信息后，单击［下一个］按钮，弹出“选择部件”对话框，如图11-26a所示。

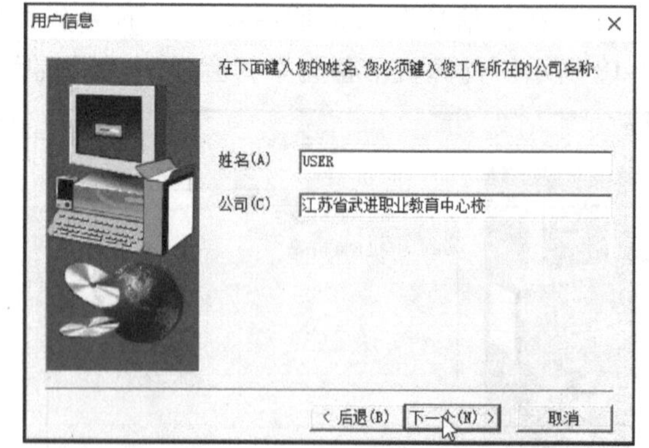

图 11-23 “用户信息”对话框

14）单击“选择部件”对话框中的［下一个］按钮，弹出“监视专用 GX Developer”复选框，如图11-26b所示。

15）单击“选择部件”对话框中的［下一个］按钮，弹出“MEDOC 打印文件的读出”复选框，如图11-26c所示。

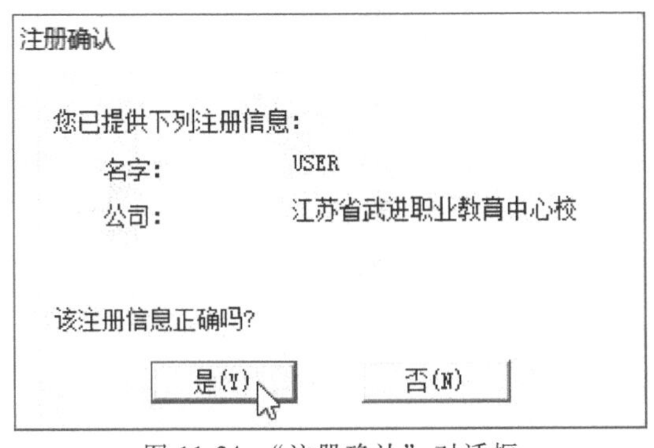

图 11-24 “注册确认”对话框

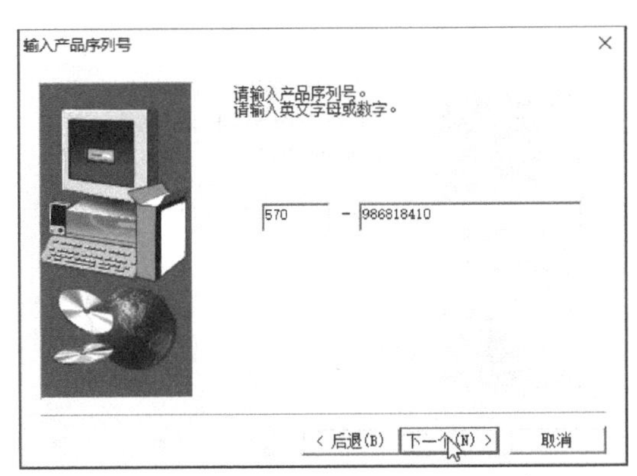

图 11-25 “输入产品序列号”对话框

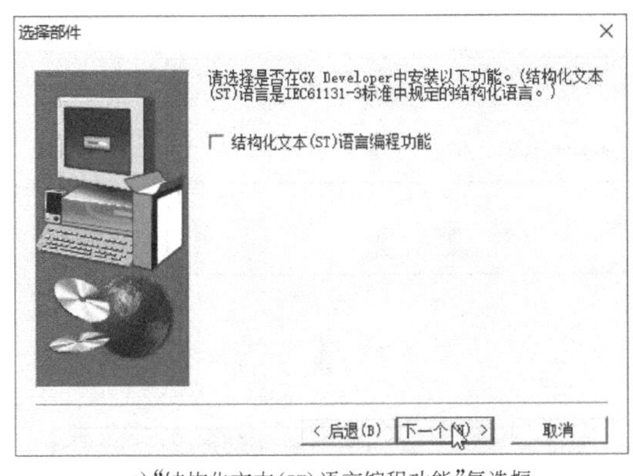

a)“结构化文本(ST)语言编程功能”复选框

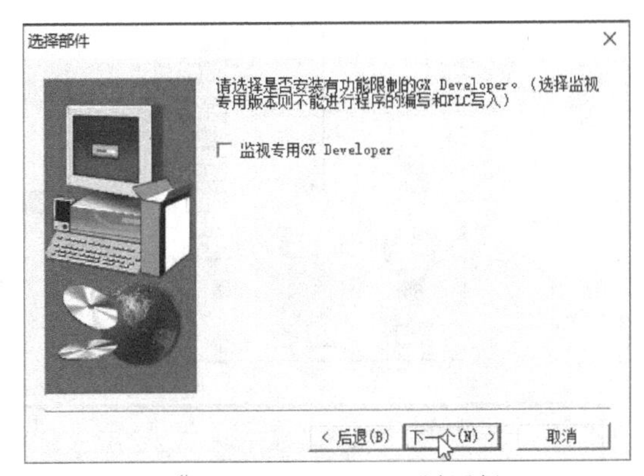

b)“监视专用 GX Developer”复选框

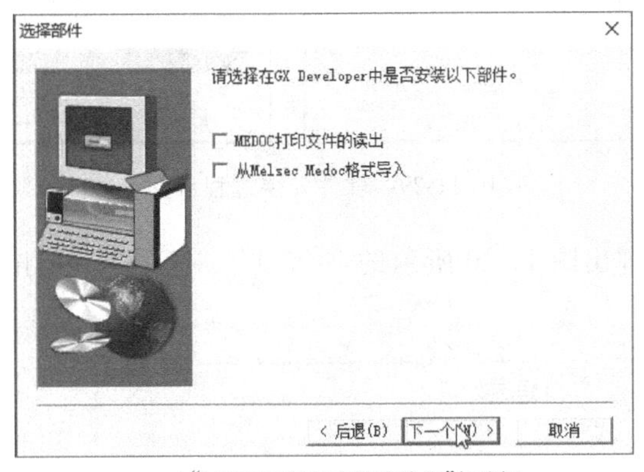

c)“MEDOC打印文件的读出”复选框

图 11-26 “选择部件”对话框

16）单击“选择部件”对话框中的［下一个］按钮，弹出“选择目标位置”对话框，如图 11-27 所示。

17）单击“选择目标位置”对话框中的［浏览］按钮，弹出程序安装的“选择文件夹”对话框，如图 11-28 所示。

18）选择安装路径后，单击“选择文件夹”对话框中的［确定］按钮，计算机开始安装软件，屏幕上显示图 11-29 所示的软件安装进程。

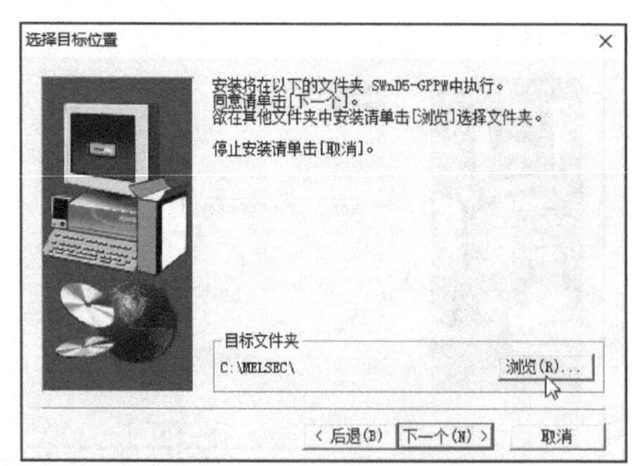

图 11-27 “选择目标位置”对话框

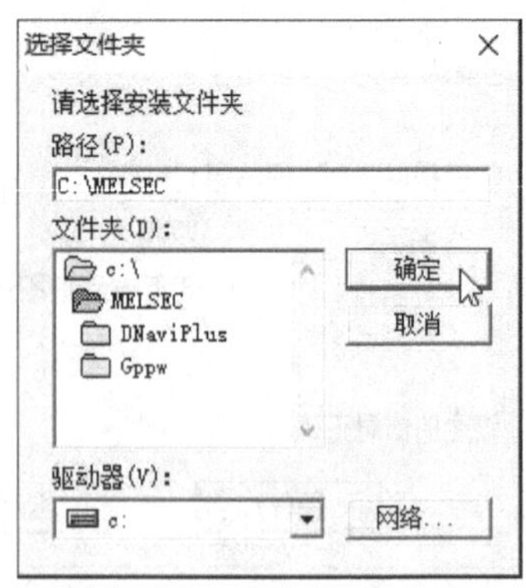

图 11-28 “选择文件夹”对话框

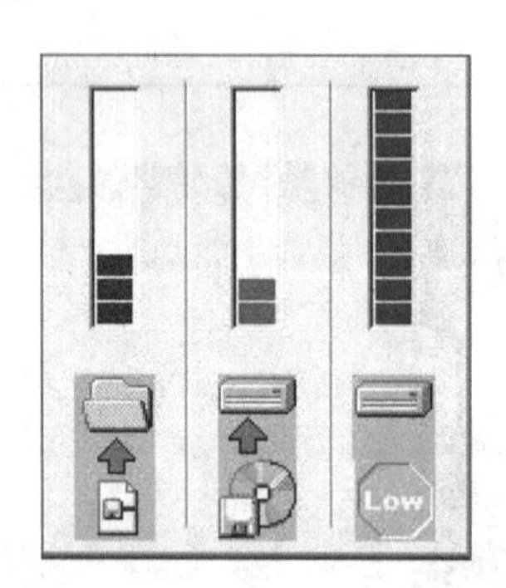

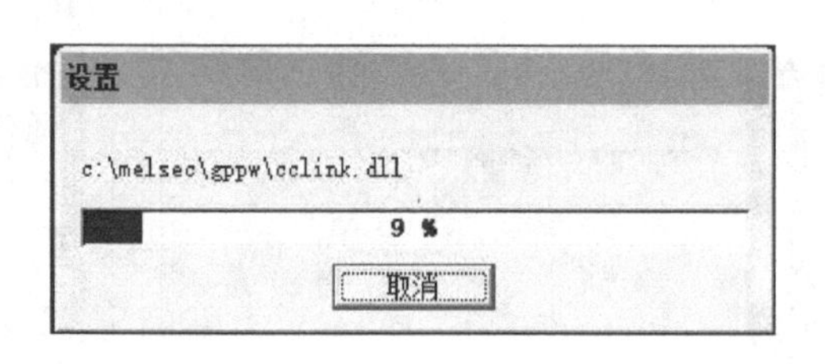

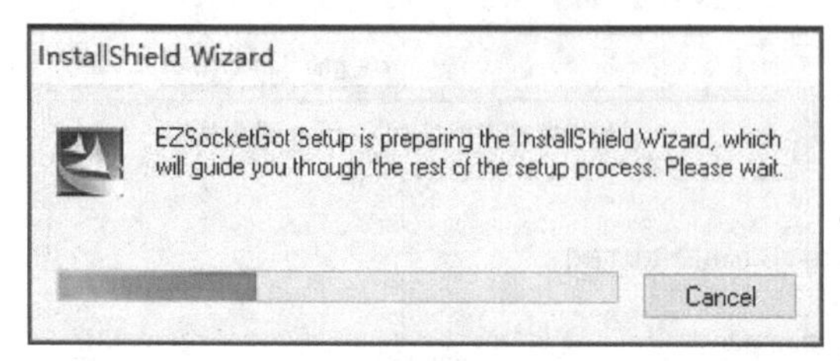

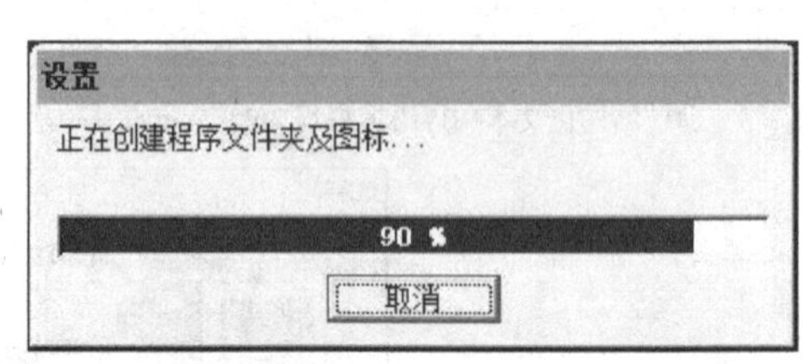

图 11-29 软件安装进程界面

19）安装完成后，弹出图 11-30 所示的“信息”对话框，单击［确定］按钮后，完成软件安装的全部操作。

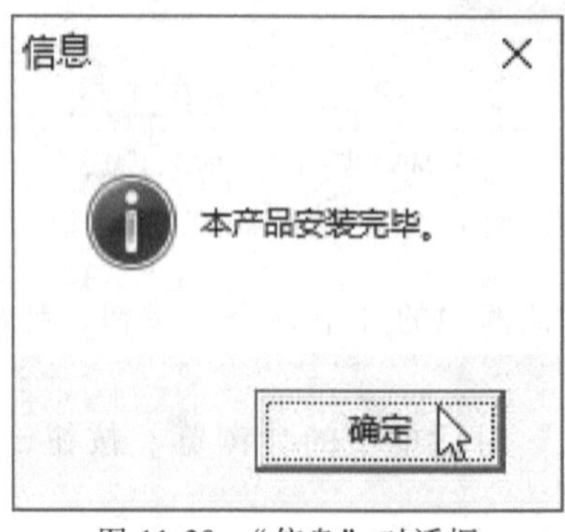

图 11-30 “信息”对话框

习 题

1. 请写出图 11-31 所示梯形图的指令表。

2. 设计工作台自动往返控制系统，画出系统电路图和梯形图。系统控制要求如下：

1）按下左移按钮 SB1，工作台左移；按下右移按钮 SB2，工作台右移；按下停止按钮 SB3，系统停止工作。

2）如图 11-32 所示，工作台在位置 A 和位置 B 之间做往返运动，当工作台左移到位置 A 时，行程开关 SQ1 动作，工作台右移；右移至位置 B 时，行程开关 SQ2 动作，工作台左移。

3）为了防止 SQ1 和 SQ2 失灵时造成事故，系统采用 SQ3 和 SQ4 终端保护。挡铁碰撞到 SQ3 或 SQ4 时，系统停止工作。

4）系统具有掉电保持功能。

5）具有必要的短路保护和过载保护措施。

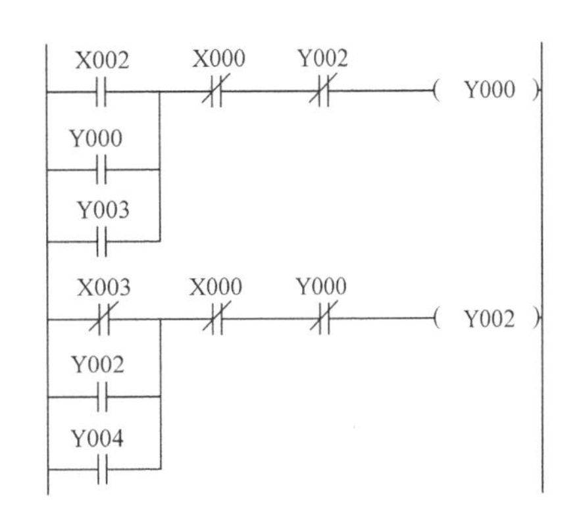

图 11-31 习题 1 图

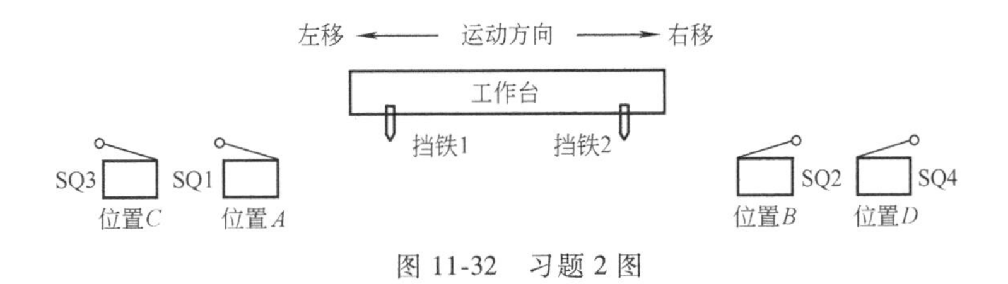

图 11-32 习题 2 图

3. 设计三组抢答器控制程序。设计要求如下：

某抢答比赛，共分儿童、学生和教授三组，儿童组和教授组均有两人参赛，学生组一人参赛。主持人宣布开始后方可抢答，为给儿童组一些优待，儿童组中任何一人抢先按下抢答按钮即可获得抢答权，而教授组则需两人均抢先按下抢答按钮才能获得抢答权。获得抢答权及违例由各分台指示灯指示，有人抢答时幸运彩球转动，违例时发出警报。主持人台设有复位按钮，用于系统复位。

项目十二　两电动机顺序起动控制系统

一、学习目标

1. 会使用定时器。

2. 会分析两电动机顺序起动控制系统的控制要求、分配 I/O 点；会设计系统梯形图与电路图。

3. 能正确安装、调试与监视两电动机顺序起动控制系统。

二、学习任务

1. 项目任务

本项目的任务是安装与调试两电动机顺序起动 PLC 控制系统。系统控制要求如下：

（1）起停控制　有两台电动机 M1 和 M2。按下起动按钮，M1 先起动；按下停止按钮，两台电动机均停止运转。

（2）时间控制 M1 起动后 20s，M2 自行起动；M2 起动 60s 后，M1 和 M2 同时停转。

（3）保护措施 系统具有必要的短路保护和过载保护措施。

2. 任务流程图

具体的学习任务及学习过程如图 12-1 所示。

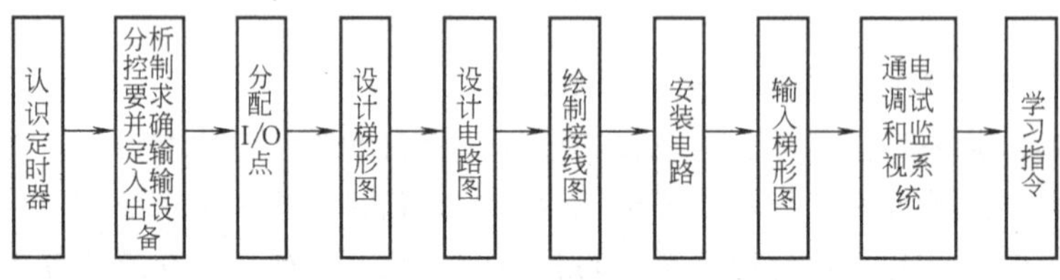

图 12-1　任务流程图

三、环境设备

学习所需工具、设备见表 12-1。

表 12-1　工具、设备清单

序号	分类	名称	型号规格	数量	单位	备注
1	工具	常用电工工具		1	套	
2		万用表	MF47	1	只	
3	设备	PLC	FX_{3U}-48MR	1	只	
4		三极小型断路器	DZ47-63	1	只	
5		三相电源插头	16A	1	只	
6		控制变压器	BK100,380V/220V	1	只	

（续）

序号	分类	名称	型号规格	数量	单位	备注
7	设备	熔断器底座	RT18-32	6	只	
8		熔管	5A	3	只	
9			2A	3	只	
10		热继电器	NR4-63	2	只	
11		交流接触器	CJX1-12/22,220V	2	只	
12		按钮	LA38/203	1	只	
13		三相笼型电动机	380V,0.75kW,Y联结	2	台	
14		端子板	TB-1512L	2	条	
15		安装网孔板	600mm×700mm	1	块	
16		导轨	35mm	0.5	m	
17	消耗材料	铜导线	BVR-1.5mm^2	5	m	
18			BVR-1.5mm^2	2	m	双色
19			BVR-1.0mm^2	5	m	
20		紧固件	M4×20 螺钉	若干	只	
21			M4 螺母	若干	只	
22			ϕ4mm 垫圈	若干	只	
23		行线槽	TC3025	若干	m	
24		编码管	ϕ1.5mm	若干	m	
25		编码笔	小号	1	支	

四、背景知识

在继电器控制电路中，将一只接触器的常开触头串联于另一只接触器的线圈电路中，可实现顺序控制；使用时间继电器则可实现时间控制。而对于 PLC 控制系统，可通过内部软元件实现以上功能，其中定时器就是起延时作用的软元件。

1. 认识定时器

定时器相当于继电器电路中的时间继电器，在程序中起延时控制作用。

（1）100ms 定时器

1）编号范围。三菱 FX_{3U}系列 PLC 中 100ms 定时器的编号范围为 T0～T199（200 点），采用十进制编号。

2）符号。定时器的符号如图 12-2 所示。

T K T T

a) 线圈　b) 常闭触点　c) 常开触点

图 12-2　定时器的符号

3）定时时间的计算。定时时间 t＝100ms×K，式中 K 为设定常数，其设定范围是 0～32767。如设定常数 K 为 20，则定时时间 t＝100ms×20＝2s。

4）应用举例。以图 12-3 为例，当 X000 为 ON 时，M0 动作保持，T0 线圈接通，开始计时（定时时间 t＝100ms×10＝1s）。1s 时间到，T0 动作，Y000 动作。当 X001 为 ON 时，M0、T0、Y000 都复位。

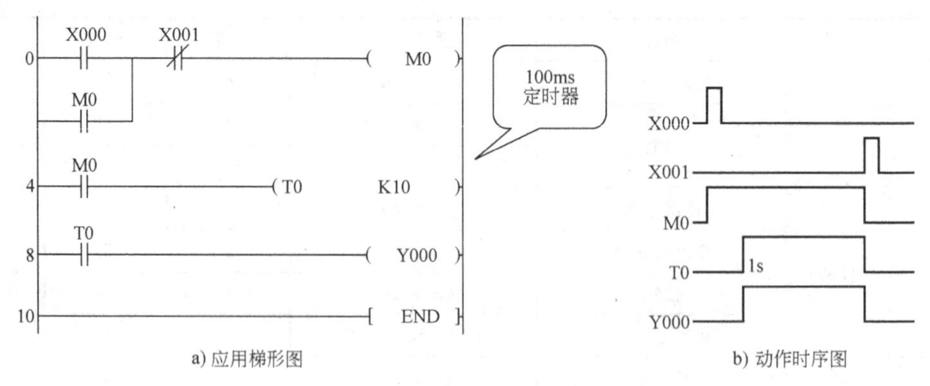

图 12-3　100ms 定时器应用举例

（2）10ms 定时器

1）编号范围。三菱 FX_{3U}系列 PLC 中 10ms 定时器的编号范围为 T200～T245（46 点），采用十进制编号。

2）定时时间的计算。定时时间 t=10ms×K，式中 K 为设定常数，其设定范围也是 0～32767。如设定常数 K 为 20，则计时时间 t=10ms×20=0.2s 。

3）应用举例。以图 12-4 为例，X000 为 ON 时，M0 动作保持，Y001 动作，T200 线圈接通，开始计时（定时时间 t=10ms×100=1s）。1s 时间到，T200 动作，Y000 动作，Y001 复位。当 X001 为 ON 时，M0、T0、Y000 都复位。

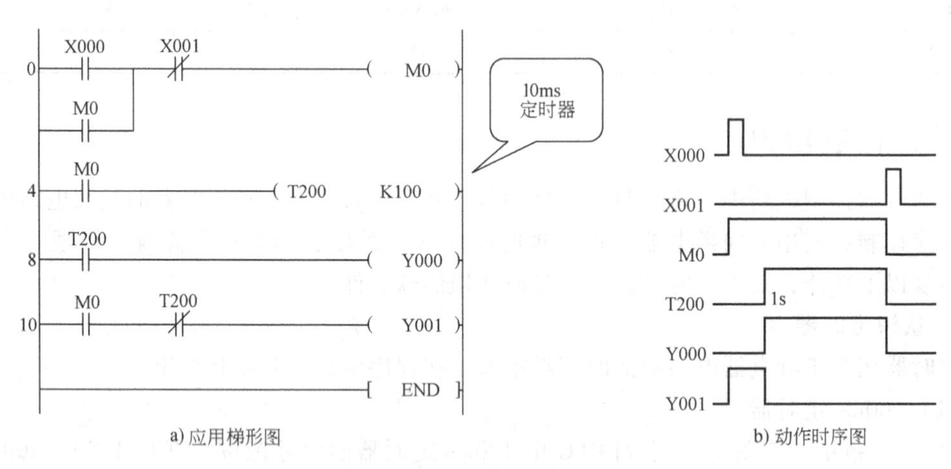

图 12-4　10ms 定时器应用举例

2. 分析控制要求并确定输入输出设备

（1）分析控制要求　系统功能为两电动机顺序起动控制，具体要求如下：

1）按下起动按钮，接触器吸合，电动机 M1 起动，同时开始计时 20s。

2）20s 时间到，接触器吸合，电动机 M2 起动，同时开始计时 60s。

3）60s 时间到，所有接触器释放，电动机 M1 和 M2 停止运转。

4）按下停止按钮（或过载），M1 和 M2 停止运转。

（2）确定输入设备 根据控制要求分析，系统有 3 个输入信号：起动、停止和过载信号。

由此确定，系统的输入设备有两只按钮和一只热继电器，PLC 需用 3 个输入点分别与它们的常开触头相连。但实际操作时，为了减少输入点，过载保护也可通过硬件连接来实现。本项目将采用此过载保护方式，减少 1 个输入点。

（3）确定输出设备　综合上述分析，确定系统的输出设备有两只接触器，PLC 需用 2 个输出点分别驱动控制这两只接触器的线圈。

3. 分配 I/O 点

根据确定的输入输出设备及输入输出点数，分配 I/O 点，见表 12-2。

表 12-2　输入/输出设备及 I/O 点分配表

输入			输出		
元件代号	功能	输入点	元件代号	功能	输出点
SB1	起动	X0	KM1	M1 接触器	Y0
SB2	停止	X1	KM2	M2 接触器	Y1

4. 设计梯形图

由图 12-3 所示的定时器应用实例得到启示，可使用定时器延时控制 Y001 动作。

1）设计电动机 M1 的起动梯形图。如图 12-5 所示，当按下起动按钮时，X000 为 ON，Y000 动作保持，电动机 M1 起动。

2）设计 20s 定时梯形图。如图 12-6 所示，当 Y000 为 ON，电动机 M1 起动时，T0 线圈接通，开始计时，计时时间为 20s。

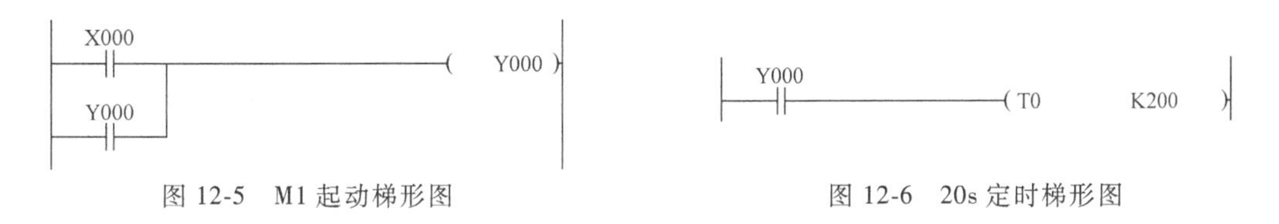

图 12-5　M1 起动梯形图　　　　图 12-6　20s 定时梯形图

3）设计电动机 M2 的起动梯形图。如图 12-7 所示，当电动机 M1 起动后 20s，T0 常开触点闭合，Y001 动作，电动机 M2 起动。

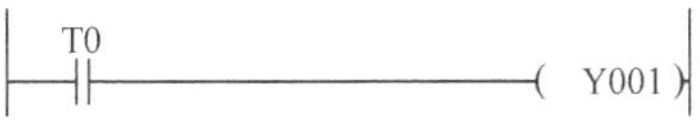

图 12-7　M2 起动梯形图

图 12-8　60s 定时梯形图

4）设计 60s 定时梯形图。如图 12-8 所示，当 Y001 为 ON，电动机 M2 起动时，T1 线圈接通，开始计时，计时时间为 60s。

5）实现停止功能。从前面四个梯形图看，T1 线圈受 Y001 控制，Y001 线圈受 T0 控制，T0 线圈受 Y000 控制，所以按下停止按钮 X001 或计时 T1 动作，Y000 复位，T0、Y001 和 T1 都复位。完善后的系统梯形图如图 12-9 所示。

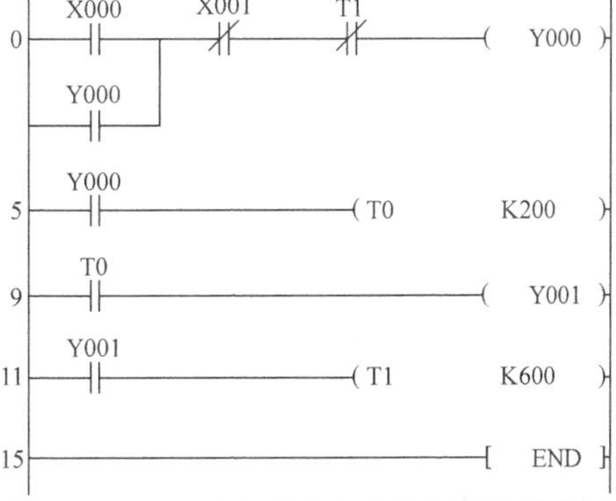

图 12-9　两电动机顺序起动控制系统梯形图

5. 设计电路图

根据分配的 I/O 点，设计系统电路图，如图 12-10 所示。

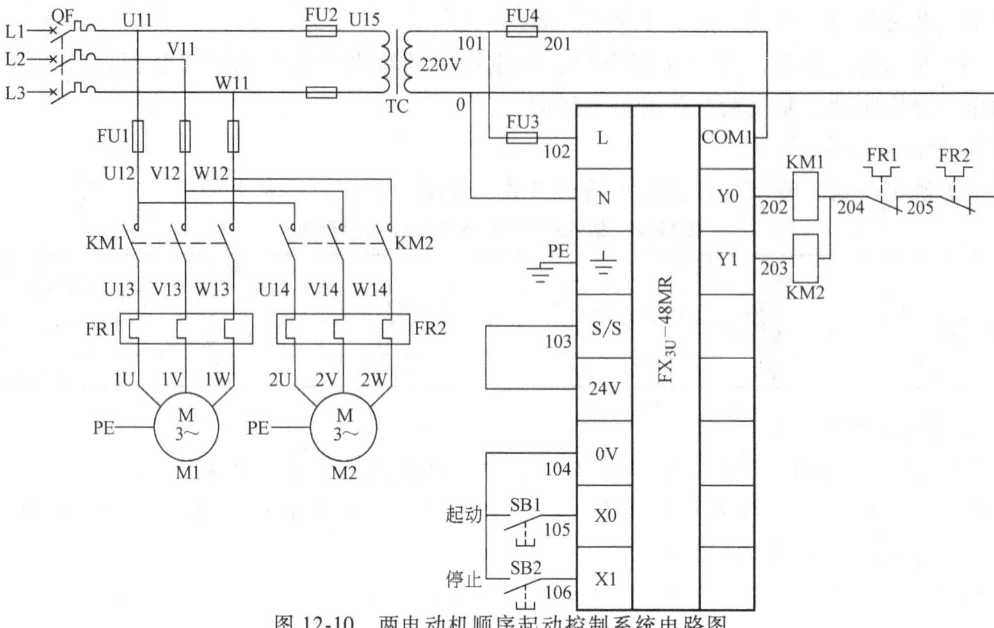

图 12-10　两电动机顺序起动控制系统电路图

6. 绘制接线图

按照图 12-10 绘制接线图。图 12-11 所示为两电动机顺序起动控制系统参考接线图。

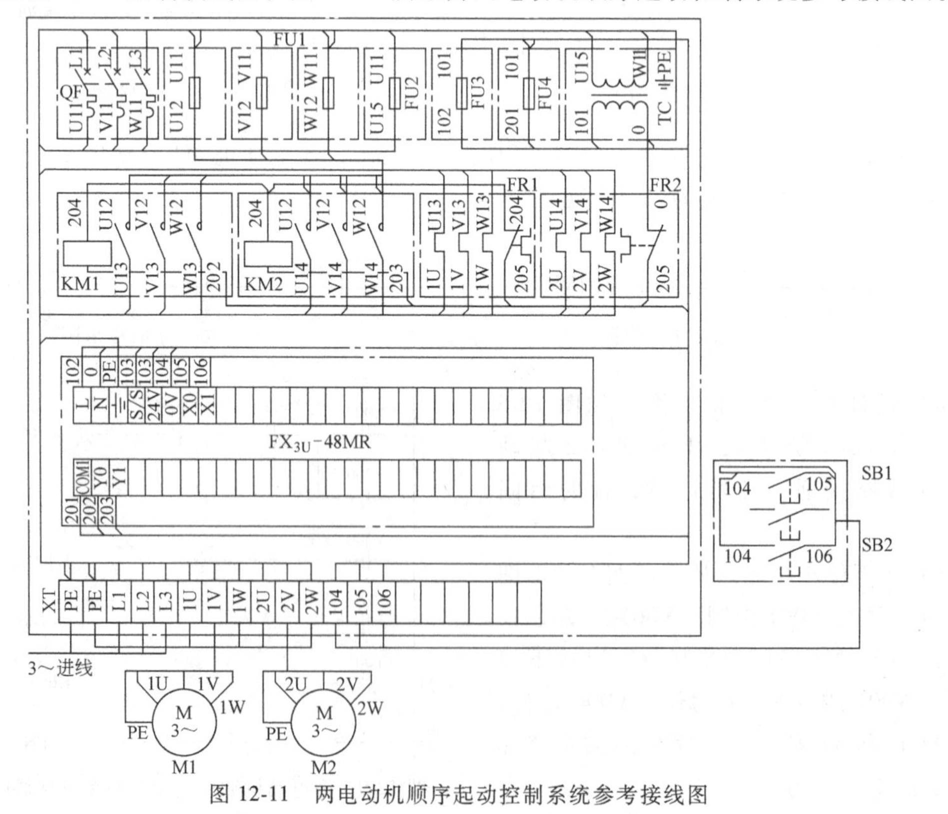

图 12-11　两电动机顺序起动控制系统参考接线图

五、操作指导

1. 安装电路

（1）安装元件

1）检查元件。按表 12-1 配齐所用元件，检查元件的规格是否符合要求，检测元件的质量是否合格。

2）固定元件。按照绘制的接线图，参考图 12-12 固定元件。

（2）配线安装

1）线槽配线安装。根据线槽配线原则及工艺要求，对照绘制的接线图进行线槽配线安装。

① 安装控制电路。

② 安装主电路。

2）外围设备配线安装。

（3）自检

1）检查布线。对照电路图检查是否掉线、错线，是否漏编、错编号以及接线是否牢固等。

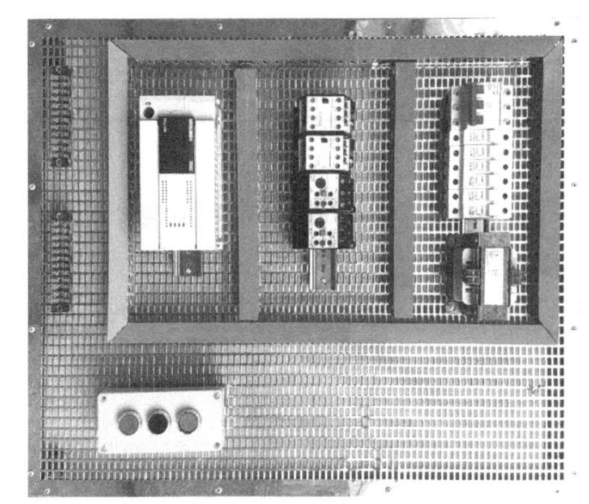

图 12-12　两电动机顺序起动控制系统安装板

2）使用万用表检测。按表 12-3，使用万用表检测安装的电路，若测量阻值与正确阻值不符，应根据电路图检查是否存在错线、掉线、错位、短路等情况。

表 12-3　用万用表检测电路

序号	检测任务	操作方法		正确阻值	测量阻值	备注
1	检测主电路	合上 QF，断开 FU2 后分别测量 XT 的 L1 与 L2、L2 与 L3、L3 与 L1 之间的阻值	常态时，不动作任何元件	均为∞		
2			压下 KM1	均为 M1 两相定子绕组的阻值之和		
3			压下 KM2	均为 M2 两相定子绕组的阻值之和		
4		接通 FU2，测量 XT 的 L1 和 L3 之间的阻值		TC 一次绕组的阻值		
5	检测 PLC 输入电路	测量 PLC 的电源输入端子 L 与 N 之间的阻值		约为 TC 二次绕组的阻值		
6		测量电源输入端子 L 与公共端子 0V 之间的阻值		∞		
7		常态时，测量所用输入点 X 与公共端子 0V 之间的阻值		均为几千欧至几十千欧		
8		逐一动作输入设备，测量对应的输入点 X 与公共端子 0V 之间的阻值		均约为 0Ω		
9	检测 PLC 输出电路	分别测量输出点 Y0、Y1 与 COM1 之间的阻值		均为 TC 二次绕组和 KM 线圈的阻值之和		
10	检测完毕，断开 QF					

（4）通电观察 PLC 的指示 LED　经自检，确认电路正确和无安全隐患后，在教师的监

护下，按表 12-4 通电观察 PLC 的指示 LED。

表 12-4　指示 LED 工作情况记录表

步骤	操作内容	观察 LED	正确结果	观察结果	备注
1	先插上电源插头，再合上断路器	POWER	点亮		已供电，注意安全
2	拨动 RUN/STOP 开关至“RUN”位置	RUN	点亮		
3	拨动 RUN/STOP 开关至“STOP”位置	RUN	熄灭		
4	按下 SB1	IN1	点亮		
5	按下 SB2	IN2	点亮		
6	拉下断路器后，拔下电源插头	断路器 电源插头	已分断		做了吗

2. 输入梯形图

1）启动 GX Developer 编程软件。

2）创建新工程，选择 PLC 的类型为 FX_{3U}。

3）梯形图输入。根据前面学习的方法输入梯形图，其中定时器线圈的输入方法是单击功能图窗口中的线圈按钮 F7，在弹出的“梯形图输入”对话框中输入“T0␣K200”后回车即可，如图 12-13 所示。

4）变换梯形图。

5）保存工程。将工程赋名为“项目 12-1. pmw”后按［确认］按钮保存。

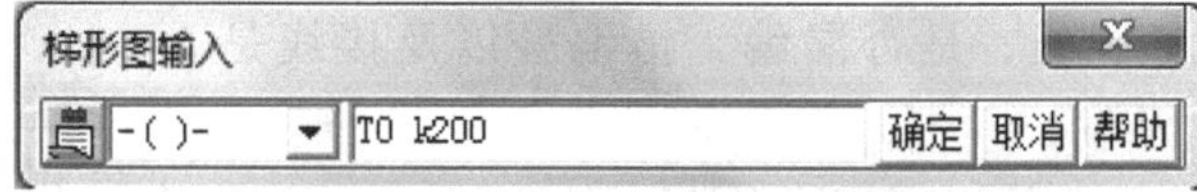

图 12-13　输入 T0 线圈的对话框

3. 通电调试和监控系统

（1）连接计算机与 PLC　用 SC-09 编程线缆连接计算机的串行口 COM1 与 PLC 的编程设备接口。

（2）写入程序　接通系统电源，将 PLC 的 RUN/STOP 开关拨至“STOP”位置，进行传输设置后，写入程序“项目 12-1. pmw”。

（3）调试系统　将 PLC 的 RUN/STOP 开关拨至“RUN”位置后，按表 12-5 操作，观察系统运行情况并做好记录。若出现故障，应立即切断电源，分析原因，检查电路或梯形图后重新调试，直至系统实现预定功能。

表 12-5　系统运行情况记录表

步骤	操作内容	观察内容						备注
		指示 LED		接触器		电动机		
		正确结果	观察结果	正确结果	观察结果	正确结果	观察结果	
1	按下 SB1	OUT0 点亮		KM1 吸合		M1 运转		
2	20s 到	OUT1 点亮		KM2 吸合		M2 运转		
3	再过 60s	OUT0 熄灭		KM1 释放		M1、M2 停转		
		OUT1 熄灭		KM2 释放				
4	按下 SB1	OUT0 点亮		KM1 吸合		M1 运转		
5	20s 到	OUT1 点亮		KM2 吸合		M2 运转		
6	按下 SB2	OUT0 熄灭		KM1 释放		M1、M2 停转		
		OUT1 熄灭		KM2 释放				

（4）监视梯形图　使用 GX Developer 软件的监视功能，可以监视到软元件的工作状态。通过监视梯形图，用户能及时、准确地掌握系统的运行情况。

1）如图 12-14 所示，执行［在线］→［监视］→［监视开始］命令，进入梯形图监视状态。

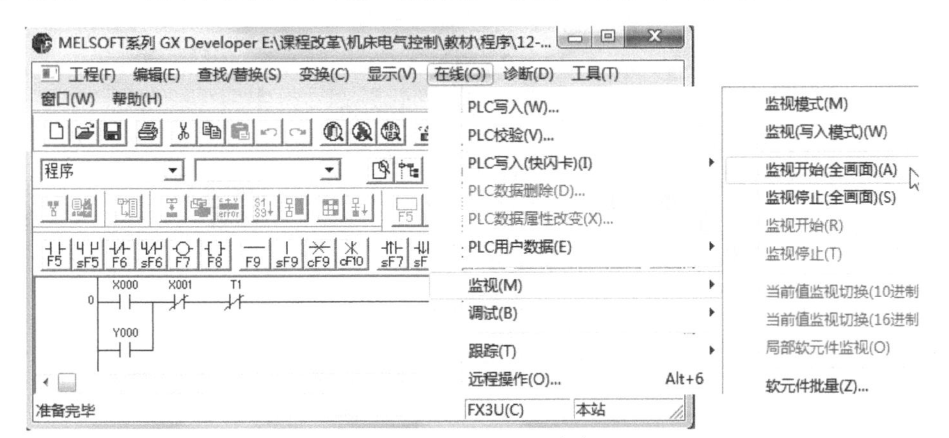

图 12-14　监视开始命令

进入监视状态的梯形图如图 12-15 所示，X001 和 T1 常闭触点呈现蓝色底纹，表示该元件处于接通状态；在定时器线圈的上方显示蓝色的数值 0，此值为监视到的定时器当前值。

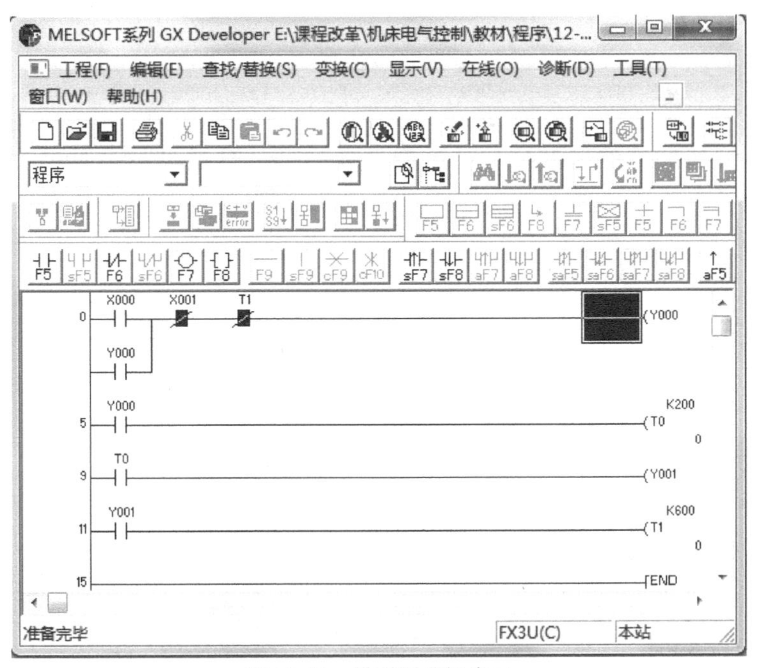

图 12-15　梯形图监视窗口

2）如图 12-16 所示，按下起动按钮后，梯形图中的 Y000 和 T0 线圈呈现蓝色底纹，表示该线圈已接通。同时可观察到 Y000 常开触点动作，形成自锁保持；T0 的当前值从 0 开始递增，图中 T0 的当前值是 27。

3）如图 12-17 所示，当 T0 的当前值等于设定值 200 时，T0 常开触点接通，Y001 动作，T1 线圈接通，其当前值从 0 开始递增，图中 T1 的当前值是 197。

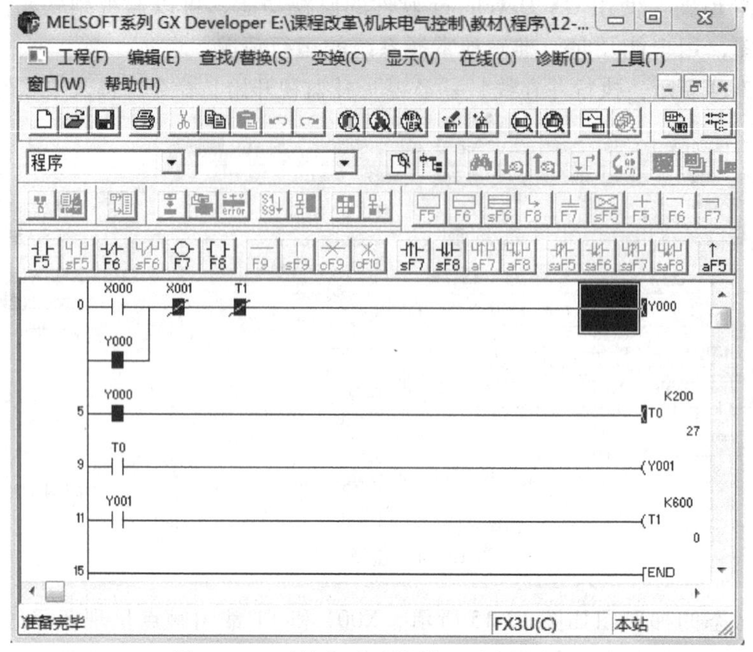

图 12-16 系统起动后的梯形图监视窗口

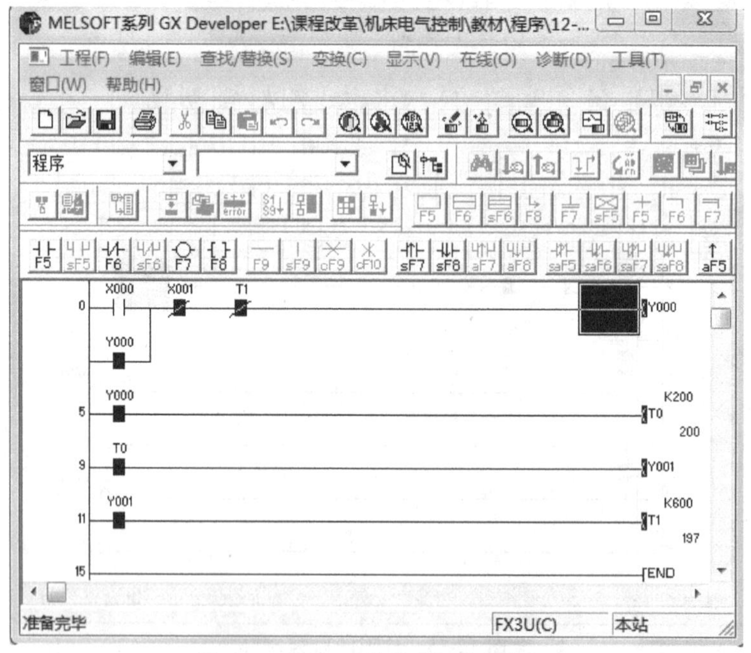

图 12-17 20s 后的梯形图监视窗口

4）当 T1 的当前值等于设定值 600 时，其常闭触点断开（动作时间为一个扫描周期，监视不到），Y000、T0、Y001 及 T1 均复位，定时器的当前值为 0。

5）如图 12-18 所示，执行［在线］→［监视］→［监视停止］命令，退出梯形图监视状态。

（5）分析调试结果

1）按下 SB1，电动机 M1 先起动，20s 后电动机 M2 起动，再过 60s 的时间，两台电动机都停转。程序主要使用了定时器的定时功能，完成 M1 和 M2 顺序起动、同时停止的控制。

2）定时器线圈接通后，其当前值从 0 开始递增，当当前值与设定值相等时，它的触点动作；定时器线圈断开后，其状态复位，当前值为 0。

4. 学习指令

将视图切换至指令表窗口，阅读指令表，各指令的功能见表 12-6。

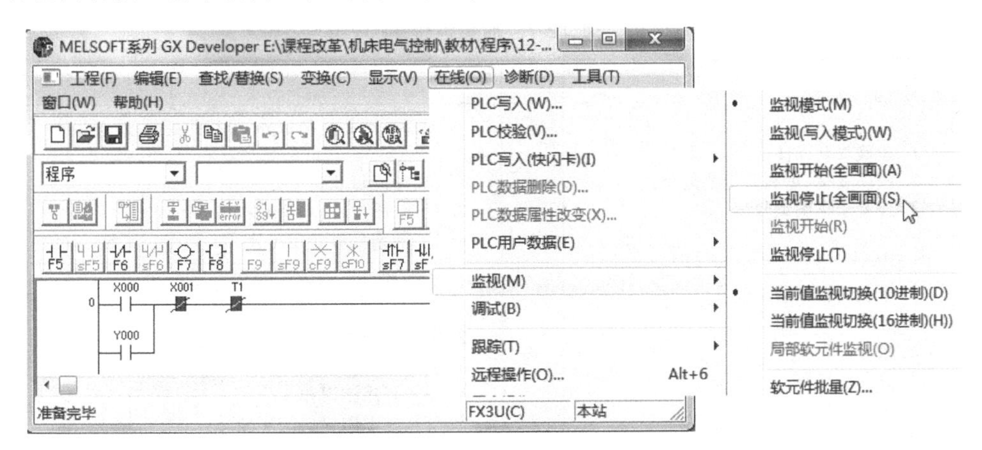

图 12-18 监视停止命令

表 12-6 系统程序指令表

程序步	指令	元件号	指令功能
0	LD	X000	母线上取常开触点 X000
1	OR	Y000	并联常开触点 Y000
2	ANI	X001	串联常闭触点 X001
3	ANI	T1	串联常闭触点 T1
4	OUT	Y000	驱动线圈 Y000
5	LD	Y000	母线上取常开触点 Y000
6	OUT	T0 K200	驱动线圈 T0，设定定时值 K200
9	LD	T0	母线上取常开触点 T0
10	OUT	Y001	驱动线圈 Y001
11	LD	Y001	母线上取常开触点 Y001
12	OUT	T1 K600	驱动线圈 T1，设定定时值 K600
15	END		结束指令

5. 操作要点

1）在输入梯形图过程中要及时变换、保存，避免由于掉电或编程错误而出现程序丢失现象。

2）为了节省输入点，过载保护可通过硬件连接实现，安装时应将热继电器的常闭触头串联在接触器线圈电路中。

3）定时器线圈接通后，其当前值从 0 开始递增，当当前值等于设定值时，其触点动作；线圈断开后，其状态复位，当前值为 0。

4）通电调试操作必须在教师的监护下进行。

5）应在规定的时间内完成训练项目，同时做到安全操作和文明生产。

六、质量评价标准

项目质量考核要求及评分标准见表 12-7。

表 12-7　质量评价表

考核项目	考　核　要　求	配分	评　分　标　准	扣分	得分	备注
系统安装	1. 正确安装元件 2. 按图完整、正确及规范地接线 3. 按要求正确编号	30	1. 元件松动每处扣 2 分，损坏每处扣 4 分 2. 错、漏线每处扣 2 分 3. 反圈、压皮、松动每处扣 2 分 4. 错、漏编号每处扣 1 分			
编程操作	1. 会创建程序新工程 2. 会输入梯形图 3. 会保存工程 4. 会写入程序 5. 会变换梯形图	40	1. 不能创建程序新工程或创建错误扣 4 分 2. 输入梯形图错误每处扣 2 分 3. 保存工程错误扣 4 分 4. 写入程序错误扣 4 分 5. 变换梯形图错误扣 4 分			
运行操作	1. 会操作运行系统，分析操作结果 2. 会监视梯形图	30	1. 系统通电操作错误每步扣 3 分 2. 分析操作结果错误每处扣 2 分 3. 监视梯形图错误每处扣 2 分			
安全生产	自觉遵守安全文明生产规程		1. 漏接接地线每处扣 5 分 2. 每违反一项规定扣 3 分 3. 发生安全事故按 0 分处理			
时间	4h		提前正确完成，每 5min 加 5 分 超过定额时间，每 5min 扣 2 分			
开始时间：		结束时间：		实际时间：		

七、拓展与提高——用 FX-20P-E 手持编程器写入系统指令表

图 12-19 是 FX-20P-E 手持编程器与 PLC 的连接图，图中 FX-20P-CAP 型线缆的一端插入编程器右侧面上方的插座，另一端插入 PLC 的编程接口。

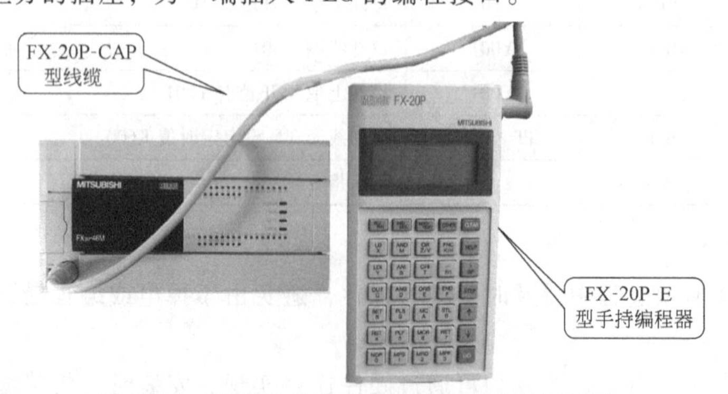

图 12-19　FX-20P-E 手持编程器与 PLC 的连接图

（1）FX-20P-E 手持编程器的面板组成　如图 12-20 所示，FX-20P-E 手持编程器的面板由两部分组成，上方是一个液晶显示屏，下方有 35 个按键，其中按键最上面一行和最右边一列为 11 个功能键，其余部分是指令键和数字键。

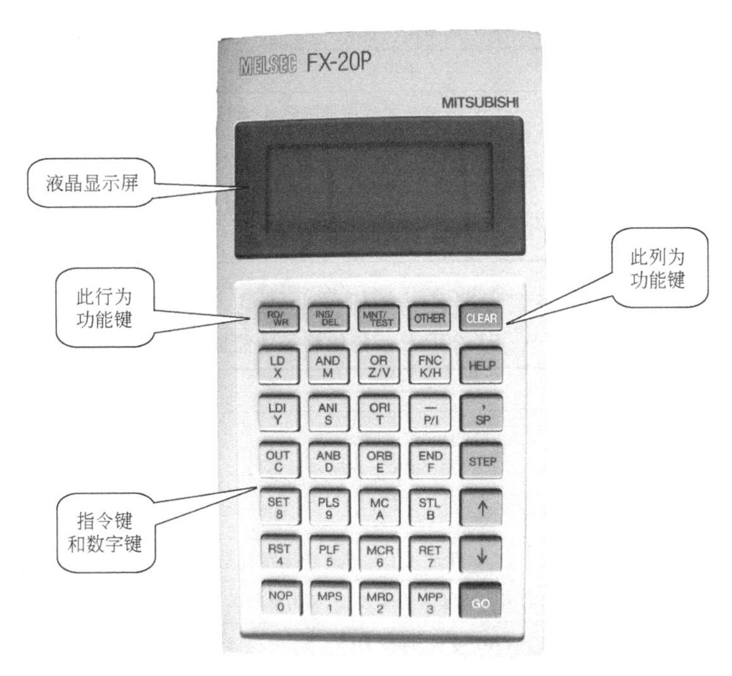

图 12-20　FX-20P-E 手持编程器的面板

1）液晶显示屏。如图 12-21 所示，液晶显示屏显示 4 行，第一行第一列的字符代表编

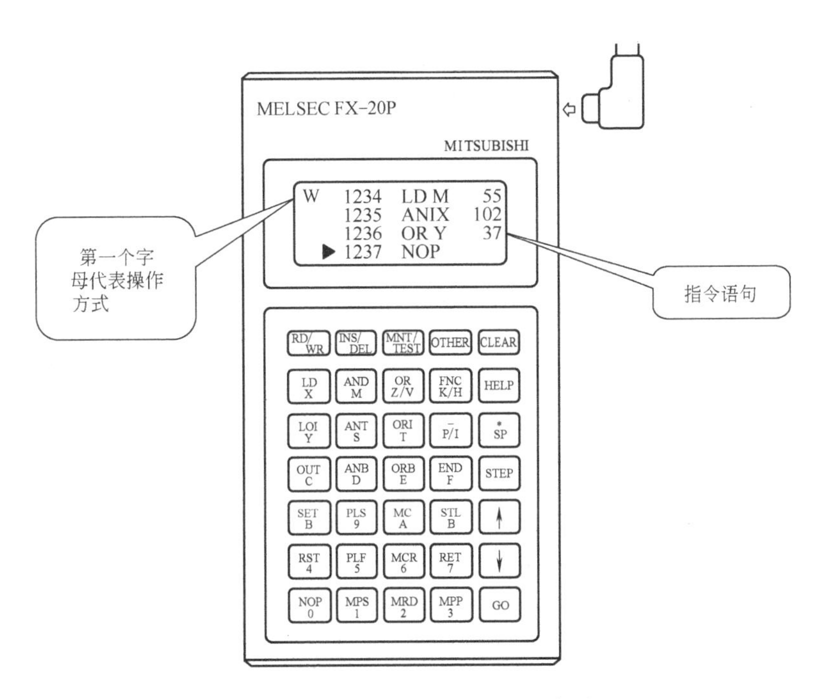

图 12-21　编程器液晶显示屏示意图

程器的操作方式，其含义见表 12-8。

表 12-8 编程器的操作方式

序号	字符	操作方式
1	R	读出用户程序
2	W	写入用户程序
3	I	将编制的程序插入到光标“▶”所指的指令之前
4	D	删除光标“▶”所指的指令
5	M	表示编程器处于监视状态
6	T	表示编程器处于测试状态

2）功能键。FX-20P-E 手持编程器各功能键的功能见表 12-9。

表 12-9 FX-20P-E 手持编程器功能键一览表

序号	功能键	功能	
1	RD/WR	读/写键	3 个都是双功能键，按一次为前者功能，按两次为后者功能
2	INS/DEL	插入/删除键	
3	MNT/TEST	监视/测试键	
4	OTHER	其他键：按下它，立即进入工作方式选择界面	
5	CLEAR	消除键：取消 GO 键以前的输入，还可消除屏幕上的错误信息或恢复原来的画面	
6	HEPL	帮助键：按下 FNC 键后，再按 HEPL 键，编程器进入帮助模式	
7	SP	空格键：输入空格，在监视模式下，若要监视位元件，则先按下 SP，再输入该位元件	
8	STEP	步序键：若要显示某步指令，则先按住 STEP，再输入指令步	
9	↑、↓	光标键：移动光标“▶”及提示符	
10	GO	执行键：用于指令的确认、执行，显示画面和检索	

3）数字键。数字键都是双功能键，键的上部是指令助记符，下部是数字或软元件的符号，反复按键时自动切换。

（2）PLC 上电，写入程序

1）清零。在写入程序之前，一般将 PLC 内部存储器中的程序全部清除（简称清零），清零步骤如图 12-22 所示。

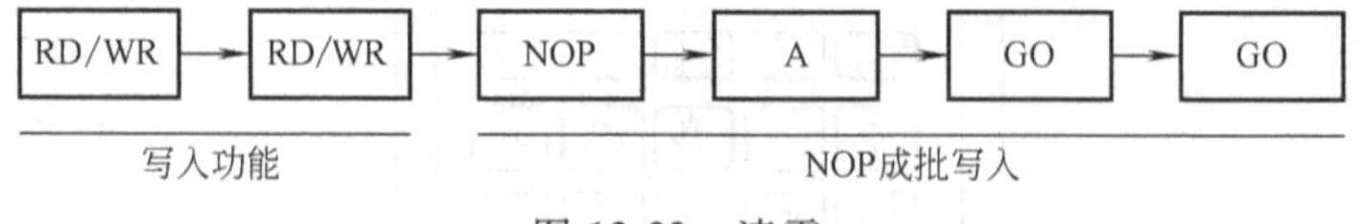

图 12-22 清零

2）写入指令。系统指令表 12-9 的写入步骤见表 12-10。

表 12-10 系统指令表的写入步骤

程序步	指令	元件号	指令写入
0	LD	X000	W ▶ → LD → X → 0 → GO

（续）

程序步	指令	元件号	指令写入
1	OR	Y000	▶ → OR → Y → 0 → GO
2	ANI	X001	▶ → ANI → X → 1 → GO
3	ANI	T1	▶ → ANI → T → 1 → GO
4	OUT	Y000	▶ → OUT → Y → 0 → GO
5	LD	Y000	▶ → LD → Y → 0 → GO
6	OUT	T0　K200	▶ → OUT → T → 0 → SP → K → 2 → 0 → 0 → GO
9	LD	T0	▶ → LD → Y → 0 → GO
10	OUT	Y001	▶ → OUT → Y → 1 → GO
11	LD	Y001	▶ → LD → Y → 1 → GO
12	OUT	T1　K600	▶ → OUT → T → 1 → SP → K → 6 → 0 → 0 → GO
15	END		▶ → END → GO

习　题

1. 设计三台电动机顺序起动同时停止控制系统，画出系统电路图和梯形图。系统控制要求如下：

1）按下起动按钮 SB1，电动机 M1 起动；10s 后，电动机 M2 起动；再过 30s 后，电动机 M3 起动。

2）按下停止按钮 SB2，三台电动机均停止运转。

3）具有必要的短路保护和过载保护措施。

2. 设计电动机顺序起动控制系统，画出系统电路图和梯形图。系统控制要求如下：

某机床在工作时，必须先起动油泵电动机使润滑系统中有足够的润滑油，10s 后起动主电动机，再过 4s 后起动辅助电动机；按下停止按钮，系统停止工作。

3. 设计送料小车控制系统，画出系统电路图和梯形图。系统控制要求如下：

送料小车起动后，小车左行，在到位开关 SQ1 处暂停并装料，10s 后装料结束，开始右行，小车右行至到位开关 SQ2 处暂停并卸料，15s 后卸料结束，小车左行再次装料，如此循环工作。

4. 设计水塔水位 PLC 控制系统，画出系统电路图和梯形图。系统控制要求如下：

1）如图 10-23 所示，当水池水位低于低水位界限（SL4 为 ON）时，电磁阀 YV 打开进水；当水位高于水池高水位界限（SL3 为 ON）时，电磁阀 YV 关闭。

2）如果电磁阀打开 4s 后 SL3 不为 ON，则表示没有进水，出现故障，此时系统关闭电磁阀，指示灯 HL 按 0.5s 的亮灭周期闪烁。

3）当 SL4 为 OFF 且水塔水位低于低水位界限（SL2 为 ON）时，电动机 M 起动运转，开始抽水；当水塔水位高于高水位界限（SL1 为 ON）时，电动机 M 停止运行，抽水完毕。

4）系统具有必要的短路保护和过载保护措施。

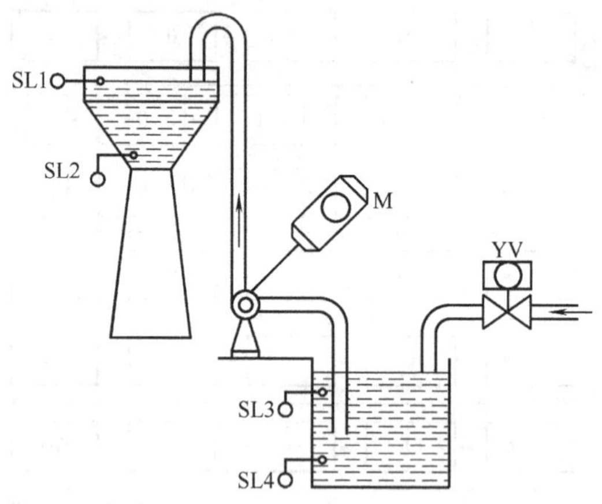

图 12-23 水塔水位控制示意图

项目十三　三台电动机循环起停运转控制系统

一、学习目标

1. 会使用自保持及解除指令、微分输出指令及主控触点指令。
2. 会使用16位增计数器。
3. 掌握使用关键“时间点”编程的方法。
4. 能正确安装、调试与监视三台电动机循环起停运转控制系统。

二、学习任务

1. 项目任务

本项目的任务是安装与调试三台电动机循环起停运转PLC控制系统。系统控制要求如下：

（1）起停控制　如图13-1所示，某设备有三台电动机。按下起动按钮，三台电动机分别相隔5s起动，各运行10s后停止，并循环工作；按下停止按钮，三台电动机停止运转。

（2）保护措施　系统具有必要的短路保护和过载保护措施。

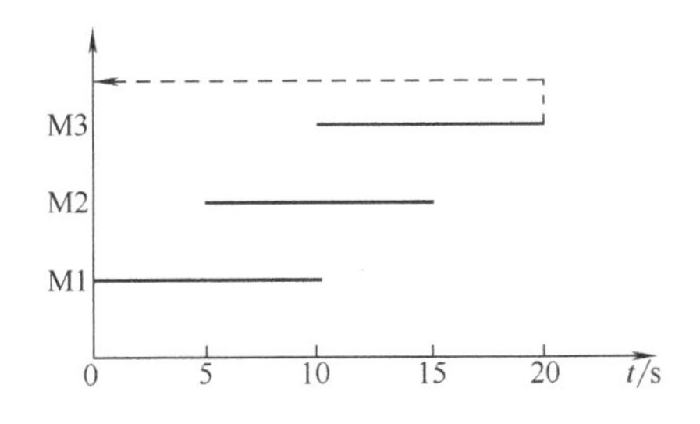

图13-1　三台电动机循环起停运转控制时序图

2. 任务流程图

具体的学习任务及学习过程如图13-2所示。

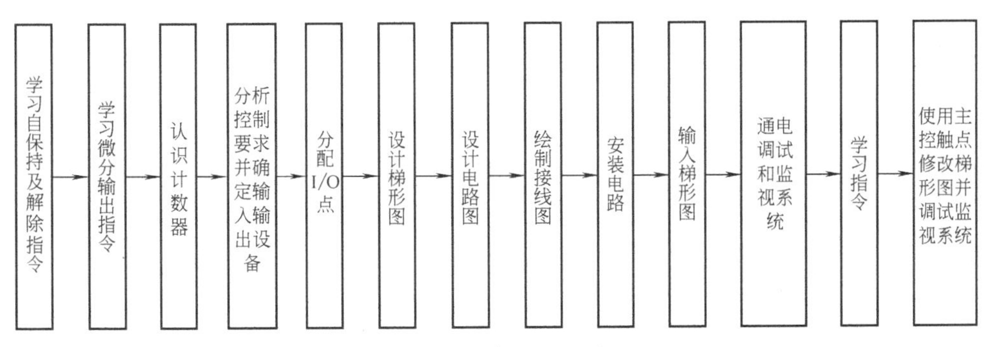

图13-2　任务流程图

三、环境设备

学习所需工具、设备见表 13-1。

表 13-1 工具、设备清单

序号	分类	名称	型号规格	数量	单位	备注
1	工具	常用电工工具		1	套	
2		万用表	MF47	1	只	
3	设备	PLC	FX_{3U}-48MR	1	只	
4		三极小型断路器	DZ47-63	1	只	
5		三相电源插头	16A	1	只	
6		控制变压器	BK100,380V/220V	1	只	
7		熔断器底座	RT18-32	12	只	
8		熔管	5A	9	只	
9			2A	3	只	
10		热继电器	NR4-63	3	只	
11		交流接触器	CJX1-12/22,220V	3	只	
12		按钮	LA38/203	1	只	
13		三相笼型电动机	380V,0.75kW,Y联结	3	台	
14		端子板	TB-1512L	2	条	
15		安装网孔板	600mm×700mm	1	块	
16		导轨	35mm	0.5	m	
17	消耗材料	铜导线	BVR-1.5mm^2	5	m	
18			BVR-1.5mm^2	2	m	双色
19			BVR-1.0mm^2	3	m	
20		紧固件	M4×20 螺钉	若干	只	
21			M4 螺母	若干	只	
22			ϕ4mm 垫圈	若干	只	
23		行线槽	TC3025	若干	m	
24		编码管	ϕ1.5mm	若干	m	
25		编码笔	小号	1	支	

四、背景知识

分析系统控制要求可知，三台电动机在前面顺序起动的基础上，又提出了顺序停止及循环控制要求。不难发现，三台电动机的起停时间都是5s的整数倍。根据这个特点，可应用PLC的计数器对5s进行计数，建立起停“时间点”控制三台电动机的起停。实施项目任务之前，首先学习与本项目相关的几个指令并认识计数器。

1. 学习自保持及解除指令（SET/RST）

（1）指令及其功能　SET/RST 指令的功能及电路表示见表 13-2。

表 13-2　SET/RST 指令的功能及电路表示

助记符、名称	功能	电路表示和可用软元件	程序步
SET 置位	动作保持	SET Y,M,S	Y、M:1 S、特殊 M:2 T、C:2 D、V、Z、特殊 D:3
RST 复位	复位、清零	RST Y,M,S,T,C,D,V,Z	

（2）应用举例　如图 13-3 所示，当 X000 为 ON 时，Y000 置“1”且保持 ON 的状态。当 X001 为 ON 时，Y000 复位，Y001 置“1”且保持 ON 的状态。当 X002 为 ON 时，Y001 复位。

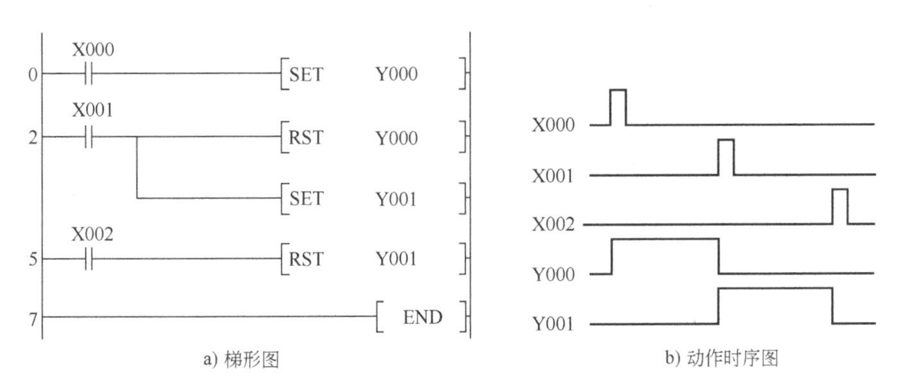

图 13-3　自保持及解除指令应用举例

2. 学习微分输出指令（PLS/PLF）

（1）指令及其功能　PLS/PLF 指令的功能及电路表示见表 13-3。

表 13-3　PLS/PLF 指令的功能及电路表示

助记符、名称	功能	电路表示和可用软元件		程序步
PLS 上升沿脉冲	上升沿微分输出	PLS Y,M	除特殊的 M 以外	1
PLF 下降沿脉冲	下降沿微分输出	PLF Y,M		1

（2）应用举例　如图 13-4 所示，X000 为 ON 时，M0 仅在其上升沿动作一个扫描周期的时间；X001 为 ON 时，M1 仅在其下降沿动作一个扫描周期的时间。

3. 认识计数器

计数器具有计数功能，在程序中用于计数控制。三菱 FX_{3U} 系列 PLC 有 16 位增计数器和 32 位增/减计数器两种类型，这里学习 16 位增计数器。

（1）通用型计数器

1）编号范围。三菱 FX_{3U} 系列 PLC 中 16 位通用型计数器的编号范围为 C0～C99（100 点），采用十进制编号。

2）符号。计数器的符号如图 13-5 所示，与定时器一样，K _ 是计数器的设定值，其设定范围为 K1～K32767。

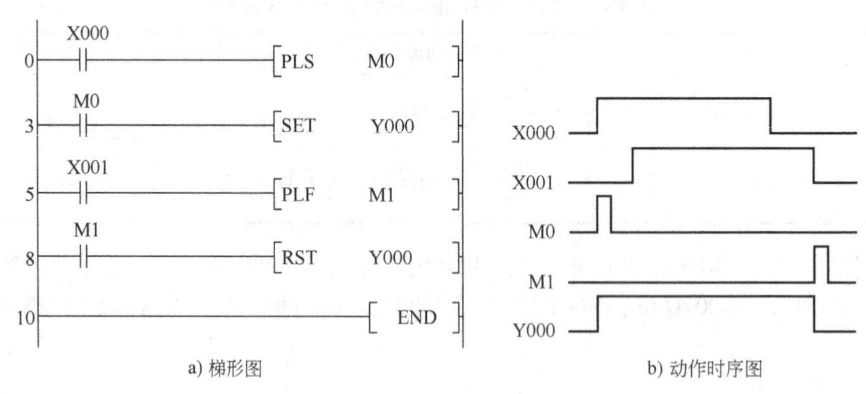

a) 梯形图　　b) 动作时序图

图 13-4　微分输出指令应用举例

3）应用举例。如图 13-6a 所示，当 X000 为 ON 时，T0 与 T1 组成的振荡器以 0.5s 为半周期开始振荡。计数器 C0 对 T1 常开触点的接通次数进行计数，4 次时 C0 常开触点闭合，Y000 动作；C0 常闭触点断开，振荡器停止工作。当 X001 为 ON 时，执行 RST 指令，C0 复位，Y000 复位。

a) 线圈　　b) 常闭触点　　c) 常开触点

图 13-5　计数器的符号

如图 13-6 所示，计数器动作后，不管 T1 是否再接通或断开，其状态保持不变；只有复位条件成立或 PLC 断电时，C0 才复位。

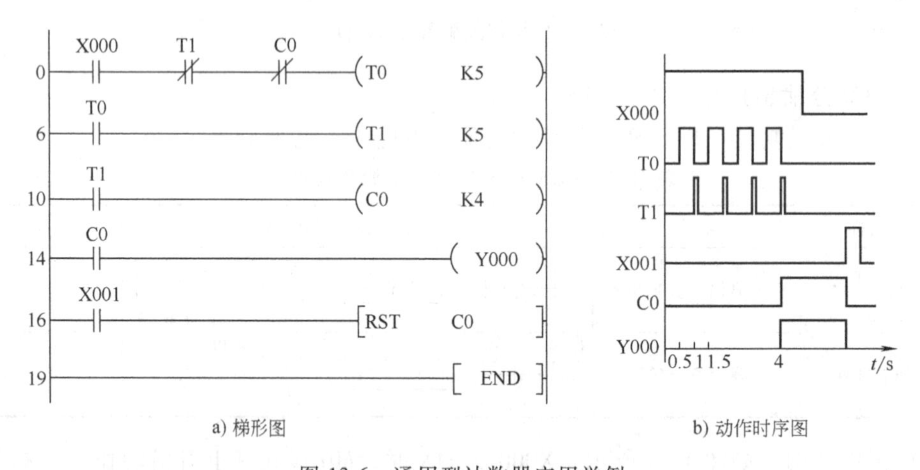

a) 梯形图　　b) 动作时序图

图 13-6　通用型计数器应用举例

（2）掉电保持型计数器

1）编号范围。三菱 FX_{3U} 系列 PLC 中 16 位掉电保持型计数器的编号范围为 C100～C199（100 点），采用十进制编号。

2）应用举例。如图 13-7 所示，PLC 电源正常时，掉电保持型计数器 C100 的功能与通用型计数器相同。当 PLC 外部电源掉电后，C100 保持掉电瞬间的动作状态；当 PLC 恢复供电后，C100 继续驱动 Y000 动作。

4. 分析控制要求并确定输入输出设备

（1）分析控制要求　项目任务要求三台电动机循环起停，分析控制要求如下：

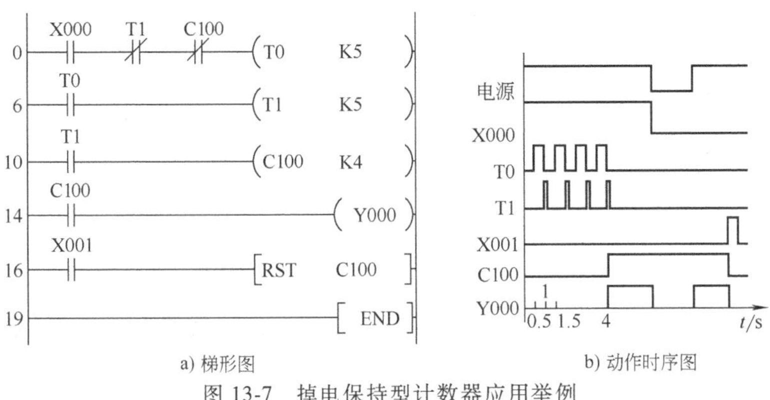

a) 梯形图　　b) 动作时序图

图 13-7　掉电保持型计数器应用举例

1）由系统时序图可知，系统起动后，三台电动机的起停都与间隔 5s 的“时间点”有关。由图 13-6 所示梯形图的执行原理得到启示，可用两个定时器构建 5s 的振荡器，再借助 4 个计数器对其产生的脉冲进行计数 1、2、3、4 次，从而建立 5s、10s、15s、20s 这 4 个关键的起停“时间点”。

2）采用前面所学的顺序控制编程方法，借助关键“时间点”接通或断开三台电动机对应的输出继电器，完成顺序起停控制。

3）20s 是循环工作的“时间点”，可借助它对所有计数器进行复位，实现循环控制。

（2）确定输入设备 根据控制要求，系统有 5 个输入信号：起动、停止和三台电动机的过载信号。由此确定，系统的输入设备有两只按钮和三只热继电器，PLC 需用 5 个输入点分别与它们的常开触头相连。

（3）确定输出设备　三台电动机只需进行起停控制。由此确定，系统的输出设备有三只接触器，PLC 需用 3 个输出点分别驱动控制这三只接触器的线圈。

5. 分配 I/O 点

根据确定的输入输出设备及输入输出点数，分配 I/O 点，见表 13-4。

表 13-4　输入输出设备及 I/O 点分配表

输入			输出		
元件代号	功能	输入点	元件代号	功能	输出点
SB1	起动	X0	KM1	M1 接触器	Y4
SB2	停止	X1	KM2	M2 接触器	Y5
FR1	M1 过载保护	X2	KM3	M3 接触器	Y6
FR2	M2 过载保护	X3			
FR3	M3 过载保护	X4			

6. 设计梯形图

根据上述分析，下面设计系统起停、5s 振荡、“时间点”的建立及驱动输出等程序。

（1）设计系统起停梯形图　如图 13-8 所示，当按下起动按钮时，X000 为 ON，M0 动作保持，系统起动；当按下停止按钮或 FR 动作时，X001（或 X002、X003、X004）为 ON，M0 复位，系统停止。

（2）设计 5s 振荡器梯形图　如图 13-9 所示，系统起动后，M0 为 ON，定时器 T1 和 T2

组成半周期为 2. 5s 的振荡器开始工作。

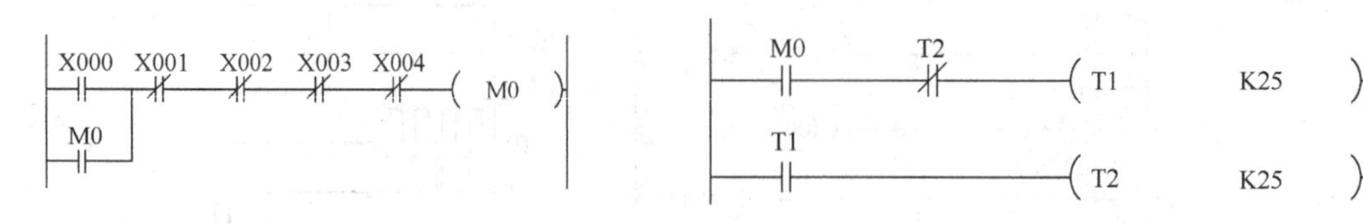

图 13-8 系统起停梯形图

图 13-9 5s 振荡器梯形图

（3）设计建立“时间点”梯形图 如图 13-10 所示，计数器 C1～C4 分别对 T2 的接通次数进行计数，建立 5s、10s、15s 和 20s 共 4 个“时间点”。

（4）设计“时间点”驱动输出梯形图 如图 13-11 所示，系统起动，M0 为 ON。

1）电动机 M1。M0 为 ON，Y004 动作，电动机 M1 运转；10s 时 C2 动作，Y004 复位，电动机 M1 停转。

2）电动机 M2。5s 时 C1 为 ON，Y005 动作，电动机 M2 运转；15s 时 C3 动作，Y005 复位，电动机 M2 停转。

3）电动机 M3。10s 时 C2 为 ON，Y006 动作，电动机 M3 运转；20s 时 C4 动作，Y006 复位，电动机 M3 停转。

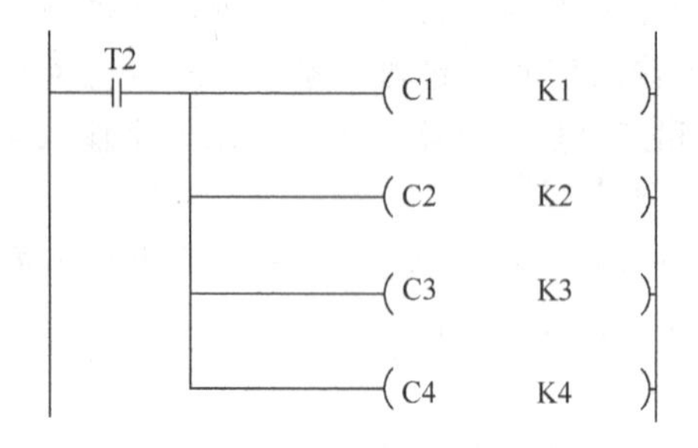

图 13-10 建立“时间点”梯形图

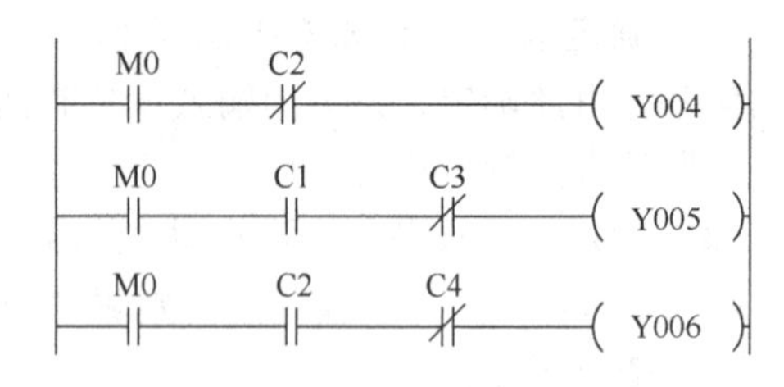

图 13-11 “时间点”驱动输出梯形图

（5）设计计数器复位梯形图 如图 13-12 所示，系统起动时，微分上升沿脉冲 M1 对 C1～C4 清零复位；同样，20s 时 C4 动作对计数器 C1～C4 复位。

（6）整理、完善梯形图 将计数器复位程序放至计数器使用之前，整理、完善后的梯形图如图 13-13 所示。

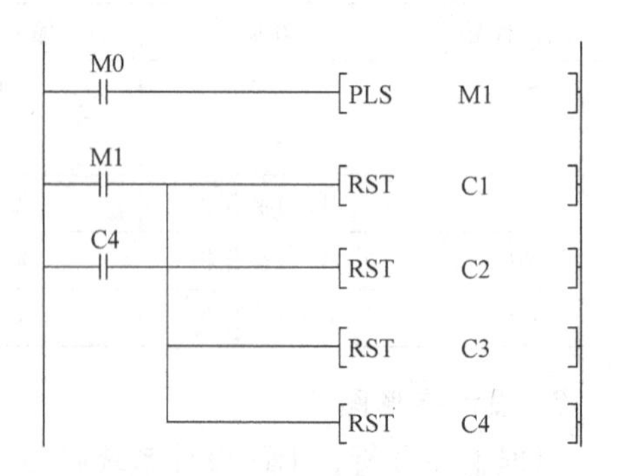

图 13-12 计数器复位梯形图

7. 设计电路图

根据分配的 I/O 点设计系统电路图，如图 13-14所示。

8. 绘制接线图

根据图 13-14 绘制接线图，元件布置参考图 13-15。

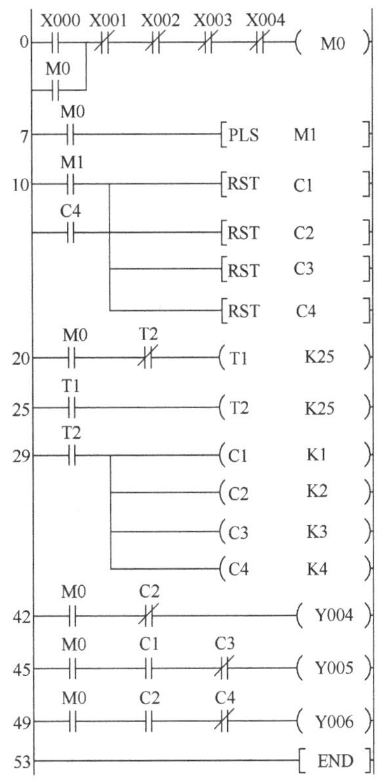

图 13-13 三台电动机循环起停运转控制系统梯形图

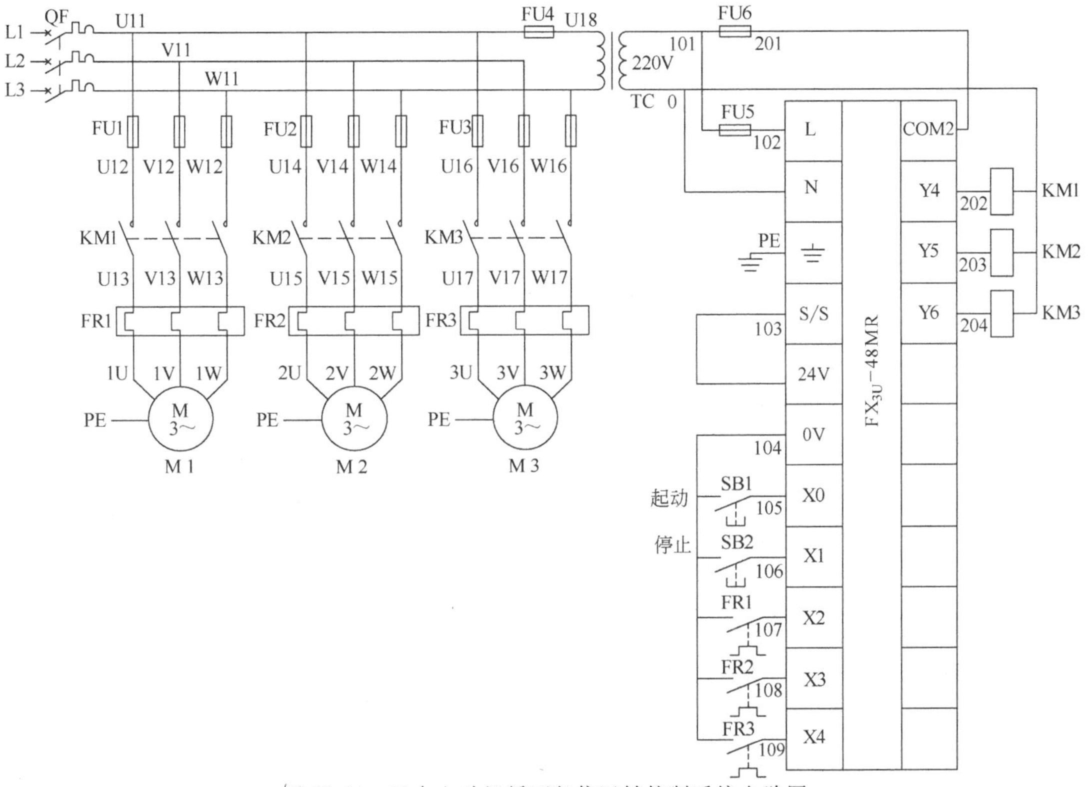

图 13-14 三台电动机循环起停运转控制系统电路图

五、操作指导

1. 安装电路

（1）安装元件

1）检查元件。按表 13-1 配齐所用元件，检查元件的规格是否符合要求，检测元件的质量是否合格。

2）固定元件。根据绘制的接线图固定元件。

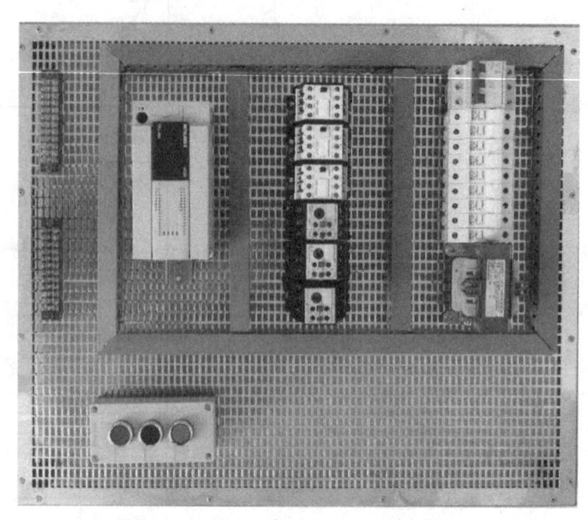

图 13-15　三台电动机循环起停运转控制系统安装板

（2）配线安装

1）线槽配线安装。根据线槽配线原则及工艺要求，对照绘制的接线图进行线槽配线安装。

① 安装控制电路。

② 安装主电路。

2）外围设备配线安装。

（3）自检

1）检查布线。对照电路图检查是否掉线、错线，是否漏编、错编号，以及接线是否牢固等。

2）使用万用表检测。按表 13-5，使用万用表检测安装的电路，如测量阻值与正确阻值不符，应根据电路图检查是否存在错线、掉线、错位、短路等情况。

表 13-5　用万用表检测电路

序号	检测任务	操作方法		正确阻值	测量阻值	备注
1	检测主电路	合上 QF，断开 FU4 后，分别测量 XT 的 L1 与 L2、L2 与 L3、L3 与 L1 之间的阻值	常态时，不动作任何元件	均为∞		
2			压下 KM1	均为 M1 两相定子绕组的阻值之和		
3			压下 KM2	均为 M2 两相定子绕组的阻值之和		
4			压下 KM3	均为 M3 两相定子绕组的阻值之和		
5		接通 FU4，测量 XT 的 L1 和 L3 之间的阻值		TC 一次绕组的阻值		
6	检测 PLC 输入电路	测量 PLC 的电源输入端子 L 与 N 之间的阻值		约为 TC 二次绕组的阻值		
7		测量电源输入端子 L 与公共端子 0V 之间的阻值		∞		
8		常态时，测量所用输入点 X 与公共端子 0V 之间的阻值		均为几千欧至几十千欧		
9		逐一动作输入设备，测量对应的输入点 X 与公共端子 0V 之间的阻值		均约为 0Ω		
10	检测 PLC 输出电路	分别测量输出点 Y4、Y5、Y6 与 COM2 之间的阻值		均为 TC 二次绕组和 KM 线圈的阻值之和		
11	检测完毕，断开 QF					

(4) 通电观察 PLC 的指示 LED　经自检，确认电路正确和无安全隐患后，在教师的监护下，按照表 13-6 通电观察 PLC 的指示 LED。

表 13-6　指示 LED 工作情况记录表

步骤	操作内容	指示 LED	正确结果	观察结果	备注
1	先插上电源插头，再合上断路器	POWER	点亮		已供电，注意安全
2	拨动 RUN/STOP 开关至“RUN”位置	RUN	点亮		
3	拨动 RUN/STOP 开关至“STOP”位置	RUN	熄灭		
4	按下 SB1	IN0	点亮		
5	按下 SB2	IN1	点亮		
6	动作 FR1	IN2	点亮		测试完要复位
7	动作 FR2	IN3	点亮		
8	动作 FR3	IN4	点亮		
9	拉下断路器后，拔下电源插头	断路器 电源插头	已分断		做了吗

2. 输入梯形图

1) 启动 GX Developer 编程软件。

2) 创建新工程，选择 PLC 的类型为 FX_{3U}。

3) 输入元件。根据前面学习的方法，输入系统梯形图，其中计数器线圈 C1 的输入方法是单击功能图窗口中的线圈按钮，在弹出的对话框中输入“C1⊔K1”后回车即可，如图 13-16 所示。

4) 变换梯形图。

5) 保存工程。将工程赋名为“项目 13-1 . pmw”后保存。

图 13-16　输入 C1 线圈的对话框

3. 通电调试和监视系统

(1) 连接计算机与 PLC　用 SC-09 编程线缆连接计算机的串行口 COM1 与 PLC 的编程设备接口。

(2) 写入程序　接通系统电源，将 PLC 的 RUN/STOP 开关拨至“STOP”位置，进行端口设置后，写入程序“项目 13-1. pmw”。

(3) 调试系统 将 PLC 的 RUN/STOP 开关拨至“RUN”位置后，按照表 13-7 操作，观察系统运行情况并做好记录。若出现故障，应立即切断电源，分析原因，检查电路或梯形图后重新调试，直至系统实现预定功能。

表 13-7　系统运行情况记录表（一）

步骤	操作内容	观察内容					
		指示 LED		接触器		电动机	
		正确结果	观察结果	正确结果	观察结果	正确结果	观察结果
1	按下 SB1	OUT4 点亮		KM1 吸合		M1 运转	
2	5s 后	OUT5 点亮		KM2 吸合		M2 运转	

（续）

步骤	操作内容	观察内容					
		指示 LED		接触器		电动机	
		正确结果	观察结果	正确结果	观察结果	正确结果	观察结果
3	10s 后	OUT4 熄灭		KM1 释放		M1 停转	
		OUT6 点亮		KM3 吸合		M3 运转	
4	15s 后	OUT5 熄灭		KM2 释放		M2 停转	
5	20s 后	OUT6 熄灭		KM3 释放		M3 停转	
		OUT4 点亮		KM1 吸合		M1 运转	
6	进入新循环						
7	按下 SB2	系统停止工作					

（4）监视梯形图

1）执行［在线］→［监视］→［监视开始］命令，进入梯形图监视状态。

2）按下起动按钮 SB1 后，振荡器以 2.5s 为半周期开始振荡，计数器开始计数。图 13-17所示为起动 9s 时的梯形图监视窗口。

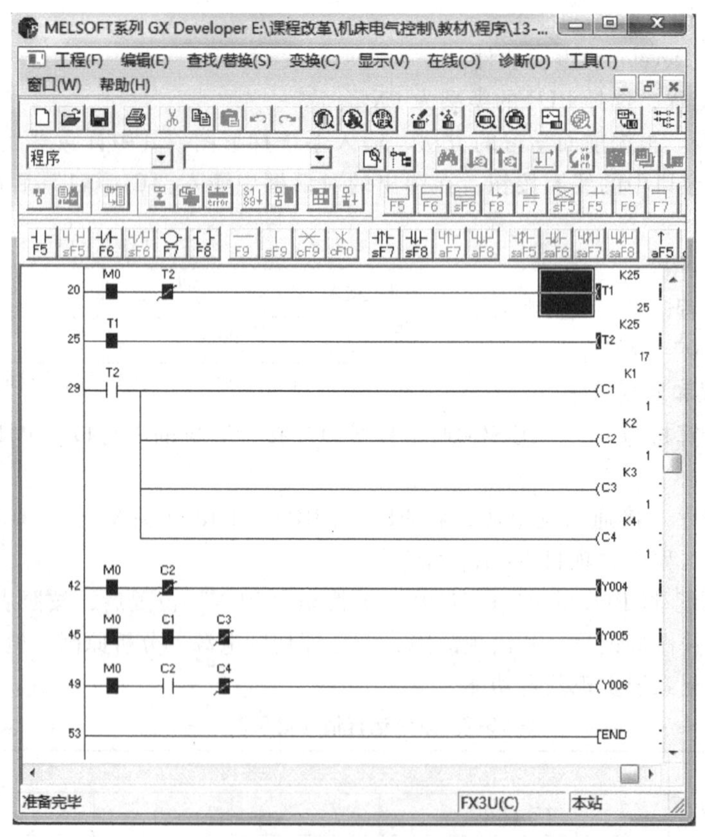

图 13-17　系统起动 9s 时的梯形图监视窗口

3）如图 13-18 所示，Y006 动作后，按下停止按钮，系统停止工作，但计数器的当前值、触点状态均保持。

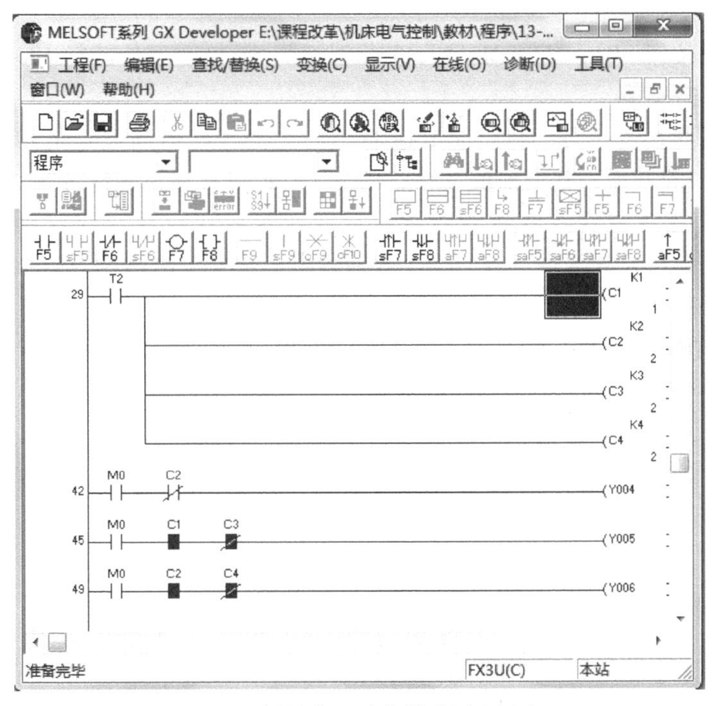

图 13-18　系统停止时的梯形图监视窗口

4）如图 13-19 所示，按下起动按钮时，PLC 执行复位指令，计数器的当前值和触点状态均复位。

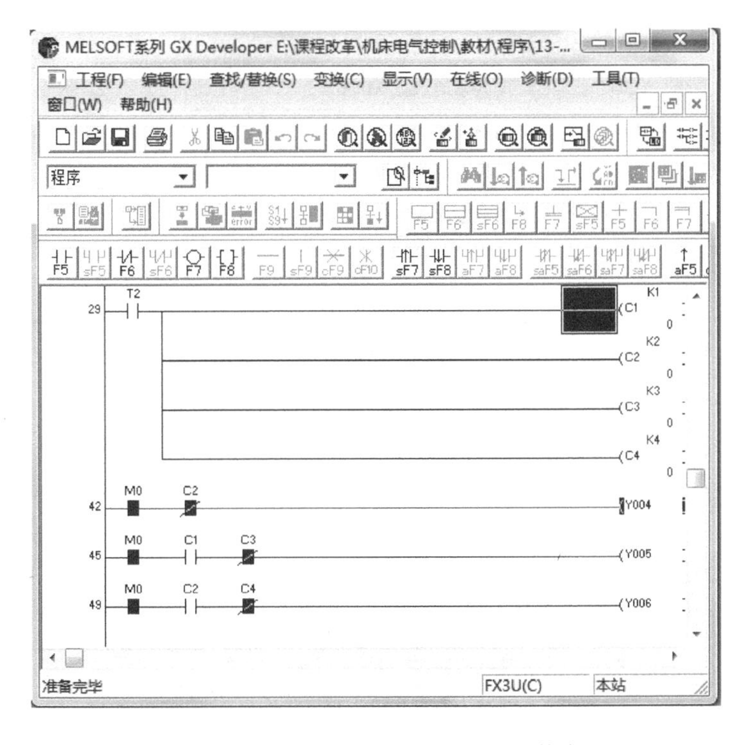

图 13-19　执行复位指令后的梯形图监控窗口

（5）分析调试结果

1）按下起动按钮 SB1，M1、M2 与 M3 分别相隔 5s 起动，各运行 10s 后停止，实现了循环起停控制。

2）计数器线圈接通一次，其当前值递增“1”，当当前值与设定值相等时，其触点动作；当计数器线圈断开后，其当前值及触点状态保持；只有在执行计数器复位指令后，计数器当前值与触点状态才复位。

3）两个定时器可以构建振荡器，产生脉冲输出。改变定时器的设定值，可调整振荡器的脉冲频率。

同理，用一个定时器也可组建振荡器。如图 13-20 所示，X000 为 ON 时，T1 开始计时；5s 时间到，T1 常闭触点断开，T1 复位；其常闭触点恢复接通后，T1 重新开始计时，如此循环，从而产生了 5s 脉冲输出。

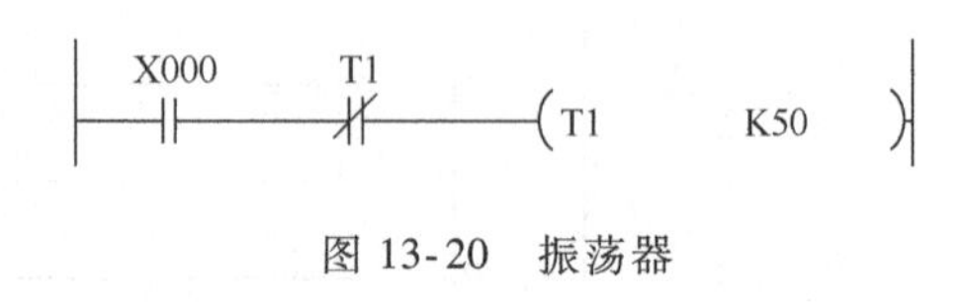

图 13-20　振荡器

4. 学习指令

将视图切换至指令表窗口，阅读指令表，各指令的功能见表 13-8。

表 13-8　系统程序指令表

程序步	指令	元件号	指令功能
0	LD	X000	母线上取常开触点 X000
1	OR	M0	并联常开触点 M0
2	ANI	X001	串联常闭触点 X001
3	ANI	X002	串联常闭触点 X002
4	ANI	X003	串联常闭触点 X003
5	ANI	X004	串联常闭触点 X004
6	OUT	M0	驱动线圈 M0
7	LD	M0	母线上取常开触点 M0
8	PLS	M1	微分输出 M1
10	LD	M1	母线上取常开触点 M1
11	OR	C4	并联常开触点 C4
12	RST	C1	复位 C1
14	RST	C2	复位 C2
16	RST	C3	复位 C3
18	RST	C4	复位 C4
20	LD	M0	母线上取常开触点 M0
21	ANI	T2	串联常闭触点 T2
22	OUT	T1　K25	驱动线圈 T1，设定定时值
25	LD	T1	母线上取常开触点 T1
26	OUT	T2　K25	驱动线圈 T2，设定定时值
29	LD	T2	母线上取常开触点 T2
30	OUT	C1　K1	驱动线圈 C1，设定计数值

（续）

程序步	指令	元件号	指 令 功 能
33	OUT	C2　K2	驱动线圈 C2,设定计数值
36	OUT	C3　K3	驱动线圈 C3,设定计数值
39	OUT	C4　K4	驱动线圈 C4,设定计数值
42	LD	M0	母线上取常开触点 M0
43	ANI	C2	串联常闭触点 C2
44	OUT	Y004	驱动线圈 Y004
45	LD	M0	母线上取常开触点 M0
46	AND	C1	串联常开触点 C1
47	ANI	C3	串联常闭触点 C3
48	OUT	Y005	驱动线圈 Y005
49	LD	M0	母线上取常开触点 M0
50	AND	C2	串联常开触点 C2
51	ANI	C4	串联常闭触点 C4
52	OUT	Y006	驱动线圈 Y006
53	END		结束指令

5. 使用主控触点指令修改梯形图并调试监视系统

阅读图 13-13，多个线圈受同一个触点 M0 控制，这将多占存储空间，使用 PLC 的主控触点指令可以解决这一问题。

（1）学习主控触点指令（MC/MCR）

1）指令及其功能。主控触点指令的功能及电路表示见表 13-9。

表 13-9　主控触点指令的功能及电路表示

助记符、名称	功　　能	电路表示和可用软元件	程序步
MC 主控	公共串联触点的连接	MC　N　Y,M M除特殊辅助继电器外	3
MCR 主控复位	公共串联触点的清除	MCR　N	2

2）应用举例。如图 13-21 所示，当 X000 为 OFF 时，主控指令的执行条件不成立，即使 X001（X002）为 ON，Y000（Y001）线圈也不接通；当 X000 为 ON 时，主控指令的执行条件成立，若 X001（X002）为 ON，则 Y000（Y001）就动作；当 X000 为 OFF 时，主控指令的执行条件不成立，Y000 和 Y001 均复位。

由此可见，主控触点指令相当于开关的接通与断开，其条件成立时，PLC 执行 MC 与 MCR 之间的程序；条件不成立时，PLC 停止执行 MC 与 MCR 之间的程序，且程序中的元件都复位（积算定时器、计数器和 SET 驱动的元件除外）。

（2）修改梯形图　使用主控触点指令将系统梯形图修改为图 13-22 所示的梯形图。

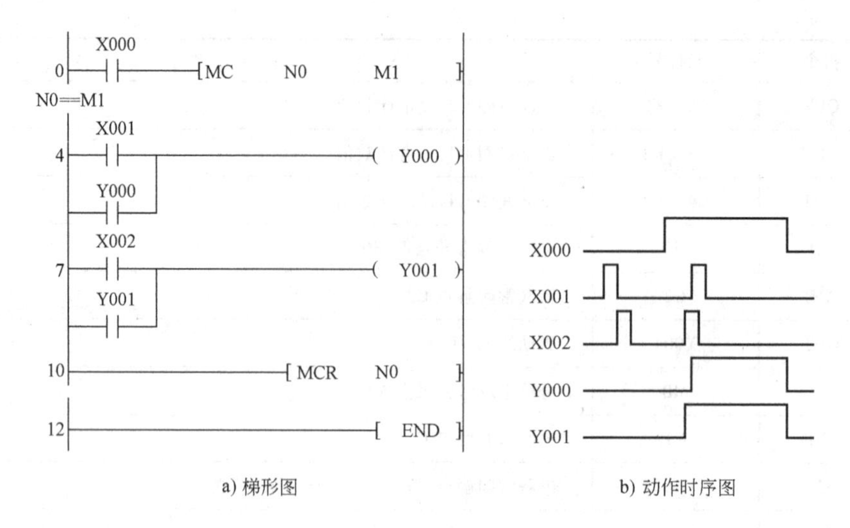

a) 梯形图　　b) 动作时序图

图 13-21　主控触点指令应用举例

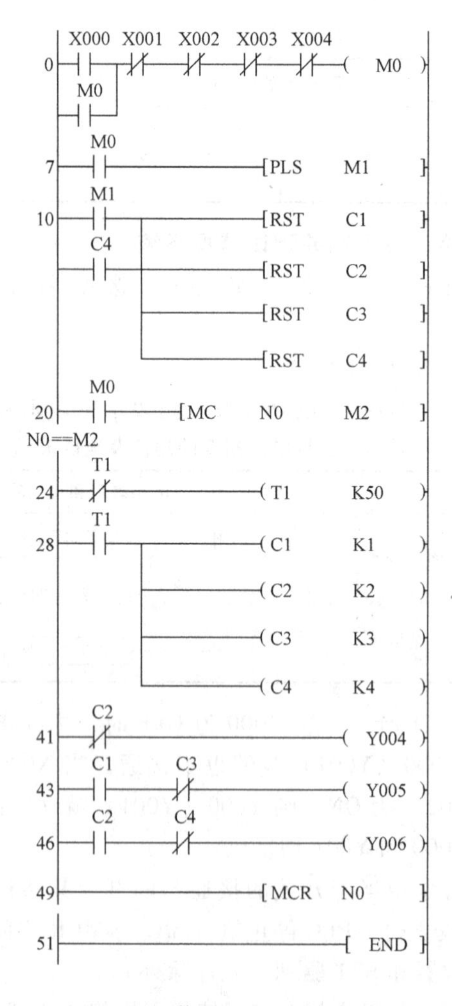

图 13-22　修改后的系统梯形图

1）打开工程“项目 13-1. pmw”的梯形图窗口。

2）行插入。如图 13-23 所示，单击常开触点 M0，将光标位置移至程序插入行，再执行图 13-24 所示的［编辑］→［行插入］命令，便在光标处插入新的一行，梯形图进入编辑状态，如图 13-25 所示。

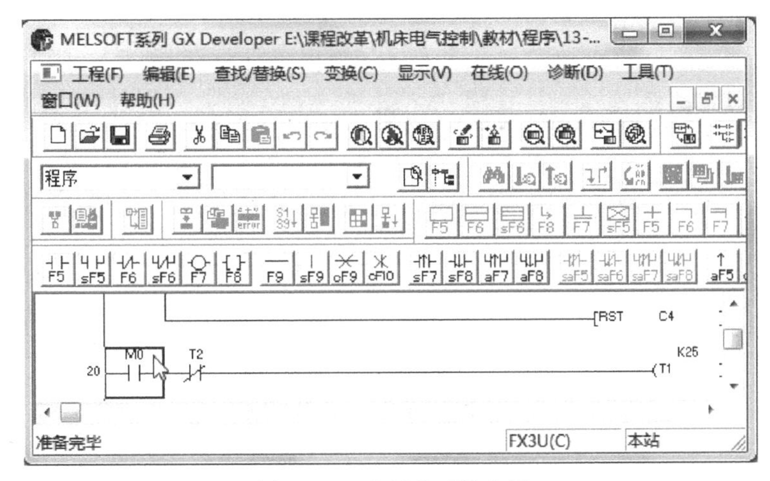

图 13-23 光标移至插入行

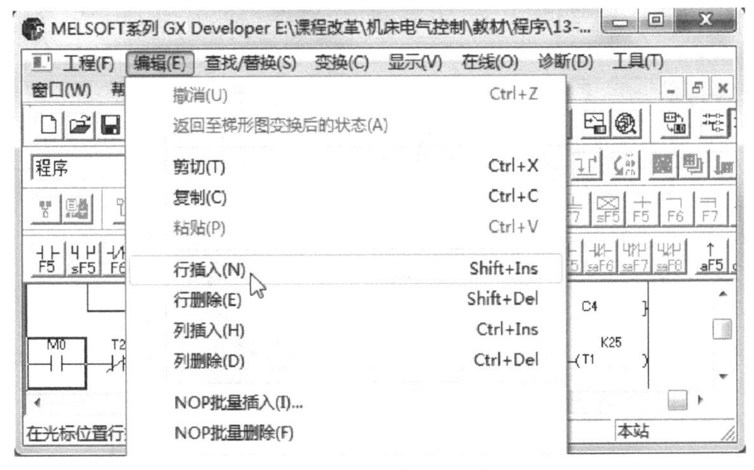

图 13-24 行插入命令

3）输入元件。除了用前面所学的方法输入元件外，还可用键盘直接输入指令。如图 13-26 所示，在元件输入处，直接用键盘输入指令。

4）删除部分元件 M0。将“光标”移至删除元件 M0 上，单击功能图窗口中的“横连线”按钮 F9 ，即可删除。

5）变换梯形图。

6）另存工程。将工程赋名为“项目 13-2. pmw”后另存。

（3）调试系统

1）接通系统电源，将 PLC 的 RUN/STOP 开关拨至“STOP”位置，写入程序“项目 13-2. pmw”。

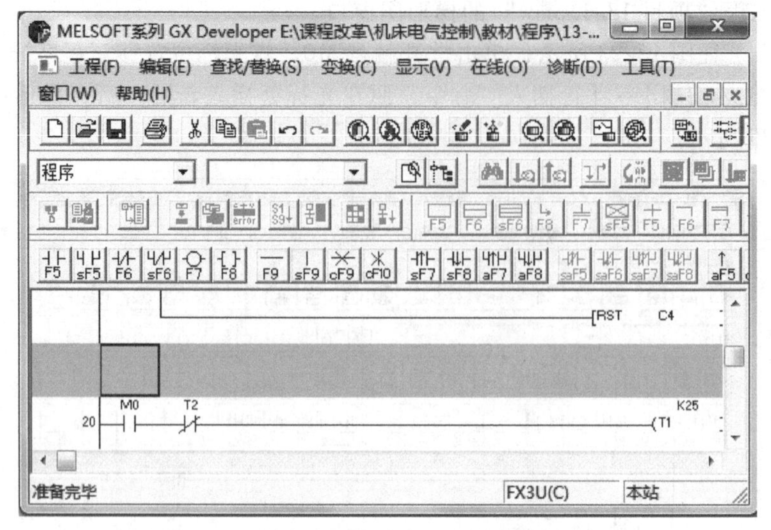

图 13-25 行插入后的梯形图窗口

图 13-26 键盘输入指令

2）将 PLC 的 RUN/STOP 开关拨至“RUN”位置，按表 13-10 操作，观察系统运行情况并做好记录。

表 13-10 系统运行情况记录表（二）

步骤	操作内容	观察内容					
		指示 LED		接触器		电动机	
		正确结果	观察结果	正确结果	观察结果	正确结果	观察结果
1	按下 SB1	OUT4 点亮		KM1 吸合		M1 运转	
2	5s 后	OUT5 点亮		KM2 吸合		M2 运转	
3	10s 后	OUT4 熄灭		KM1 释放		M1 停转	
		OUT6 点亮		KM3 吸合		M3 运转	

（续）

步骤	操作内容	观察内容					
		指示 LED		接触器		电动机	
		正确结果	观察结果	正确结果	观察结果	正确结果	观察结果
4	15s 后	OUT5 熄灭		KM2 释放		M2 停转	
5	20s 后	OUT6 熄灭		KM3 释放		M3 停转	
		OUT4 点亮		KM1 吸合		M1 运转	
6	进入新循环						
7	按下 SB2	系统停止工作					

（4）监视梯形图

1）执行［监视开始］命令，进入梯形图监视状态。如图 13-27 所示，主控指令的执行条件不成立，主控接点处于断开状态。

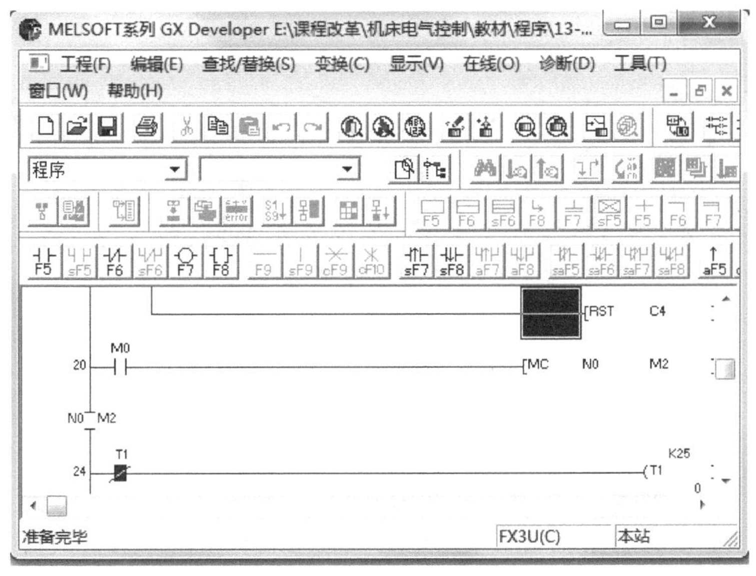

图 13-27　梯形图监视窗口

2）如图 13-28 所示，按下起动按钮后，MC 执行条件成立，主控触点 M2 接通，PLC 执行 MC 与 MCR 之间的程序，振荡器开始振荡，电动机开始运转。

3）如图 13-29 所示，按下停止按钮，主控触点断开，PLC 停止执行 MC 与 MCR 之间的程序，定时器和输出继电器均复位，计数器保持当前状态。

4）停止监视操作。

（5）分析调试结果　MC 与 MCR 之间的所有程序均受主控触点控制。按下起动按钮 SB1 后，M0 为 ON，主控指令条件成立，执行 MC 与 MCR 之间的程序；当 M0 为 OFF 时，主控指令条件不成立，PLC 停止执行 MC 与 MCR 之间的程序，其中定时器及输出继电器均复位，计数器保持当前状态。

6. 操作要点

1）计数器线圈接通一次，其当前值加“1”，当当前值等于设定值时，其触点动作；线

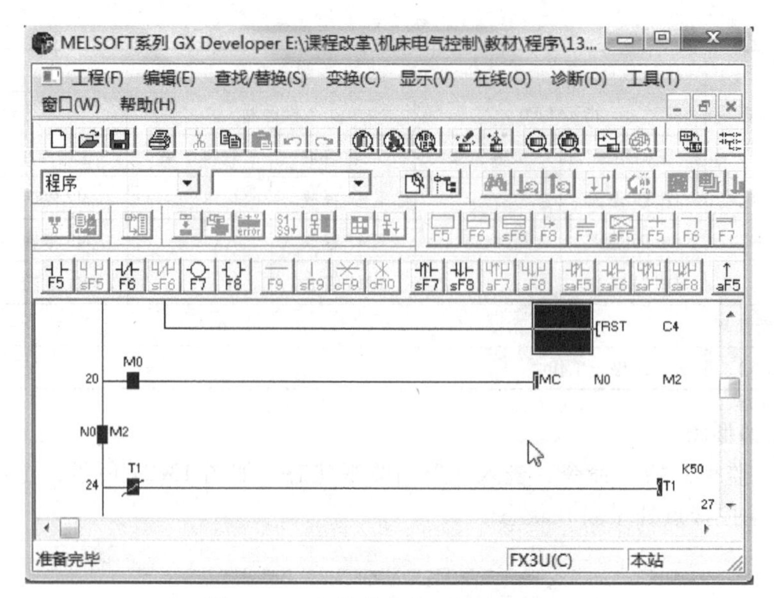

图 13-28 主控触点接通的监视窗口

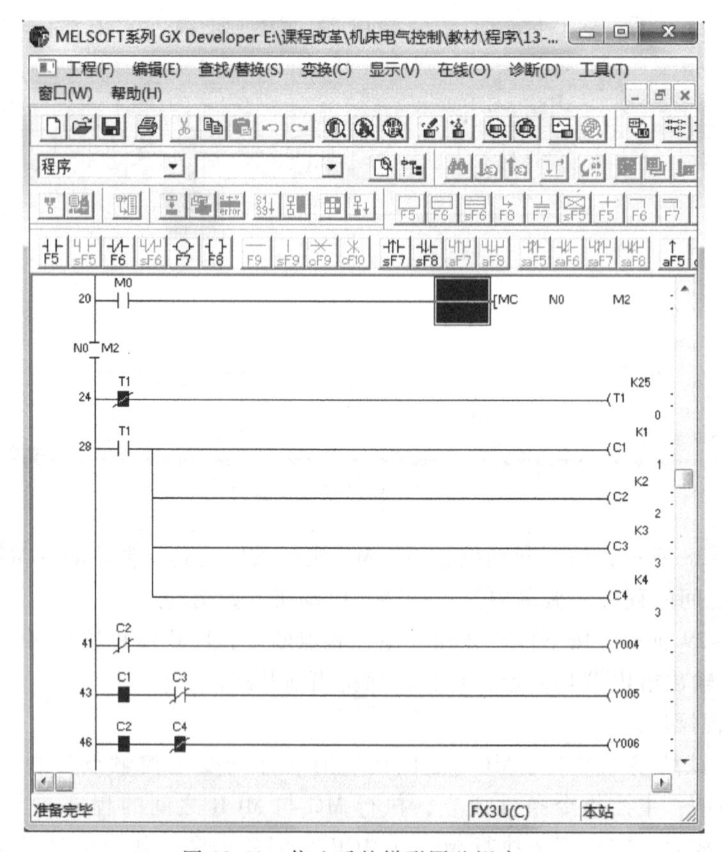

图 13-29 停止后的梯形图监视窗口

圈断开后，其状态保持，只有在执行计数器复位指令后才复位。

2）主控触点指令相当于触点开关。

3）通电调试操作必须在教师的监护下进行。

4）应在规定的时间内完成训练项目，同时做到安全操作和文明生产。

六、质量评价标准

项目质量考核要求及评分标准见表 13-11。

表 13-11 质量评价表

考核项目	考核要求	配分	评分标准	扣分	得分	备注
系统安装	1. 正确安装元件 2. 按图完整、正确及规范地接线 3. 按要求正确编号	30	1. 元件松动每处扣 2 分，损坏每处扣 4 分 2. 错、漏线每处扣 2 分 3. 反圈、压皮、松动每处扣 2 分 4. 错、漏编号每处扣 1 分			
编程操作	1. 会创建程序新工程 2. 会输入梯形图 3. 会保存工程 4. 会写入程序 5. 会变换梯形图	40	1. 不能创建程序新工程或创建错误扣 4 分 2. 输入梯形图错误每处扣 2 分 3. 保存工程错误扣 4 分 4. 写入程序错误扣 4 分 5. 变换梯形图错误扣 4 分			
运行操作	1. 会操作运行系统，分析操作结果 2. 会监视梯形图 3. 会编辑修改程序，验证主控指令控制	30	1. 系统通电操作错误每步扣 3 分 2. 分析操作结果错误每处扣 2 分 3. 监视梯形图错误每处扣 2 分 4. 编辑修改程序错误每处扣 2 分			
安全生产	自觉遵守安全文明生产规程		1. 漏接接地线每处扣 5 分 2. 每违反一项规定扣 3 分 3. 发生安全事故按 0 分处理			
时间	4h		提前正确完成，每 5min 加 5 分 超过定额时间，每 5min 扣 2 分			
开始时间：		结束时间：		实际时间：		

七、拓展与提高

1. LDP、LDF、ANDP、ANDF、ORP 和 ORF 指令说明

（1）指令及其功能　LDP、LDF、ANDP、ANDF、ORP 和 ORF 指令的功能及电路表示见表 13-12。

表 13-12 指令功能及电路表示

助记符、名称	功能	电路表示和可用软元件	程序步
LDP 取脉冲上升沿	上升沿检出运算开始	X,Y,M,S,T,C	2
LDF 取脉冲下升沿	下降沿检出运算开始	X,Y,M,S,T,C	2

（续）

助记符、名称	功能	电路表示和可用软元件	程序步
ANDP 与脉冲上升沿	上升沿检出串联连接	X,Y,M,S,T,C	2
ANDF 与脉冲下降沿	下降沿检出串联连接	X,Y,M,S,T,C	2
ORP 或脉冲上升沿	上升沿检出并联连接	X,Y,M,S,T,C	2
ORF 或脉冲下降沿	下降沿检出并联连接	X,Y,M,S,T,C	2

（2）指令说明

1）LDP、ANDP、ORP 指令是上升沿触点指令，仅在指定的位软元件的上升沿接通一个扫描周期。

2）LDF、ANDF、ORF 指令是下降沿触点指令，仅在指定的位软元件的下降沿接通一个扫描周期。

3）线圈的并联可以通过连续使用 OUT 指令来实现。

（3）应用举例　LDP、LDF、ANDP、ANDF、ORP 及 ORF 指令应用举例如图 13-30 所示。

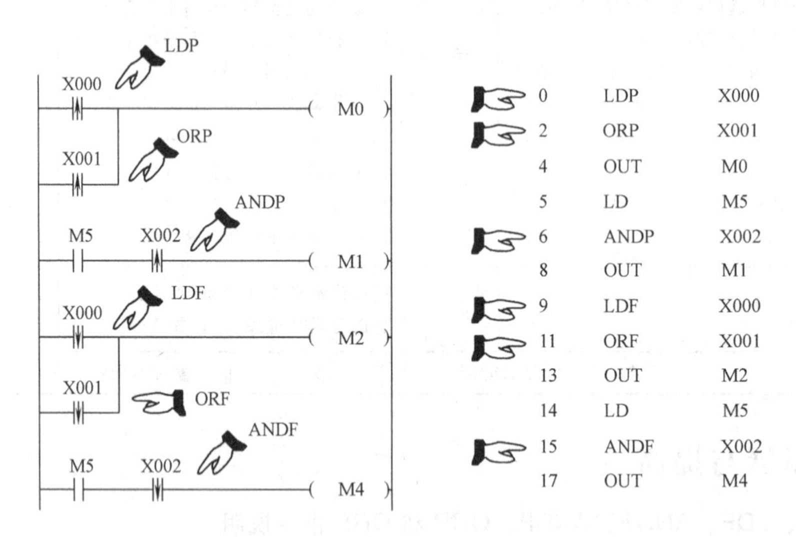

图 13-30　LDP、LDF、ANDP、ANDF、ORP 及 ORF 指令应用举例

2. ORB 指令说明

（1）指令及其功能　ORB 指令的功能及电路表示见表 13-13。

表 13-13　ORB 指令的功能及电路表示

助记符、名称	功能	电路表示和可用软元件	程序步
ORB 电路块或	串联电路块的并联		1

（2）指令说明

1）由两个或两个以上的触点串联连接的电路称为串联电路块。

2）ORB 是不带软元件编号的独立指令。

3）ORB 指令可以成批使用，但不得超过 8 次。

（3）应用举例　ORB 指令应用举例如图 13-31 所示。

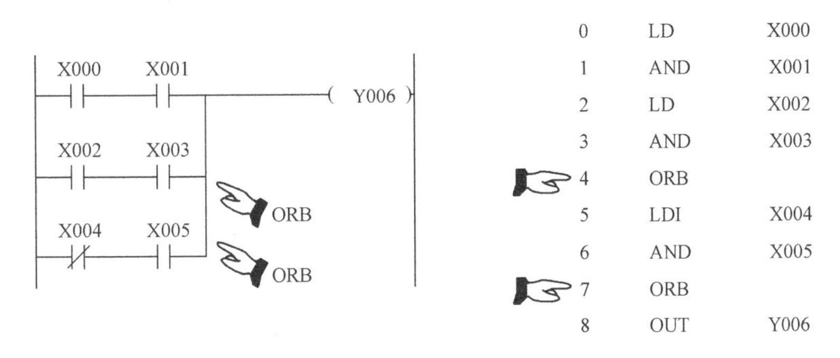

图 13-31　ORB 指令应用举例

3. ANB 指令说明

（1）指令及其功能　ANB 指令的功能及电路表示见表 13-14。

表 13-14　ANB 指令的功能及电路表示

助记符、名称	功能	电路表示和可用软元件	程序步
ANB 电路块与	并联电路块的串联		1

（2）指令说明

1）由两个或两个以上的触点并联连接的电路称为并联电路块。

2）ANB 是不带软元件编号的独立指令。

3）ANB 指令可以成批使用，但不得超过 8 次。

（3）应用举例　ANB 指令应用举例如图 13-32 所示。

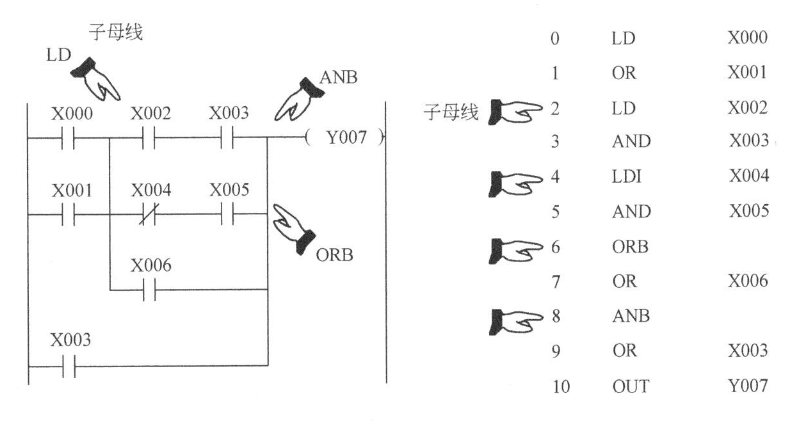

图 13-32　ANB 指令应用举例

习　题

1. 请写出图 13-33 所示梯形图对应的指令表。

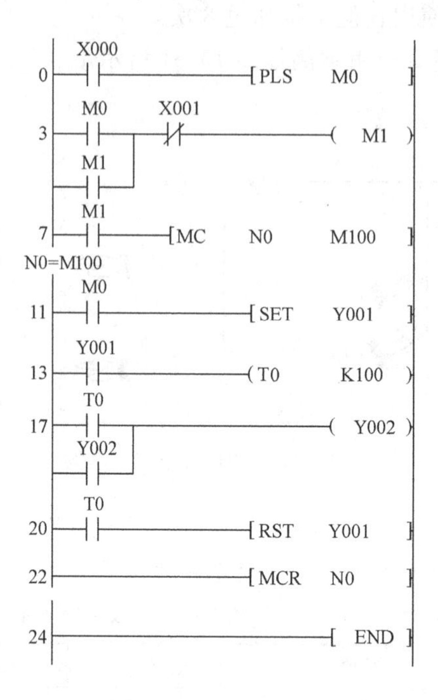

图 13-33　习题 1 图

2. 阅读图 13-34a 所示梯形图，X000 和 X001 的动作时序如图 13-34b 所示，请画出 M0、M1 和 Y000 的时序图。

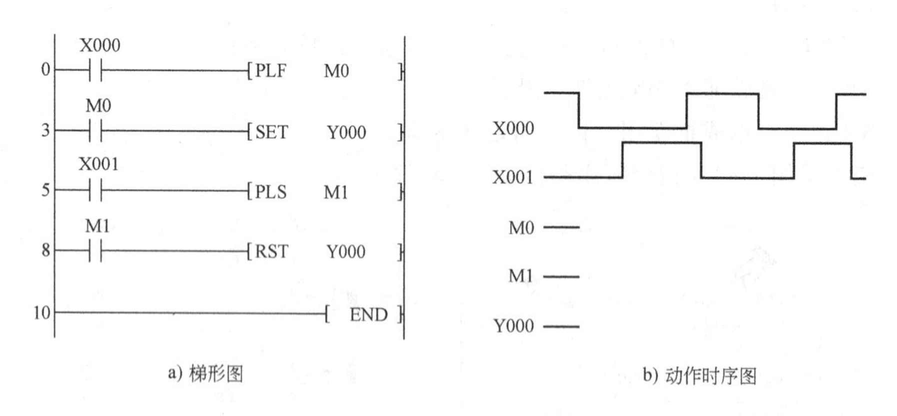

a) 梯形图　　b) 动作时序图

图 13-34　习题 2 图

3. 设计交通信号灯 PLC 控制系统，画出系统电路图和梯形图。系统控制要求如下：

十字路口处交通信号灯的控制时序如图 13-35 所示。按下起动按钮 SB1，系统开始工作，南北红灯亮 30s，同时东西绿灯亮 25s 后以 0.5s 为半周期闪烁 3 次熄灭，然后东西黄灯亮 2s 熄灭；再切换成东西红灯亮 30s，同时南北绿灯亮 25s 后以 0.5s 为半周期闪烁 3 次熄灭，然后南北黄灯亮 2s 熄灭，如此不断循环。按下停止按钮 SB2，系统停止工作。

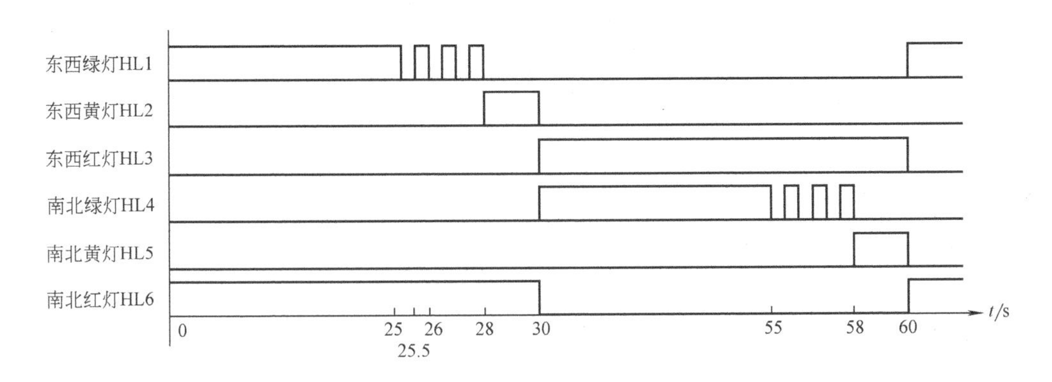

图 13-35　习题 3 图

4. 设计料箱盛料过少报警系统，画出系统电路图和梯形图。系统控制要求如下：

（1）自动方式　当低限开关 S 为 ON 时，报警器开始鸣叫，同时报警灯连续闪烁（亮 1.5s，灭 2.5s），闪烁 10 次后报警器停止鸣叫，报警灯也熄灭。

（2）手动方式　当低限开关 S 为 ON 时，报警器开始鸣叫，同时报警灯连续闪烁（亮 1.5s，灭 2.5s），直至按下复位按钮才停止。

项目十四　液压动力滑台进给控制系统

一、学习目标

1. 会使用状态元件和步进指令。

2. 会分析液压动力滑台进给控制系统的控制要求、绘制状态转移图；掌握状态三要素和状态编程的方法；能将状态转移图转换成梯形图。

3. 会使用接近开关，能正确安装、调试与监视液压动力滑台进给控制系统。

二、学习任务

1. 项目任务

本项目的任务是安装与调试液压动力滑台进给 PLC 控制系统，系统控制要求如下：

（1）初始状态　初始状态时，液压动力滑台停在原位，接近开关 SQ1 动作。

（2）起停控制　按下起动按钮后，液压动力滑台的进给运动如图 14-1 所示，电磁阀 YV1～YV4 在各工步中的工作状态见表 14-1。工作一个循环后，液压动力滑台返回并停止在原位。

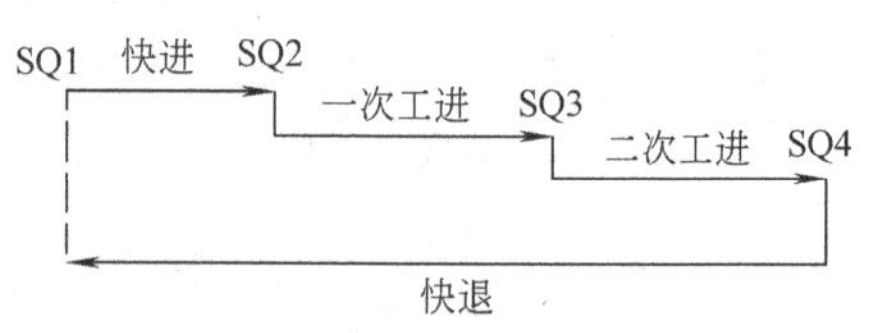

图 14-1　液压动力滑台控制示意图

（3）保护措施　系统具有必要的短路保护措施。

表 14-1　电磁阀的工作状态

工步	YV1	YV2	YV3	YV4
快进	-	+	+	-
一次工进	+	+	-	-
二次工进	-	+	-	-
快退	-	-	+	+

2. 任务流程图

具体的学习任务及学习过程如图 14-2 所示。

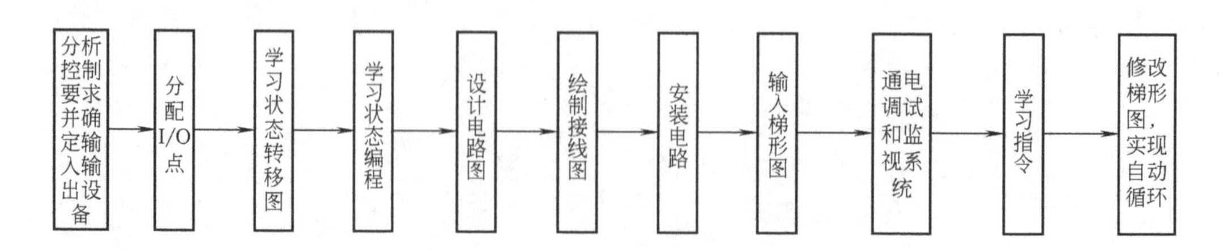

图 14-2　任务流程图

三、环境设备

学习所需工具、设备见表 14-2。

表 14-2　工具、设备清单

序号	分类	名称	型号规格	数量	单位	备注
1	工具	常用电工工具		1	套	
2		万用表	MF47	1	只	
3	设备	PLC	FX_{3U}-48MR	1	只	
4		两极小型断路器	DZ47-60	1	只	
5		三相电源插头	16A	1	只	
6		控制变压器	BK100,380V/220V	1	只	
7		熔断器底座	RT18-32	3	只	
8		熔管	5A	3	只	
9		交流接触器	CJX1-12/22,220V	4	只	
10		按钮	LA38/203	1	只	
11		接近开关	JM12L-Y4NK	4	只	
12		端子板	TB-1512L	2	条	
13		安装网孔板	600mm×700mm	1	块	
14		导轨	35mm	0.5	m	
15	消耗材料	铜导线	BVR-1.5mm^2	2	m	双色
16			BVR-1.0mm^2	5	m	
17		紧固件	M4×20 螺钉	若干	只	
18			M4 螺母	若干	只	
19			ϕ4mm 垫圈	若干	只	
20		行线槽	TC3025	若干	m	
21		编码管	ϕ1.5mm	若干	m	
22		编码笔	小号	1	支	

四、背景知识

液压动力滑台的工作过程主要分为初始准备、快进、一次工进、二次工进、快退五个阶段（步），各阶段（步）是在接近开关的指令下，按照顺序从一个阶段（步）向下一个阶段（步）转换的，属于顺序控制。三菱 PLC 为此配备了专门的顺序控制指令——步进指令，用步进指令编程，简单直观，方便易读。下面结合液压动力滑台进给控制系统，学习设计步进程序的基本方法，用步进编程完成本项目的控制任务。

1. 分析控制要求并确定输入输出设备

（1）分析控制要求　阅读液压动力滑台进给控制示意图，可将系统的控制过程分解为图 14-3 所示的五个工作步：

第一步：初始准备步，滑台停在原位，接近开关 SQ1 动作。

第二步：按下起动按钮，电磁阀 YV2、YV3 得电，滑台快进。

第三步：滑台快进至 SQ2 处，YV1、YV2 得电，滑台一次工进。

第四步：滑台工进至 SQ3 处，YV2 得电，滑台二次工进。

第五步：滑台工进至 SQ4 处，YV3、YV4 得电，滑台快退，到达 SQ1 处时滑台停止。

(2) 确定输入设备　根据控制要求分析，系统有五个输入信号：起动信号和四个位置信号。由此确定，系统的输入设备有一只按钮和四只接近开关，PLC 需用五个输入点分别与它们相连。

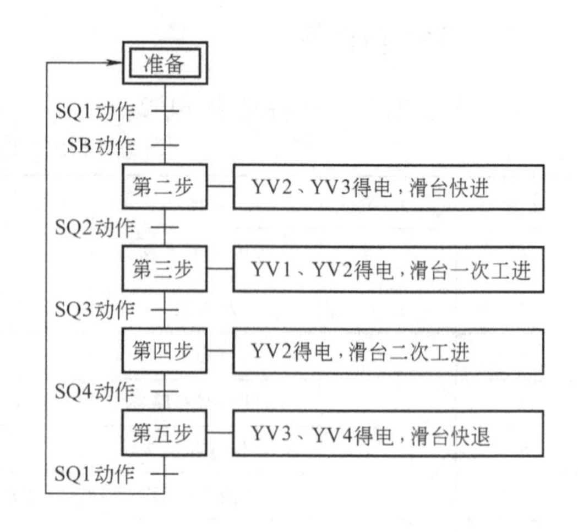

图 14-3　液压动力滑台进给控制系统工作流程图

(3) 确定输出设备　综上分析确定，系统的输出设备有四只电磁阀，PLC 需用四个输出点分别驱动控制它们的线圈。

2. 分配 I/O 点

根据确定的输入输出设备及输入输出点数，分配 I/O 点，见表 14-3。

表 14-3　输入输出设备及 I/O 点分配表

输　入			输　出		
元件代号	功能	输入点	元件代号	功能	输出点
SB	起动	X0	YV1	电磁阀	Y4
SQ1	原位开关	X1	YV2	电磁阀	Y5
SQ2	快进到位	X2	YV3	电磁阀	Y6
SQ3	一次工进到位	X3	YV4	电磁阀	Y7
SQ4	二次工进到位	X4			

3. 学习状态转移图

图 14-3 很清晰地描述了系统的整个工艺流程，将复杂的工作过程分解成若干步，各步包含了驱动功能、转移条件和转移方向。这种将整体程序分解成若干步进行编程的思想就是状态步进编程思想，而状态步进编程的主要方法就是应用状态元件编制状态转移图。

(1) 状态元件 S　状态元件是状态转移图的基本元素，也是一种软元件。FX_{3U} 系列 PLC 的状态元件见表 14-4。

表 14-4　FX_{3U} 系列 PLC 的状态元件

类　别	元件编号	个数	用　途
初始状态	S0~S9	10	用于初始状态
一般状态	S10~S499	490	用于中间状态
一般状态	S500~S899，S1000~S4095	3496	用于中间状态（具有掉电保持功能）
信号报警状态	S900~S999	100	用于报警元件

（2）状态转移图　将图 14-3 中的初始准备步用初始状态元件 S0 代替，其他步用从 S20 开始的一般状态元件代替，转移条件和驱动功能用对应的软元件代替，工作流程图就演变为状态转移图，如图 14-4 所示。

（3）状态三要素　如图 14-4 所示，状态转移图中的状态下有驱动的负载、向下一状态转移的条件和转移的方向（转移的下一状态），三者构成状态转移图的三要素。以状态 S20 为例，驱动的负载为 Y005 与 Y006，向下一状态转移的条件为 X002，转移的方向为 S21。

在状态三要素中，是否驱动负载视具体控制情况而定，而转移条件和转移方向是必不可少的。所以初始状态 S0 也必须有转移条件，否则无法开启激活它，通常采用 PLC 的特殊辅助继电器 M8002 进行驱动转移。M8002 的作用是在 PLC 运行的第一个扫描周期中产生初始脉冲。完整的系统状态转移图如图 14-5 所示。

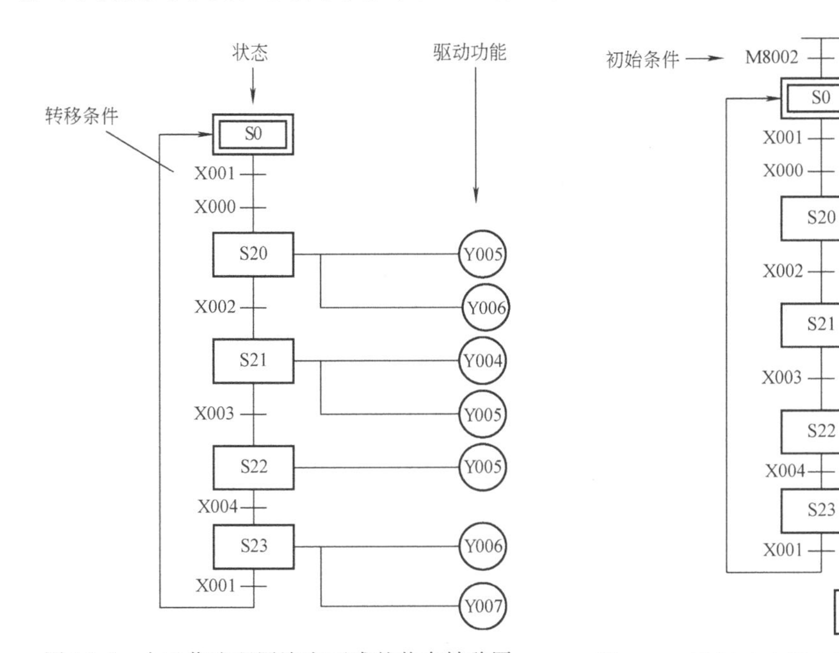

图 14-4　由工作流程图演变而成的状态转移图

图 14-5　液压动力滑台进给控制系统状态转移图

4. 学习状态编程

（1）步进指令　FX_{3U}系列 PLC 的步进指令有两条：步进接点指令 STL 和步进返回指令 RET。

1）步进接点指令（STL）。STL 指令用于激活某个状态，从主母线上引出状态接点，建立子母线，以使该状态下的所有操作均在子母线上进行，其符号为—[STL]—。

2）步进返回指令（RET）。RET 指令用于步进控制程序返回主母线。由于非状态控制程序的操作在主母线上完成，而状态控制程序均在子母线上进行，为了防止出现逻辑错误，在步进控制程序的结尾必须使用 RET 指令，以使步进控制程序执行完毕后返回主母线，其符号为—[RET]。

（2）状态编程原则　状态编程的原则：先驱动负载，再转移。如图 14-6 所示，以 S20 状态为例，将状态转移图转换为梯形图。“STL S20”激活 S20 状态，引出 S20 状态接点，建立子母线，在子母线上驱动 Y005 和 Y006；当转移条件 X002 成立时，向状态 S21 转移。

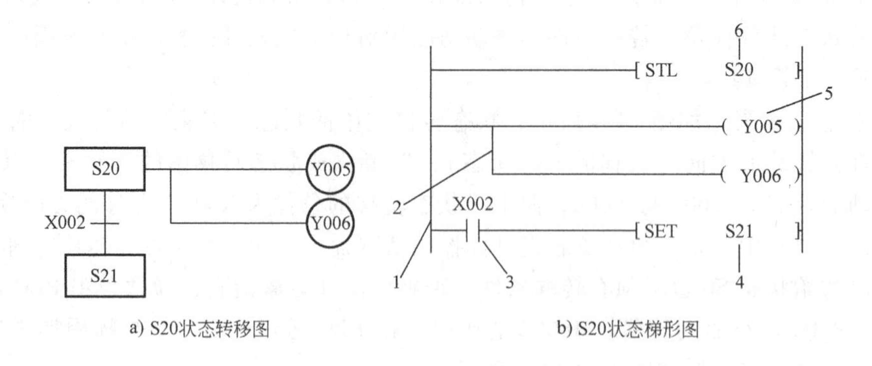

a) S20状态转移图　　b) S20状态梯形图

图 14-6　S20 状态转移图与梯形图

1—主母线　2—子母线　3—转移条件　4—转移方向　5—驱动负载　6—引出状态节点

（3）梯形图　根据状态编程原则，将系统状态转移图（图 14-5）转换为图 14-7 所示的系统梯形图，其执行原理如下：

1）S0 状态。在 PLC 运行的第一个扫描周期，M8002 接通（转移条件成立），激活 S0 状态，建立子母线。在子母线上，滑台在原位，X001 接通。当按下起动按钮时，X000 动作，向 S20 状态转移。

2）S20 状态。“STL S20”激活 S20 状态，建立子母线。在子母线上，Y005 与 Y006 动作，滑台快进。滑台快进至 SQ2 处时，X002 动作，向 S21 状态转移。

3）S21 状态。“STL S21”激活 S21 状态，建立子母线。在子母线上，Y004 与 Y005 动作，滑台一次工进。滑台工进至 SQ3 处时，X003 动作，向 S22 状态转移。

4）S22 状态。“STL S22”激活 S22 状态，建立子母线。在子母线上，Y0005 动作，滑台二次工进。滑台工进至 SQ4 处，X004 动作，向 S23 状态转移。

5）S23 状态。“STL S23”激活 S23 状态，建立子母线。在子母线上，Y006 与 Y007 动作，滑台快退。滑台快退至 SQ1 处，X001 动作，激活 S0 状态，滑台停止，等待下一次起动。对于不连续的状态转移，通常采用 OUT 指令。

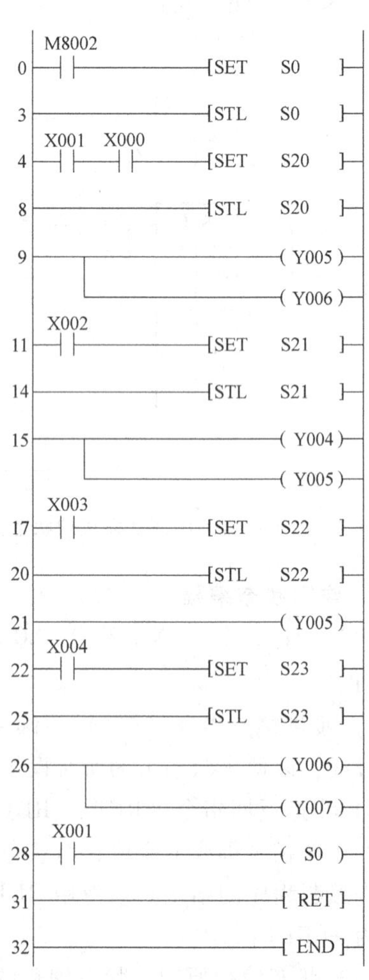

图 14-7　液压动力滑台进给控制系统梯形图

5. 设计电路图

（1）认识接近开关　图 14-8 所示为部分电感式接近开关，它是一种利用位移传感器对接近物体的敏感特性来控制开关通或断的开关元件。接近开关的分类方法较多，可分为双线、三线及四线等类型，也可分为 NPN 与 PNP 等类型。对于 FX 系列 PLC，只能使用 NPN 型接近开关输入，其接线方式如图 14-9 所示，棕色线接 PLC 的 24V 电源输出端子，蓝色线接 COM 端，黑色线接输入点。

（2）电路图　根据分配的 I/O 点设计系统电路图，如图 14-10 所示。图中 YV 为电磁阀，SQ 为接近开关。

图 14-8　部分电感式接近开关

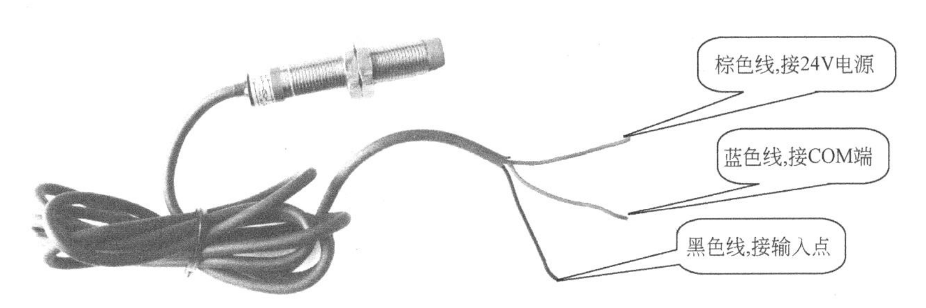

图 14-9　NPN 型三线接近开关

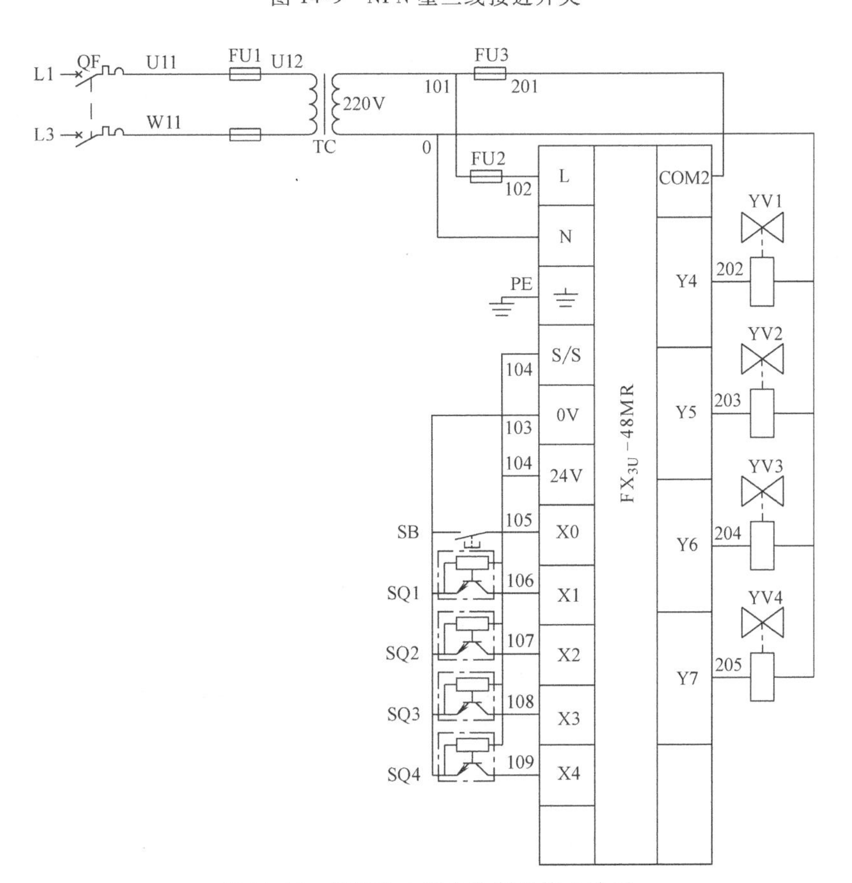

图 14-10　液压动力滑台控制系统电路图

6. 绘制接线图

根据图 14-10 绘制接线图，元件布置参考图 14-11。实训时，可用交流接触器代替电磁阀进行安装调试。

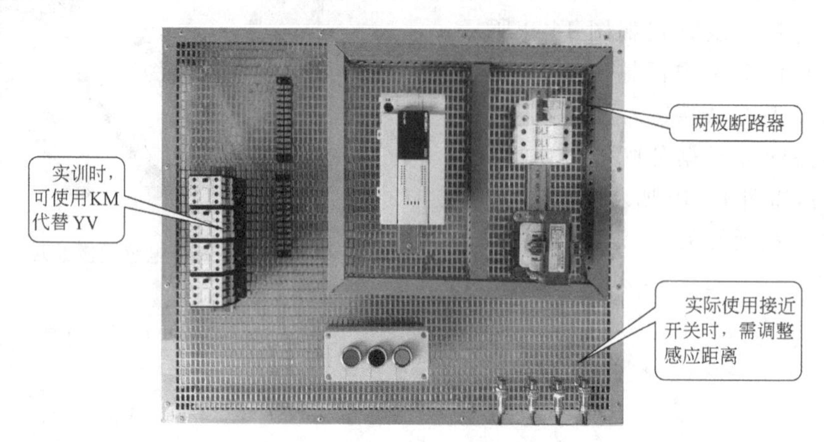

图 14-11 液压动力滑台控制系统安装板

五、操作指导

1. 安装电路

(1) 安装元件

1) 检查元件。按表 14-2 配齐所用元件，检查元件的规格是否符合要求，检测元件的质量是否合格。

2) 固定元件。根据绘制的接线图固定元件。

(2) 配线安装

1) 线槽配线安装。根据线槽配线原则及工艺要求，对照绘制的接线图进行线槽配线安装。

① 安装控制电路。

②安装电源电路。

2) 外围设备配线安装

(3) 自检

1) 检查布线。对照电路图检查是否掉线、错线，是否漏编、错编号，以及接线是否牢固等。

2) 使用万用表检测。按表 14-5，使用万用表检测安装的电路，若测量阻值与正确阻值不符，应根据电路图检查是否存在错线、掉线、错位、短路等情况。

表 14-5 用万用表检测电路

序号	检测任务	操作方法	正确阻值	测量阻值	备注
1	检测电源电路	合上 QF，测量 XT 的 L1 和 L3 之间的阻值	TC 一次绕组的阻值		
2	检测 PLC 输入电路	测量 PLC 的电源输入端子 L 与 N 之间的阻值	约为 TC 二次绕组的阻值		
3		测量电源输入端子 L 与公共端子 0V 之间的阻值	∞		

（续）

序号	检测任务	操作方法	正确阻值	测量阻值	备注
4	检测 PLC 输入电路	常态时，测量所用输入点 X 与公共端子 0V 之间的阻值	均为几千欧至几十千欧		
5		按下 SB，测量输入点 X0 与公共端子 0V 之间的阻值	约为 0Ω		
6	检测 PLC 输出电路	两表棒分别搭接输出点 Y4、Y5、Y6、Y7 与 COM2	均为 TC 二次绕组和 YV 线圈的阻值之和		
7	检测完毕，断开 QF				

（4）通电观察 PLC 的指示 LED　经自检，确认电路正确和无安全隐患后，在教师的监护下，按照表 14-6 通电观察 PLC 的指示 LED。

表 14-6　指示 LED 工作情况记录表

步骤	操作内容	指示 LED	正确结果	观察结果	备注
1	先插上电源插头，再合上断路器	POWER	点亮		已供电，注意安全
2	拨动 RUN/STOP 开关至“RUN”位置	RUN	点亮		
3	拨动 RUN/STOP 开关至“STOP”位置	RUN	熄灭		
4	按下 SB1	IN0	点亮		
5	金属物接近 SQ1	IN1	点亮		
6	金属物接近 SQ2	IN2	点亮		
7	金属物接近 SQ3	IN3	点亮		
8	金属物接近 SQ4	IN4	点亮		
9	拉下断路器后，拔下电源插头	断路器 电源插头	已分断		做了吗

2. 输入梯形图

1）启动 GX Developer 编程软件。

2）创建新工程，选择 PLC 的类型为 FX_{3U}。

3）输入元件。按照前面所学的方法输入元件，新指令的输入方法如下：

① 输入 STL 指令。如图 14-12 所示，单击功能图窗口中的功能按钮 {}F8，在弹出的对话框中输入“STL␣S0”，单击［确认］按钮后完成。

② 输入 RET 指令。单击功能图窗口中的功能按钮 {}F8，在弹出的对话框中输入“RET”后，单击［确认］按钮即可。

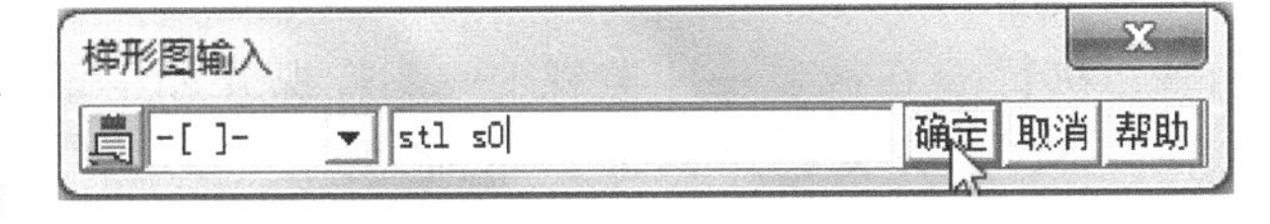

图 14-12　输入 STL 指令的对话框

4）变换梯形图。

5）保存工程 将工程赋名为“项目 14-1．pmw”后保存。

3. 通电调试和监视系统

（1）连接计算机与 PLC 用 SC-09 编程线缆连接计算机的串行口 COM1 与 PLC 的编程设备接口。

（2）写入程序 接通系统电源，将 PLC 的 RUN/STOP 开关拨至“STOP”位置，进行端口设置后，写入程序“项目 14-1. pmw”。

（3）调试系统 将 PLC 的 RUN/STOP 开关拨至“RUN”位置后，按表 14-7 操作，观察系统运行情况并做好记录。若出现故障，应立即切断电源，分析原因，检查电路或梯形图后重新调试，直至系统实现预定功能。

注意：FX_{3U}系列 PLC 的状态元件 S 具有掉电保持功能，为了保证正常调试程序，可在程序的开始增编复位程序，以复位状态元件，如图 14-13 所示。

图 14-13 调试用状态元件复位程序

表 14-7 系统运行情况记录表（一）

步骤	操作内容	观察内容			
		指示 LED		电磁阀	
		正确结果	观察结果	正确结果	观察结果
1	金属物接近 SQ1，同时按下 SB	OUT5 点亮		YV2 得电	
		OUT6 点亮		YV3 得电	
2	金属物接近 SQ2	OUT4 点亮		YV1 得电	
		OUT5 点亮		YV2 得电	
3	金属物接近 SQ3	OUT5 点亮		YV2 得电	
4	金属物接近 SQ4	OUT6 点亮		YV3 得电	
		OUT7 点亮		YV4 得电	
5	金属物接近 SQ1	OUT6 熄灭		YV3 失电	
		OUT7 熄灭		YV4 失电	
6	按下 SB	不能起动			
7	金属物体接近 SQ1，同时按下 SB	系统起动			

（4）监视梯形图

1）执行［在线］—［监视］—［监视开始］命令，进入梯形图监视状态。将 PLC 的 RUN/STOP 开关从“STOP”位置拨至“RUN”位置，S0 状态被激活，如图 14-14 所示。

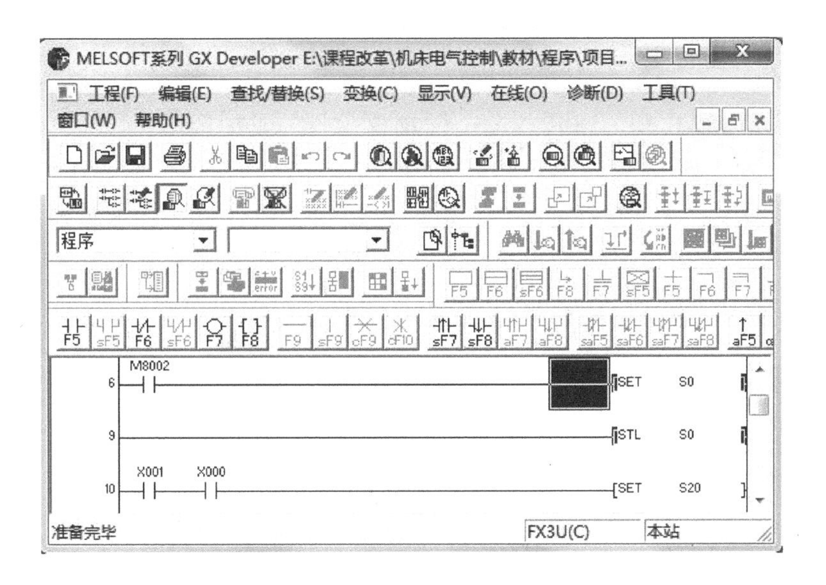

图 14-14 PLC 运行时的梯形图监视窗口

2）如图 14-15 所示，同时动作 SQ1 和起动按钮 SB 后，S0 状态被关闭，S20 状态被激活，Y005 与 Y006 动作，滑台快进。

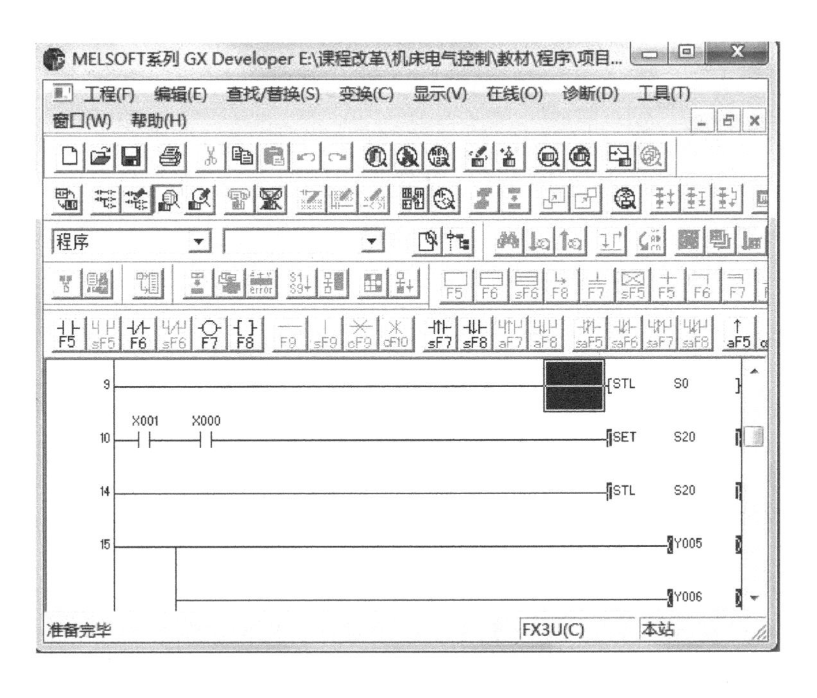

图 14-15 滑台快进时的梯形图监视窗口

3）如图 14-16 所示，动作 SQ2，S20 状态被关闭，S21 状态被激活，Y004 与 Y005 动作，滑台一次工进。

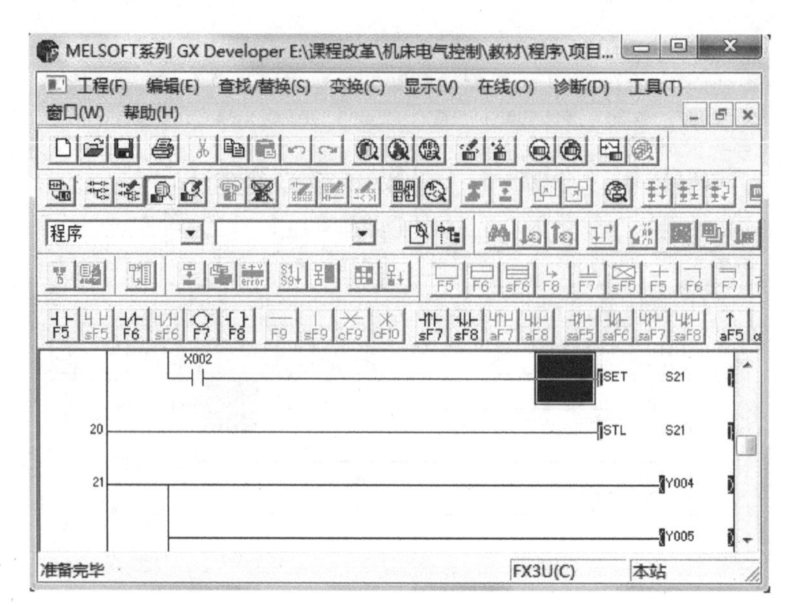

图 14-16　滑台一次工进时的梯形图监视窗口

4）如图 14-17 所示，动作 SQ3，S21 状态被关闭，S22 状态被激活，Y005 动作，滑台二次工进。

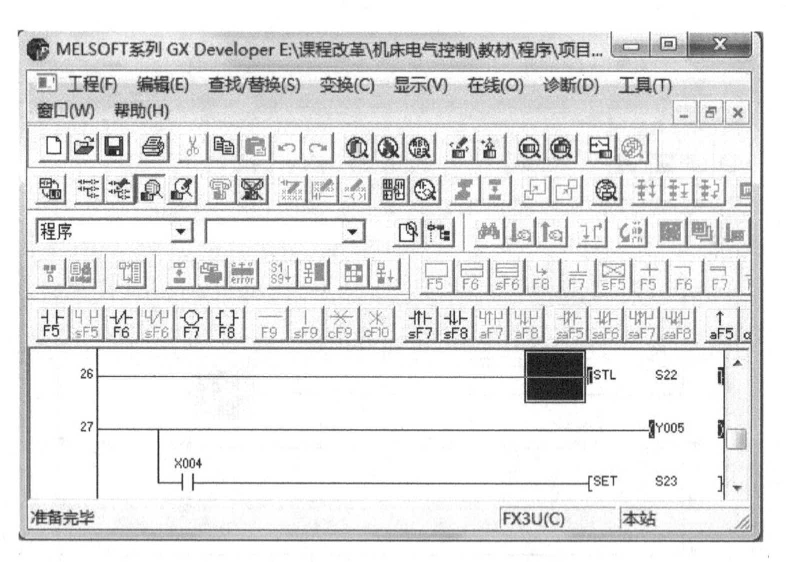

图 14-17　滑台二次工进时的梯形图监视窗口

5）如图 14-18 所示，动作 SQ4，S22 状态被关闭，S23 状态被激活，Y006 与 Y007 动作，滑台快退。

6）动作 SQ1，S23 状态被关闭，S0 状态被激活，滑台停在原位。

7）在 S0 状态下，只动作 SB，不能向 S20 状态转移，如图 14-19 所示。

8）当某状态未被激活时，即使转移条件成立，也不能向下一状态转移。如图 14-20 所示，当 S20 状态关闭时，即使 X002 为 ON，也不能向 S21 状态转移。

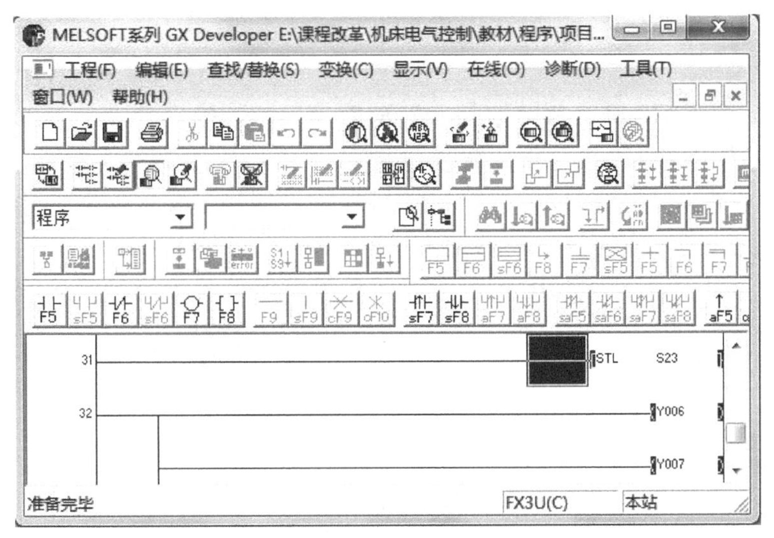

图 14-18　滑台快退时的梯形图监视窗口

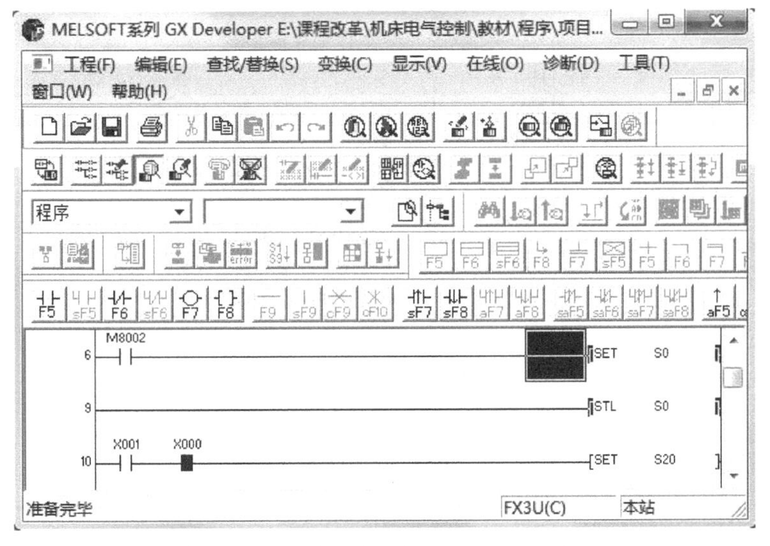

图 14-19　只动作 SB 时的梯形图监视窗口

9）停止监视梯形图。

（5）分析调试结果

1）系统工作时，前一个状态必须被激活，下一个状态才可能转移。即若对应的状态是开启的，负载驱动和状态转移才有可能实现；反之，若对应的状态是关闭的，就不可能实现驱动负载和状态转移。

2）PLC 能够实现单流程顺序控制。一旦系统的下一个状态被激活，上一个状态将自动关闭。所谓激活是指该状态下的程序被扫描执行；所谓关闭是指停止扫描该状态下的程序，程序不被执行。

4. 学习指令

将视图切换至指令表窗口，阅读指令表，各指令的功能见表 14-8。

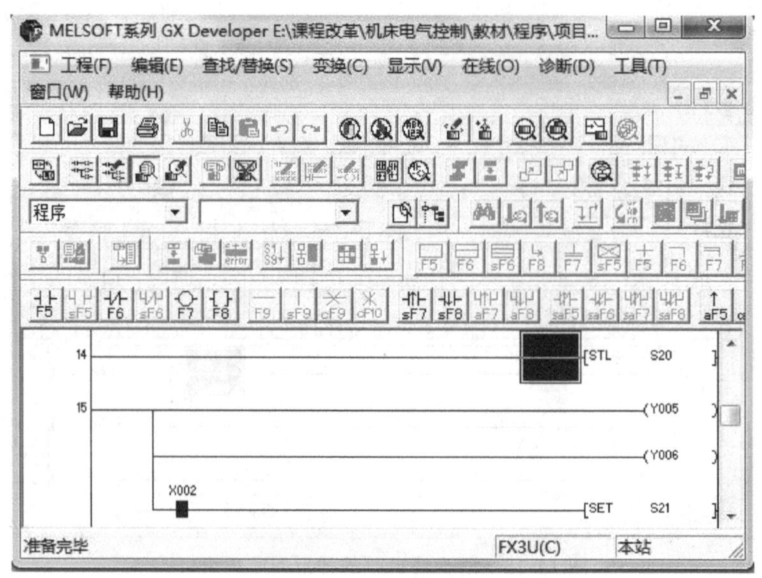

图 14-20　动作 SQ2 不能实现转移的梯形图监视窗口

表 14-8　系统程指令表

程序步	指令	元件号	指令功能
0	LD	M8002	主母线上取常开触点 M8002
1	ZRST	S20~S24	S20~S24 区间复位
6	LD	M8002	主母线上取常开触点 M8002
7	SET	S0	向 S0 状态转移
9	STL	S0	激活 S0 状态，建立子母线
10	LD	X001	子母线上取常开触点 X001
11	AND	X000	串联常开触点 X000
12	SET	S20	向 S20 状态转移
14	STL	S20	激活 S20 状态，建立子母线
15	OUT	Y005	子母线上驱动负载 Y005
16	OUT	Y006	子母线上驱动负载 Y006
17	LD	X002	子母线上取常开触点 X002
18	SET	S21	向 S21 状态转移
20	STL	S21	激活 S21 状态，建立子母线
21	OUT	Y004	子母线上驱动负载 Y004
22	OUT	Y005	子母线上驱动负载 Y005
23	LD	X003	子母线上取常开触点 X003
24	SET	S22	向 S22 状态转移
26	STL	S22	激活 S22 状态，建立子母线
27	OUT	Y005	子母线上驱动负载 Y005
28	LD	X004	子母线上取常开触点 X004
29	SET	S23	向 S23 状态转移
31	STL	S23	激活 S23 状态，建立子母线
32	OUT	Y006	子母线上驱动负载 Y006
33	OUT	Y007	子母线上驱动负载 Y007
34	LD	X001	子母线上取常开触点 X001
35	OUT	S0	向 S0 状态转移
37	RET		回到主母线
38	END		结束指令

5. 修改梯形图，实现自动循环

要求：滑台快退至原位后，系统自动进入新循环。

解决方法：将状态转移图中 S23 状态下的转移方向设定为 S20。图 14-21 所示为修改后的系统程序。

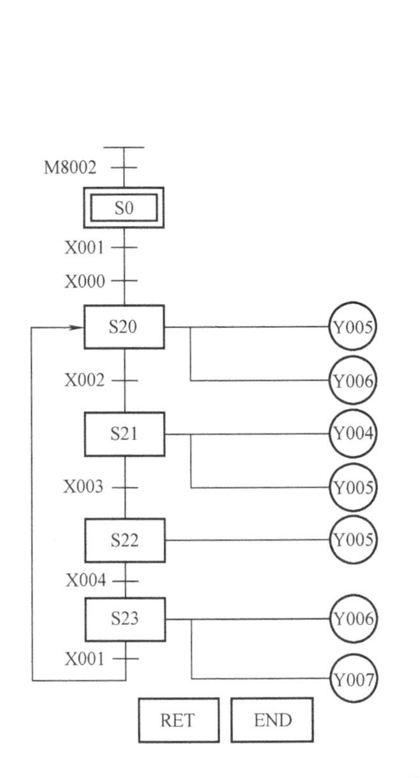

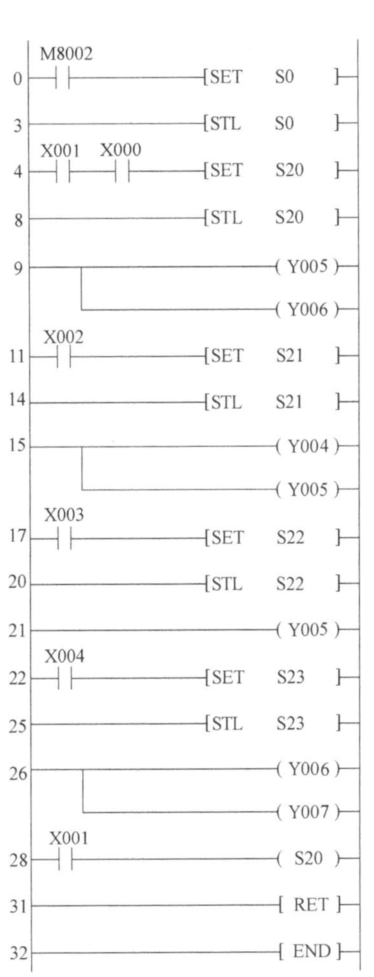

图 14-21　修改后的系统程序

（1）修改梯形图　将梯形图“项目 14-1．pmw”修改变换后另存为“项目 14-2. pmw”。

（2）调试系统　写入程序“项目 14-2. pmw”后，按表 14-9 操作，观察系统运行情况并做好记录。

表 14-9　系统运行情况记录表（二）

步骤	操作内容	观察内容			
		指示 LED		电磁阀	
		正确结果	观察结果	正确结果	观察结果
1	金属物接近 SQ1，同时按下 SB	OUT5 点亮		YV2 得电	
		OUT6 点亮		YV3 得电	

（续）

步骤	操作内容	观察内容			
		指示 LED		电磁阀	
		正确结果	观察结果	正确结果	观察结果
2	金属物接近 SQ2	OUT4 点亮		YV1 得电	
		OUT5 点亮		YV2 得电	
3	金属物接近 SQ3	OUT5 点亮		YV2 得电	
4	金属物接近 SQ4	OUT6 点亮		YV3 得电	
		OUT7 点亮		YV4 得电	
5	金属物接近 SQ1	OUT5 点亮		YV2 得电	
		OUT6 点亮		YV3 得电	
6	重新开始新循环				

（3）监视梯形图　按照表 14-9 重新操作，监视各状态的变化。如图 14-22 所示，当滑台快退至 SQ1 时，S20 状态被激活，系统开始循环工作。

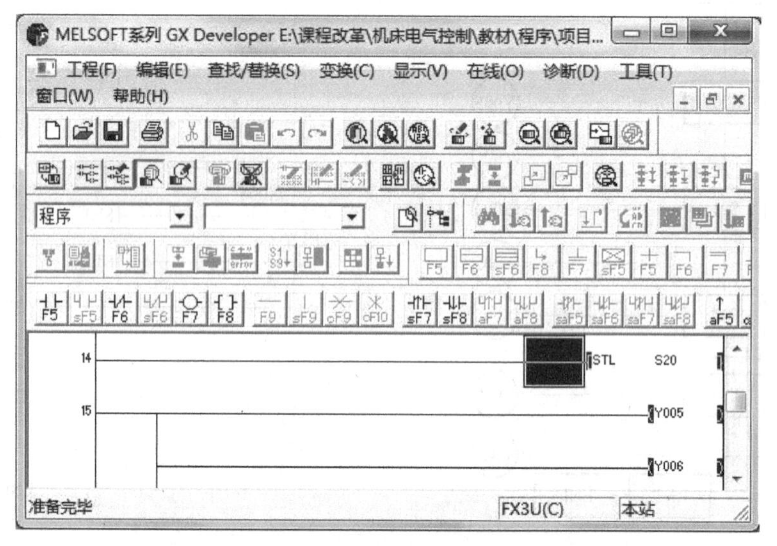

图 14-22　梯形图监视窗口

（4）分析调试结果　状态转移图编程形象、直观地反映了系统的顺序控制过程。利用 STL 节点指令激活某一个状态后，上一状态自动关闭，在转移条件成立时，再向下一个状态转移。用户在编程过程中，只需考虑某一状态，无需考虑该状态与其他状态之间的关系，可理解为只干自己的事，无需考虑其他。对于顺序控制的场合，应用状态编程，可使程序的可读性更好，更便于理解，也使程序调试、故障检修变得相对容易。

6. 操作要点

1）通常使用初始脉冲 M8002 激活初始状态。

2）在步进控制程序的结尾必须使用 RET 指令，以使步进控制程序在执行完毕时返回主母线。

3）步进控制程序中，上一个状态必须被激活，才有可能向下一个状态转移；一旦下一个状态被激活，上一个状态就自动关闭。

4）FX_{3U}系列 PLC 的所有状态元件 S 都具有掉电保持功能，为了保证调试程序正常，应预先复位状态元件。

5）通电调试操作必须在教师的监护下进行。

6）应在规定的时间内完成训练项目，同时做到安全操作和文明生产。

六、质量评价标准

项目质量考核要求及评分标准见表 14-10。

表 14-10　质量评价表

考核项目	考核要求	配分	评分标准	扣分	得分	备注
系统安装	1. 正确安装元件 2. 按图完整、正确及规范地接线 3. 按要求正确编号	30	1. 元件松动每处扣 2 分，损坏每处扣 4 分 2. 错、漏线每处扣 2 分 3. 反圈、压皮、松动每处扣 2 分 4. 错、漏编号每处扣 1 分			
编程操作	1. 会创建程序新工程 2. 会输入梯形图 3. 会保存工程 4. 会写入程序 5. 会变换梯形图	40	1. 不能创建程序新工程或创建错误扣 4 分 2. 输入梯形图错误每处扣 2 分 3. 保存工程错误扣 4 分 4. 写入程序错误扣 4 分 5. 变换梯形图错误扣 4 分			
运行操作	1. 会操作运行系统，分析操作结果 2. 会监视梯形图 3. 会编辑修改程序，实现循环控制	30	1. 系统通电操作错误每步扣 3 分 2. 分析操作结果错误每处扣 2 分 3. 监视梯形图错误每处扣 2 分 4. 编辑修改程序错误每处扣 2 分 5. 不能实现循环功能扣 5 分			
安全生产	自觉遵守安全文明生产规程		1. 漏接接地线每处扣 5 分 2. 每违反一项规定扣 3 分 3. 发生安全事故按 0 分处理			
时间	4h		提前正确完成，每 5min 加 5 分 超过定额时间，每 5min 扣 2 分			
开始时间：		结束时间：		实际时间：		

七、拓展与提高——用辅助继电器设计单流程顺序控制程序

使用步进顺序控制指令设计顺序控制程序的特点是，激活下一个状态，自动关闭上一个状态。根据这个特点，用辅助继电器也可实现单流程顺序控制程序的设计，其设计方法为使用辅助继电器 M 替代工作步，应用 SET 指令激活下一状态 M，使用 RST 指令关闭上一状态 M。如图 14-23 所示，顺序功能图中用辅助继电器 M 替代各工作步（状态 S）。以其状态 M2 为例，当 M1 动作和 X003 接通时，执行指令“SET　M2”，即激活状态 M2；再执行指令

“RST　M1”，即关闭状态 M1；最后用 M2 常开触点驱动 Y001，其顺序功能图与梯形图的转换过程如图 14-24 所示。根据此方法，可将图 14-23 转换为图 14-25 所示的单流程顺序控制梯形图。

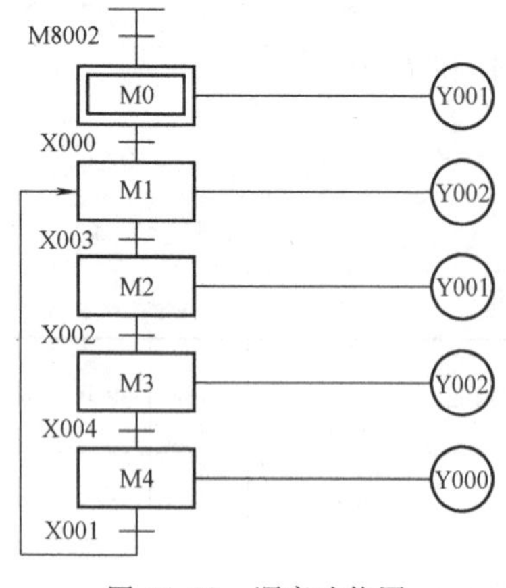

图 14-23　顺序功能图

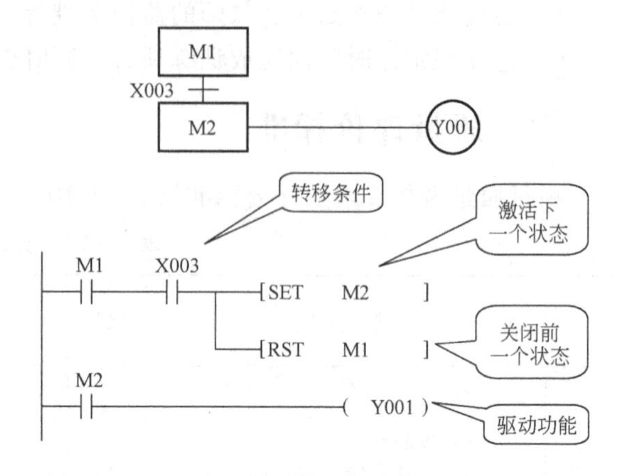

图 14-24　M2 的顺序功能图与梯形图的转换过程

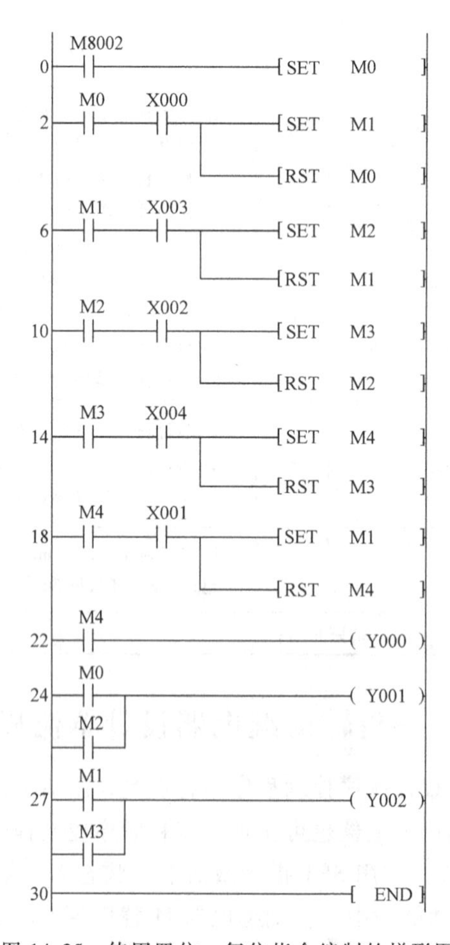

图 14-25　使用置位、复位指令编制的梯形图

习　题

1. 图 14-26 为单流程分支状态转移图，请将其转化为梯形图，并写出指令表。

2. 设计液体混合装置控制系统，画出系统电路图和梯形图。系统控制要求如下：

图 14-27 所示为液体混合装置，SL1、SL2、SL3 为液位传感器，其在被液体淹没时接通。进液阀 YV1、YV2 分别控制 A 液体和 B 液体进液，出液阀 YV3 控制混合液体出液。

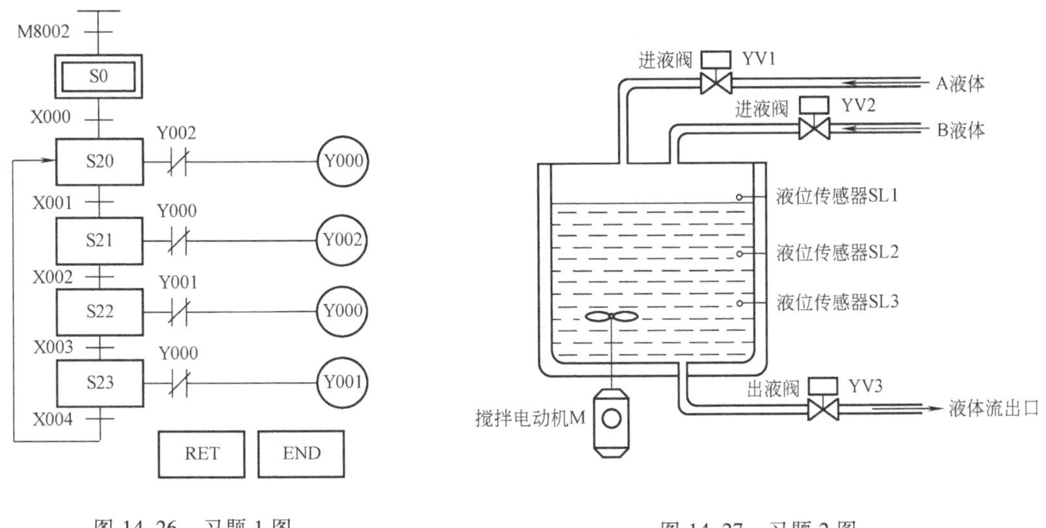

图 14-26　习题 1 图

图 14-27　习题 2 图

(1) 初始状态　当装置投入运行时，进液阀 YV1、YV2 关闭，出液阀 YV3 打开 20s 将容器中的液体放空后关闭。

(2) 起动操作　按下起动按钮 SB1，液体混合装置开始按以下规律工作：

1) 进液阀 YV1 打开，A 液体流入容器，液位上升。

2) 当液位上升到 SL2 处时，关闭进液阀 YV1，A 液体停止流入，同时打开进液阀 YV2，B 液体开始流入容器。

3) 当液位上升到 SL1 处时，关闭进液阀 YV2，B 液体停止流入，同时搅拌电动机 M 开始工作。

4) 搅拌 1min 后，停止搅拌，放液阀 YV3 打开，开始放液，液位开始下降。

5) 当液位下降到 SL3 处时，装置继续放液 20s，将容器放空后，关闭放液阀 YV3，自动开始下一个循环。

(3) 停止操作　在工作过程中，按下停止按钮 SB2，装置不立即停止，而是完成当前工作循环后再自动停止。

3. 设计小车送料控制系统，画出系统电路图和梯形图。系统控制要求如下：

如图 14-28 所示，小车原位在 SQ1 处，按下起动按钮 SB，小车前进，当运行到料斗下方时，限位开关 SQ2 动作，此时打开料斗给小车加料，延时 20s 后，小车后退返回。返回至 SQ1 处，小车停止，打开小车底门卸料，6s 后结束，完成一个工作周期，如此不断循环。

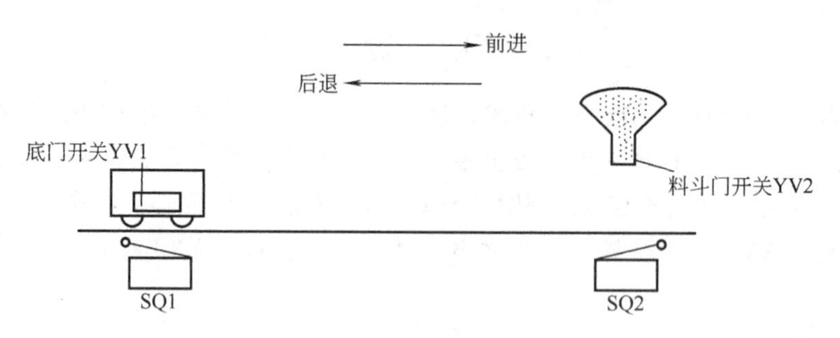

图 14-28 习题 3 图

4. 设计全自动洗衣机控制程序。设计要求如下：

起动后，洗衣机打开进水阀进水，水位达到高水位时，关闭进水阀停止进水，开始洗涤。正转洗涤 15s，暂停 3s 后反转洗涤 15s，暂停 3s 后再正转洗涤 15s，如此反复 30 次。洗涤结束后打开排水阀开始排水，当水位下降至低水位时，开始脱水（同时开始排水），脱水时间为 10s。这样便完成了一次从进水到脱水的大循环。

经过 3 次大循环后，洗衣完成，发出报警，10s 后结束全部过程，自动停机。

5. 设计钻孔动力头控制程序。冷加工生产线上有一个钻孔动力头，该动力头的控制要求如下：

1）初始时，动力头停在原位，限位开关 SQ1 动作。按下起动按钮，电磁阀 YVl 接通，动力头快进。

2）动力头快进至限位开关 SQ2 处，电磁阀 YVl 和 YV2 接通，动力头由快进转为工进。

3）动力头工进至限位开关 SQ3 处，开始定时 10s。

4）定时时间到，电磁阀 YV3 接通，动力头快退。

5）动力头退回原位时，限位开关 SQ1 动作，动力头停止工作。

项目十五　流水线小车运行控制系统

一、学习目标

1. 掌握选择性分支状态编程的方法。
2. 会分析流水线小车运行控制系统的控制要求、绘制状态转移图。
3. 能正确安装、调试与监视流水线小车运行控制系统。

二、学习任务

1. 项目任务

本项目的任务是安装与调试流水线小车运行 PLC 控制系统。图 15-1 为流水线小车运行示意图，其控制要求如下：

（1）起停控制

1）按下起动按钮 SB1，小车由 SQ1 处前进至 SQ2 处停止，5s 后小车后退到 SQ1 处停止。

2）按下起动按钮 SB2，小车由 SQ1 处前进至 SQ3 处停止，5s 后小车后退到 SQ1 处停止。

（2）保护措施　系统具有必要的短路保护和过载保护措施。

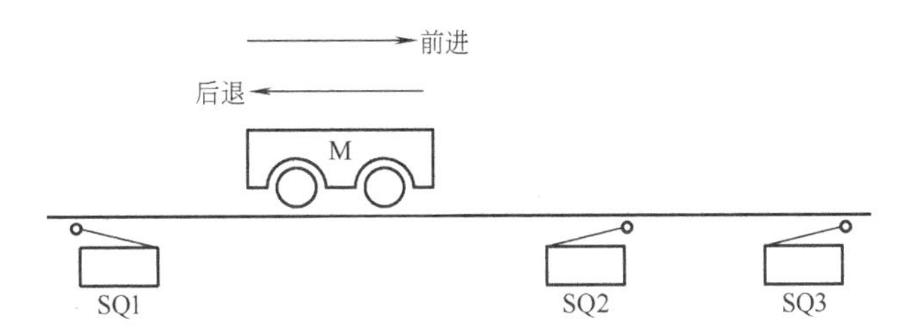

图 15-1　流水线小车运行示意图

2. 任务流程图

具体的学习任务及学习过程如图 15-2 所示。

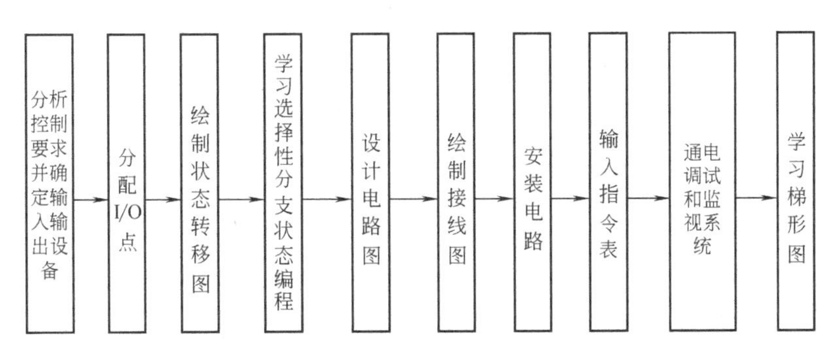

图 15-2　任务流程图

三、环境设备

学习所需工具、设备见表 15-1。

表 15-1　工具、设备清单

序号	分类	名称	型号规格	数量	单位	备注
1	工具	常用电工工具		1	套	
2		万用表	MF47	1	只	
3	设备	PLC	FX_{3U}-48MR	1	只	
4		三极小型断路器	DZ47-63	1	只	
5		三相电源插头	16A	1	只	
6		控制变压器	BK100,380V/220V	1	只	
7		熔断器底座	RT18-32	6	只	
8		熔管	5A	3	只	
9			2A	3	只	
10		热继电器	NR4-63	1	只	
11		交流接触器	CJX1-12/22,220V	2	只	
12		按钮	LA38/203	1	只	
13		行程开关	YBLX-K1/311	3	只	
14		三相笼型电动机	380V,0.75kW,Y联结	1	台	
15		端子板	TB-1512L	1	条	
16		安装网孔板	600mm×700mm	1	块	
17		导轨	35mm	0.5	m	
18	消耗材料	铜导线	BVR-1.5mm²	5	m	
19			BVR-1.5mm²	2	m	双色
20			BVR-1.0mm²	5	m	
21		紧固件	M4×20 螺钉	若干	只	
22			M4 螺母	若干	只	
23			ϕ4mm 垫圈	若干	只	
24		行线槽	TC3025	若干	m	
25		编码管	ϕ1.5mm	若干	m	
26		编码笔	小号	1	支	

四、背景知识

从本项目的任务看，流水线小车运行控制系统有两个工作流程：按下起动按钮 SB1，流水线小车前进至 SQ2 处停止；按下起动按钮 SB2，流水线小车前进至 SQ3 处停止。显然，SB1 和 SB2 是选择不同分支的执行条件，属于步进顺序控制程序中的选择性分支。下面结合本系统，学习选择性分支步进程序设计的基本方法，完成流水线小车运行控制。

1. 分析控制要求并确定输入输出设备

(1) 分析控制要求　根据步进状态编程的思想，首先对系统工作过程进行分解。流水线小车运行控制系统工作流程图如图 15-3 所示。

(2) 确定输入设备　系统的输入设备有两只按钮和三只行程开关，PLC 需用 5 个输入点分别与它们的常开触头相连。

(3) 确定输出设备　流水线小车有前进与后退两种运行状态，由此确定，系统输出设备有正、反转两只接触器，PLC 需用 2 个输出点分别驱动控制它们的线圈。

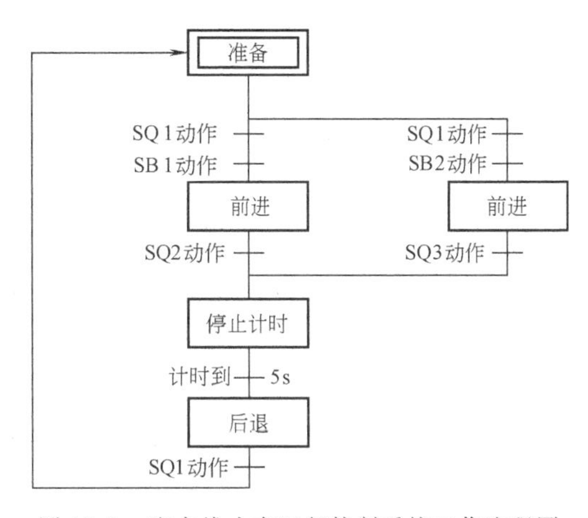

图 15-3　流水线小车运行控制系统工作流程图

2. 分配 I/O 点

根据确定的输入输出设备及输入输出点数，分配 I/O 点，见表 15-2。

表 15-2　输入输出设备及 I/O 点分配表

输入			输出		
元件代号	功能	输入点	元件代号	功能	输出点
SB1	起动按钮 1	X0	KM1	前进	Y2
SB2	起动按钮 2	X1	KM2	后退	Y3
SQ1	原位开关	X2			
SQ2	到位开关	X3			
SQ3	到位开关	X4			

3. 绘制状态转移图

根据工作流程图与状态转移图的转换方法，将图 15-3 转换成状态转移图，如图 15-4 所示。

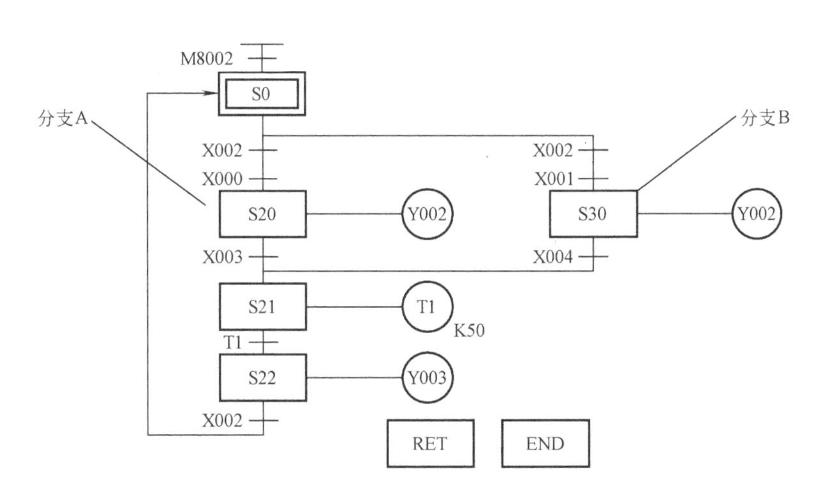

图 15-4　流水线小车运行控制系统状态转移图

4. 学习选择性分支状态编程

(1) 选择性分支状态转移图的特点 图 15-4 为选择性分支状态转移图，它具有以下三个特点：

1) 状态转移图中有两个或两个以上的分支。分支 A 为按钮 SB1 控制流程，分支 B 为按钮 SB2 控制流程。

2) S0 为分支状态。S0 状态是分支流程的起点，称为分支状态。在分支状态 S0 下，根据不同的转移条件，选择执行不同的分支。两个分支的转移条件不能同时成立，只能有一个为 ON。X002 为 ON 时，若 X000 动作，则执行分支 A；若 X001 动作，则执行分支 B。

3) S21 为汇合状态。S21 状态是分支流程的汇合点，称为汇合状态。汇合状态 S21 可由 S20、S30 中的任一状态驱动。

(2) 选择性分支状态转移图的编程原则 选择性分支状态转移图的编程原则是先集中处理分支状态，后集中处理汇合状态。如图 15-4 所示，先进行 S0 分支状态的编程，再进行 S21 汇合状态的编程。

1) S0 分支状态的编程。分支状态的编程方法：先进行分支状态的驱动处理，再依次转移。以图 15-5 为例，运用此方法，编写分支状态 S0 的程序，见表 15-3。

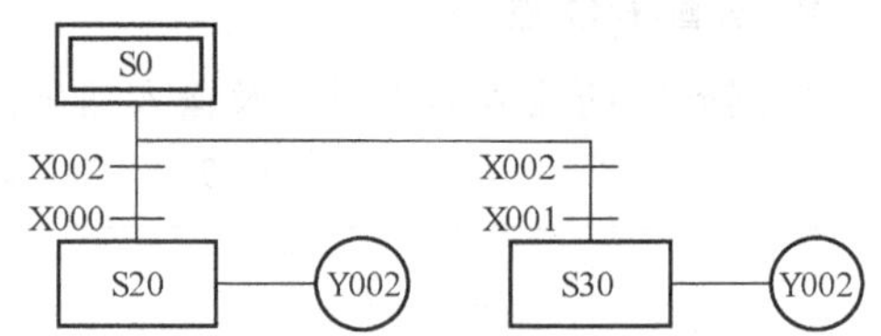

图 15-5 分支状态 S0 的转移图

表 15-3 分支状态 S0 的编程指令表

编程步骤	指令	元件号	指令功能	备注
第一步：分支状态的驱动处理	STL	S0	激活分支状态 S0	分支状态若有驱动，应在此驱动
第二步：依次转移	LD	X002	第一分支转移条件	向第一分支转移
	AND	X000		
	SET	S20	第一分支转移方向	
	LD	X002	第二分支转移条件	向第二分支转移
	AND	X001		
	SET	S30	第二分支转移方向	

2) S21 汇合状态的编程。汇合状态的编程方法：先依次进行汇合前所有状态的驱动处理，再依次向汇合状态转移。以图 15-6 为例，运用此方法，编写汇合状态 S21 的程序，见表 15-4。

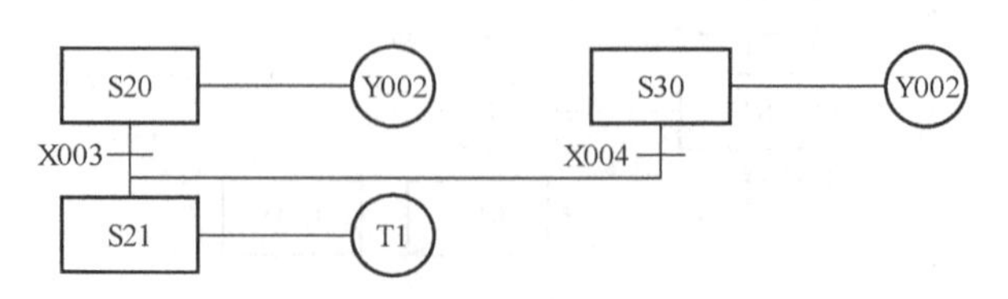

图 15-6 汇合状态 S21 的转移图

表 15-4 汇合状态 S21 的编程指令表

<table>
<tr><th colspan="2">编程步骤</th><th>指令</th><th>元件号</th><th>指令功能</th><th>备注</th></tr>
<tr><td rowspan="4">第一步:依次进行汇合前所有状态的驱动处理</td><td rowspan="2">第一分支</td><td>STL</td><td>S20</td><td>激活 S20 状态</td><td rowspan="2">S20 状态的驱动处理</td></tr>
<tr><td>OUT</td><td>Y002</td><td>S20 状态驱动</td></tr>
<tr><td rowspan="2">第二分支</td><td>STL</td><td>S30</td><td>激活 S30 状态</td><td rowspan="2">S30 状态的驱动处理</td></tr>
<tr><td>OUT</td><td>Y002</td><td>S30 状态驱动</td></tr>
<tr><td colspan="2" rowspan="6">第二步:依次向汇合状态转移</td><td>STL</td><td>S20</td><td>再次激活 S20 状态</td><td rowspan="3">第一分支向汇合状态转移</td></tr>
<tr><td>LD</td><td>X003</td><td>转移条件</td></tr>
<tr><td>SET</td><td>S21</td><td>方向是汇合状态 S21</td></tr>
<tr><td>STL</td><td>S30</td><td>再次激活 S30 状态</td><td rowspan="3">第二分支向汇合状态转移</td></tr>
<tr><td>LD</td><td>X004</td><td>转移条件</td></tr>
<tr><td>SET</td><td>S21</td><td>方向是汇合状态 S21</td></tr>
</table>

(3) 系统指令表　根据单流程及选择性分支的状态编程方法，对照状态转移图（图 15-4），写出系统指令表，见表 15-5。

表 15-5 系统指令表

程序步	指令	元件号	程序步	指令	元件号
0	LD	M8002	18	SET	S21
1	SET	S0	20	STL	S30
3	STL	S0	21	LD	X004
4	LD	X002	22	SET	S21
5	AND	X000	24	STL	S21
6	SET	S20	25	OUT	T1　K50
8	LD	X002	28	LD	T1
9	AND	X001	29	SET	S22
10	SET	S30	31	STL	S22
12	STL	S20	32	OUT	Y003
13	OUT	Y002	33	LD	X002
14	STL	S30	34	OUT	S0
15	OUT	Y002	36	RET	
16	STL	S20	37	END	
17	LD	X003			

5. 设计电路图

根据分配的 I/O 点设计系统电路图，如图 15-7 所示。

6. 绘制接线图

根据图 15-7 绘制接线图，元件布置如图 15-8 所示。

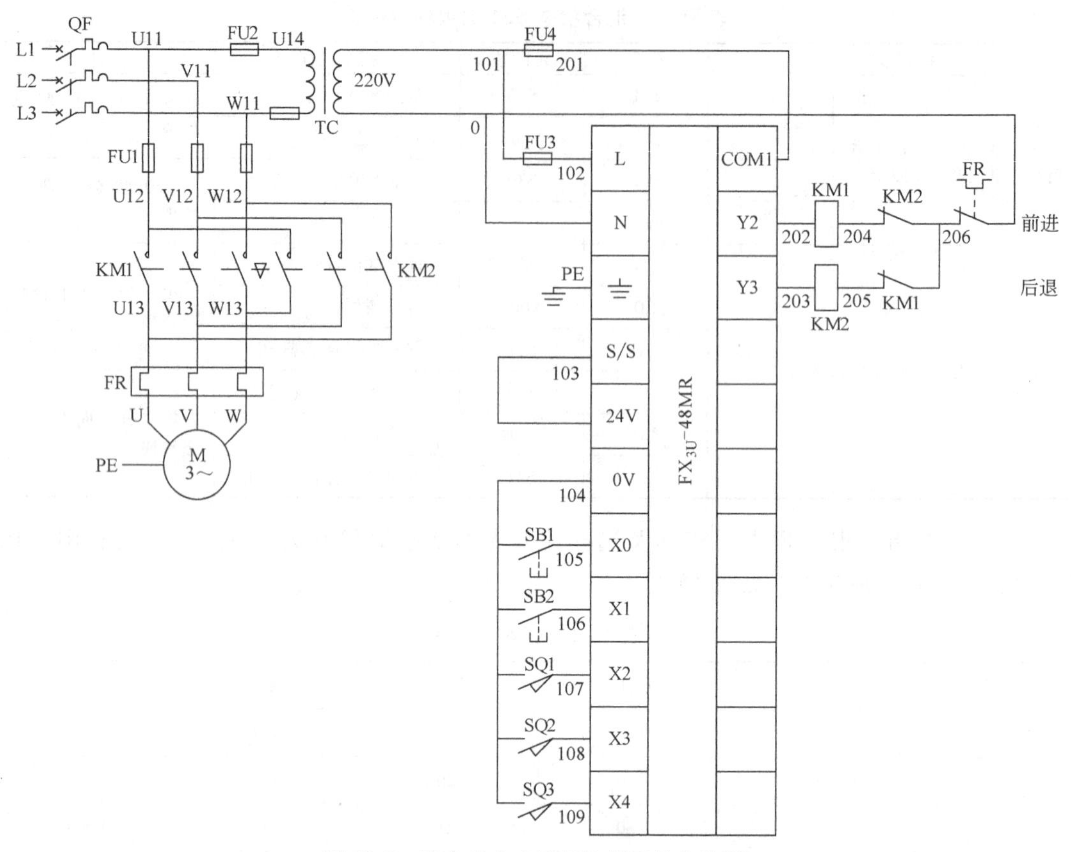

图 15-7 流水线小车运行控制系统电路图

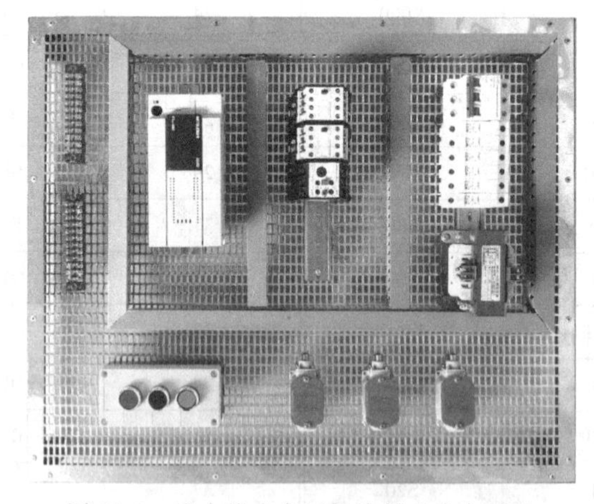

图 15-8 流水线小车运行控制系统安装板

五、操作指导

1. 安装电路

（1）安装元件

1）检查元件。按表 15-1 配齐所用元件，检查元件的规格是否符合要求，检测元件的质量是否完好。

2）固定元件。根据绘制的接线图固定元件。

（2）配线安装

1）线槽配线安装。根据线槽配线原则及工艺要求，对照绘制的接线图进行线槽配线安装。

① 安装控制电路。

② 安装主电路。

2）外围设备配线安装

（3）自检

1）检查布线。对照电路图检查是否掉线、错线，是否漏编、错编号，以及接线是否牢固等。

2）使用万用表检测。按表 15-6 使用万用表检测安装的电路，如测量阻值与正确阻值不符，应根据电路图检查是否存在错线、掉线、错位、短路等情况。

表 15-6　用万用表检测电路

序号	检测任务	操作方法		正确阻值	测量阻值	备注
1	检测主电路	合上 QF，断开 FU2 后，分别测量 XT 的 L1 与 L2、L2 与 L3、L3 与 L1 之间的阻值	常态时，不动作任何元件	均为∞		
2			压下 KM1	均为 M 两相定子绕组的阻值之和		
3			压下 KM2	TC 一级绕组的阻值		
4		接通 FU2，测量 XT 的 L1 和 L3 之间的阻值				
5	检测 PLC 输入电路	测量 PLC 的电源输入端子 L 与 N 之间的阻值		约为 TC 二次绕组的阻值		
6		测量电源输入端子 L 与公共端子 0V 之间的阻值		∞		
7		常态时，测量所用输入点 X 与公共端子 0V 之间的阻值		均为几千欧至几十千欧		
8		逐一动作输入设备，测量对应的输入点 X 与公共端子 0V 之间的阻值		均约为 0Ω		
9	检测 PLC 输出电路	分别测量输出点 Y2、Y3 与 COM1 之间的阻值		均为 TC 二次绕组和 KM 线圈的阻值之和		
10	检测完毕，断开 QF					

（4）通电观察 PLC 的指示 LED　经自检，确认电路正确和无安全隐患后，在教师的监护下，按照表 15-7 通电观察 PLC 的指示 LED。

表 15-7　指示 LED 工作情况记录表

步骤	操作内容	指示 LED	正确结果	观察结果	备注
1	先插上电源插头，再合上断路器	POWER	点亮		已供电，注意安全
2	拨动 RUN/STOP 开关至“RUN”位置	RUN	点亮		

（续）

步骤	操作内容	指示 LED	正确结果	观察结果	备注
3	拨动 RUN/STOP 开关至“STOP”位置	RUN	熄灭		
4	按下 SB1	IN0	点亮		
5	按下 SB2	IN1	点亮		
6	动作 SQ1	IN2	点亮		
7	动作 SQ2	IN3	点亮		
8	动作 SQ3	IN4	点亮		
9	拉下断路器后，拔下电源插头	断路器 电源插头	已分断		做了吗

2. 输入指令表

1）启动 GX Developer 编程软件。

2）创建新工程，选择 PLC 的类型为 FX_{3U}。

3）输入指令。

① 打开指令表窗口。执行［显示］→［列表显示］命令，将视图切换至指令表窗口，如图 15-9 所示。

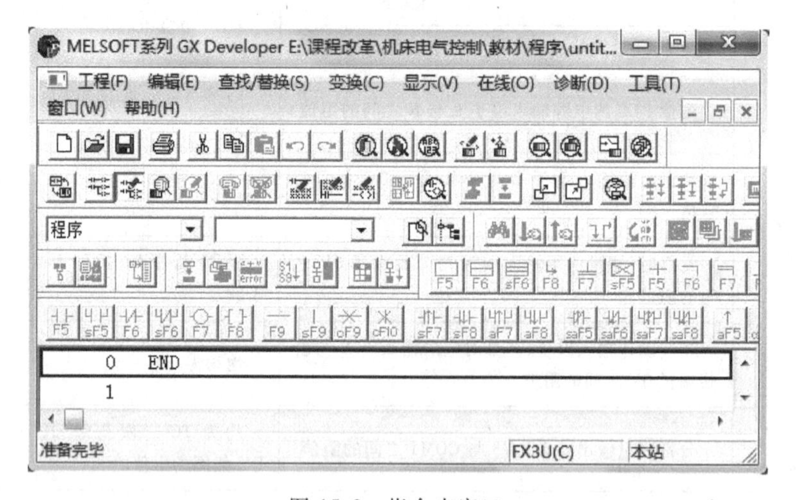

图 15-9 指令表窗口

② 用键盘输入指令。如图 15-10 所示，用键盘直接输入“LD␣M8002”后，回车即可。其他指令的输入方法与之相同。

4）保存工程。将工程赋名为“项目 15-1 . pmw”后按［确认］按钮保存。

3. 通电调试和监视系统

（1）连接计算机与 PLC　用 SC-09 编程线缆连接计算机的串行口 COM1 与 PLC 的编程设备接口。

（2）写入程序　接通系统电源，将 PLC 的 RUN/STOP 开关拨至“STOP”位置，进行

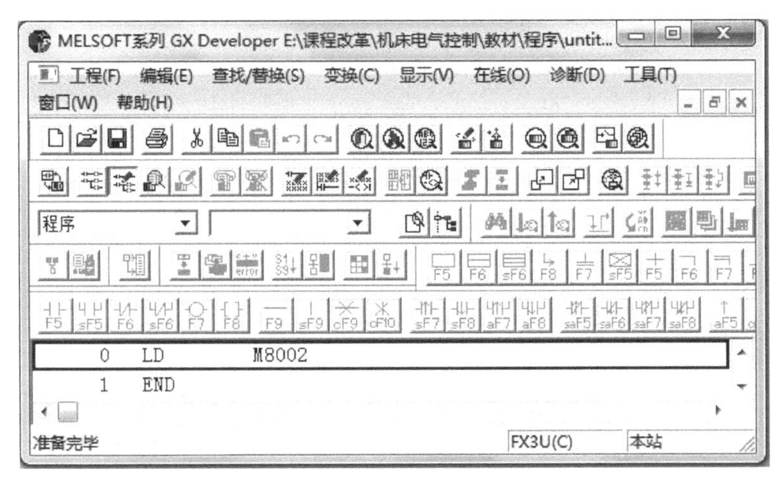

图 15-10 用键盘输入指令时的窗口

端口设置后，写入程序“项目 15-1. pmw”。

（3）调试系统 将 PLC 的 RUN/STOP 开关拨至“RUN”位置后，按表 15-8 操作，观察系统运行情况并做好记录。如出现故障，应立即切断电源，分析原因，检查电路或梯形图后重新调试，直至系统实现预定功能。

表 15-8 系统运行情况记录表

步骤	操作内容	观察内容			
		指示 LED		输出设备	
		正确结果	观察结果	正确结果	观察结果
1	同时动作 SQ1 和 SB1	OUT2 点亮		KM1 吸合，M 正转	
2	动作 SQ3	无效			
3	动作 SQ2	OUT2 熄灭		KM1 释放，M 停转	
4	5s 时间到	OUT3 点亮		KM2 吸合，M 反转	
5	动作 SQ1	OUT3 熄灭		KM2 吸合，M 停转	
6	同时动作 SQ1 和 SB2	OUT2 点亮		KM1 吸合，M 正转	
7	动作 SQ2	无效			
8	动作 SQ3	OUT2 熄灭		KM1 释放，M 停转	
9	5s 时间到	OUT3 点亮		KM2 吸合，M 反转	
10	动作 SQ1	OUT3 熄灭		KM2 吸合，M 停转	

（4）监视梯形图 根据表 15-8 重新运行系统，监视梯形图，重点监视分支状态和汇合状态。

（5）调试结果分析 PLC 能够实现选择性分支流程控制。在分支状态下，当不同的转移条件成立时，PLC 执行不同的分支流程。选择性分支编程常应用在多档位控制场合，如手动档、半自动档、全自动档等。

4. 学习梯形图

打开工程“项目 15-1. pmw”的梯形图窗口。系统梯形图如图 15-11 所示。

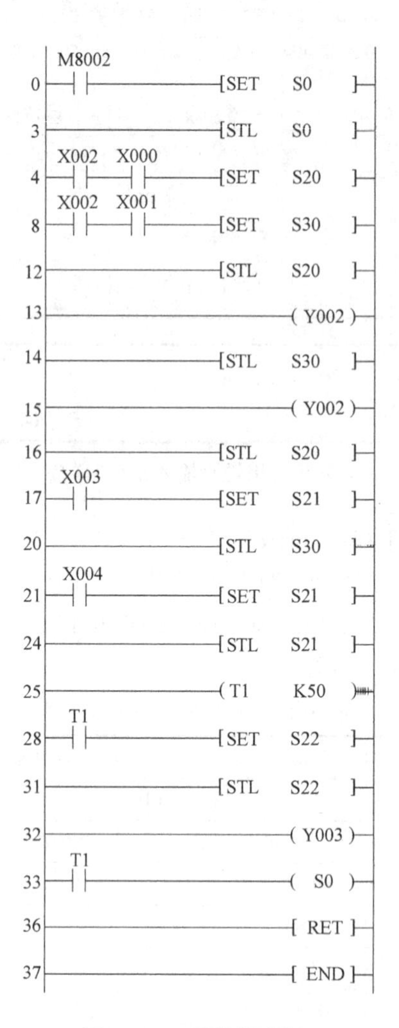

图 15-11　系统梯形图

（1）分支状态下转移的梯形图处理　分支状态 S0 下依次向 S20、S30 状态转移，其状态转移图与梯形图的转换过程如图 15-12 所示。

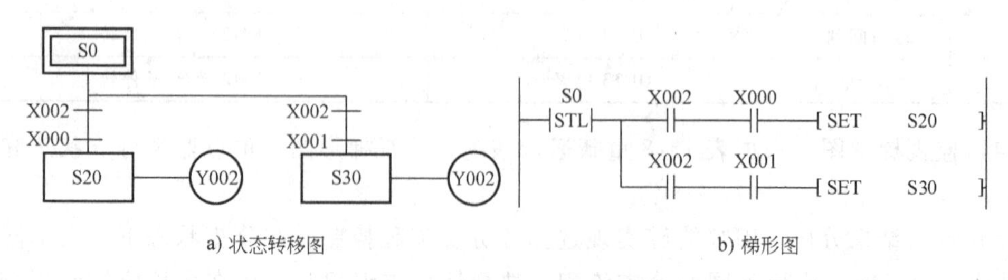

图 15-12　分支状态 S0 的状态转移图与梯形图

（2）向汇合状态转移的梯形图处理　依次在 S20 状态下向汇合状态 S21 转移，在 S30 状态下向汇合状态 S21 转移，其状态转移图与梯形图的转换过程如图 15-13 所示。

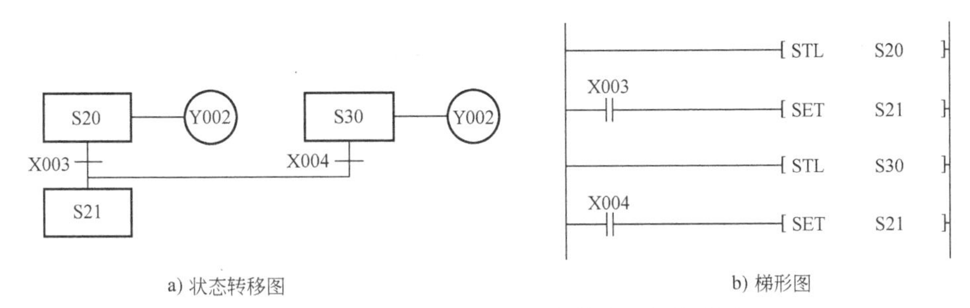

图 15-13　汇合状态 S21 的状态转移图与梯形图

5. 操作要点

1）严格遵守选择性分支的状态编程原则，先集中处理分支状态，后集中处理汇合状态。

2）在进行汇合前所有状态的驱动处理时，不能遗漏某个分支中间状态的驱动处理。

3）FX_{3U}系列 PLC 的状态元件 S 具有掉电保持功能，为了保证正常调试程序，可在程序的开始增编复位程序。

4）通电调试操作必须在教师的监护下进行。

5）应在规定的时间内完成训练项目，同时做到安全操作和文明生产。

六、质量评价标准

项目质量考核要求及评分标准见表 15-9。

表 15-9　质量评价表

考核项目	考核要求	配分	评分标准	扣分	得分	备注
系统安装	1. 正确安装元件 2. 按图完整、正确及规范地接线 3. 按要求正确编号	30	1. 元件松动每处扣 2 分，损坏每处扣 4 分 2. 错、漏线每处扣 2 分 3. 反圈、压皮、松动每处扣 2 分 4. 错、漏编号每处扣 1 分			
编程操作	1. 正确绘制状态转移图 2. 会创建程序新工程 3. 正确输入指令表 4. 会保存工程 5. 会写入程序	40	1. 绘制状态转移图错误扣 5 分 2. 不能创建程序新工程或创建错误扣 4 分 3. 输入指令表错误每处扣 2 分 4. 保存工程错误扣 4 分 5. 写入程序错误扣 4 分			
运行操作	1. 会操作运行系统，分析操作结果 2. 会监视梯形图	30	1. 系统通电操作错误每步扣 3 分 2. 分析操作结果错误每处扣 2 分 3. 监视梯形图错误每处扣 2 分			
安全生产	自觉遵守安全文明生产规程		1. 漏接接地线每处扣 5 分 2. 每违反一项规定扣 3 分 3. 发生安全事故按 0 分处理			
时间	4h		提前正确完成，每 5min 加 5 分 超过定额时间，每 5min 扣 2 分			
开始时间：		结束时间：		实际时间：		

七、拓展与提高——用辅助继电器设计选择性分支的顺序控制程序

与单流程的编程方法相似，选择性分支的顺序功能图如图15-14所示。图中M1与X001常开触点串联的结果为向第一分支转移的条件，M1与X011常开触点串联的结果为向第二分支转移的条件。M3与X003常开触点串联的结果为第一分支向汇合状态转移的条件，M6与X013常开触点串联的结果为第二分支向汇合状态转移的条件，转换后的梯形图如图15-15所示。

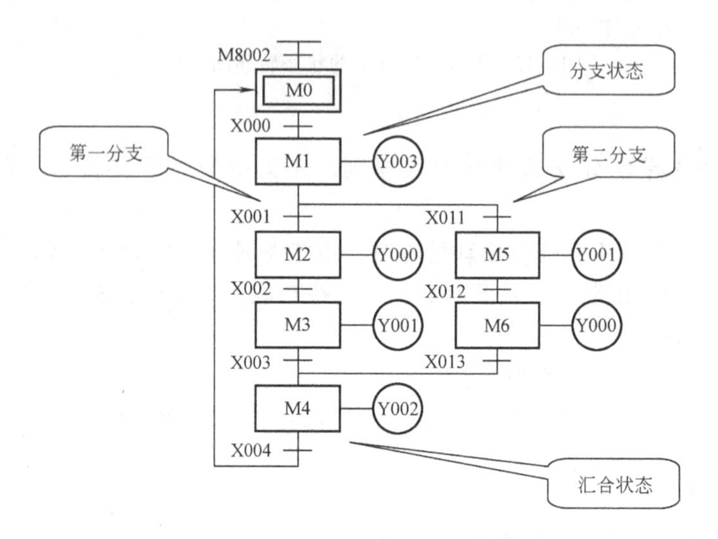

图15-14　选择性分支的顺序功能图

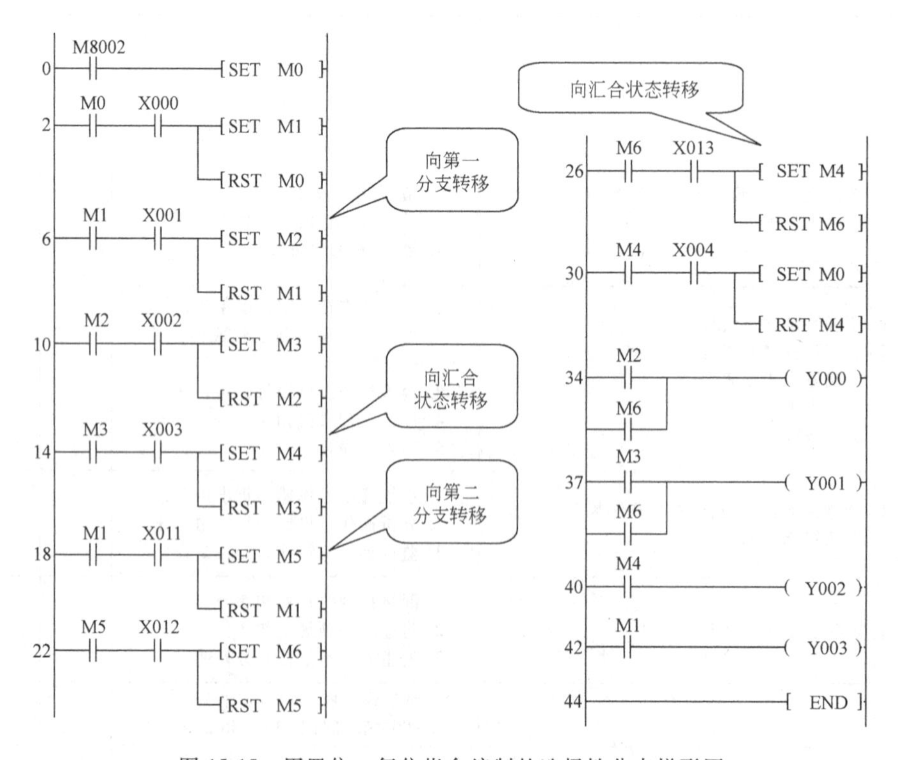

图15-15　用置位、复位指令编制的选择性分支梯形图

习 题

1. 有一选择性分支的状态转移图如图15-16所示，请画出其相应的梯形图，并写出指令表。

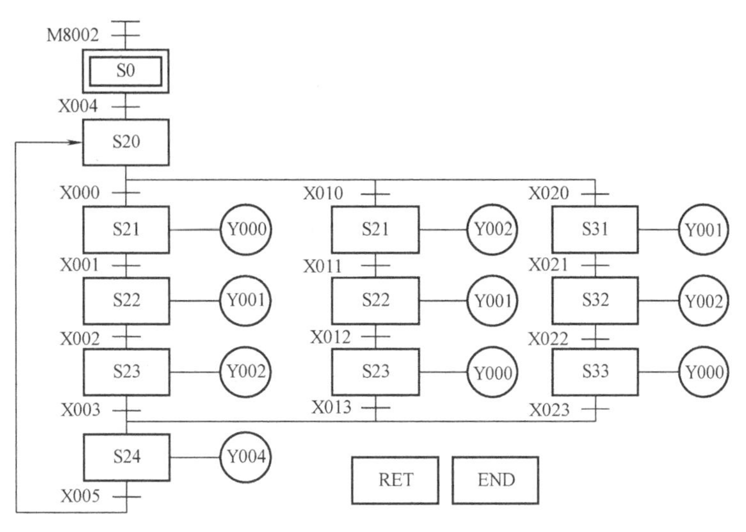

图15-16 习题1图

2. 设计大小球分类传送系统，画出系统电路图和梯形图。系统控制要求如下：

图15-17是大小球分类传送装置示意图。其主要功能是将大球吸住送到大球容器中，将小球吸住送到小球容器中，实现大、小球分类。

1）如图15-17所示，左上为原点，上限位SQ1和左限位SQ3压合动作，原点指示灯HL亮。装置只有在停在原点位置时才能起动；若初始时不在原点位置，可通过手动方式调整到原点位置后再起动。

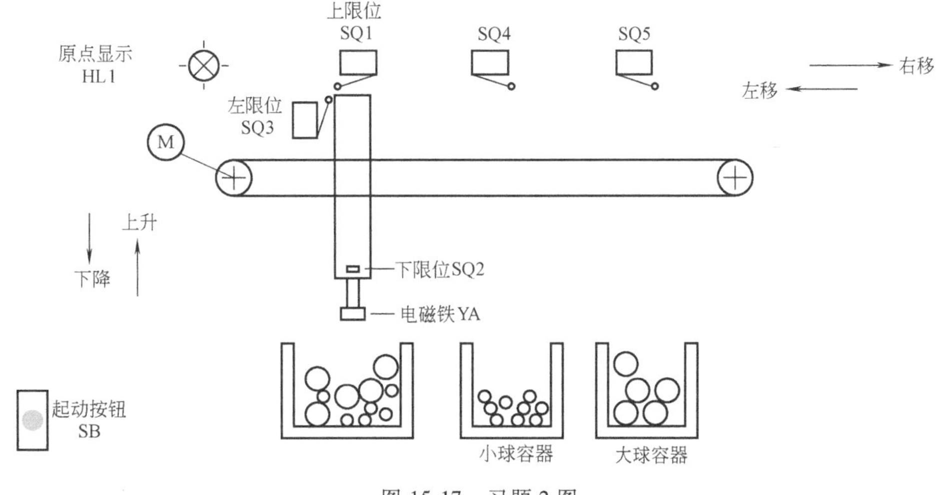

图15-17 习题2图

2）当电磁铁碰着小球时，下限位SQ2动作压合；当电磁铁碰着大球时，SQ2不动作。

3）工作过程。按下起动按钮 SB，装置开始按以下规律工作（下降时间为 2s，吸球放球时间为 1s）：

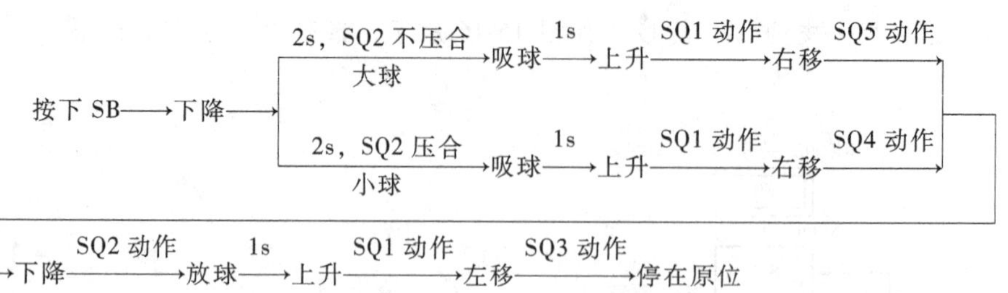

3. 设计小车送料控制系统，画出系统电路图和梯形图。系统控制要求如下：

如图 15-18 所示，系统有两种工作方式：自动单周期和自动循环工作方式。小车原位在 SQ1 处，SA 置于自动单周期档时，按下起动按钮 SB，小车前进，当运行到料斗下方时，限位开关 SQ2 动作，此时打开料斗给小车加料，延时 30s 后，小车后退返回。返回至 SQ1 处，小车停止，打开小车底门卸料，20s 后结束。若 SA 置于自动循环档，则小车完成上述单周期动作后，自动不断循环。

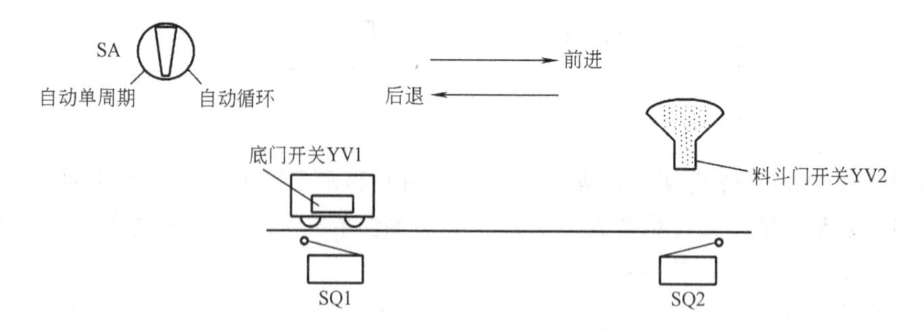

图 15-18　习题 3 图

项目十六　电动机正反转变频器控制系统

一、学习目标

1. 认识变频器的接线端子和操作面板，知道各个端子和按键的作用。

2. 会识读变频器控制系统电路图，且能正确安装与调试电动机正反转变频器控制系统，掌握变频器运行模式和运行频率的设定方法。

二、学习任务

1. 项目任务

本项目的任务是安装与调试三相异步电动机正反转变频器控制系统。系统控制要求如下：

（1）按键起动　按下变频器正向起动按键，电动机以运行频率 45Hz 正转；按下变频器反向起动按键，电动机以运行频率 45Hz 反转。

（2）按钮起动　按下正向起动按钮 SB1，电动机以运行频率 40Hz 正转；按下反向起动按钮 SB2，电动机以运行频率 40Hz 反转。

2. 任务流程图

具体学习任务及学习过程如图 16-1 所示。

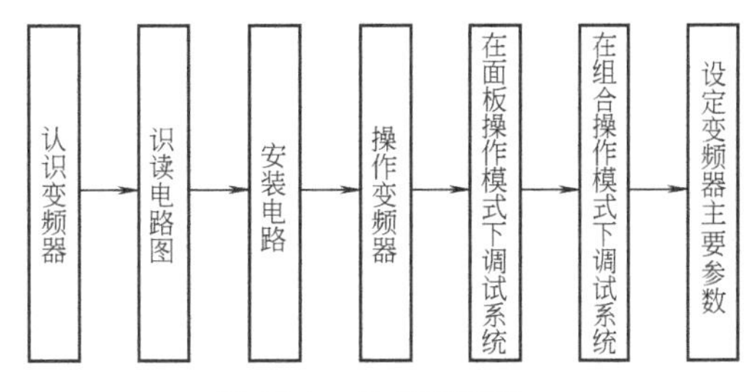

图 16-1　任务流程图

三、环境设备

学习所需工具、设备见表 16-1。

表 16-1　工具、设备清单

序号	分类	名称	型号规格	数量	单位	备注
1	工具	常用电工工具		1	套	
2		万用表	MF47	1	只	
3	设备	三极小型断路器	DZ47-63	1	只	
4		三相电源插头	16A	1	只	
5		三相变频器	FR-E740	1	只	
6		按钮	LA38/203	1	只	
7		端子板	TB-1512L	2	条	
8		安装网孔板	600mm×700mm	1	块	
9		导轨	35mm	0.5	m	

（续）

序号	分类	名称	型号规格	数量	单位	备注
10	消耗材料	铜导线	BVR-1.5mm^2	6	m	
11			BVR-1.5mm^2	2	m	双色
12			BVR-1.0mm^2	4	m	
13		紧固件	M4×20 螺钉	若干	只	
14			M4 螺母	若干	只	
15			ϕ4mm 垫圈	若干	只	
16		行线槽	TC3025	若干	m	
17		编码管	ϕ1.5mm	若干	m	
18		编码笔	小号	1	支	

四、背景知识

双速电动机是通过改变定子绕组的接法，来改变旋转磁场的磁极对数 p，从而实现转速改变的。因磁极只能成对使用，故其调速方式属于有级调速。根据转速公式 $n=(1-s)60f/p$，改变电源频率可实现无级调速，变频器就是用来实现无级调速的一种装置，本项目将应用它完成电动机运行频率的控制。

1. 认识三菱 FR-E740 型变频器

图 16-2 所示为三菱 FR-E740 型变频器，它主要是通过外部控制端子及操作面板来改变或设定其运行参数，从而达到控制电动机的目的的。

（1）识读外部接线端子　如图 16-3 所示，三菱 FR-E740 型变频器的外部接线端子主要由主电路接线端子和控制电路接线端子两部分组成，端子接线如图 16-4 所示。

图 16-2　三菱 FR-E740 型变频器

图 16-3　FR-E740 型变频器的接线端子

1）主电路接线端子。读图 16-5 后，按表 16-2 识读主电路接线端子。

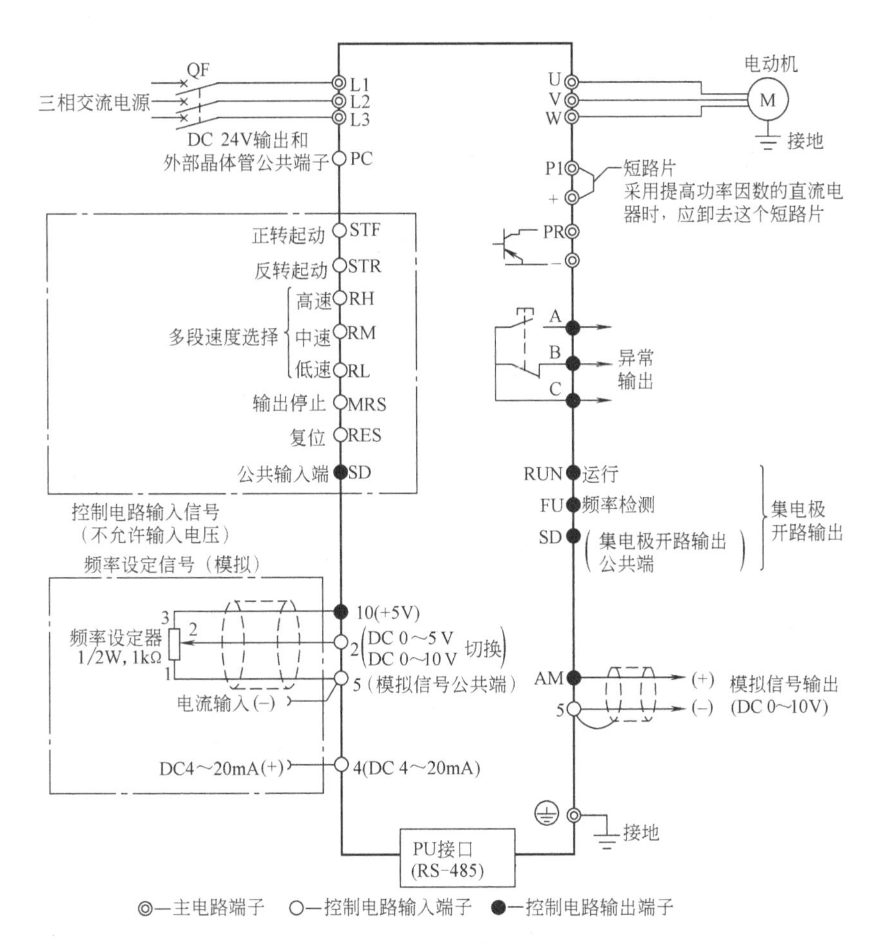

图 16-4　端子接线图

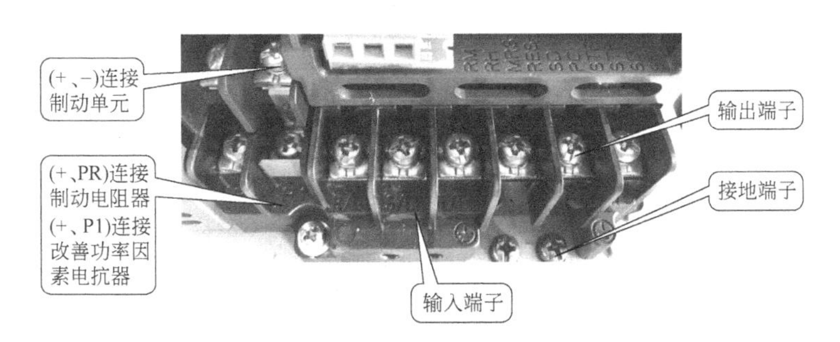

图 16-5　主电路接线端子

表 16-2　主电路接线端子的识读过程

序号	识读任务	端子功能	要点提示
1	找到输入端子（R/L1、S/L2、T/L3）	用于输入三相工频电源	为安全起见，电源输入通过接触器、漏电断路器或无熔丝断路器与插头接入
2	找到输出端子（U、V、W）	用于变频器输出	接三相笼型异步电动机

（续）

序号	识读任务	端子功能	要点提示
3	找到接地端子(⏚)	用于变频器外壳接地	必须接大地
4	找到连接制动电阻器的接线端子(+、PR)	用于连接制动电阻器	在端子(+、PR)之间连接选件制动电阻器
5	找到连接制动单元的接线端子(+、-)	用于连接制动单元	连接作为选件的制动单元、高功率整流器及电源再生共用整流器
6	找到连接改善功率因素电抗器的接线端子(+、P1)	用于连接改善功率因素电抗器	拆开端子(+、P1)之间的短路片，连接选件改善功率因素用直流电抗器

2）控制电路接线端子。读图16-6后，按表16-3识读控制电路接线端子。

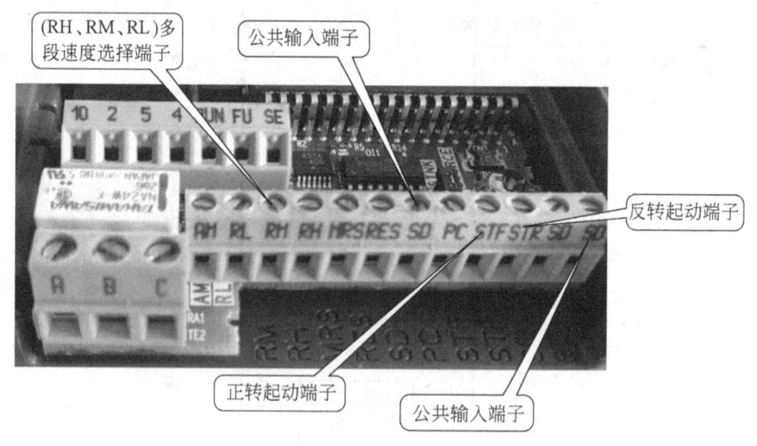

图16-6 控制电路接线端子

表16-3 控制电路接线端子的识读过程

<table>
<tr><th>序号</th><th colspan="3">识读任务</th><th>端子功能</th><th>要点提示</th></tr>
<tr><td>1</td><td rowspan="7">输入信号端子</td><td rowspan="5">接点输入</td><td>找到正转起动端子(STF)</td><td>STF信号处于ON便正转，处于OFF便停止</td><td rowspan="2">当STF和STR信号同时为ON时，相当于给出停止指令</td></tr>
<tr><td>2</td><td>找到反转起动端子(STR)</td><td>STR信号处于ON便正转，处于OFF便停止</td></tr>
<tr><td>3</td><td>找到多段速度选择端子(RH、RM、RL)</td><td>用RH、RM和RL信号的组合可以选择多段速度</td><td rowspan="2">输入端子功能通过设定参数(Pr. 180~Pr. 183)改变</td></tr>
<tr><td>4</td><td>找到停止输出端子(MRS)</td><td>MRS信号为ON(20ms以上)时，变频器输出停止</td></tr>
<tr><td>5</td><td>找到复位端子(RES)</td><td>RES信号为ON在0.1s以上，然后断开，变频器解除保护电路动作的保持状态。</td><td>复位解除后需要1s左右进行复原</td></tr>
<tr><td>6</td><td colspan="2">找到公共输入端子(SD)</td><td>接点输入端子的公共端</td><td>漏型</td></tr>
<tr><td>7</td><td colspan="2">找到公共输入端子(PC)</td><td>DC 24V输出和外部晶体管公共端子</td><td>源型</td></tr>
</table>

（续）

序号	识读任务			端子功能	要点提示
8	模拟信号端子	频率设定	找到频率设定用电源端子(10)	频率设定用电源端子	DC 5V,允许负荷电流 10mA
9			找到频率设定用电压端子(2)	频率设定用电压端子	输入 DC 0~5V(或 0~10V)时,5V(或 10V)对应于最大输出频率
10			找到频率设定用电流端子(4)	频率设定用电流端子	输入 DC 4~20mA 时,20mA 对应于最大输出频率
11		找到频率设定公共端子(5)		频率设定用公共端子	不能接大地
12	输出信号端子	接点	找到异常输出端子(A、B、C)	变频器异常时,B—C 间不导通,A—C 间导通;变频器正常时,B—C 间导通,A—C 间不导通	输出端子功能通过设定参数(Pr. 190~Pr. 192)改变
13					
14		集电极开路	找到变频器正在运行端子(RUN)	输出频率在起动频率以上时,RUN 为低电平;否则为高电平	
15			找到频率检测端子(FU)	输出频率在检测频率以上时,FU 为低电平;否则为高电平	
16		找到集电极开路输出公共端子(SD)		端子 RUN 和 FU 的公共端子	
		模拟	找到模拟信号输出端子(AM)	模拟信号输出	输出信号的大小与所监视项目的大小成正比

（2）识读操作面板　图 16-7 所示为三菱 FR-E740 型变频器操作面板，其上半部分为显示部分，下半部分为按键部分。

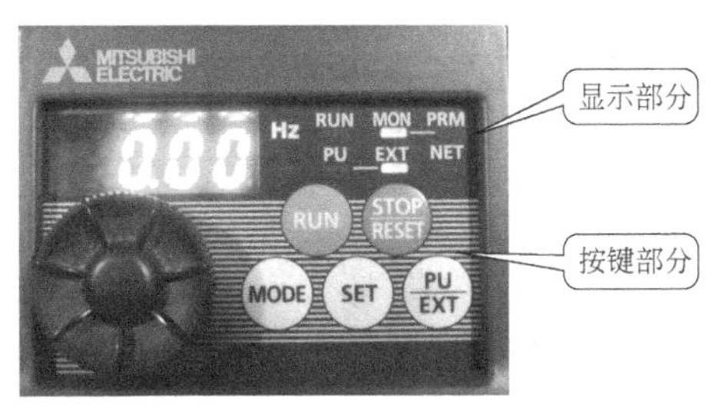

图 16-7　FR-E740 型变频器操作面板

1）按键部分。按键的识读过程见表 16-4。

表 16-4　按键的识读过程

序号	识读任务	按键功能
1	找到正转键 RUN	用于给出正转指令
2	找到停止及复位键 STOP RESET	用于停止运行 用于保护功能动作输出停止时复位变频器

（续）

序号	识读任务	按键功能
3	找到模式键 MODE	用于选择操作模式或设定模式
4	找到设置键 SET	用于确定频率和参数的设定
5	找到运行模式键 PU/EXT	用于切换 PU 和外部运行模式
6	找到 M 旋钮	用于连续提高或降低运行频率，正转或反转旋钮可改变运行频率 在设定模式下旋转按钮，可连续改变设定参数

2）显示部分。显示部分的识读过程见表 16-5。

表 16-5　显示部分的识读过程

序号	识读任务	动作表示
1	找到显示 LED	显示变频器的参数
2	找到频率指示：Hz	显示频率时，“Hz”点亮
3	找到电流指示：A	显示电流时，“A”点亮
4	找到电压指示：V	显示电压时，“V”点亮
5	找到运行监视指示：RUN	变频器运行时，“RUN 下指示灯”点亮
6	找到面板运行模式显示：PU	面板操作时，“PU 下指示灯”点亮
7	找到外部运行模式显示：EXT	外部操作时，“EXT 下指示灯”点亮
8	找到模式操作显示：MON	选择模式时，“MON 下指示灯”点亮
9	找到参数模式显示：PRM	调整参数时，“PRM 下指示灯”点亮
10	找到网络运行模式显示：NET	网络通信时，“NET 下指示灯”点亮

2. 识读电路图

电动机正反转变频器控制系统电路图如图 16-8 所示。

五、操作指导

1. 安装电路

（1）安装元件

1）检查元件。按表 16-1 配齐所用元件，检查元件的规格是否符合要求，检测元件的质量是否完好。

2）固定元件。参考图 16-9 固定元件，变频器必须垂直且牢固地固定在安装板上。

（2）配线安装

1）线槽配线安装。按照图 16-8 安装接线。安装变频器时应注意以下几点：

① 三相电源线必须接主电路输入端子（R/L1、S/L2、T/L3），严禁接至主电路输出端

子（U、V、W），否则会损坏变频器。

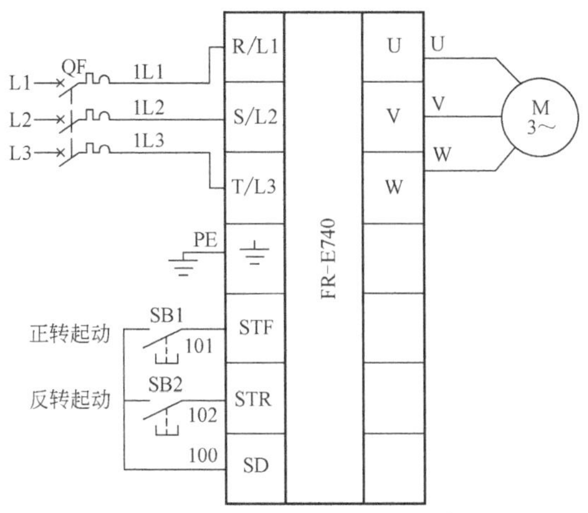

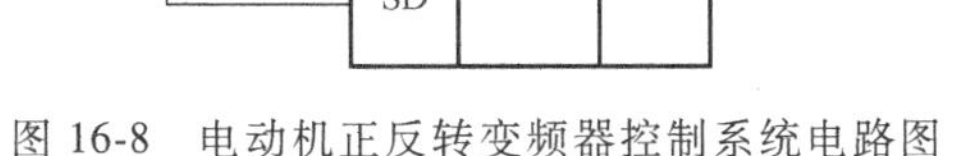

图 16-8　电动机正反转变频器控制系统电路图

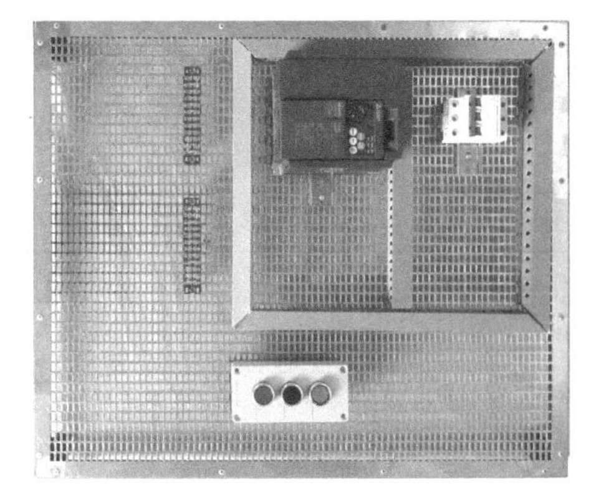

图 16-9　电动机正反转变频器控制电路安装板

② 变频器必须可靠接地。

③ 接线后，零碎线头必须清除干净，避免造成设备运行异常。

④ 若在变频器运行后改变接线，必须在电源切断 10min 以上，经万用表检测电压后进行。因为电源切断后，电容器会长期处于充电状态，所以非常危险。

2）外围设备配线安装。

（3）自检

1）检查布线。对照电路图检查是否掉线、错线，是否漏编、错编号，以及接线是否牢固等。

2）使用万用表检测。按表 16-6 使用万用表检测安装的电路，如测量阻值与正确阻值不符，应根据电路图检查是否存在错线、掉线、错位、短路等情况。

表 16-6　用万用表检测电路

序号	检测内容	操作情况		正确阻值	测量阻值	备注
1	检测变频器的主电路	合上 QF	分别测量 XT 的 L1 与 U、V、W 之间的阻值	均为∞		使用兆欧表检测
2			分别测量 XT 的 L2 与 U、V、W 之间的阻值			
3			分别测量 XT 的 L3 与 U、V、W 之间的阻值			
4			分别测量 XT 的 L1、L2、L3、U、V、W 与 PE 之间的阻值			
5						
6	检测变频器的控制电路	常态时，测量 STF 端子与 SD 端子之间的阻值		几兆欧至几十兆欧或∞		使用万用表检测
		按下 SB1，测量 STF 端子与 SD 端子之间的阻值		约为 0Ω		

（续）

序号	检测内容	操 作 情 况	正确阻值	测量阻值	备注
7	检测变频器的控制电路	常态时，测量 STR 端子与 SD 端子之间的阻值	几兆欧至几十兆欧或∞		使用万用表检测
		按下 SB2，测量 STR 端子与 SD 端子之间的阻值	约为 0Ω		
8	检测完毕，断开 QF				

2. 操作变频器

经教师检查无误后，合上断路器，练习变频器的基本操作。

（1）改变监视显示模式　如图 16-10 所示，操作PU/EXT键，可改变运行模式，操作MODE键，可改变监视显示模式。图中的参数设定模式仅在操作模式为 PU 运行模式 Pr. 79 = 1 时显示。

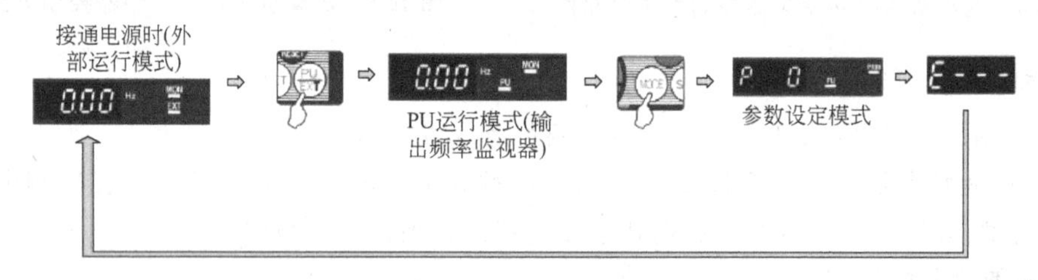

图 16-10　MODE 键改变监视显示模式

（2）改变监视类型　如图 16-11 所示，在监视模式下按SET键，可改变监视类型。

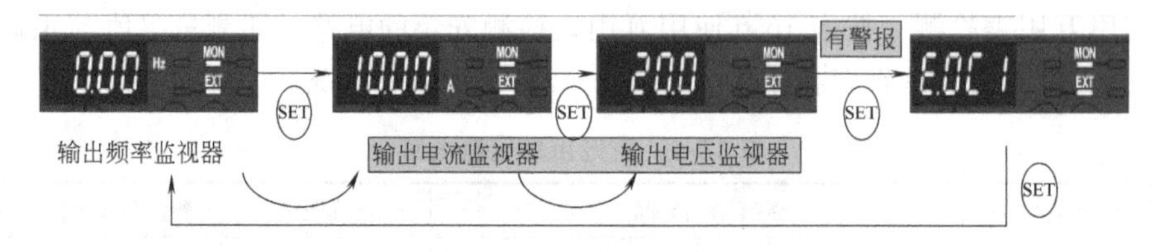

图 16-11　SET 键改变监视类型

（3）设定频率　如图 16-12 所示，在频率设定模式下，用 M 旋钮可改变运行频率。此模式只在 PU 运行模式 Pr. 79 = 1 时显示。

图 16-12　设定运行频率

（4）设定参数　以图 16-13 为例，在参数设定模式下，将参数操作模式选择为 Pr. 79 的设定值，由 PU 运行模式“0”变更为外部操作模式“2”。此时，用 M 旋钮◎可改变参数及参数设定值，用(SET)键写入更新设定值。设定参数时，必须注意以下两点：

1）除一部分参数外，参数的设定仅在 PU 运行模式 Pr. 79 = 1 时才可以实施。

2）写入更新参数设定值时，按一次(SET)键可显示设定值，按两次(SET)键可显示下一个参数。

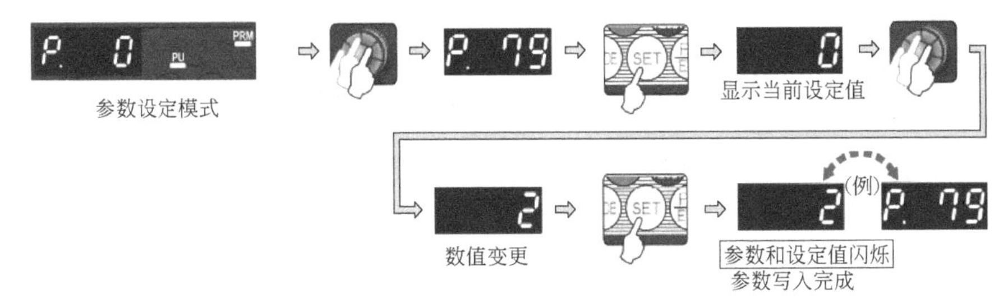

图 16-13　设定参数

3. 在面板操作模式下调试系统

所谓面板操作模式，是指起停信号和运行频率都由操作面板上的按键发出。

（1）选择操作模式

1）按图 16-10 所示方法，用(MODE)键将监视显示切换至参数设定模式。

2）按图 16-13 所示，在参数设定模式下，设定操作模式选择参数 Pr. 79 = 1，此时变频器面板上的“PU”指示 LED 点亮。

（2）设定运行频率

1）按图 16-10 所示方法，用(MODE)键将监视显示切换至频率设定模式。

2）在频率设定模式下，按照图 16-12 所示的方法，用 M 旋钮◎将频率设定值改为 45Hz 后，用(SET)键写入。

4. 在组合操作模式 1 下调试系统

所谓组合操作模式 1，是指起停信号由外部开关输入，运行频率由操作面板设定。在此模式下，变频器不接收外部频率设定信号和面板按键发出的起停信号。

（1）选择操作模式

1）按图 16-10 所示方法，用(MODE)键将监视显示切换至参数设定模式。

2）如图 16-13 所示，在参数设定模式下，设定操作模式选择参数 Pr. 79 = 3，此时变频器面板上的“PU”和“EXT”指示 LED 都点亮。

（2）起动正转　按下正转起动按钮 SB1，变频器接线端子 STF 信号为 ON，电动机正转，操作面板上显示变频器输出频率，“RUN”指示 LED 点亮；松开按钮 SB1，运行频率降至 0Hz，电动机停转。

（3）设定运行频率　保持正转运行状态，用 M 旋钮◎将频率设定值改为 40Hz。同时可以观察到，电动机在频率变化过程中，其转速也发生变化。

(4) 起动反转　按下起动按钮 SB2，变频器接线端子 STR 信号为 ON，电动机反转，操作面板显示变频器输出频率为 40Hz，“RUN” 指示 LED 闪烁；松开按钮 SB2，运行频率降至 0Hz，电动机停转。

5. 设定变频器主要参数

(1) 选择操作模式

1) 按图 16-10 所示方法，用(MODE)键将监视显示切换至参数设定模式。

2) 如图 16-13 所示，在参数设定模式下，设定操作模式选择参数 Pr. 79 = 1，变频器面板上的 “PU” 指示 LED 点亮。

(2) 设定上限频率　在参数设定模式下，设定上限频率 Pr. 1 = 50。

(3) 设定下限频率　在参数设定模式下，设定下限频率 Pr. 2 = 10。

(4) 设定加速时间　在参数设定模式下，设定加速时间 Pr. 7 = 3。

(5) 设定减速时间　在参数设定模式下，设定减速时间 Pr. 8 = 3。

6. 操作要点

1) 三相电源线必须接主电路输入端子（R/L1、S/L2、T/L3），严禁接至主电路输出端子（U、V、W），否则会损坏变频器。

2) 变频器必须可靠接地。

3) 除变频器的一部分参数外，其他参数的设定只能在 PU 操作模式 Pr. 79 = 1 时才可以实施。

4) 写入更新参数设定值时，按下(SET)键即可。

5) 通电调试操作必须在教师的监护下进行。

6) 应在规定的时间内完成训练项目，同时做到安全操作和文明生产。

六、质量评价标准

项目质量考核要求及评分标准见表 16-7。

表 16-7　质量评价表

考核项目	考核要求	配分	评分标准	扣分	得分	备注
系统安装	1. 正确安装元件 2. 按图完整、正确及规范地接线 3. 按要求正确编号	30	1. 元件松动每处扣 2 分，损坏每处扣 4 分 2. 错、漏线每处扣 2 分 3. 反圈、压皮、松动每处扣 2 分 4. 错、漏编号每处扣 1 分			
运行操作	1. 正确设定参数 2. 会按步骤操作调试系统	70	1. 参数设定错误每处扣 5 分 2. 操作错误每步扣 5 分			
安全生产	自觉遵守安全文明生产规程		1. 漏接接地线每处扣 5 分 2. 每违反一项规定扣 3 分 3. 发生安全事故按 0 分处理			
时间	3h		提前正确完成，每 5min 加 5 分 超过定额时间，每 5min 扣 2 分			
开始时间：		结束时间：		实际时间：		

七、拓展与提高

1. 三菱变频器的参数清除

如图 16-14 所示，在参数设定模式下，利用 M 旋钮可以依次显示清除参数、参数全部清除、清除报警历史、初始值变更清单等。

图 16-14　参数模式的操作

(1) 报警记录显示操作　如图 16-15 所示，旋转 M 旋钮可以显示最近八次报警记录。

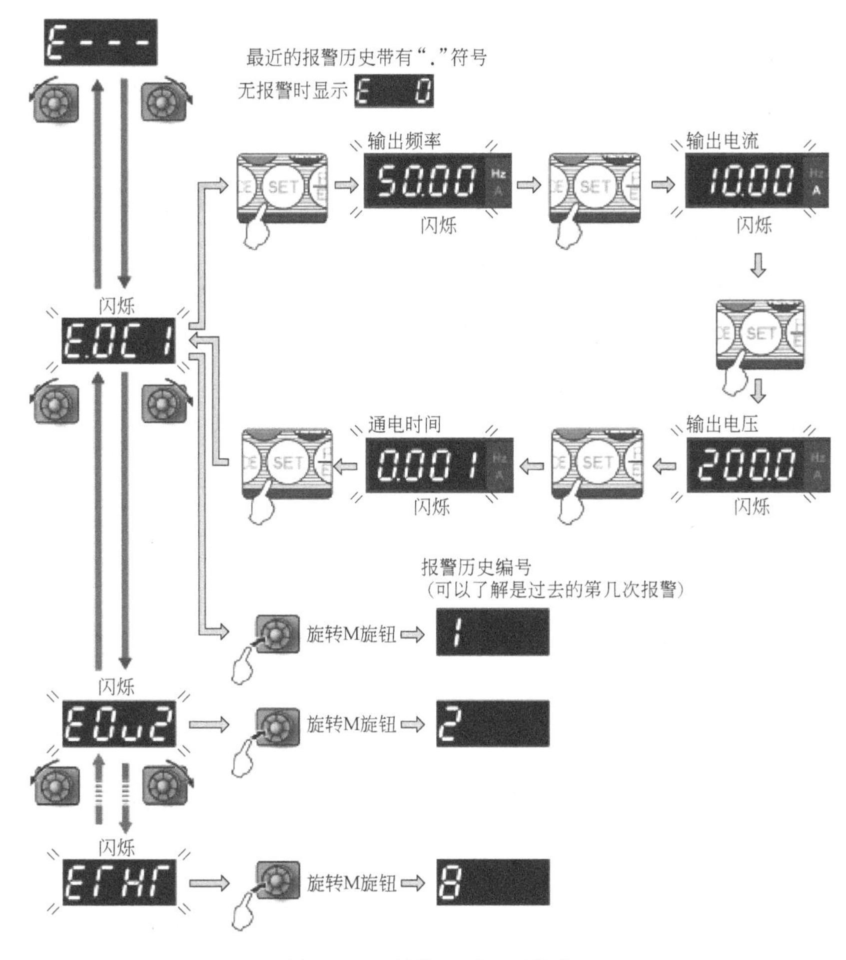

图 16-15　报警记录显示操作

(2) 报警记录清除操作　报警记录清除操作如图 16-16 所示。

（3）参数清除操作　如图 16-17 所示，依次进行参数清除、参数全部清除操作。参数清除是指除校准值以外的参数值都被初始化为出厂设定值；参数全部清除是指校准值和参数值都被初始化为出厂设定值。

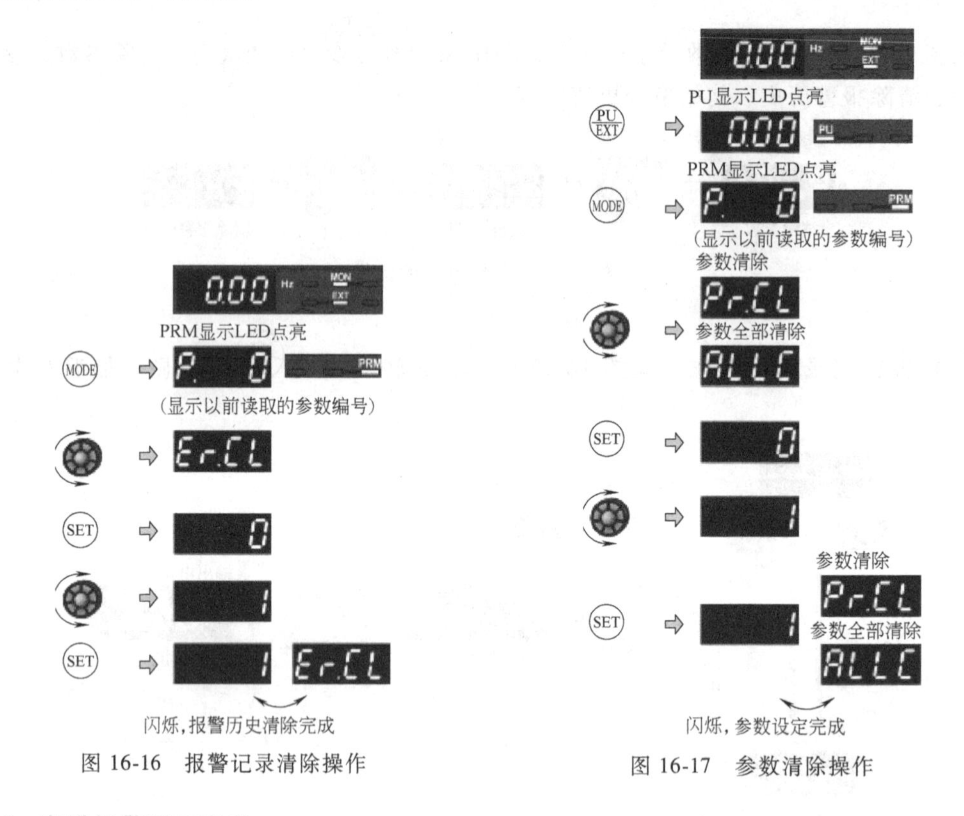

图 16-16　报警记录清除操作

图 16-17　参数清除操作

2. 出错报警显示定义

如果变频器出现异常，将动作自保护功能。报警停止后，PU 显示部分自动切换显示出错代码，见表 16-8。

表 16-8　出错代码一览表

序号	出错代码	故障名称	检 查 要 点
1	E.OC1	加速中过电流断路	是否急加速运转；输出是否短路、接地
2	E.OC2	定速中过电流断路	负荷是否有急速变化；输出是否短路、接地
3	E.OC3	减速中过电流断路	是否急减速运转；输出是否短路、接地；电动机机械制动是否过早
4	E.Ou1	加速中再生过电压断路	加速度是否太小
5	E.Ou2	定速中再生过电压断路	负荷是否有急速变化
6	E.Ou3	减速中再生过电压断路	是否急减速运转

（续）

序号	出错代码	故障名称	检 查 要 点
7	E.THM	电动机过负荷断路	电动机是否处于过负荷状态
8	E.THT	变频器过负荷断路	变频器是否处于过负荷状态
9	E.FIN	散热片过热	周围温度是否过高；散热片是否堵塞
10	E. bE	制动晶体管报警	制动频度是否合适
11	E. GF	输出侧接地过电流保护	电动机连接线是否接地
12	E.OHT	外部热继电器动作	电动机是否过热
13	E.OLT	失速防止	电动机是否过负荷使用
14	E.OPT	选件异常	通信电缆是否断线
15	E. PE	参数记忆异常	参数写入次数是否太多
16	E.PUE	参数单元脱落	操作面板的安装是否太松；确认 Pr. 75 设定值
17	E.rET	再试次数超出	调查异常发生的原因
18	E.CPU	CPU 错误	与经销商联系
19	E. 3	选件异常	选件的功能设定、操作是否有误；通信选件连接插座是否连接好
20	E. 6	CPU 错误	与经销商联系
21	E.LF	输出欠压保护	确认接线是否正确；是否使用了比变频器容量小得多的电动机
22	Fn	风扇故障	冷却风扇是否异常
23	OL	失速防止（过电流）	电动机是否过负荷使用
24	oL	失速防止（过电压）	是否急减速运行

（续）

序号	出错代码	故障名称	检查要点
25	PS	PU 停止	是否在外部运行时，按下操作面板上的 STOP/RESET 键，设定停止
26	Err.	此报警在下述情况下显示：RET 信号处于 ON 时；在外部运行模式下，试图设定参数；运行中，试图切换运行模式；试图在设定范围之外设定参数；运行中，试图设定参数；在 Pr. 77 的“参数写入禁止选择”状态下，试图设定参数	

习　题

1. 简述三菱 FR-E740 型变频器各端子的功能。
2. 简述三菱 FR-E740 型变频器操作面板上各按键的作用。
3. 请写出在 PU 操作模式下，设定运行频率为 20Hz 的操作步骤。
4. 请写出在组合操作模式 1 下，设定运行频率为 30Hz 的操作步骤。

项目十七　电动机三速运行 PLC、变频器控制系统

一、学习目标

1. 会正确识读电动机三速运行 PLC、变频器控制系统电路图。

2. 能正确安装与调试电动机三速运行 PLC、变频器控制系统，会设定变频器的多段速度。

二、学习任务

1. 项目任务

本项目的任务是安装与调试电动机三速运行 PLC、变频器控制系统。系统控制要求如下：

1）按下起动按钮 SB1 后，电动机以运行频率 30Hz 运转；15s 后运行频率变为 40Hz；再过 15s 后运行频率变为 50Hz。

2）按下停止按钮 SB2，电动机停止工作。

2. 任务流程图

具体学习任务及学习过程如图 17-1 所示。

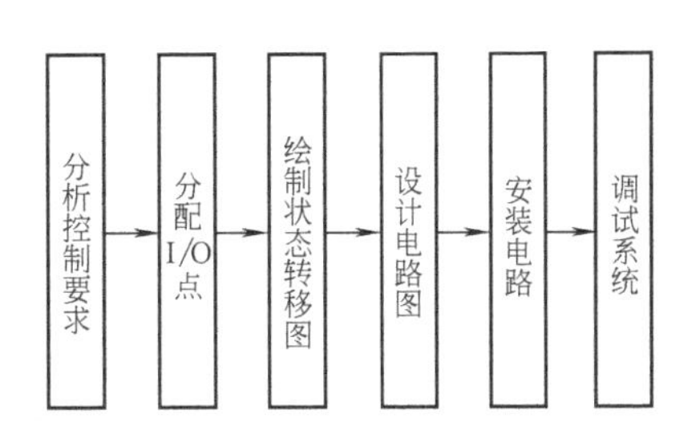

图 17-1　任务流程图

三、环境设备

学习所需工具、设备见表 17-1。

表 17-1　工具、设备清单

序号	分类	名称	型号规格	数量	单位	备注
1	工具	常用电工工具		1	套	
2		万用表	MF47	1	只	
3	设备	三极小型断路器	DZ47-63	1	只	
4		三相电源插头	16A	1	只	
5		控制变压器	BK100,380V/220V	1	只	
6		三相变频器	FR-E740	1	只	
7		PLC	FX_{3U}-48MR	1	只	
8		熔断器底座	RT18-32	2	只	
9		熔管	2A	2	只	
10		按钮	LA38/203	1	只	
11		端子板	TB-1512L	1	条	
12		安装网孔板	600mm×700mm	1	块	
13		导轨	35mm	0.5	m	

（续）

序号	分类	名称	型号规格	数量	单位	备注
14	消耗材料	铜导线	BVR-1.5mm^2	5	m	
15			BVR-1.5mm^2	2	m	双色
16			BVR-1.0mm^2	4	m	
17		紧固件	M4×20 螺钉	若干	只	
18			M4 螺母	若干	只	
19			ϕ4mm 垫圈	若干	只	
20		行线槽	TC3025	若干	m	
21		编码管	ϕ1.5mm	若干	m	
22		编码笔	小号	1	支	

四、背景知识

变频器具有多段速度运行控制功能，即给变频器的多段速度选择端子（RL、RM、RH）发出不同信号，变频器便输出不同频率的电源。本项目将通过 PLC 给变频器发出起停及频率设定信号，从而实现电动机三速运行控制。

1. 分析控制要求

分析系统控制要求，系统属于顺序控制，将其控制过程分解后的工作流程如图 17-2 所示。

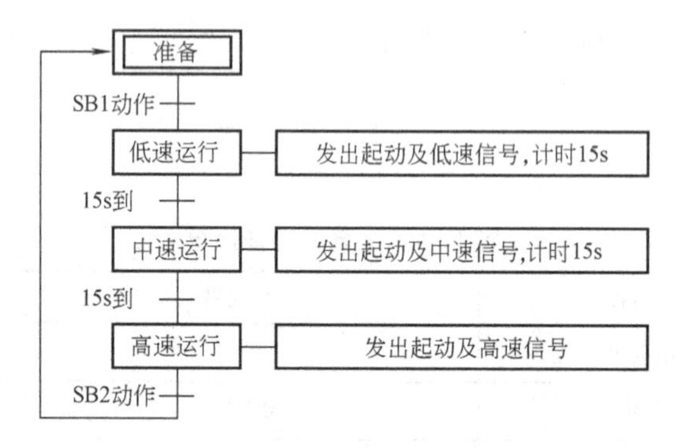

图 17-2　系统工作流程图

2. 分配 I/O 点

根据确定的输入输出设备及输入输出点数，分配 I/O 点，见表 17-2。

表 17-2　输入输出设备及 I/O 点分配表

输入			输出		
元件代号	功能	输入点	元件代号	功能	输出点
SB1	起动按钮	X0	变频器 STF 端子	起动变频器	Y4
SB2	停止按钮	X1	变频器 RH 端子	高速	Y5
			变频器 RM 端子	中速	Y6
			变频器 RL 端子	低速	Y7

3. 绘制状态转移图

根据工作流程图与状态转移图的转换方法，将图 17-2 转换成状态转移图，如图 17-3 所示。

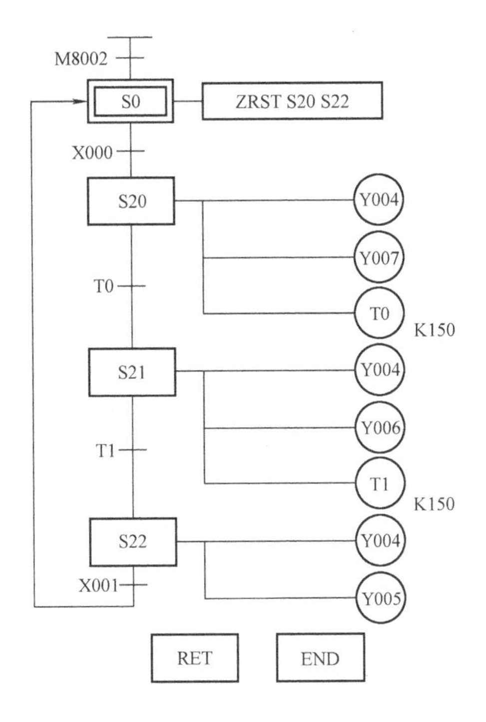

图 17-3　系统状态转移图

4. 设计电路图

根据分配的 I/O 点设计系统电路图，如图 17-4 所示。

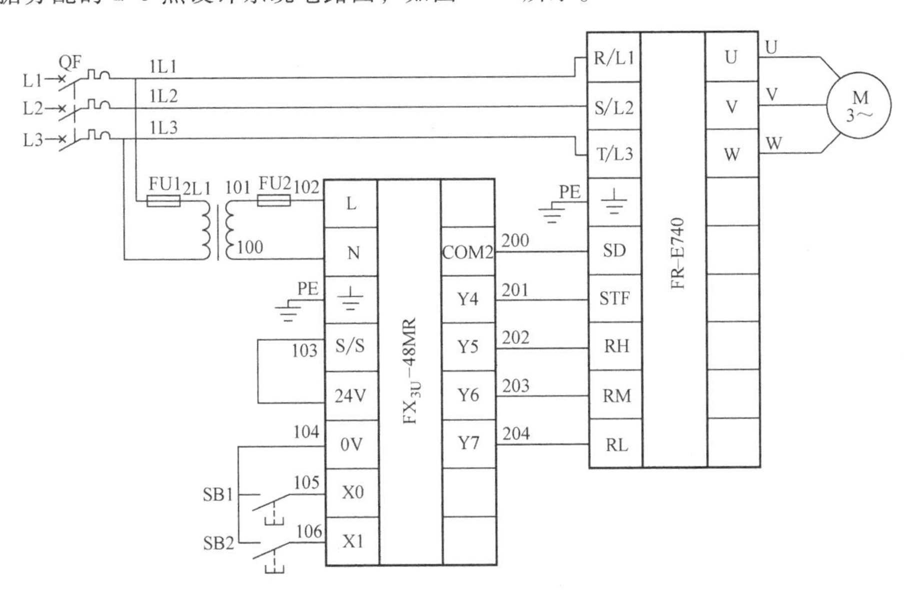

图 17-4　电动机三速运行 PLC、变频器控制系统电路图

五、操作指导

1. 安装电路

(1) 安装元件

1) 检查元件。按表 17-1 配齐所用元件，检查元件的规格是否符合要求，检测元件的质量是否完好。

2) 固定元件。参考图 17-5 固定元件，变频器必须垂直且牢固地固定在安装板上。

(2) 配线安装

1) 线槽配线安装。按图 17-4 安装接线。

2) 外围设备配线安装。

(3) 自检

1) 检查布线。对照电路图检查是否掉线、错线，是否漏编、错编号，以及接线是否牢固等。

2) 使用万用表检测。按表 17-3 使用万用表检测安装的电路，如测量阻值与正确阻值不符，应根据电路图检查是否存在错线、掉线、错位、短路等情况。

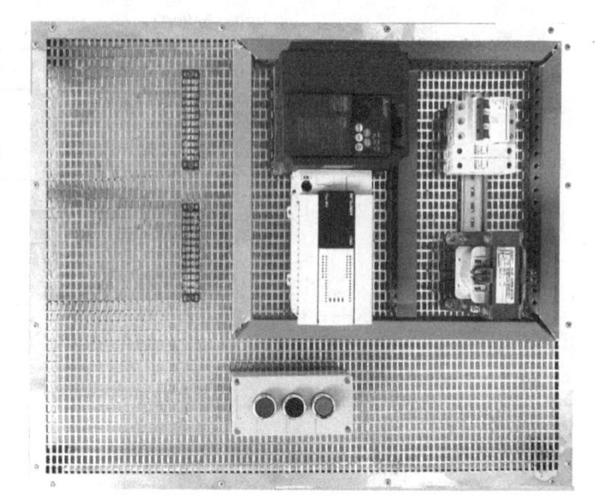

图 17-5 电动机三速运行 PLC、变频器控制系统安装板

表 17-3 用万用表检测电路

序号	检测内容	操作情况		正确阻值	测量阻值	备注
1	检测变频器的主电路	合上 QF	分别测量 XT 的 L1 与 U、V、W 之间的阻值	均为∞		使用兆欧表检测
2			分别测量 XT 的 L2 与 U、V、W 之间的阻值			
3			分别测量 XT 的 L3 与 U、V、W 之间的阻值			
4			分别测量 XT 的 L1、L2、L3、U、V、W 与 PE 之间的阻值			
5	检测变频器的控制电路	分别测量 PLC 的输出端子与和其对应的变频器输入端子之间的阻值		均约为 0Ω		
6	检测 PLC 的输入电路	测量 PLC 的电源输入端子 L 与 N 之间的阻值		约为 TC 一次绕组的阻值		
7		测量电源输入端子 L 与公共端子 0V 之间的阻值		∞		
8		常态时，测量所用输入点 X 与公共端子 0V 之间的阻值		均为几千欧至几十千欧		
9		逐一动作输入设备，测量对应的输入点 X 与公共端子 0V 之间的阻值		均约为 0Ω		
10	检测完毕，断开 QF					

2. 调试系统

经教师检查无误后，合上断路器，按状态转移图（图 17-3）正确输入程序和设定变频器参数后，调试系统。

（1）启动软件　启动 GX Developer 编程软件，输入系统程序后写入 PLC 程序。

（2）设定变频器参数

1）设定高速频率。

① 先用(MODE)键将监视显示切换至参数设定模式，设定操作模式为 PU 运行模式 Pr. 79 = 1。

② 在参数设定模式下，设定高速频率 Pr. 4 = 50。

2）设定中速频率。在参数设定模式下，设定中速频率 Pr. 5 = 40。

3）设定低速频率。在参数设定模式下，设定低速频率 Pr. 6 = 30。

4）选择操作模式。在参数设定模式下，设定操作模式为外部操作模式 Pr. 79 = 2。所谓外部操作模式，是指变频器的起停信号和运行频率信号都是由外部输入的。在此模式下，变频器不接收面板按键发出的起停信号与频率信号。

（3）调试　将 PLC 的 RUN/STOP 开关拨至“RUN”位置后，按表 17-4 操作，观察系统运行情况并做好记录。如出现故障，应立即切断电源，分析原因，检查电路、梯形图或变频器参数后重新调试，直至系统实现预定功能。

表 17-4　系统运行情况记录表

步骤	操作内容	观察内容			
		变频器七段显示 LED		电动机	
		正确结果	观察结果	正确结果	观察结果
1	按下 SB1	30Hz		M 低速运转	
2	15s 时间到	40Hz		M 中速运转	
3	15s 时间到	50Hz		M 高速运转	
4	按下 SB2	0Hz		M 停转	

3. 操作要点

1）当变频器工作于外部操作模式 Pr. 79 = 2 下时，其运行参数必须在 PU 运行模式 Pr. 79 = 1 时设定。

2）PLC 及变频器必须可靠接地。

3）必须在硬件电路检查无误后，在教师的监护下进行通电调试操作。

4）应在规定的时间内完成训练项目，同时做到安全操作和文明生产。

六、质量评价标准

项目质量考核要求及评分标准见表 17-5。

表 17-5　质量评价表

考核项目	考核要求	配分	评分标准	扣分	得分	备注
系统安装	1. 正确安装元件 2. 按图完整、正确及规范地接线 3. 按要求正确编号	30	1. 元件松动每处扣 2 分，损坏每处扣 4 分 2. 错、漏线每处扣 2 分 3. 反圈、压皮、松动每处扣 2 分 4. 错、漏编号每处扣 1 分			
运行操作	1. 正确设定参数 2. 会按步骤操作调试系统	70	1. 参数设定错误每处扣 5 分 2. 操作错误每步扣 5 分			
安全生产	自觉遵守安全文明生产规程		1. 漏接接地线每处扣 5 分 2. 每违反一项规定，扣 3 分 3. 发生安全事故按 0 分处理			
时间	3h		提前正确完成，每 5min 加 5 分 超过定额时间，每 5min 扣 2 分			
开始时间：		结束时间：		实际时间：		

七、拓展与提高——多段速度设定

如图 17-6 所示，在外部操作模式（Pr. 79＝2）或组合模式 2（Pr. 79＝4）下，通过开启或关闭 RH、RM、RL、REX 信号，可选择设定多段运行速度，其参数设定见表 17-6。

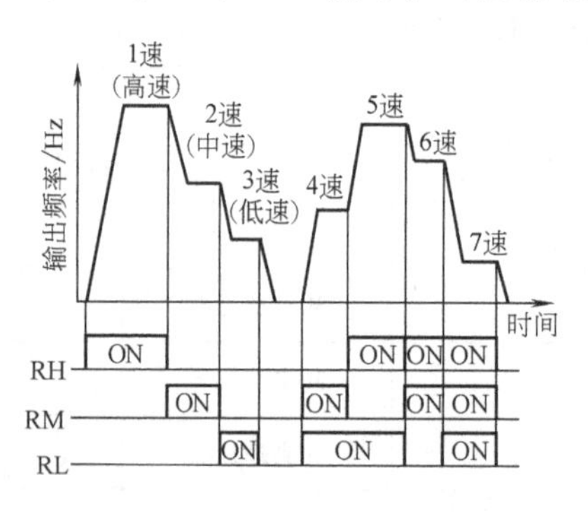

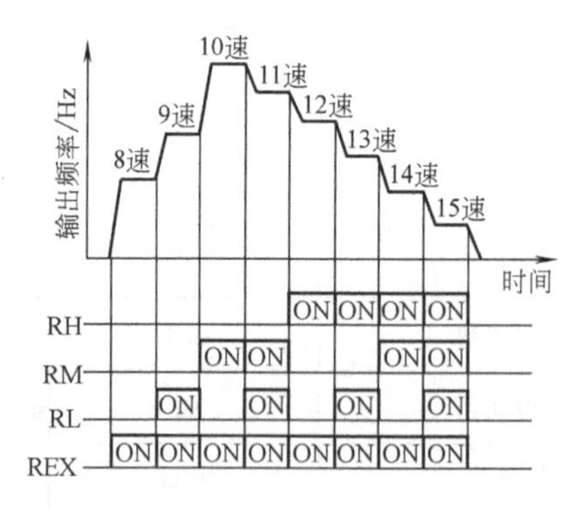

图 17-6　多段速度选择端子与运行速度

表 17-6　多段速度参数设定表

速度	RH、RM、RL、REX 信号组合	设定的参数号	出厂设定	设定范围
1 速（高速）	1000	Pr. 4	50Hz	0～400Hz
2 速（中速）	0100	Pr. 5	30Hz	
3 速（低速）	0010	Pr. 6	10Hz	
4 速	0110	Pr. 24	9999	0～400Hz、9999（9999 未设定）
5 速	1010	Pr. 25		

（续）

速度	RH、RM、RL、REX 信号组合	设定的参数号	出厂设定	设定范围
6 速	1100	Pr. 26		
7 速	1110	Pr. 27		
8 速	0001	Pr. 232		
9 速	0011	Pr. 233		
10 速	0101	Pr. 234	9999	0～400Hz、9999 （9999 未设定）
11 速	0111	Pr. 235		
12 速	1001	Pr. 236		
13 速	1011	Pr. 237		
14 速	1101	Pr. 238		
15 速	1111	Pr. 239		

习　题

1. 设计电动机三速运行 PLC、变频器控制系统。系统控制要求如下：

1）按下 SB1 后，电动机以运行频率 50Hz 运转。

2）按下 SB2，电动机以运行频率 40Hz 运转。

3）按下 SB3，电动机以运行频率 30Hz 运转。

4）按下 SB4，电动机停止工作。

2. 设计进给滑台电动机控制系统。系统控制要求如下：

1）如图 17-7 所示，初始状态时滑台停在左边，限位开关 SQ3 为 ON。

2）按下起动按钮后，滑台快进。

3）快进至 SQ1 处，滑台转为工进。

4）工进至 SQ2 处，滑台快退，当返回至初始位置后，滑台停止运动。

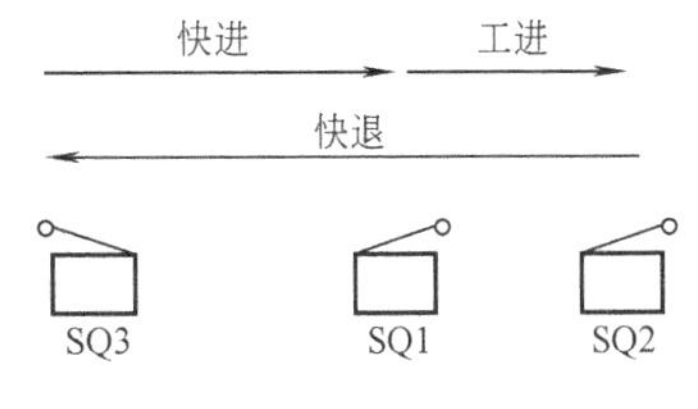

图 17-7　习题 2 图

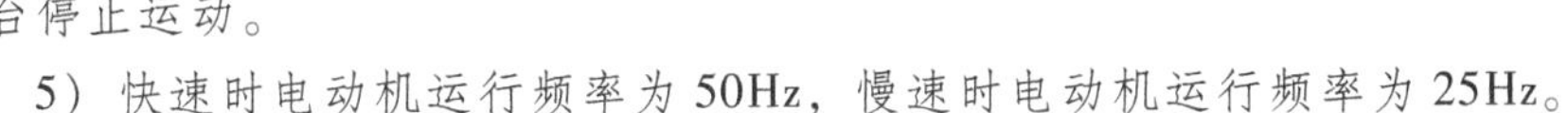

5）快速时电动机运行频率为 50Hz，慢速时电动机运行频率为 25Hz。

附　　录

附录 A　常用电器、电机的图形与文字符号

类别	名称	图形符号	文字符号	类别	名称	图形符号	文字符号
开关	开关，一般符号		SA	按钮开关	常开按钮		SB
	手动操作开关，一般符号		SA		常闭按钮		SB
	三相控制开关		QS		复式按钮		SB
	三相隔离开关		QS		应急制动开关（急停按钮）		SB
	三相负荷开关		QS		钥匙操作的动合触头开关		SB
	组合旋钮开关		QS	接触器	继电器线圈		KM
	断路器		QF		主动合（常开）触头		KM
位置开关	带动合（常开）触头的位置开关		SB		主动断（常闭）触头		KM
	带动断（常闭）触头的位置开关		SB		辅助动合（常开）触头		KM
	组合位置开关		SB		辅助动断（常闭）触头		KM

（续）

类别	名称	图形符号	文字符号	类别	名称	图形符号	文字符号
热继电器	热继电器驱动器件		FR	时间继电器	缓慢吸合（通电延时）线圈		KT
	热继电器动合（常开）触头		FR		缓慢释放（断电延时）线圈		KT
	热继电器动断（常闭）触头		FR		瞬时闭合常开触头		KT
中间继电器	线圈		KA	电压继电器	过电压线圈	$U>$	KV
	动合（常开）触头		KA		欠电压线圈	$U<$	KV
	动断（常闭）触头		KA	电流继电器	过电流线圈	$I>$	KA
时间继电器	瞬时断开常闭触头		KT		欠电流线圈	$I<$	KA
	延时闭合的动合（常开）触头		KT	非电量继电器	线速度控制的动合（常开）触头开关	v	KS
	延时闭合的动断（常闭）触头		KT		转速控制的动合（常开）触头开关	n	KS
	延时断开的动合（常开）触头		KT		压力控制的动合（常开）触头开关	P	KP
	延时断开的动断（常闭）触头		KT	熔断器	熔断器		FU

（续）

类别	名称	图形符号	文字符号	类别	名称	图形符号	文字符号
电磁操作器	电磁铁	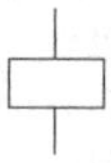	YA	电动机	直流并励电动机		M
	电磁吸盘	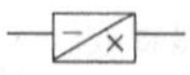	YH		直流串励电动机	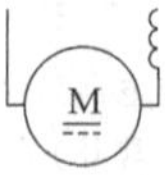	M
	电磁离合器	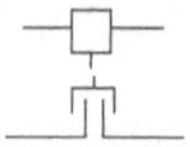	YC	发电机	发电机	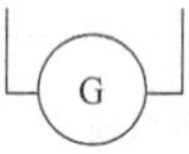	G
	电磁制动器	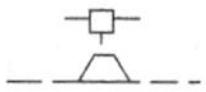	YC		直流测速发电机	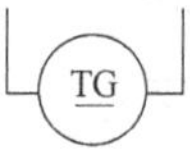	TG
	电磁阀	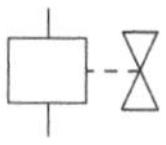	YV	变压器	电流互感器	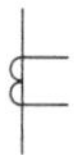	TA
连接器	插座		XP		双绕组变压器		TV
	插头		XP		三绕组变压器	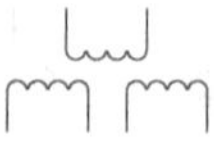	TV
	插头和插座，多极		XP		三相变压器，星形连接	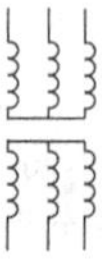	TM
电动机	三相笼型感应电动机		M		电抗器		L
	三相线绕转子感应电动机	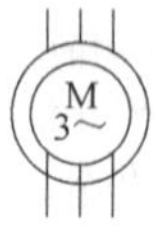	M	灯	信号灯照明灯		HL
	三相串励电动机		M		荧光灯		

附录 B FX$_{3U}$系列 PLC 的规格

一、FX$_{3U}$系列 PLC 基本单元的电源规格

项目	FX$_{3U}$-16M	FX$_{3U}$-32M	FX$_{3U}$-48M	FX$_{3U}$-64M
额定电压	AC 100~240V			
电压允许范围	AC 85~264V			
额定频率	50/60Hz			
允许瞬间停电时间	10ms 以下瞬间停电，能继续工作			
电源熔丝	250V、3.15A		250V、5A	
冲击电流	最大 30A、5ms 以下/AC 100V 最大 65A、5ms 以下/AC 200V			
耗电	30W	35W	40W	45W
DC 24V 供给电源	400mA 以下		600mA 以下	

二、FX$_{3U}$系列 PLC 的输入规格

项目	DC 输入	
机种	FX$_{3U}$基本单元（漏型输入）	扩展单元
输入回路构成	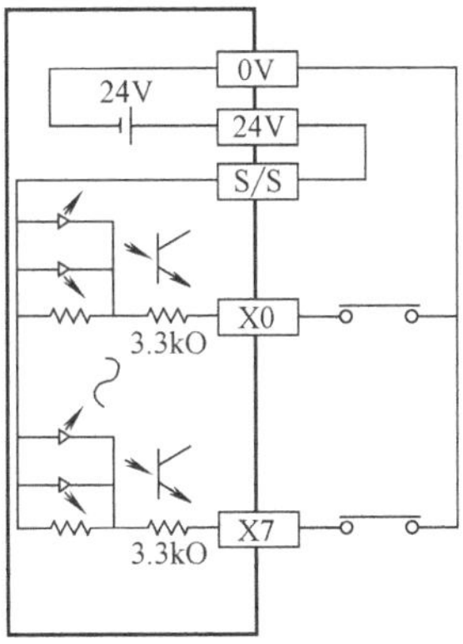 0V 24V S/S X0 X7 3.3kΩ 可编程控制器	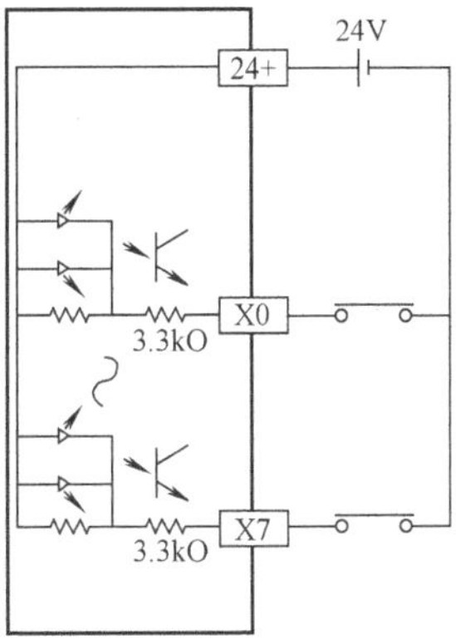 24V 24+ X0 X7 3.3kΩ 可编程控制器
输入信号电压	DC 24(1±20%)V	DC 24(1±20%)V
输入信号电流	X0~X5:6mA/DC 24V X6、X7:7mA/DC 24V (X10 以后:5mA/DC 24V)	5mA/DC 24V
输入 ON 电流	X0~X5:3.5mA 以上 X6、X7:4.5mA 以上 (X10 以后:3.5mA 以上)	3.5mA 以上/DC 24V
输入 OFF 电流	1.5mA 以下	1.5mA 以下
输入响应时间	约 10ms	约 10ms
输入信号形式	漏型输入时:无电压触点输入 NPN 开路集电极晶体管 源型输入时:无电压触点输入 PNP 开路集电极晶体管	
输入回路隔离	光耦隔离	
输入输出显示	光耦驱动时面板上的 LED 点亮	

三、FX_{3U}系列 PLC 基本单元的输出规格

项目		继电器输出	晶体管输出	
输出回路构成		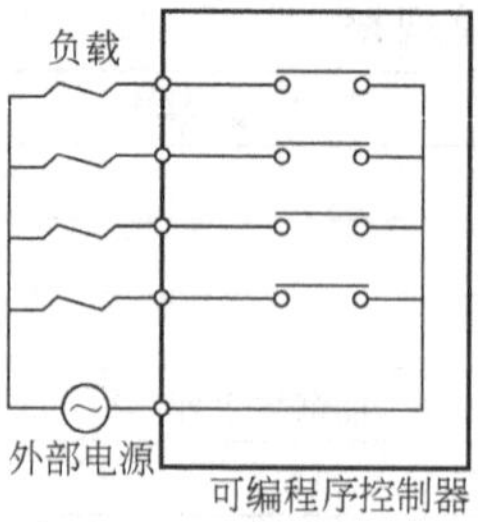 负载 外部电源 可编程序控制器	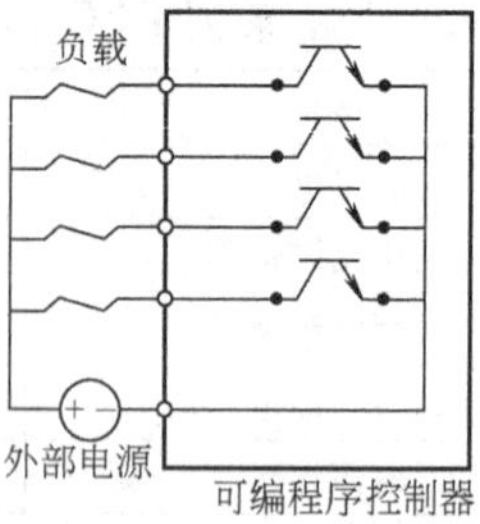 负载 外部电源 可编程序控制器	
外部电源		AC 240V、DC 30V 以下	DC 5~30V	
回路隔离		机械隔离	光电耦合隔离	
动作表示		继电器线圈通电时 LED 点亮	光电耦合驱动时 LED 点亮	
最大负载	电阻负载	2A/1 点(*2)	0.5A/1 点(*1)	
	电感性负载	80VA	12W/DC 24V(*4)	
开路漏电流		—	0.1mA/DC 30V	
最小负载		DC 5V 2mA	—	
响应时间	OFF→ON	约 10ms	0.2ms 以下	5μs(Y0~Y2)时
	ON→OFF	约 10ms	0.2ms 以下	5μs(Y0~Y2)时

四、FX_{3U}系列 PLC 的性能规格

项目		性能
运算控制方式		存储程序反复扫描方式,有中断指令
输入输出控制方式		批处理方式,输入输出刷新指令,有脉冲捕捉功能
编程语言		指令表方式+步进梯形图方式(可以用 SFC 表示)
程序内存	最大内存容量	64000 步(包括注释、文件寄存器,最大 64000 步)
	内置存储器容量、形式	64000 步 RAM(由内置的锂电池支持),有密码保护功能,电池寿命约为 5 年
	存储盒	[Ver. 3.00 以上] FX3U-FLROM-1M(2000/4000/8000/16000/32000/64000 步)
	功能扩展存储器	—
	RUN 时写入功能	有(可编程序控制器 RUN 时,可以更改程序)
实时时钟	时钟功能	内置(不可以使用带实时时钟功能的内存卡盒),1980~2079 年(有闰年修正),可以切换公历 2 位/4 位
指令种类	顺控指令、步进梯形图指令	[Ver. 2.30 以上],顺控指令:29 个;步进梯形图指令:2 个
	应用指令	219 种,498 个
运算处理速度	基本指令	0.065μs/指令
	应用指令	0.642~数百 μs/指令
输入、输出继电器	扩展合用时输入	X000~X267 184 点(八进制编号)
	扩展并用时输出	Y000~Y267 184 点(八进制编号)
	扩展并用时合计	256 点

（续）

项　　目		性　　能
辅助继电器	一般用	M0～M499　500点
	保持用(可变)	M500～M1023　524点
	保持用(固定)	M1024～M7679　6656点
	特殊用	M8000～M8511　512点
状态	一般用	M0～M499　500点
	保持用(可变)	M500～M1023　524点
	保持用(固定)	M1024～M7679　6656点
	特殊用	M8000～M8511　512点
定时器(ON延迟)	100ms	T0～T191　192点(0.1～3276.7s)
	100ms中断用	T192～T199　8点(0.01～327.67s)
	10ms	T200～T245　46点(0.01～327.67s)
	1ms累计型	T246～T249　4点(0.001～32.767s)
	100ms累计型	T250～T255　6点(0.1～3276.7s)
计数器	16位增计数	C0～C99　100点((0～32767的计数)
	16位增计数	C100～C199　100点(0～32767的计数)
	32位双向	C200～C219　20点(-2147483648～+2147483647的计数)
	32位双向	C220～C234　15点(-2147483648～+2147483647的计数)
	32位高速双向	C235～C255　最多使用8点
数据寄存器(成对使用时为32位)	16位通用	D0～D199　200点
	16位保持用	D200～D511　312点
	16位保持用	D512～D7999　7488点(根据参数设定,从D1000开始可以以500点为单位设定文件寄存器)
	16位特殊用	D8000～D8511　512点
	16位变址	V0～V7,Z0～Z7　16点
指针	JUMP、CALL分支用	P0～P4095　4096点(CJ命令、CALL命令用,P63是END结果JUMP命令用)
	输入中断、定时中断	I00□～I50□　6点
	计数中断	I010～I060　6点(HSCS命令用)
嵌套	主控用	N0～N7　8点(MC命令用)
常数	十进制数(K)	16位:-32768～32767
		32位:-2147483648～2147483647
	十六进制数(H)	16位:0～FFFF
		32位:0～FFFFFFFF

附录C　FX_{3U}系列PLC的一般软元件

一、输入输出继电器

输入、输出	FX_{3U}-16M	FX_{3U}-32M	FX_{3U}-48M	FX_{3U}-64M	FX_{3U}-80M	FX_{3U}-128M
输入 继电器X	X000~X007 (8点)	X000~X017 (16点)	X000~X027 (24点)	X000~X037 (32点)	X000~X047 (40点)	X000~X077 (64点)
输出 继电器Y	Y000~Y007 (8点)	Y000~Y017 (16点)	Y000~Y027 (24点)	Y000~Y037 (32点)	Y000~Y047 (40点)	Y000~Y077 (64点)

二、辅助及状态继电器

辅助继电器M	M0~M499 500点，一般用	M500~M1023 524点，停电保持用 M1024~M7679 6656点，停电保持专用	M8000~M8511 512点，特殊用
状态继电器S	S0~S999(内S0~S9是初始状态) S0~S499　500点，一般用 S500~S899　400点，停电保持用 S1000~S4095　3096点，停电保持专用 S900~S999　100点，信号报警器用		

三、定时器与计数器

定时器T	T0~T199 200点，100ms， T192~T199 子程序用	T200~T245 46点，10ms	T246~T249 4点，1ms，累计 执行中断保持用	T250~T255 6点，100ms，累计 保持用	T256~T511 256点
计数器C	16位增计数器		32位增减计数器		高速计数器
	C0~C99 100点，一般用	C100~C199 100点，停电保持用	C200~C219 20点，一般用	C220~C234 15点，停电保持用	C235~C255 21点，保持用

四、数据寄存器与嵌套指针

数据寄存器 D、V、Z	D0~D199 200点，一般用	D200~D511 312点，停电保持用 D512~D7999 7488点，停电 保持专用	D1000~D7999 最大7000点， 文件用， 可通过参数设定为 文件寄存器	D8000~D8511 512点，特殊用	V0~V7 Z0~Z7 16点，变址用
嵌套指针	N0~N7 8点，主控用	P0~P62、P64~P4095 4095点，子程序用分支指针 P63　1点，END跳转用	I00□、I10□、I20□、I30□、I40□、I50□ 6点，输入中断用指针		

五、常数

常数	K	16位：-32768~32767	32位：-2147483648~2147483647
	H	16位：H0~HFFFF	32位：H0~HFFFFFFFF

附录 D　FX_{3U}系列 PLC 的特殊软元件

一、PC 状态

元件/名称	动作功能	元件/名称	存储器的内容
M8000 RUN 监控常开触点	RUN 时断开	D8000 监视定时器	初始值 200ms
M8001 RUN 监控常闭触点	RUN 时接通	D8001 PLC 的类型和版本	26　　100 FX_{3U}
M8002 初始脉冲常开触点	RUN 后输出一个扫描周期的 ON	D8002 存储器容量	0008=8K 步
M8003 初始脉冲常闭触点	RUN 后输出一个扫描周期的 OFF	D8003 存储器种类	02H=外接存储卡保护开关 OFF，0AH=外接存储卡保护开关 ON，10H=内置 EEPROM
M8004 出错	M8060～M8067 接通时为 ON（M8062、M8063 除外）	D8004 出错特殊 M 的编号	M8060～M8068

二、时钟

元件/名称	动作功能	元件/名称	存储器的内容
M8010	—	D8010 当前值扫描时间	扫描时间当前值 （单位 0.1ms）
M8011 10ms 时钟	以 10ms 为周期振荡	D8011 最小扫描时间	扫描时间的最小值（单位 0.1ms）
M8012 100ms 时钟	以 100ms 为周期振荡	D8012 最大扫描时间	扫描时间的最大值（单位 0.1ms）
M8013 1s 时钟	以 1s 为周期振荡	D8013 s	0～59s （实时时钟用）
M8014 1min 时钟	以 1min 为周期振荡	D8014 min	0～59min （实时时钟用）
M8015 计时停止和预置	实时时钟用	D8015 h	0～23h （实时时钟用）
M8016 时间显示停止	实时时钟用	D8016 日	1～31 日 （实时时钟用）
M8017 ±30s 修正	实时时钟用	D8017 月	1～12 月 （实时时钟用）
M8018 RTC 检出	常 ON	D8018 年	公历二位 0～99 （实时时钟用）
M8019 RTC 出错	实时时钟用	D8019 星期	0（日）～6（六） （实时时钟用）

三、标志

元件/名称	动作功能	元件/名称	存储器的内容
M8020 零标志	加减运算结果为0时接通	D8020 输入滤波调整	X000~X017的输入滤波数值0~60(初始值为10ms)
M8021 借位标志	减法运算结果超过最大负值时接通	D8021	—
M8022 进位标志	加法运算结果发生进位时、移位结果发生溢出时接通	D8022	—
M8028	FROM/TO指令执行过程中允许中断	D8028	Z0(Z)寄存器的内容
M8029 指令执行结束标志	当DSW等操作结束时接通	D8029	V0(V)寄存器的内容

四、PC模式

元件/名称	动作功能	元件/名称	存储器的内容
M8030 电池LED灭灯指示	驱动此M后，即使电池电压低，面板上的LED也不亮	D8030	—
M8031 全清非保持存储器	驱动此M时，可以将Y、M、S、T、C的ON/OFF映像存储器和T、C、D的当前值全部清零(特殊寄存器和文件寄存器不清除)	D8031	—
M8032 全清保持存储器		D8032	—
M8033 存储器保持停止	当PLC从RUN→STOP时，将映像存储器和数据寄存器中的内容保留下来	D8033	—
M8034 所有输出禁止	将PLC的外部输出点全部置于OFF状态	D8034	—
M8035 强制运行模式	设置外部RUN/STOP开关	D8035	—
M8036 强制运行指令		D8036	—
M8037 强制停止指令		D8037	—
M8038 参数设定	通信参数设定标志	D8038	—
M8039 恒定扫描模式	当M8039为ON时，PLC直至D8039指定的扫描时间达到后才执行循环运算	D8039 恒定扫描时间	初始值0ms(以1ms为单位)，当电源ON时，由系统ROM传送，能够通过程序更改

五、步进梯形图

元件/名称	动作功能	元件/名称	存储器的内容
M8040 转移禁止	驱动时,禁止状态之间转移	D8040	将状态 S0~S899 动作中的状态最小地址号保存入 D8040 中,将紧随其后的 ON 状态地址号保存入 D8041 中,以下依次顺序保存 8 点元件,将其中最大元件的地址号保存入 D8047 中
M8041 转移开始	自动运行时,能进行初始状态开始的转移	D8041	
M8042 启动脉冲	对应启动输入的脉冲输出	D8042	
M8043 回归完成	在原点回归模式的结束状态时动作	D8043	
M8044 原点条件	检测出机械原点时动作	D8044	
M8045 全输出复位禁止	在模式切换时,所有输出复位禁止	D8045	
M8046 STL 状态动作	M8047 动作中,当 S0~S899 中有任何元件变为 ON 时动作	D8046	
M8047 STL 监控有效	驱动此 M 时,D8040~D8047 动作有效	D8047	
M8048 信号报警器动作	M8049 动作中,当 S900~S999 中有任何元件变为 ON 时动作	D8048	—
M8049 信号报警器有效	驱动此 M 时,D8049 动作有效	D8049 ON 状态最小地址号	保存处于 ON 状态中报警继电器 S900~S999 的最小地址号

六、中断禁止

元件/名称	动作功能	元件/名称	存储器的内容
M8050(输入中断) I00□禁止	输入中断禁止	D8050	未使用
M8051(输入中断) I10□禁止		D8051	
M8052(输入中断) I20□禁止		D8052	
M8053(输入中断) I30□禁止		D8053	
M8054(输入中断) I40□禁止		D8054	
M8055(输入中断) I50□禁止		D8055	
M8056(定时器中断) I6□□禁止	定时器中断禁止	D8056	
M8057(定时器中断) I6□□禁止		D8057	
M8058(定时器中断) I6□□禁止		D8058	
M8059(计数器中断)	使用的 I010~I060 中断禁止	D8059	

七、错误检测

元件	名称	PROGE LED	PLC 状态	元件	存储器的内容
M8060	I/O 构成错误	闪烁	STOP	D8060	I/O 构成出错误的起始编号
M8061	PLC 硬件出错	闪烁	STOP	D8061	PLC 硬件出错的代码编号
M8062	PLC/PP 通信错误	OFF	RUN	D8062	PLC/PP 通信错误的代码编号
M8063	串行通信错误	OFF	RUN	D8063	串行通信错误的代码编号
M8064	参数出错	闪烁	STOP	D8064	参数出错的代码编号
M8065	语法出错	闪烁	STOP	D8065	语法出错的代码编号
M8066	回路出错	闪烁	STOP	D8066	梯形图出错的代码编号
M8067	运算出错	OFF	RUN	D8067	运算出错的代码
M8068	运算错误锁存	OFF	RUN	D8068	运算出错的发生步编号
M8069	I/O 总线检测	OFF	RUN	D8069	M8065~7 出错的发生步编号

八、并联链接功能

元件	名称	备注	元件	存储器的内容
M8070	并联链接主站驱动	主站时 ON	D8070	并联链接错误判断时间 500ms
M8071	并联链接子站驱动	子站时 ON	D8071	—
M8072	并联链接运转为 ON	运转中 ON	D8072	—
M8073	主站/子站设定不良	M8070、M8071 设定错误时 ON	D8073	—

九、通信、链接用

元件	名　　称	元件	名　　称	
M8120	—	D8120	通信格式	
M8121	RS 指令发送待机标志位	D8121	站号设定	
M8122	RS 指令发送请求	D8122	发送数据余数	
M8123	RS 指令接收结束标志位	D8123	接收数据数	
M8124	RS 指令载波的检测标志位	D8124	起始符	
M8125	—	D8125	终止符	
M8126	全局信号	D8126	—	
M8127	通信请求握手信号	D8127	通信请求用起始号指定	
M8128	通信请求出错标志	D8128	通信请求数据数指定	
M8129	接通请求字/字节切换,超时判断	D8129	超时判断	
M8136	—	D8136	Y000、Y001 的脉冲数累计	低位
M8137	—	D8137		高位
M8138	指令执行结束标志位	D8138	表格计数器	
M8139	高速计数器比较指令执行中	D8139	执行中的指令数	
M8140	CLR 信号输出功能有效	D8140	Y0 的脉冲数	低位
M8141	—	D8141		高位
M8142	—	D8142	Y1 的脉冲数	低位
M8143	—	D8143		高位
M8144	—	D8144	—	
M8145	—	D8145	—	
M8146	—	D8146	—	
M8147	—	D8147	—	
M8148	—	D8148	—	
M8149	—	D8149	—	

附录E FX系列PLC的指令列表

一、基本指令

助记符、名称	功能	回路表示和对象软元件
LD 取	运算开始常开触点	 XYMSTC
LDI 取反	运算开始常闭触点	 XYMSTC
LDP 取脉冲	上升沿检出运算开始	 XYMSTC
LDF 取脉冲	下降沿检出运算开始	 XYMSTC
AND 与	串联连接常开触点	 XYMSTC
ANI 与非	串联连接常闭触点	 XYMSTC
ANDP 与脉冲	上升沿检出串联连接	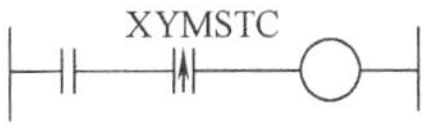 XYMSTC
ANDF 与脉冲	下降沿检出串联连接	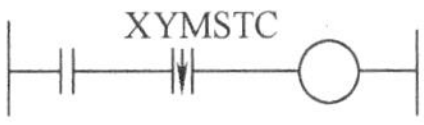 XYMSTC
OR 或	并联连接常开触点	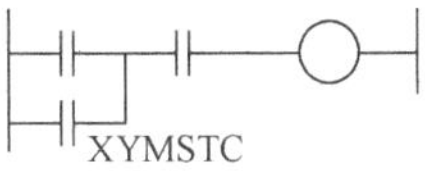 XYMSTC
ORI 或非	并联连接常闭触点	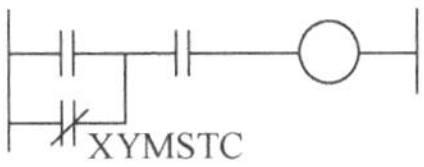 XYMSTC
ORP 或脉冲	上升沿检出并联连接	 XYMSTC
ORF 或脉冲	下降沿检出并联连接	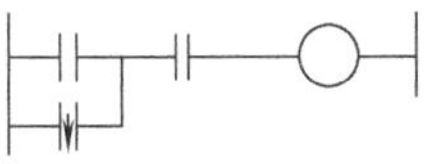

（续）

助记符、名称	功能	回路表示和对象软元件
ANB 回路块与	回路块之间串联连接	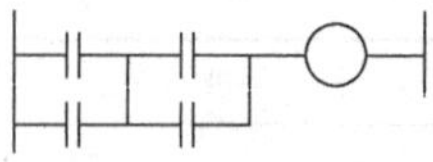
ORB 回路块或	回路块之间并联连接	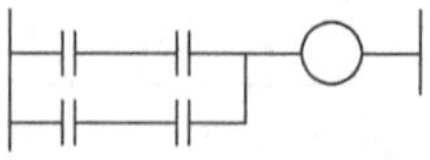
OUT 输出	线圈驱动指令	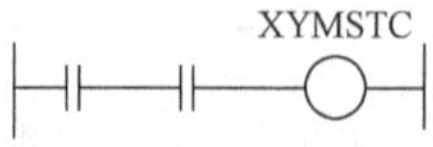 XYMSTC
SET 置位	线圈动作保持指令	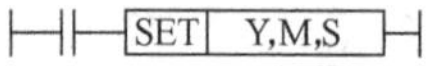 SET Y,M,S
RST 复位	解除线圈动作保持指令	 RST Y,M,S,T,C,D,V,Z
PLS 上升沿脉冲	线圈上升沿输出指令	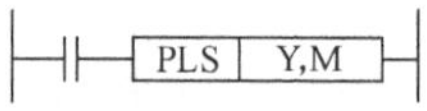 PLS Y,M
PLF 下降沿脉冲	线圈下降沿输出指令	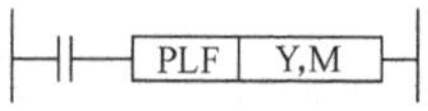 PLF Y,M
MC 主控	公共串联接点用线圈指令	 MC N Y,M
MCR 主控复位	公共串联接点解除指令	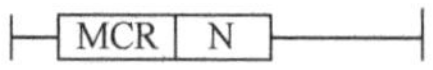 MCR N
MPS 进栈	运算存储	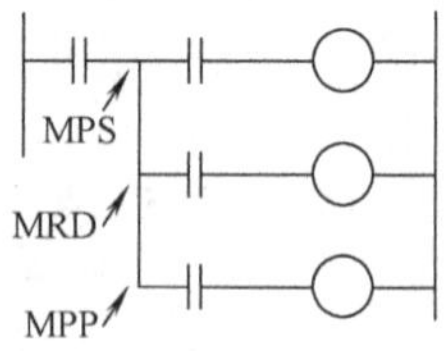 MPS MRD MPP
MRD 读栈	存储读出	
MPP 出栈	存储读出和复位	
INV 取反	运算结果取反	 INV
NOP 空操作	无动作	程序清除或空格用
END 结束	程序结束	程序结束，返回 0 步

二、步进指令

助记符、名称	功能	回路表示和对象软元件
STL 步进接点	步进梯形图开始	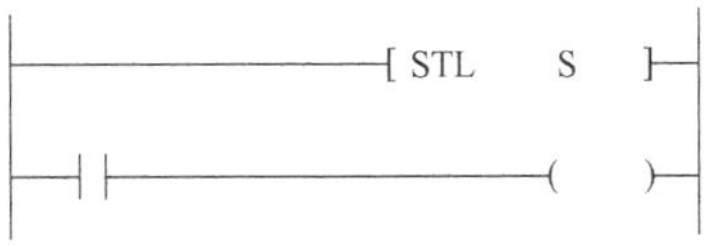 [STL S] ( )
RET 步进返回	步进梯形图结束	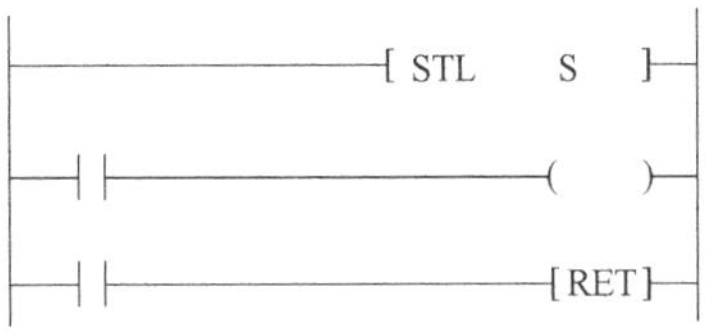 [STL S] ( ) [RET]

三、功能指令

类别	FNC No.	指令助记符	指令功能说明	系列				
				FX_{1S}	FX_{1N}	FX_{2N} FX_{2NC}	FX_{3U}	FX_{3UC}
程序流程	00	CJ	条件跳转	○	○	○	○	○
	01	CALL	子程序调用	○	○	○	○	○
	02	SRET	子程序返回	○	○	○	○	○
	03	IRET	中断返回	○	○	○	○	○
	04	EI	开中断	○	○	○	○	○
	05	DI	关中断	○	○	○	○	○
	06	FEND	主程序结束	○	○	○	○	○
	07	WDT	监视定时器刷新	○	○	○	○	○
	08	FOR	循环的起点与次数	○	○	○	○	○
	09	NEXT	循环的终点	○	○	○	○	○
传送与比较	10	CMP	比较	○	○	○	○	○
	11	ZCP	区间比较	○	○	○	○	○
	12	MOV	传送	○	○	○	○	○
	13	SMOV	位传送	×	×	○	○	○
	14	CML	取反传送	×	×	○	○	○
	15	BMOV	成批传送	○	○	○	○	○
	16	FMOV	多点传送	×	×	○	○	○
	17	XCH	交换	×	×	○	○	○
	18	BCD	二进制转换成 BCD 码	○	○	○	○	○
	19	BIN	BCD 码转换成二进制	○	○	○	○	○
算术与逻辑运算	20	ADD	二进制加法运算	○	○	○	○	○
	21	SUB	二进制减法运算	○	○	○	○	○
	22	MUL	二进制乘法运算	○	○	○	○	○
	23	DIV	二进制除法运算	○	○	○	○	○

（续）

类别	FNC No.	指令助记符	指令功能说明	系列				
				FX_{1S}	FX_{1N}	FX_{2N} FX_{2NC}	FX_{3U}	FX_{3UC}
算术与逻辑运算	24	INC	二进制加 1 运算	○	○	○	○	○
	25	DEC	二进制减 1 运算	○	○	○	○	○
	26	WAND	字逻辑与	○	○	○	○	○
	27	WOR	字逻辑或	○	○	○	○	○
	28	WXOR	字逻辑异或	○	○	○	○	○
	29	NEG	求二进制补码	×	×	○	○	○
循环与移位	30	ROR	循环右移	×	×	○	○	○
	31	ROL	循环左移	×	×	○	○	○
	32	RCR	带进位右移	×	×	○	○	○
	33	RCL	带进位左移	×	×	○	○	○
	34	SFTR	位右移	○	○	○	○	○
	35	SFTL	位左移	○	○	○	○	○
	36	WSFR	字右移	×	×	○	○	○
	37	WSFL	字左移	×	×	○	○	○
	38	SFWR	FIFO（先入先出）写入	○	○	○	○	○
	39	SFRD	FIFO（先入先出）读出	○	○	○	○	○
数据处理 1	40	ZRST	区间复位	○	○	○	○	○
	41	DECO	解码	○	○	○	○	○
	42	ENCO	编码	○	○	○	○	○
	43	SUM	统计 ON 位数	×	×	○	○	○
	44	BON	查询位某状态	×	×	○	○	○
	45	MEAN	求平均值	×	×	○	○	○
	46	ANS	报警器置位	×	×	○	○	○
	47	ANR	报警器复位	×	×	○	○	○
	48	SQR	求平方根	×	×	○	○	○
	49	FLT	整数与浮点数转换	×	×	○	○	○
高速处理 1	50	REF	输入输出刷新	○	○	○	○	○
	51	REFF	输入滤波时间调整	×	×	○	○	○
	52	MTR	矩阵输入	○	○	○	○	○
	53	HSCS	比较置位（高速计数用）	○	○	○	○	○
	54	HSCR	比较复位（高速计数用）	○	○	○	○	○
	55	HSZ	区间比较（高速计数用）	×	×	○	○	○
	56	SPD	脉冲密度	○	○	○	○	○

（续）

类别	FNC No.	指令助记符	指令功能说明	系列				
				FX_{1S}	FX_{1N}	FX_{2N} FX_{2NC}	FX_{3U}	FX_{3UC}
高速处理1	57	PLSY	指定频率脉冲输出	○	○	○	○	○
	58	PWM	脉宽调制输出	○	○	○	○	○
	59	PLSR	带加减速脉冲输出	○	○	○	○	○
方便指令	60	IST	状态初始化	○	○	○	○	○
	61	SER	数据查找	×	×	○	○	○
	62	ABSD	凸轮控制(绝对式)	○	○	○	○	○
	63	INCD	凸轮控制(增量式)	○	○	○	○	○
	64	TTMR	示教定时器	×	×	○	○	○
	65	STMR	特殊定时器	×	×	○	○	○
	66	ALT	交替输出	○	○	○	○	○
	67	RAMP	斜波信号	○	○	○	○	○
	68	ROTC	旋转工作台控制	×	×	○	○	○
	69	SORT	列表数据排序	×	×	○	○	○
外部I/O设备	70	TKY	10 键输入	×	×	○	○	○
	71	HKY	16 键输入	×	×	○	○	○
	72	DSW	BCD 数字开关输入	○	○	○	○	○
	73	SEGD	七段码译码	×	×	○	○	○
	74	SEGL	七段码分时显示	○	○	○	○	○
	75	ARWS	方向开关	×	×	○	○	○
	76	ASC	ASCⅡ码转换	×	×	○	○	○
	77	PR	ASCⅡ码打印输出	×	×	○	○	○
	78	FROM	BFM 读出	×	○	○	○	○
	79	TO	BFM 写入	×	○	○	○	○
外围设备	80	RS	串行数据传送	○	○	○	○	○
	81	PRUN	八进制位传送(#)	○	○	○	○	○
	82	ASCI	十六进制数转换成 ASCⅡ码	○	○	○	○	○
	83	HEX	ASCⅡ码转换成十六进制数	○	○	○	○	○
	84	CCD	校验	○	○	○	○	○
	85	VRRD	电位器变量输入	○	○	○	○	○
	86	VRSC	电位器变量区间	○	○	○	○	○
	87	RS2	串行数据传送 2	×	×	×	○	○
	88	PID	PID 运算	○	○	○	○	○
	89	—	—					

（续）

类别	FNC No.	指令助记符	指令功能说明	系列				
				FX_{1S}	FX_{1N}	FX_{2N} FX_{2NC}	FX_{3U}	FX_{3UC}
数据传送1	102	ZPUSH	变址寄存器批次躲避	×	×	×	○	○
	103	ZPOP	变址寄存器的恢复	×	×	×	○	○
浮点数运算	110	ECMP	二进制浮点数比较	×	×	○	○	○
	111	EZCP	二进制浮点数区间比较	×	×	○	○	○
	112	EMOV	二进制浮点数数据传送	×	×	×	○	○
	116	ESTR	二进制浮点数转换成字符串	×	×	×	○	○
	117	EVAL	字符串转换成二进制浮点数	×	×	×	○	○
	118	EBCD	二进制浮点数转换成十进制浮点数	×	×	○	○	○
	119	EBIN	十进制浮点数转换成二进制浮点数	×	×	○	○	○
	120	EADD	二进制浮点数加法	×	×	○	○	○
	121	EUSB	二进制浮点数减法	×	×	○	○	○
	122	EMUL	二进制浮点数乘法	×	×	○	○	○
	123	EDIV	二进制浮点数除法	×	×	○	○	○
	124	EXP	二进制浮点数指数运算	×	×	×	○	○
	125	LOGE	二进制浮点数自然对数运算	×	×	×	○	○
	126	LOG10	二进制浮点数常用对数运算	×	×	×	○	○
	127	ESQR	二进制浮点数开平方	×	×	○	○	○
	128	ENEG	二进制浮点数符号翻转	×	×	×	○	○
	129	INT	二进制浮点数转换成二进制整数	×	×	○	○	○
	130	SIN	二进制浮点数 sin 运算	×	×	○	○	○
	131	COS	二进制浮点数 cos 运算	×	×	○	○	○
	132	TAN	二进制浮点数 tan 运算	×	×	○	○	○
	133	ASIN	二进制浮点数 arcsin 运算	×	×	×	○	○
	134	ACOS	二进制浮点数 arccos 运算	×	×	×	○	○
	135	ATAN	二进制浮点数 ctan 运算	×	×	×	○	○
	136	RAD	二进制浮点数角度转换成弧度	×	×	×	○	○
	137	DEG	二进制浮点数弧度转换成角度	×	×	×	○	○
	140	WSUM	算出数据合计值	×	×	×	○	○
	141	WTOB	字节单位的数据分离	×	×	×	○	○
	142	BTOW	字节单位的数据结合	×	×	×	○	○
	143	UNI	16 位数据的 4 位结合	×	×	×	○	○
	144	DIS	16 位数据的 4 位分离	×	×	×	○	○
	147	SWAP	高低字节交换	×	×	○	○	○

（续）

类别	FNC No.	指令助记符	指令功能说明	系列				
				FX_{1S}	FX_{1N}	FX_{2N} FX_{2NC}	FX_{3U}	FX_{3UC}
定位	149	SORT2	数据排列 2	×	×	×	○	○
	150	DSZR	带 DOG 搜索的原点回归	×	×	×	○	○
	151	DVIT	中断定位	×	×	×	○	○
	152	TBL	表格设定定位	×	×	×	○	○
	155	ABS	ABS 当前值读取	○	○	×	×	×
	156	ZRN	原点回归	○	○	×	×	×
	157	PLSY	可变速的脉冲输出	○	○	×	×	×
	158	DRVI	相对位置控制	○	○	×	×	×
	159	DRVA	绝对位置控制	○	○	×	×	×
时钟运算	160	TCMP	时钟数据比较	○	○	○	○	○
	161	TZCP	时钟数据区间比较	○	○	○	○	○
	162	TADD	时钟数据加法	○	○	○	○	○
	163	TSUB	时钟数据减法	○	○	○	○	○
	164	HTOS	小时、分、秒数据的秒转换	×	×	×	○	○
	165	STOH	秒数据的转换	×	×	×	○	○
	166	TRD	时钟数据读出	○	○	○	○	○
	167	TWR	时钟数据写入	○	○	○	○	○
	169	HOUR	计时仪	○	○	○	○	○
外围设备	170	GRY	二进制数转换成格雷码	×	×	○	○	○
	171	GBIN	格雷码转换成二进制数	×	×	○	○	○
	176	RD3A	模拟量模块（FX0N-3A）读出	×	○	×	×	×
	177	WR3A	模拟量模块（FX0N-3A）写入	×	○	×	×	×
其他指令	182	COMRD	读出软元件的注释数据	×	×	×	○	○
	184	RND	产生随机数	×	×	×	○	○
	186	DUTY	出现定时脉冲	×	×	×	○	○
	188	CRC	CRC 运算	×	×	×	○	○
	189	HCMOV	高速计数器传送	×	×	×	○	○
数据块处理	192	BK+	数据块加法运算	×	×	×	○	○
	193	BK-	数据块减法运算	×	×	×	○	○
	194	BKCMP=	数据块比较（S1）=（S2）	×	×	×	○	○
	195	BKCMP>	数据块比较（S1）>（S2）	×	×	×	○	○
	196	BKCMP<	数据块比较（S1）<（S2）	×	×	×	○	○
	197	BKCMP< >	数据块比较（S1）< >（S2）	×	×	×	○	○
	198	BKCMP<=	数据块比较（S1）<=（S2）	×	×	×	○	○
	199	BKCMP>=	数据块比较（S1）>=（S2）	×	×	×	○	○

（续）

类别	FNC No.	指令助记符	指令功能说明	系列				
				FX_{1S}	FX_{1N}	FX_{2N} FX_{2NC}	FX_{3U}	FX_{3UC}
字符串的控制	200	STR	BIN 转换成字符串	×	×	×	○	○
	201	VAL	字符串转换成 BIN	×	×	×	○	○
	202	$ +	字符串的合并	×	×	×	○	○
	203	LEN	检测出字符串的长度	×	×	×	○	○
	204	RIGHT	从字符串的右侧开始取出	×	×	×	○	○
	205	LEFT	从字符串的左侧开始取出	×	×	×	○	○
	206	MIDR	从字符串中任意取出	×	×	×	○	○
	207	MIDW	从字符串中任意替换	×	×	×	○	○
	208	INSTR	字符串检索	×	×	×	○	○
	209	$ MOV	字符串传送	×	×	×	○	○
数据处理2	210	FDEL	数据表数据删除	×	×	×	○	○
	211	FINS	数据表数据插入	×	×	×	○	○
	212	POP	后输入数据读取	×	×	×	○	○
	213	SFR	16 位数据 n 位右移	×	×	×	○	○
	214	SFL	16 位数据 n 位左移	×	×	×	○	○
触点比较	224	LD=	(S1)= (S2)时起始触点接通	○	○	○	○	○
	225	LD>	(S1)> (S2)时起始触点接通	○	○	○	○	○
	226	LD<	(S1)< (S2)时起始触点接通	○	○	○	○	○
	228	LD< >	(S1)< > (S2)时起始触点接通	○	○	○	○	○
	229	LD≤	(S1)≤ (S2)时起始触点接通	○	○	○	○	○
	230	LD≥	(S1)≥ (S2)时起始触点接通	○	○	○	○	○
	232	AND=	(S1)= (S2)时串联触点接通	○	○	○	○	○
	233	AND>	(S1)> (S2)时串联触点接通	○	○	○	○	○
	234	AND<	(S1)< (S2)时串联触点接通	○	○	○	○	○
	236	AND<>	(S1)<> (S2)时串联触点接通	○	○	○	○	○
	237	AND≤	(S1)≤ (S2)时串联触点接通	○	○	○	○	○
	238	AND≥	(S1)≥ (S2)时串联触点接通	○	○	○	○	○
	240	OR=	(S1)= (S2)时并联触点接通	○	○	○	○	○
	241	OR>	(S1)> (S2)时并联触点接通	○	○	○	○	○
	242	OR<	(S1)< (S2)时并联触点接通	○	○	○	○	○
	244	OR< >	(S1)< > (S2)时并联触点接通	○	○	○	○	○
	245	OR≤	(S1)≤ (S2)时并联触点接通	○	○	○	○	○
	246	OR≥	(S1)≥ (S2)时并联触点接通	○	○	○	○	○

（续）

类别	FNC No.	指令助记符	指令功能说明	系列				
				FX_{1S}	FX_{1N}	FX_{2N} FX_{2NC}	FX_{3U}	FX_{3UC}
数据表的处理	256	LIMIT	上下限限位控制	×	×	×	○	○
	257	BAND	死区控制	×	×	×	○	○
	258	ZONE	区域控制	×	×	×	○	○
	259	SCL	定标	×	×	×	○	○
	260	DABIN	十进制 ASCII 转换成 BIN	×	×	×	○	○
	261	BINDA	BIN 转换成十进制 ASCII	×	×	×	○	○
	269	SCL2	定标 2	×	×	×	○	○
外部设备通信	270	IVCK	变频器运行监控	×	×	×	○	○
	271	IVDR	变频器运行控制	×	×	×	○	○
	272	IVRD	变频器参数读取	×	×	×	○	○
	273	IVWR	变频器参数写入	×	×	×	○	○
	274	IVBWR	变频器参数成批写入	×	×	×	○	○
数据传送2	278	RBFM	BFM 分割读出	×	×	×	○	○
	279	WBFM	BFM 分割写入	×	×	×	○	○
高速处理2	280	HSCT	高速计数表比较	×	×	×	○	○
扩展文件寄存器控制	290	LOADR	读出扩展文件寄存器	×	×	×	○	○
	291	SAVER	扩展文件寄存器一并写入	×	×	×	○	○
	292	INITR	扩展寄存器初始化	×	×	×	○	○
	293	LOGR	记入扩展寄存器	×	×	×	○	○
	294	RWER	扩展文件寄存器删除、写入	×	×	×	○	○
	295	INITER	扩展文件寄存器初始化	×	×	×	○	○

附录 F 三菱 FR-E740 型变频器的参数设定表

功能	参数号	名称	设定范围	最小设定单位	出厂设定
基本功能	0	转速提升①	0~30%	0.1%	6%/4⑦
	1	上限频率	0~120Hz	0.01Hz③	120Hz
	2	下限频率	0~120Hz	0.01Hz③	0Hz
	3	基准频率①	0~400Hz	0.01Hz③	50Hz
	4	3 速设定(高速)②	0~400Hz	0.01Hz③	50Hz
	5	3 速设定(中速)②	0~400Hz	0.01Hz③	30Hz

（续）

功能	参数号	名称	设定范围	最小 设定单位	出厂设定
基本功能	6	3速设定（低速）②	0~400Hz	0.01Hz③	10Hz
	7	加速时间	0~3600s/0~360s	0.1s/0.01s	5s/10④
	8	减速时间	0~3600s/0~360s	0.1s/0.01s	5s/10④
	9	电子过电流保护	0~500A	0.01A	稳定输出电流⑤
标准运行功能	10	直流动作频率	0~120Hz	0.01Hz	3Hz
	11	直流制动动作时间	0~10s	0.1s	0.5s
	12	直流制动电压	0~30%	0.1%	6%
	13	启动频率	0~60Hz	0.01Hz③	0.5Hz
	14	适用负荷选择	0~3	1	0
	15	点动频率	0~400Hz	0.01Hz③	5Hz
	16	点动加速时间	0~3600s/0~360s	0.1s/0.01s	0.5s
	18	高速上限频率	120~400Hz	0.1Hz③	120Hz
	19	基准频率电压	0~1000V,8888,9999	0.1V	9999
	20	加减速基准频率	1~400Hz	0.01Hz③	50Hz
	21	加减速时间单位	0，1	1	0
	22	失速防止动作水平②	0~200%	0.1%	150%
	23	倍速时失速防止动作水平补正系数⑥	0~200%,9999	0.1%	9999
	24	多段速度设定（速度4）②	0~400Hz,9999	0.01Hz③	9999
	25	多段速度设定（速度5）②	0~400Hz,9999	0.01Hz③	9999
	26	多段速度设定（速度6）②	0~400Hz,9999	0.01Hz③	9999
	27	多段速度设定（速度7）②	0~400Hz,9999	0.01Hz③	0
	29	加减速曲线	0,1,2	1	0
	30	再生功能选择	0,1	1	0
	31	频率跳变1A	0~400Hz,9999	0.01Hz③	9999
	32	频率跳变1B	0~400Hz,9999	0.01Hz③	9999
	33	频率跳变2A	0~400Hz,9999	0.01Hz③	9999
	34	频率跳变2B	0~400Hz,9999	0.01Hz③	9999
	35	频率跳变3A	0~400Hz,9999	0.01Hz③	9999
	36	频率跳变3B	0~400Hz,9999	0.01Hz③	9999
	37	旋转速度表示	0,0.01~9998	0.001r/min	0
	38	5V（10V）输入时频率	1~400Hz	0.01Hz③	50Hz②
	39	20mA输入时频率	1~400Hz	0.01Hz③	50Hz②
输出端子功能	41	频率达到动作范围	0~100%	0.1%	10%
	42	输出频率检测	0~400Hz	0.01Hz③	6Hz
	43	反转时输出频率检测	0~400Hz,9999	0.01Hz③	9999

（续）

功能	参数号	名称	设定范围	最小设定单位	出厂设定
第二功能	44	第二加减速时间	0~3600s/0~360s	0.1s/0.01s	5s/10⑧
	45	第二减速时间	0~3600s/0~360s,9999	0.1s/0.01s	9999
	46	第二转矩提升	0~30%,9999	0.1%	9999
	47	第二V/F(基准频率)①	0~400Hz,9999	0.01Hz③	9999
	48	第二电子过电流保护	0~500A,9999	0.01A	9999
显示功能	52	操作面板/PU主显示数据选择②	0,23,100	1	0
	55	频率监视基准②	0~400Hz	0.01Hz③	50Hz
	56	电流监视基准②	0~500A	0.01A	额定输出电流
自动再启动功能	57	再启动惯性运行时间	0~5s,9999	Hz	9999
	58	再启动上升时间	0~60s	0.1s	1.0s
附加功能	59	遥控设定功能选择	0,1,2	1	0
运行选择功能	60	最短加减速模式	0,1,2,11,12	1	0
	61	基准电流	0~500A,9999	0.01A	9999
	62	加速时电流基准值	0~200%,9999	1%	9999
	63	减速时电流基准值	0~200%,9999	1%	9999
	65	再试选择	0,1,2,3	1	0
	66	失速防止动作降低开始频率⑥	0~400Hz	0.01Hz③	50Hz
	67	报警发生时再试次数	0~10,101~110	1	0
	68	再试等待时间	0.1 ~360s	0.1s	1s
	69	再试次数显示和消除	0	1	0
	70	特殊再生制动使用率	0~30%	0.1 %	0
	71	适用电机	0,1,3,5,6,13,15,16,101,103,105,106,113,115,116,123	1	0
	72	PWM频率选择	0~15	1	1
	73	0~5V/0~10V选择	0,1	1	0
	74	输入滤波器时间常数	0~8	1	1
	75	复位选择/PU脱离检测/PU停止选择②	0~3,14~17	1	14
	77	参数写入禁止选择②	0,1,2	1	0
	78	反转防止选择	0,1,2	1	0
	79	操作模式选择	0~4,6~8	1	0

（续）

功能	参数号	名称	设定范围	最小 设定单位	出厂设定
通用磁通矢量控制	80	电动机容量⑥	0.2~7.5kW,9999	0.01kW	9999
	82	电动机励磁电流	0~500A,9999	0.01A	9999③
	83	电动机额定电压⑥	0~1000V	0.1V	200V/400V
	84	电动机额定频率⑥	50~120Hz	0.01Hz	50Hz
	90	电动机常数(R1)	0~50Ω,9999	0.001Ω	9999
	96	自动调整设定/状态⑥	0,1	1	0
通信功能	117	通信站号	0~31	1	0
	118	通信速度	48,96,192	1	192
	119	停止位长	0,19(数据长 8) 10,11(数据长 7)	1	1
	120	有无奇偶校验	0,1,2	1	2
	121	通信再试次数	0~10,9999	1	1
	122	通信校验时间间隔	0,0.1~999.8s,9999	0.1s	9999
	123	等待时间设定	0~150,9999	1	9999
	124	有无 CR、LF 选择	0,1,2	1	1
PID 控制	128	PID 动作选择	0,20,21	1	0
	129	PID 比例常数	0.1~1000%,9999	0.1%	100%
	130	PID 积分时间	0.1~3600s,9999	0.1s	1s
	131	上限	0~100%,9999	0.1%	9999
	132	下限	0~100%,9999	0.1%	9999
	133	PU 操作时的 PID 目标设定值	0~100%	0.01%	0%
	134	PID 微分时间	0.01~10.00s,9999	0.01s	9999
附加功能	145	选件(FR-PU04-CH)用参数			
	146	厂家设定用参数,不允许设定			
电流检测	150	输出电流检测水平	0~200%	0.1%	150%
	151	输出电流检测周期	0~10s	0.1s	0s
	152	零电流检测水平	0~200.0%	0.1%	5.0%
	153	零电流检测周期	0.05~1s	0.01s	0.5s
子功能	156	失速防止动作选择	0~31,100	1	0
	158	AM 端子功能选择	0,1,2	1	0
附加功能	160	用户参数组读选择	0,1,0,11	1	0
	168	厂家设定用参数,不允许设定			
	169				
监视器初始化	171	实际运行时间清零	0	—	0

（续）

<table>
<tr><th>功能</th><th>参数号</th><th>名称</th><th colspan="2">设定范围</th><th>最小
设定单位</th><th colspan="2">出厂设定</th></tr>
<tr><td rowspan="4">用户功能</td><td>173</td><td>用户第一组参数注册</td><td colspan="2">0~999</td><td>1</td><td colspan="2">0</td></tr>
<tr><td>174</td><td>用户第一组参数删除</td><td colspan="2">0~999,9999</td><td>1</td><td colspan="2">0</td></tr>
<tr><td>175</td><td>用户第二组参数注册</td><td colspan="2">0~999</td><td>1</td><td colspan="2">0</td></tr>
<tr><td>176</td><td>用户第二组参数删除</td><td colspan="2">0~999,9999</td><td>1</td><td colspan="2">0</td></tr>
<tr><td rowspan="7">端子安排功能</td><td>180</td><td>RL 端子功能选择⑥</td><td colspan="2">0~8,16,18</td><td>1</td><td colspan="2">0</td></tr>
<tr><td>181</td><td>RM 端子功能选择⑥</td><td colspan="2">0~8,16,18</td><td>1</td><td colspan="2">1</td></tr>
<tr><td>182</td><td>RH 端子功能选择⑥</td><td colspan="2">0~8,16,18</td><td>1</td><td colspan="2">2</td></tr>
<tr><td>183</td><td>MRS 端子功能选择⑥</td><td colspan="2">0~8,16,18</td><td>1</td><td colspan="2">6</td></tr>
<tr><td>190</td><td>RUN 端子功能选择⑥</td><td colspan="2">0~99</td><td>1</td><td colspan="2">0</td></tr>
<tr><td>191</td><td>FU 端子功能选择⑥</td><td colspan="2">0~99</td><td>1</td><td colspan="2">4</td></tr>
<tr><td>192</td><td>A、B、C 端子功能选择⑥</td><td colspan="2">0~99</td><td>1</td><td colspan="2">99</td></tr>
<tr><td rowspan="8">多段速度运行</td><td>232</td><td>多端速度设定(8 速)</td><td colspan="2">0~400Hz,9999</td><td>0.01Hz③</td><td colspan="2">9999</td></tr>
<tr><td>233</td><td>多端速度设定(9 速)</td><td colspan="2">0~400Hz,9999</td><td>0.01Hz③</td><td colspan="2">9999</td></tr>
<tr><td>234</td><td>多端速度设定(10 速)</td><td colspan="2">0~400Hz,9999</td><td>0.01Hz③</td><td colspan="2">9999</td></tr>
<tr><td>235</td><td>多端速度设定(11 速)</td><td colspan="2">0~400Hz,9999</td><td>0.01Hz③</td><td colspan="2">9999</td></tr>
<tr><td>236</td><td>多端速度设定(12 速)</td><td colspan="2">0~400Hz,9999</td><td>0.01Hz③</td><td colspan="2">9999</td></tr>
<tr><td>237</td><td>多端速度设定(13 速)</td><td colspan="2">0~400Hz,9999</td><td>0.01Hz③</td><td colspan="2">9999</td></tr>
<tr><td>238</td><td>多端速度设定(14 速)</td><td colspan="2">0~400Hz,9999</td><td>0.01Hz③</td><td colspan="2">9999</td></tr>
<tr><td>239</td><td>多端速度设定(15 速)</td><td colspan="2">0~400Hz,9999</td><td>0.01Hz③</td><td colspan="2">9999</td></tr>
<tr><td rowspan="5">子功能</td><td>240</td><td>Soft-PWM 设定</td><td colspan="2">0,1</td><td>1</td><td colspan="2">1</td></tr>
<tr><td>244</td><td>冷却风扇动作选择</td><td colspan="2">0,1</td><td>1</td><td colspan="2">0</td></tr>
<tr><td>245</td><td>电动机额定滑差</td><td colspan="2">0~50%,9999</td><td>0.01%</td><td colspan="2">9999</td></tr>
<tr><td>246</td><td>滑差补正响应时间</td><td colspan="2">0.01~10s</td><td>0.01s</td><td colspan="2">0.5s</td></tr>
<tr><td>247</td><td>恒定输出领域滑差补正选择</td><td colspan="2">0,9999</td><td>1</td><td colspan="2">9999</td></tr>
<tr><td>停止选择</td><td>250</td><td>停止选择</td><td colspan="2">0~100s,1000~1100s,
8888,9999</td><td>1</td><td colspan="2">9999</td></tr>
<tr><td rowspan="2">附加功能</td><td>251</td><td>输出欠相保护选择</td><td colspan="2">0,1</td><td>1</td><td colspan="2">1</td></tr>
<tr><td>342</td><td>E2PROM 写入有无选择</td><td colspan="2">0,1</td><td>1</td><td colspan="2">0</td></tr>
<tr><td rowspan="4">校准功能</td><td>901</td><td>AM 端子校准</td><td colspan="2">—</td><td>—</td><td colspan="2">—</td></tr>
<tr><td>902</td><td>频率设定电压偏置</td><td>0~10V</td><td>0~60Hz</td><td>0.01Hz</td><td>0V</td><td>0Hz</td></tr>
<tr><td>903</td><td>频率设定电压增益</td><td>0~10V</td><td>1~400Hz</td><td>0.01Hz</td><td>5V</td><td>50Hz</td></tr>
<tr><td>904</td><td>频率设定电流偏置</td><td>0~20mA</td><td>0~60Hz</td><td>0.01Hz</td><td>4mA</td><td>0Hz</td></tr>
</table>

（续）

<table>
<tr><th>功能</th><th>参数号</th><th>名称</th><th colspan="2">设定范围</th><th>最小
设定单位</th><th colspan="2">出厂设定</th></tr>
<tr><td rowspan="3">校准
功能</td><td>905</td><td>频率设定电流增益</td><td>0~20mA</td><td>1~400Hz</td><td>0.01Hz</td><td>20mA</td><td>50Hz</td></tr>
<tr><td>990</td><td colspan="6" rowspan="2">选件(FR-PU04-CH)用参数</td></tr>
<tr><td>991</td></tr>
</table>

① 表示当选择通用磁通矢量控制模式时，忽略该参数设定。

② 把 Pr. 77“参数写入禁止选择”设定为“0”（出厂设定）时，在运行中可以改变其设定（Pr. 72、Pr. 240 仅在 PU 运行中可变更）。

③ 使用操作面板时，若设定值在 100Hz 以上，则设定单位为 0.1Hz。由通信进行设定时，最小设定单位为 0.01Hz。

④ 因变频器的容量不同，设定值有所不同，为（0.4~3.7)kA · V/(5.5kA · V，7.5kA · V）的设定值。

⑤ 0.4~0.75kA · V 的设定值为变频器额定电流的 85%。

⑥ 即使将 Pr. 77“参数写入禁止选择”设定为“2”，也不能在运行中更改设定值。

⑦ 变频器容量不同，其设定值也不同，FR-E740-5.5K，7.5K-CHT 为 4%。

⑧ FR-E740-5.5K，7.5K-CHT 出厂设定为 10s。

参考文献

[1] 吴文龙，王猛．数控机床控制技术基础 [M]．北京：高等教育出版社，2004.

[2] 廖常初．FX 系列 PLC 编程及其应用 [M]．北京：机械工业出版社，2005.

[3] 张万忠．可编程控制器应用技术 [M]．北京：化学工业出版社，2002.

[4] 施永．PLC 操作技能 [M]．北京：中国劳动社会保障出版社，2006.

[5] 高勤．可编程控制器原理及应用 [M]．北京：电子工业出版社，2006.

[6] 瞿彩萍．PLC 应用技术 [M]．北京：中国劳动社会保障出版社，2006.

[7] 俞国亮．PLC 原理与应用 [M]．北京：清华大学出版社，2005.

[8] 阮友德．电气控制与 PLC 实训教程 [M]．北京：人民邮电出版社，2006.

[9] 赵仁良．电力拖动控制线路与技能训练 [M]．北京：中国劳动社会保障出版社，2001.

[10] 蒋科华．职业技能鉴定教材 [M]．北京：中国劳动社会保障出版社，1998.

[11] 三菱 FX_{1N} 系列微型可编程序控制器使用手册.

[12] 三菱 FX_{2N} 系列微型可编程序控制器编程手册.

[13] 三菱 FX_{3U} 系列微型可编程序控制器编程手册.

[14] 三菱变频调速器 FR-E740 使用手册.